数学と物理の交差点
Crossroads of Mathematics and Physics
谷島賢二 編

2

電磁気学と
ベクトル解析

吉田善章 著

共立出版

シリーズ「数学と物理の交差点」の刊行によせて

　自然科学の基礎として，人類の進歩に大きな役割を果たしてきた数学と物理学は，その発祥の時から互いを糧とし，刺激し合い，手を携えて発展してきた．数学は物理を記述する言葉である．しかしそれは単なる言葉ではない．物理学は数学によって思考するのである．

　数え上げや，測量，天文学など実用と科学的探究心から誕生した数論や幾何学は様々な物理学との交流と，独自の一般化・抽象化を通して発展してきた．物体の運動の記述のために誕生した微分積分学も古典力学や流体力学などとの交流と，独自の厳密化・精密化を経て飛躍的に発展してきたのである．一方，量子力学や一般相対性理論などにおける物理学の抽象的な記述はこのように発展した数学なしには可能とはならなかったであろう．したがって，このようなレベルにおける物理学のさらなる発展もまた数学なしにはありえない．数学と物理学は表裏一体の存在なのである．

　現在，社会の急速な複雑化によって高度な自然科学的思考力がより強く求められている．これは自然科学の基礎の確固とした理解があって初めて獲得できる．物理学と数学の関わり合いに留意することはこのための大きな力になる．しかしながら，独立した科目として学習されるためからか，とくにわが国において，このような深い関連性を意識しながら学ぶ機会が乏しくなっている．これは高校・大学の物理や数学の教員の共通の認識であろう．

　本シリーズは，このような状況において現代の数学と物理学の具体的な交差の場面を様々な角度から鮮明に例示して，読者がこの重要な自然科学の基礎を学び，あるいは教育するための手助けとなることを目標として企画されたものである．この企画が人類の貴重な文化遺産である自然科学の基礎を深く理解し味わおうとする意欲的な読者のための一助となれば幸いである．

令和元年を迎えて　　　　　　　　　　　　　　　編集委員

谷島　賢二

まえがき

電磁気学は，力学とならんで，物理の根本に至る主要な街道の役割を果たしてきた．同時に，エネルギーやエレクトロニクスといった現代社会を支える技術の基盤でもある．その重要性は，あらためて強調するまでもないだろう．

しかし，電磁気学は多くの理工系の学生たちにとって高いハードルになっているようである．異口同音に言われることは，初学者にとって電磁気学は，出てくる数学が難しいために，根本を理解する前に挫折してしまう．「難しい」という苦情の内容は，「ベクトル」なるものが現れて，その代数演算や微分・積分をしなくてはならない，そのことの複雑さ，不可解さを訴えるものである．もし「だれにでもわかる電磁気学」というものがあるとするなら，それはできるだけ数学を使わず，電磁現象を直感に訴えながら説明するようなものだと考えられることが多い．しかし，これは物理と数学の強いつながりを学ぶせっかくの好機を台無しにする思想である．ガリレオの有名な言葉を思い出そう．「自然は数学の言葉で書かれた書物である．」これを読む力を涵養し，自然の根本原理を理解できるようになるために，電磁気学は格好の題材なのである．

本書の目的は，電磁気学という「織物」を見ることで，物理学という縦糸と，数学という横糸がどのように絡み合うのかを理解することである．縦糸・横糸といったが，それぞれの「糸」はそれぞれに独立した大きな文脈をもっている．例えば，電磁波という物理の糸はそれだけで大著になるような膨大な物理や工学のテーマをつないでいる．あるいは微分形式という数学の糸もさまざまな理論へ延びていく長大な道である．本書が注目するのは，それぞれの「素材」のアレンジメントである．それらを何かある閉じた主題に帰属させるのではなく，アレンジメントとして見渡したい．

数学の教科書として見ると，本書は異色かもしれない．伝統的な数学書は，

十全な準備から始めて，その上に理論を展開していく．しかし本書では，必要に応じて基盤を築きながら前へ進む．例えば「ベクトル」という概念は，幾度も定義し直され，それぞれの局面で意味づけられる．それは「泥縄」というものだと謗りを受けるかもしれない．しかし，数学の本が（物理や工学を学ぶ人にとって）わかりにくいのは，さまざまな道具概念の意味が「必要性」として理解しにくいからだ．意味は目的によって生じてくる．私たちは，様々な電磁現象を理解し応用するという目的のもとで，数学の諸概念の実践的な意味を理解することを目指そう．

　本書は三つの章で構成され，それぞれ (1) 物理学，(2) 幾何学，(3) 解析学の視点を紹介している．ベクトル場，カレント，時空，メトリックといった概念が，それぞれの視点からどのようにテーマ化されるのかを説明する．統一を目指すのではなく，多様性を学ぶことが目標である．電磁気学という街道をたどりながら，幾多の「交差点」の風景を描きたい．そこには，力学，熱力学，流体物理，さらには量子論の諸概念も立ち現れる．電磁気を閉じた領域として記述することは物理の感性をゆがめることになる．電磁気と交流する諸分野は，それぞれ深い内容をもつ学問であるから，直ちにそれらの内奥を理解することは難しいかもしれない．それでも，まずは多様な「文化」に触れ，それらを記憶にとどめながら街道を進めばよい．諸概念のアレンジメントを見渡すことを最大の目的として，本書を読んでもらいたい．

2019 年 8 月　　　　　　　　　　　　　　　　　　　　　　　　　　吉田善章

3 刷での追記

初版 1 刷にあった誤記に対して，アマゾンレビュアーの susumukuni 氏，ならびに理化学研究所の上垣外修一氏から丁寧なコメントを頂き，3 刷の発行において修正を行うことができました．ここに深く御礼申し上げます．

2024 年 8 月　　　　　　　　　　　　　　　　　　　　　　　　　　吉田善章

目　次

第1章　電磁気の物理学... *1*

  1.1　電磁気とは何か　*1*

     1.1.1　磁力　2

     1.1.2　電荷と電流　5

  1.2　ベクトル場——その視覚的イメージ　*6*

     1.2.1　ベクトル場の構造：発散と回転　7

     1.2.2　力線（流線）　7

  1.3　基本的な数学の準備　*12*

     1.3.1　ベクトル（素朴な定義）　12

     1.3.2　ベクトル場　18

     1.3.3　微分作用素　20

     1.3.4　積分にかかわる公式　22

  1.4　マックスウェルの方程式　*28*

     1.4.1　電磁場の基本方程式　28

     1.4.2　電荷と電流　31

     1.4.3　電磁場のエネルギー　33

     1.4.4　電磁場の4元ポテンシャル　36

     1.4.5　電磁波とローレンツ変換　39

     1.4.6　現象論的な電磁気モデル　44

  1.5　電磁力と運動方程式　*51*

     1.5.1　荷電粒子に働く力：ローレンツ力　51

     1.5.2　マックスウェルの応力　54

     1.5.3　4次元時空における運動量とエネルギーの統合　56

viii 目 次

　　　1.5.4　電場と磁場の統一：ファラデーテンソル　59

　　　1.5.5　電磁場と物体の結合：プラズマ　61

　　　1.5.6　非相対論の極限　65

　1.6　電磁気の単位とスケーリング　*66*

　　　1.6.1　単位と次元　66

　　　1.6.2　規格化（無次元化）　69

　　　1.6.3　SI 単位系で表される電磁気諸量　70

　　　1.6.4　cgs ガウス単位系で表される電磁気諸量　72

第2章　電磁気の幾何学 *77*

　2.1　ベクトル（一般的な定義）　*77*

　　　2.1.1　ベクトル算法　77

　　　2.1.2　ベクトル空間の位相　80

　　　2.1.3　双対空間　84

　2.2　接ベクトル　*87*

　　　2.2.1　狭義の〈ベクトル〉：物の動きを生じる作用　87

　　　2.2.2　微分作用素による〈ベクトル〉の表現　91

　　　2.2.3　多様体上の接ベクトル場　95

　2.3　余接ベクトル・微分形式　*103*

　　　2.3.1　余接ベクトル場　103

　　　2.3.2　微分形式，外積および内部積　107

　　　2.3.3　リーマン計量　113

　　　2.3.4　外微分　117

　2.4　微分形式と図形の双対性　*124*

　　　2.4.1　微分形式の積分　125

　　　2.4.2　引き戻し　127

　　　2.4.3　ストークスの定理　133

　　　2.4.4　ホッジ双対　136

　　　2.4.5　ラプラス・ベルトラミ作用素，調和微分形式　140

　　　2.4.6　コホモロジー　147

　2.5　運動の幾何学的理論　*157*

目　次　　　*ix*

2.5.1　リー微分　158

2.5.2　カルタンの公式　161

2.5.3　時空における運動　164

2.6　ミンコフスキー時空（特殊相対論）　*171*

2.6.1　ローレンツ計量　171

2.6.2　ローレンツ変換　174

2.6.3　ローレンツ変換に関する共変成分と反変成分　177

2.6.4　ミンコフスキー時空における電磁気学　180

2.6.5　ダランベルシャン　183

2.6.6　ミンコフスキー時空における運動　185

第3章　電磁気の解析学 *187*

3.1　力線（流線）の構造　*187*

3.1.1　ベクトル場のポテンシャル表現　188

3.1.2　2次元の調和ベクトル場，複素関数の応用　192

3.1.3　力線（流線）方程式の積分可能性　194

3.1.4　磁力線方程式のハミルトン形式　198

3.1.5　クレブシュ表現　201

3.2　ポテンシャル論　*203*

3.2.1　定常電磁場のポテンシャル　203

3.2.2　変分原理　207

3.2.3　ニュートンポテンシャル　211

3.2.4　境界の影響，グリーン関数　214

3.2.5　ベクトルポテンシャルとビオ・サヴァールの法則　218

3.2.6　境界条件の物理的意味　223

3.3　波動論　*227*

3.3.1　真空中の電磁波　227

3.3.2　物質中の電磁波　233

3.3.3　波動方程式と特性常微分方程式　237

3.3.4　波の伝播　242

3.3.5　変分原理（最小作用の原理）　248

| | 3.3.6 | 遅延ポテンシャル　257 |

3.4 関数空間　*260*

	3.4.1	無限次元ベクトル空間　261
	3.4.2	L^2 空間，ソボレフ空間　265
	3.4.3	境界値：トレース　271
	3.4.4	ベクトル値関数の境界値　276
	3.4.5	ベクトル場の直和分解　280

付　録 287

A.1 記号に関する約束　*287*

A.2 3次元ベクトルに関する公式　*289*

A.3 微分幾何学の公式　*293*

参考文献 297

索　引 299

第1章
電磁気の物理学

　本書は，電磁気を題材として「場」の古典的理論を解説したものである．電磁気 (electromagnetism) という名称が示しているように，「電場」と「磁場」は一体のものである．一見，性質が異なるこれら二つが，どのように統一されるのかを理解することが，電磁気学の中心的なテーマである．結論を先取りすると，電磁場は「時空」（空間の3次元に時間を加えた4次元空間）の中で自然な形式にまとめられる．さらに，電磁場が棲む時空（ミンコフスキー (Minkowski) 時空という）は相対論の構造をもつこと，それは電磁場だけでなくあらゆる物質の入れ物であること，「光」として古くから知られていたものが電磁場の波であること，電磁場を「量子化」して光子＝フォトンなる基本粒子が得られることなどがわかってきた．電磁気は様々な物理の「交差点」だったのである．本章では電磁気学の基礎的な理論を学ぶと同時に，その記述のために必要な最低限の数学を準備する．これらはアイデアの原点ではあるものの，数学の観点から見るといささか素朴であり，より深い物理を追求するためには，数学的な洗練が求められる．それを次章以降で論じるための入り口として，ここでは直観を養うことを目標にしよう．

1.1　電磁気とは何か

　本書で扱う電磁気学は，マックスウェル (Maxwell) の方程式に集大成された電磁場の理論とそれにかかわる数理である．「場」という概念が中心的なテーマだが，本来それは目に見えないものであって，現象を説明するために導入された補助線のようなものである．対象が目に見ない抽象的なものだということが，電磁気学の難しさの根底にある．しかし「電磁現象」は極めて多様で魅力

2 　　　　　　　　　第 1 章　電磁気の物理学

的である．まず電磁現象とは何かを俯瞰することから始めよう．

1.1.1　磁力

　磁力という現象に人が気づいたのは，どのくらい昔なのだろう．「古代」を
ギリシャに定位する西洋の文明史では，その黎明期において既にタレス（前
624–546）が磁石に関して言及したといわれている．したがって，磁力の謎を
めぐる様々な言説は文明史の全長に及ぶということになる[1]．磁力が，自然科
学や技術の対象としてだけでなく，哲学者や宗教家さらに芸術家までも巻き込
んで耳目を集めてきたのは，これが「遠隔作用」の見事な実例であるからだ．
力は接触によってはじめて伝わるという直観が，磁力という「反例」を際立た
せたのである．直接触れずして遠くに力を及ぼすというのは，いかにも魔術的
である．現代でも，周囲に不思議な影響を与える見えざる作用に「磁力」とい
うメタファーをあてることがある．

　重力（万有引力）も遠隔作用なのだが，人がこれに気づくのは近代になって
からである．磁力は大きな力であり，磁石どうしが引き合ったり反発し合った
りすることを直接的に実感できる．これと比べると重力は極めて小さな力であ
り，天体の運動や潮汐といった壮大なスケールの現象を観測して初めて明ら
かになる[2]．ケプラーは星たちの間に働く万有引力という概念を磁力のアナロ
ジーで考えたらしい（1609 年）．

　しかし，重力と比べて磁力の働きはかなり複雑である．重力は単純に引き合
う力であるが，磁力は引力になったり，斥力になったり，磁石の配置によって
様々な方向・大きさの力が働く．さらに静電力とも関係していることがわか
り，「電磁力」という概念にまとめられる．これらのことが「電磁気学」の難し

---

[1] 本章の目的は科学史を論じることではないので，話は「昔」＝ギリシャ時代から一挙に「近
　　代」＝ルネッサンスへ飛ぶ．このギャップに埋もれた歴史を読み解いた本として，山本義
　　隆：『磁力と重力の発見』，みすず書房，2003 を参照されたい．
[2] 「りんごが落ちる」ことで重力も簡単に観察できると思われるかもしれないが，これが「地
　　球」を相手にした万有引力の作用だと理解するのが難しかったわけである．地球を一つの
　　「物」として相対化する視点が開発されるためには，長い研究の歴史が必要だった．ちなみ
　　に，地球の磁極 (polus magnetis) という概念はメルカトール (1512–94) によって与えら
　　れ（それまでは，磁石が向くのは地球上の点ではなく，天の極あるいは北極星だと信じら
　　れていた），地球自体が一つの磁石だという考えはギルバート (1544–1606) によって示さ
　　れた［山本前掲書：『磁力と重力の発見』］．

1.1 電磁気とは何か 3

さの根源であり，初学者を遠ざける原因なのだが，実はあらゆる物理の根本にある幾何学の構造が，いろいろな形で顔を出しているのだ．その面白さを語ることが本書の目的であるが，とりあえずここでは「遠隔作用」という共通性において磁力と重力を並行して見ていこう[3]．

19世紀に入ると，遠隔作用を媒介するものとして**場** (field) という概念が導入された．磁石は，その周辺に磁場 (magnetic field) を伴っている．磁場の中に置かれることによって，物は磁力を感じるというモデルである．ただし，どんな物でも磁場を感じるわけではない．磁場に対する感受性は「磁気モーメント」によって計られる（補足1.1参照）．重力も同様である．物体はすべて重力場を伴っていて，その中に置かれた他の物体は重力を感じる．重力場に対する感受性は「質量」によって計られる．

場の「発生」と「感受」は対称な関係をもっている．重力の場合，質量をもつ物体Aは，その質量 m_A に比例する重力場を作る．重力場の中に置かれた物体Bは，その質量 m_B に比例した重力（万有引力）を受ける．したがって，物体Bが受ける力は $m_A \times m_B$ に比例する．物体Bは質量をもつから，重力場を作る資格ももっている．主客を反転して考えると，物体Bが重力場を作り，その中に置かれた物体Aが重力を受けることになる．その力は $m_B \times m_A$ に比例する．ただし，方向はBからAを向いている．双方の見方は「作用・反作用」の関係になるのである（運動の第三法則）．同様の推論を磁力に当てはめることができる．上記のように，磁力はやや複雑な方向に働くのだが，ニュートン (1642–1727) は，磁力も作用・反作用の関係を満たすことを実験的に確認している（『プリンキピア』，1687年）．磁石と鉄が引き合っているとき，双方には同じ大きさで反対向きの力が働くというのである．

しかし，ここに重要な問題が隠れている．作用・反作用という「同時性」を前提とした関係が「離れた場所」で成立するのは不思議である．空間的に隔たりがあると，時間的にも隔たりが生じると考えるのが自然だ（このことが相対

---

[3] 重力と電磁力の理論は追いつ追われつで発展してきた．電磁気の理論から「場」の理論の相対論的な基本形（特殊相対論）が明らかになると，次には重力場の相対論（一般相対論）が必要となる．それは，電磁波に相当する「重力波」の存在を予想するものであった．重力波の実験的検証は大規模で精密な計測が必要であり，確証が得られたのは2016年である．電磁波は量子化されて光子（γ 粒子）を与えるのだが，重力波の量子化は自明でない問題を残している．

論の中核をなす公理であり，実際に自然はそのようになっている）．例えば，バネを伝って力が伝播する様子を考えてみよう．離れた A 点と B 点をバネでつなぎ，A 点を引き離すように力をかけたとする．この時，A 点と接するところでバネは A 点を引き戻そうとする．この力がバネを伝わって，B 点と接するところでは，A 点の方向へ B 点を引っ張る．バネをどこで二分してみても，いつも作用・反作用の関係が成り立っている．しかし，離れた 2 点を見ると，反作用が生じるためには力が伝播してくる時間だけ遅れが生じる．力はバネの上を「波」によって伝わっていくのである．波が発生するのは，点 A を動かしたからだ．時間的に変化しない定常状態では，離れた点 A と B で作用・反作用の関係が成り立つ．

　実は，磁力も離れた点に到達するにはわずかな時間遅れが生じる．つまり，磁場はバネのようなものであり，それ自体が運動性をもっている．運動するものであるということは，エネルギーをもつということだ．磁力を伝える波とは「電磁波」である．ここで「電場」が現れるのだが，それは物体の運動における位置と運動量の関係のように，磁場と電場で対になっている．電磁波は光速で伝播する（光は電磁波なのだ）．したがって，上記の時間遅れを実験的に検出することは，ニュートンの時代には不可能だったのである．

　遠隔作用を媒介する「場」は，普通の物体とは違う何らかの「もの」だとして提案されたのだが，すべてを統一的に理解したがる物理屋の探究心は，場と物との対立を止揚することを目指すことになる．20 世紀になると，場の量子論によって，電磁場は「光子」という粒子に同定された．

補足 1.1（磁気モーメント）　磁石どうしの相互作用を観察するとわかるように，磁力の作用は磁石どうしの「位置関係」のみならず，磁石の「向き」によって変わる．この点は重力や静電気力と比べて複雑である．重力に対する感受性が質量，電気力に関する感受性が電荷という「数」で表されるのに対して，磁力に対する感受性は「大きさ」と「向き」をもつもの，すなわち「ベクトル」で表す必要がある．磁場と磁力の直接的な関係は「磁気モーメント (magnetic moment)」によって表される．磁気モーメントは，円環電流が作る「双極子磁場 (dipole magnetic field)」と等価であるから（いわゆる等価原理），数学的表現としては，磁場の源は電流だとしてよい．しかし，物理的には電流以外にも磁気モーメントを作るメカニズムがある．実際，磁石など「磁性体」と呼ばれる物の内部で磁気モーメントを作っているのは電流ではない．原子・分子のミクロの世界では，磁気モーメントには (1) ミクロな円環電流（例

えば，電子たちが原子核の周りを周回することで生じる電流）によって生じるものと（例 3.6 で具体的に計算する），(2) スピンと呼ばれる「内部自由度」にかかわる運動，つまり 3 次元空間内でおこる運動ではなく，粒子の内部にある空間（スピノルという）にかかわる回転的な運動が原因で生じるものがある．いわゆる磁性体では電子のスピンによる寄与が圧倒的に大きい．一方，導体（例えば電磁石のコイル）をマクロな電流が流れる場合は，磁場は単純に電流が発生していると考えてよい．

1.1.2 電荷と電流

前項では「磁気」にかかわる理論がどのように発展したのかを概観したので，ここでは「電気」の方を考えてみたい．それは単に磁気と電気を並列的に見渡すというだけでなく，磁場と電場の「源」に目を向けるきっかけになる．

磁力とならんで「静電力」も古代から知られていて，プラトン（前 427–347）の記述が残っている．それは「琥珀効果 (amber effect)」と呼ばれるもので，琥珀を布で摩擦したときに生じる静電気が周りのものを引きつけることを指摘したものである．「電気 (electricity)」という言葉は琥珀を意味するギリシャ語 $\varepsilon\lambda\varepsilon\kappa\tau\rho o\nu$ (elektron) を語源としている．

磁力の「起源」が可視的でないために，磁石は魔術的だったと思われるが，静電気はパチパチと光る放電によって可視化（あるいは感覚化）されるので，静電力は何かしら「電荷」と呼ぶべきものによっておこる力だと想像できたはずである．電荷は，比較的容易に他の物へ移動させたり，あるいは「流れ」を作って「電流」を発生することができる．

電荷とは「物」が有する特性であり，質量と似て非なるものである．原子・分子の世界で 1 個の粒子が担う電荷は，必ず素電荷 $e = 1.6 \times 10^{-19}$ C の整数倍である．ここで電荷の単位 C（クーロン）は，長さ，時間，そして質量という基本単位とは独立な物理量であり，古典物理の基本 4 単位を構成する一つである（電磁気の単位系については 1.6 節で議論する）．負の電荷 $-e$ をもつ粒子は，電子やミューオンなどである．正の電荷 $+e$ をもつ粒子の代表は陽子 (proton) である．原子核は，原子番号 Z だけの陽子を含み，したがって $+Ze$ の電荷をもつ．他に陽電子（電子の反粒子），反ミューオンが $+e$ の電荷をもつ．素粒子の世界になると，クオークという $+\frac{2}{3}e$ あるいは $-\frac{1}{3}e$ の電荷をもつ粒子たちが現れる．

6   第1章　電磁気の物理学

　私たちに身近な物質は，ほとんどが電子と原子核でできており，普通は電子
たちの負電荷と原子核たちの正電荷がバランスして電気的に中性を保ってい
る．琥珀を布で摩擦して電子を擦り取ると「静電気」が発生するのだが，静電
力は極めて強い力なので，放電をおこして中性状態へ戻ろうとする．このとき
電子の流れ，すなわち電流が生じる．雷として観察される大規模な放電は，大
気の運動による摩擦によって蓄積した静電気が引きおこすものである．電子は
原子核より軽くて動きやすいので，多くの場合，電流の主たる担い手は電子で
ある（電子に electron という名前が与えられた由縁である）．

　電気的中性が保たれていても，電流は存在し得る．例えば金属中の電子たち
が一斉に一つの方向へ流れると電流が生じる（電流は正の電荷の流れとして定
義されるから，電流の向きは電子たちの流れる向きの逆である）．電流は流れ
ていても，動いていない金属原子核の正電荷が電子の負電荷を打ち消している
から，正味の電荷は0のままである．

　質量が重力場を作るように，電荷は静電場を作る．また，質量によって重力
場を感受するように，電荷によって電場を感受する．電荷の流れ＝電流は磁場
を作り，電流によって磁場を感受する（補足1.1参照）．しかし，万有引力が単
純に物体間の引き合う力であるのと比べて，電磁力は複雑な働き方をする．ま
た，電荷の運動が磁場の発生・感受に関係するということは，単に空間的な関
係ではなく，時間もかかわる**時空**の問題として捉える必要性を示唆している．
電磁場と電荷・電流の関係を定式化する前に，次節で視覚的なイメージをつか
んでおこう．

1.2　ベクトル場——その視覚的イメージ

　電磁気の理論で「磁場」や「電場」が重要な役割を担うことを見てきた．「磁
場」，「電場」と呼んできたものたちは「ベクトル場」の実例である．本書の目
的を煮詰めて言うと「ベクトル場」の理論を学ぶことだが，段階的に進みたい．
本節ではイメージをつかみ，次節で初等的な数学表現を学び，次章で幾何学の
体系の中に位置づける[4]．

---

[4]「ベクトル」あるいは「ベクトル場」という語は多義的である．2.1節では，最も広い意味

1.2 ベクトル場——その視覚的イメージ

1.2.1 ベクトル場の構造：発散と回転

「力」は「大きさ」と「方向」をもつ概念である．これを数学的に表現するのがベクトルである．ベクトルで表される「場」をベクトル場という．例えば風が吹いているという現象は，空間のあらゆる点に空気の流速を表すベクトルを与えて表現される．これが風速のベクトル場である．「磁場」，「電場」も，磁力や電気力にかかわるベクトル場である．

静電場と磁場は，ベクトル場の2種類の基本構造を体現したものである．絵に描くと図1.1のようになる．理科の実験で，これらの構造を可視化した記憶があるだろう．静電場の方は，静電気を帯びた玉に貼りつけた細いナイロン糸たちで，磁場は，電線あるいは磁石の周りにばら撒いた砂鉄で．静電場は電荷から発散するベクトルたちで表される．ただし，電荷は符号をもっていて，符号が変わると静電場は反転し，電荷に集まるベクトルたちになる．このタイプの場を「発散する場」と呼ぶことにしよう．一方，磁場は渦巻くようなベクトルたちで表される．こちらの方は「回転する場」と呼ぼう．

磁石が作るのと同じ磁場を円環電流で作ることができる（図1.2）．いわゆる「電磁石」である．磁場の側から見ると，磁石と円環電流は等価である．磁石の中に電流が流れているわけではないのだが，マクロに見ると等価な現象だと考えることができる（補足1.1参照）．

電流と磁場は相互にリンクした構造を作っている．電流の周りに磁場の渦巻きが作られるのである．逆に，回転する場の中心には「点」ではなく「線」がある．もし2次元平面に渦巻きを描くと，その中心は「点」である．3次元空間になると，渦巻きの中心も次元が上がって「点」から「線」にならなくてはならない．一方，発散する場の中心は，どの次元でも「点」である．このトポロジーの違いが，後の議論で大事になる．

1.2.2 力線（流線）

ベクトル場は空間の各点に与えられた局所的な情報であるが，これを「積分」してマクロな構造を表現するのが**力線** (field line) あるいは**流線** (streamline) で

での「ベクトル」を定義するが，2.2節以降では，微分幾何の観点からそれらを分類し，狭い意味でのベクトルと，それに共役な「コベクトル」，「微分形式」という概念を導入する．初等的なベクトル解析が未分化な段階に留まるのは，この分類がないからである．

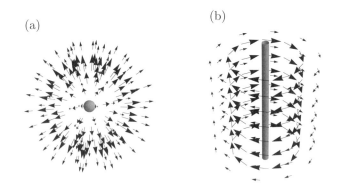

図 1.1 3次元ベクトル場の基本構造（解析的表現は3.2.3項で与える）．(a) 発散するベクトル場．典型は静電場である．図の中心部に描いた小球は，発散するベクトル場の「発生源」を表す．静電場の場合は「電荷」がベクトル場の発生源となる．ベクトル場の向きは電荷の符号によって決まる．(b) 回転するベクトル場．典型は誘導電場と磁場である．中心軸は，回転するベクトル場の発生源を表し，そこには方向をもつもの，つまりある種のベクトルが存在する．ベクトル場の向きは発生源のベクトルの方向によって決まる．誘導電場の場合は「変動する磁場」がその発生源となる．磁場の場合は「電流」がその発生源となる．もう一つ「変動する電場」も磁場の発生源になる．したがって「変動する磁場」→「変動する電場」→「変動する磁場」のサイクルがおこる．これが電磁波である．

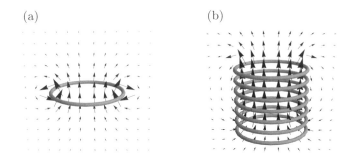

図 1.2 (a) 円環電流が作る磁場（解析的表現は第3章（例3.6）で与える）．(b) 多数の円環電流を並べた「ソレノイド」が作る磁場．磁場は「重ね合わせの原理」によって合成される（1.4節参照）．

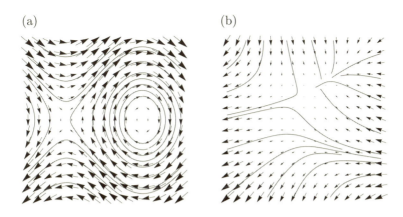

図 1.3　ベクトル場の流線．(a) 発散がない 2 次元ベクトル場の流線．$\boldsymbol{V} = (a\sin ky, b\cos \ell x)^{\mathrm{T}}$ $(a, b, k, \ell \in \mathbb{R})$ とした場合．(b) 発散がある 2 次元ベクトル場の流線．$\boldsymbol{V} = (-x^2 + y - 1, -y^2 + x + 1)^{\mathrm{T}}$ とした場合．ベクトルの表記法について 1.3.1 項参照．

ある[5]．流速のベクトル場を考えるとわかりやすい．空間の各点に風速のベクトル場が与えられているとしよう．風に運ばれる花びらを追うと（つまり速度を時間について積分すると），その軌跡は空間に曲線を描く．これが流線である．電場や磁場のベクトル場についても同じように「流線」を定義することができる．ただし，これらのベクトル場で運ばれるのは抽象的な「点」であり，その動きを記述する「時間」も架空の変数である．

例えば，図 1.1 で矢印によって表したベクトルに対して，それらをたどって流線をイメージすることができるだろう．(a) の発散するベクトル場に対しては，中心点の発生源から放射する直線群，(b) の回転するベクトル場に対しては，中心軸を周回する円たちである．数学的に言うと，与えられたベクトル場を「接ベクトル」とするような曲線を求めることで流線が生成できる．これについては 3.1 節で詳しく議論するが，ここではベクトル場と流線の関係を視覚的にイメージできるようになっておこう．図 1.3 に二つの例を示す．(a) は発散しない 2 次元のベクトル場とその流線である．規則正しい流線たちが現れ

---

[5] "field line" の適切な邦訳がない．力線は "line of force" の直訳であり，学術用語にねじれが生じているが，これについては後で説明する．

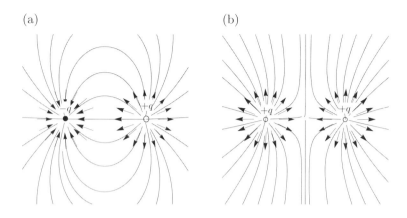

図 1.4 3次元空間に置かれた二つの点電荷が作る電気力線．二つの電荷を含む平面上にある力線を示す．(a) 図中左側に $-q$ の点電荷，右側に $+q$ の点電荷がある場合．二つの電荷は引き合う（クーロンの法則）．(b) 左右双方に $+q$ の点電荷がある場合．二つの電荷は反発しあう．

る．3.1.3項の理論では，これは**可積分** (integrable) なベクトル場の例になる．(b) は発散する2次元のベクトル場に現れる複雑性の例である．流線の複雑な動きに注目しよう．

　電場のベクトル場によって生成される流線を電気力線 (line of electric force)，磁場のベクトル場によって生成される流線を磁力線 (magnetic field line) と呼ぶ．両者の名称，その和名と英名にやや不統一があるのは歴史的な理由と日本語訳の問題である．いずれもベクトル場を接ベクトルとする曲線と定義する．その意味で electric field line, magnetic field line（同義として streamline of electric field, streamline of magnetic field）と統一的に考えてよい．

　二つの電荷が離れていても力を及ぼしあうのは，目に見えない「力線」があってそれらを繋いでいるからではないか．ファラデー (Faraday) はこのように考えて電気力線という概念を導入した．空間に正と負の電荷があると，正の電荷（電場ベクトルの湧き出し点）から出て負の電荷（吸い込み点）に到達する電気力線で空間が満たされる（図1.4 (a) 参照）．電気力線はゴムひものようなもので，その線の方向に「張力」をもつ．それによって電荷が引き合うと考

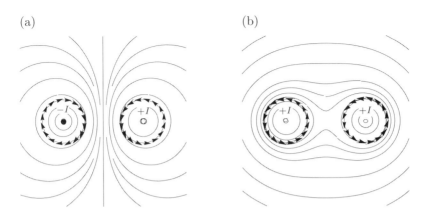

図 1.5 3次元空間に置かれた二つの平行線電流が作る磁力線．二つの線電流に直交する平面上にある力線を示す．(a) 図中左側に $-I$ の線電流，右側に $+I$ の線電流がある場合．反対向きの電流は反発しあう（アンペールの法則）．(b) 左右双方に $+I$ の線電流がある場合．同じ向きの電流どうしは引き合う．

えるのである．「力線」は線に対して横向きにも力を生じる．それはあたかも力線が真直ぐに伸びようとする弾性力のようである．同じ符号の電荷があると電気力線は図 1.4 (b) のようになる．電気力線が衝突するところは「圧力」が高まり，力線の曲がりを緩和するように相手側の電荷を遠ざけようとするのである．

磁場は電流を巡って渦巻くベクトル場であるから，磁力線は電気力線とは異なるトポロジーをもつ（図 1.5 参照）．それでも磁力線が張力と曲げ弾性力をもつことは同じである．同じ向きに流れる電流どうしは，両者を同じ向きに回る磁力線に取り囲まれ，それらが輪ゴムのように電流を縛る．そのために同じ向きの電流は引き合うのである（アンペールの法則）．逆向きの電流の場合は両者の間で磁力線が押し合うかたちとなり，その圧力を緩和するために相手側の電流を遠ざけようとするのである．

このように「力線」は電荷どうしあるいは電流どうしの相互作用について直観的に理解するための道具として便利である．しかし，定量的に力を計算するためには力線すべてについて力を積分しなくてはならない．また，電荷や電流

12   第1章　電磁気の物理学

が連続的かつ複雑に分布している場合には，力線のマクロな構造を計算することは困難である．マックスウェルは電磁場から直接的に計算できる「応力の場」という局所的な場の概念を導入して，電磁場が生じる力（応力）を解析的に表現できるようにした．これについては 1.5 節で説明する．

1.3　基本的な数学の準備

　電磁力や電磁場に関する法則を定式化するために，ベクトル解析の知識が必要になる．ここで，基本的な数学の準備をしておこう．

1.3.1　ベクトル（素朴な定義）

ベクトル空間

　「大きさ」と「方向」の二つをもつものを，とりあえず**ベクトル** (vector) と呼び x のように太字の記号で表すことにする．これは物理に起源をもつ原初的な定義であり，数学的には十分に明確とは言えない．2.1 節で一般的な概念に拡張し厳密な定義を与えるが，ここでは幾何学的な直観で本質だけ理解しておくことにする．

　ベクトルは「矢印」によって表象できる（既に前節の図で可視化したように）．矢印の長さによってベクトルの「大きさ」を表現し，矢印が指す向きで「方向」を表現するのである．ベクトルを文字 x で表すときは，その長さ（ノルムという：2.1 節参照）を $|x|$ と書く．$|x| = 1$ であるとき，x を単位ベクトルという．矢印たちは**ベクトル算法**すなわち「平行四辺形の作図法」を使って幾何学的に分解・合成できる（図 1.6）．このことは「力」の分解・合成として学んだ通りである．

　ベクトル＝矢印が棲む空間（ベクトルたちの全体集合）を**ベクトル空間** (vector space) という．これを X と書こう．長さが 0 のベクトル（それを 0 と書く）を X の「原点」と呼ぶ．ベクトルは原点を始点とする矢印によって表されるから，終点（矢印の先端）の位置を指定すれば一つのベクトルが与えられたことになる．

　そこで X に「座標」をおいて，ベクトルを終点の座標値で表現すること

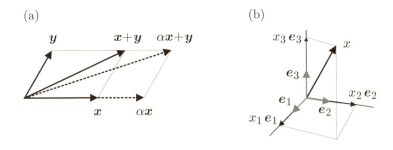

図 1.6 (a) 平行四辺形を使った幾何学的操作によるベクトルの合成．二つのベクトル x と y が与えられたとき，これらが張る平面の上で平行四辺形の対角線を求めて「和」$z = x + y$ が定義される．ベクトル x の長さを α 倍に変える変換を「スカラー倍」といい，αx と表す（$\alpha \in \mathbb{R}$ とし，これをスカラーという）．(b) スカラー倍と和という二つの操作（ベクトル算法：2.1 節参照）を用いると，任意のベクトルを「基ベクトル」たちの合成として表すことができる．逆に言うと，任意のベクトルは基ベクトルたちによって分解できる．

を考える．座標を置くとは，X に基 (basis) を定めるということに他ならない．X から n 個のベクトルたち $e_1, \ldots, e_n$ を「代表」として選ぶ．これらが互いに**独立**であるとは，どの e_j も他のメンバーたちで合成することができないことをいう．互いに独立なベクトルたちの集合 $B = \{e_1, \ldots, e_n\}$ が**完全**であるとは，X の任意の元がそれらの合成で作ることができることをいう．そのような B を X の基（あるいは基底）という．また B のメンバー数 n を X の**次元** (dimension) という．単位ベクトルたちで構成される基を正規基 (normal basis) という．基が与えられると，任意のベクトル $x \in X$ は

$$x = x_1 e_1 + x_2 e_2 + \cdots + x_n e_n \tag{1.1}$$

のように分解される．係数たち $(x_1, x_2, \ldots, x_n)$ が矢印 x の先端の座標である：図 1.6 (b) 参照．基の部分を省略し，係数たちを縦ならびに書いて

$$x = \begin{pmatrix} x_1 \\ \vdots \\ x_n \end{pmatrix}$$

14 　第 1 章　電磁気の物理学

のように表記する．これらの係数をベクトルの**成分** (component) という．ス
ペースを節約するために，横並びの配列を使って $\boldsymbol{x} = (x_1, x_2, \ldots, x_n)^{\mathrm{T}}$ と表記
することもある．T は行列の縦横を「転置」することを意味する記号である．
ベクトルが成分 x_j たちで構成されていることを示すために $\boldsymbol{x}$ のことを (x_j) と
書くこともある．各成分 x_j は実数値をとるので[6]，ベクトル空間 X を $\mathbb{R}^n$ と
同一視できる（補足 1.2 参照）[7]．

　ベクトルの和とスカラー ($\alpha \in \mathbb{R}$) 倍は，ベクトルの成分を用いて次のように
計算できる：

$$\begin{pmatrix} x_1 \\ \vdots \\ x_n \end{pmatrix} + \begin{pmatrix} y_1 \\ \vdots \\ y_n \end{pmatrix} = \begin{pmatrix} x_1 + y_1 \\ \vdots \\ x_n + y_n \end{pmatrix}, \quad \alpha \begin{pmatrix} x_1 \\ \vdots \\ x_n \end{pmatrix} = \begin{pmatrix} \alpha x_1 \\ \vdots \\ \alpha x_n \end{pmatrix}. \tag{1.2}$$

こうして，ベクトル算法を幾何学的操作から代数計算に置き換えることができ
る．

ユークリッド空間とデカルト座標

　基として「直交するベクトル」たちを選ぶと，ベクトル空間 $X = \mathbb{R}^n$ に**デカ
ルト** (Descartes) **座標** (Cartesian coordinates) を置いたことになり，計算に便
利である（図 1.6 (b) に示したのはこの場合のイメージである）．「直交」とい
うことをいうために，まず**内積** (inner-product) の概念を導入する．

　二つのベクトル $\boldsymbol{x}$ と $\boldsymbol{y}$ の**内積**を

$$\boldsymbol{x} \cdot \boldsymbol{y} = |\boldsymbol{x}||\boldsymbol{y}| \cos \theta \tag{1.3}$$

と定義する．θ は二つの矢印 $\boldsymbol{x}$ と $\boldsymbol{y}$ の間の角度を表す．$\theta = \pi/2$ すなわち
$\boldsymbol{x} \cdot \boldsymbol{y} = 0$ であるとき，$\boldsymbol{x}$ と $\boldsymbol{y}$ は直交するという．内積が定義されたベクトル空
間を**ユークリッド空間** (Euclidean space) という．

　互いに直交する単位ベクトルたちで構成される基を**正規直交基** (ortho-
normal basis) という．すなわち，基 $\{\boldsymbol{e}_1, \ldots, \boldsymbol{e}_n\}$ が正規直交基であるとは

---

[6] ここで考えているのは実ベクトル空間であるが，係数を複素数に拡張した複素ベクトル空
　間を考えることもできる．

[7] 実数の全体集合を $\mathbb{R}$，複素数の全体集合を $\mathbb{C}$ で表す．また，自然数の全体集合を $\mathbb{N}$，整数
　の全体集合を $\mathbb{Z}$，有理数の全体集合を $\mathbb{Q}$ で表す．

$$\boldsymbol{e}_j \cdot \boldsymbol{e}_k = \delta_{jk} = \begin{cases} 1 & \text{if } j = k, \\ 0 & \text{if } j \neq k \end{cases} \tag{1.4}$$

となることをいう．ここで定義した δ_{jk} をクロネッカー (Kronecker) のデルタといい，後でしばしば利用する．正規直交基を用いてベクトルを分解すると (1.1) において成分は

$$x_j = \boldsymbol{e}_j \cdot \boldsymbol{x}$$

と計算できる：(1.1) の両辺と $\boldsymbol{e}_j$ の内積を計算すればよい．このデカルト座標表現を用いて $\boldsymbol{x} = (x_1, x_2, \ldots, x_n)^{\mathrm{T}}$, $\boldsymbol{y} = (y_1, y_2, \ldots, y_n)^{\mathrm{T}}$ と書くと，

$$\boldsymbol{x} \cdot \boldsymbol{y} = \sum_{j=1}^{n} x_j y_j, \tag{1.5}$$

$$|\boldsymbol{x}| = \sqrt{\boldsymbol{x} \cdot \boldsymbol{x}} = \sqrt{x_1^2 + x_2^2 + \cdots + x_n^2} \tag{1.6}$$

と計算することができる．

補足 1.2（アフィン空間） 空間 $\mathbb{R}^n$ は点 (point) たちの集合だと考えることもできる．これを**アフィン空間** (affine space) と呼ぶ．座標を決めると，点の「位置」は n 個の座標値 $(x^1, x^2, \ldots, x^n)$ で表すことができる[8]．これをベクトル $\boldsymbol{x} = (x^1, x^2, \ldots, x^n)^T$ と同一視し，**位置ベクトル** (position vector) という．位置ベクトルは，座標の原点 $(0, 0, \ldots, 0)$ から点 $(x^1, x^2, \ldots, x^n)$ へ向かう「矢印」で表すことができる．つまり，アフィン空間の中に原点＝矢印の始点を一つ任意に指定すればベクトル空間になる．ベクトル空間とは「矢印」たちの集合であり，アフィン空間とは「先端点」の集合である．先端点を表す座標値（n 個の実数）たちの集合という意味で，両者を同じ記号 $\mathbb{R}^n$ で表すが，厳密には意味が少し違う．アフィン空間は「原点」を必要としないのである．

ベクトル積

本項の最後に，3次元ベクトル空間に特有の**ベクトル積** (vector product) を定義しておく．これは「フレミングの法則」として知られている電流・磁場・

---

[8] 座標につけるインデックスは上つきとする（これを反変インデックス (contravariant index) という）．ベクトルの成分にも上つきのインデックスを与えることがある．下つきのインデックス（共変インデックス (covariant index) という）との区別は微分幾何の理論で大切な意味をもつのだが，本節ではそのとき整合性を失わないための配慮だと理解しておこう．補足 1.13 も参照．

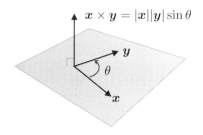

図 1.7 3次元ベクトルのベクトル積. 平行でない二つのベクトル $\boldsymbol{x}$ と $\boldsymbol{y}$ が与えられると, これらが張る平面が一つ決まる. この面の「表側」に向いている単位法線ベクトルを $\boldsymbol{e}_\perp$ とする. ただし, $\boldsymbol{x}$ を $\boldsymbol{y}$ へ回す近道が反時計回りに見える側が「表面」である.

力の関係を表現する道具になる (1.5 節参照). 3次元ベクトル $\boldsymbol{x}$ と $\boldsymbol{y}$ のベクトル積を

$$\boldsymbol{x} \times \boldsymbol{y} = (|\boldsymbol{x}||\boldsymbol{y}| \sin \theta) \boldsymbol{e}_\perp \tag{1.7}$$

により定義する. ここで θ は $\boldsymbol{x}$ と $\boldsymbol{y}$ の間の角度, $\boldsymbol{e}_\perp$ は $\boldsymbol{x}$ と $\boldsymbol{y}$ 双方と直交する単位ベクトルである. 向きに注意しなくてはいけない. $\boldsymbol{x}$-$\boldsymbol{y}$-$\boldsymbol{e}_\perp$ の順で「右手系」になるようにし, θ は $\boldsymbol{x}$ から $\boldsymbol{y}$ を見た向きを正にとる角度である (図 1.7 参照)[9]. 二つのベクトルが与えられたとき, それらが張る平面は3次元空間の中では余次元[10]が 1, したがって $\boldsymbol{e}_\perp$ が一意的に決まる. ベクトル積が3次元に限って定義できる理由はこれである.

内積 (1.3) がスカラー値をとる (そのために内積をスカラー積と呼ぶこともある) のに対して, ベクトル積はベクトル値をとる. また, 内積が対称積 ($\boldsymbol{x} \cdot \boldsymbol{y} = \boldsymbol{y} \cdot \boldsymbol{x}$) であるのに対して, ベクトル積は反対称積 ($\boldsymbol{x} \times \boldsymbol{y} = -\boldsymbol{y} \times \boldsymbol{x}$)

---

[9] 本書では常に右手系を「とるべき選択」として理論を書く. しかし, これは「空間の向きづけ (orientation)」にかかわる問題を含んでいる. もちろん, この選択は自由であって左手系の理論を書いてもかまわないのだが, 一つ問題になるのは向きづけが場所によって変わるような多様体を議論するときである (2.2.3 項参照).

[10] n 次元のベクトル空間 X の中に置かれた部分空間 M が次元 m をもつとき, $n-m$ を M の余次元 (codimension) という. これは, X の自由度から M にかかわる部分を取り去った余りの自由度を意味する. 正確に言うと, 商空間 X/M の次元である. ここで商空間とは, ベクトル $\boldsymbol{x}, \boldsymbol{y} \in X$ について「同値関係」を $\boldsymbol{x} \sim \boldsymbol{y} \Leftrightarrow \boldsymbol{x} - \boldsymbol{y} \in M$ によって定義したときの同値類のベクトル空間のことである.

1.3 基本的な数学の準備　17

である．デカルト座標表現した場合の計算式を示しておこう．$\boldsymbol{x} = (x_1, x_2, x_3)^{\mathrm{T}}$, $\boldsymbol{y} = (y_1, y_2, y_3)^{\mathrm{T}}$ に対して，

$$\boldsymbol{x} \times \boldsymbol{y} = \begin{pmatrix} x_2 y_3 - x_3 y_2 \\ x_3 y_1 - x_1 y_3 \\ x_1 y_2 - x_2 y_1 \end{pmatrix}. \tag{1.8}$$

この種の計算をするのに便利な記号を準備しておく．三つのインデックスをもつ係数 $\varepsilon_{jk\ell}$ を

$$\varepsilon_{jk\ell} = \begin{cases} +1 & \text{if } (j, k, \ell) = (1, 2, 3),\ (2, 3, 1),\ (3, 1, 2), \\ -1 & \text{if } (j, k, \ell) = (1, 3, 2),\ (2, 1, 3),\ (3, 2, 1), \\ 0 & \text{otherwise} \end{cases} \tag{1.9}$$

と定義する．これをレヴィ＝チビタ (Levi-Civita) 反対称3階テンソルと呼ぶ（補足1.3参照）．ルールは，(a) j, k, ℓ の中に同じものがあると0，(b) $(j, k, \ell) = (1, 2, 3)$ の順序からスタートし，隣り合う二つを入れ替える変換（置換 (permutation)）を偶数回おこなって得られる配列に対しては +1，(c) 奇数回の置換で得られる配列に対しては −1 と定めているのである[11]．これを用いて，$\mathbb{R}^3$ の正規直交基 $\{\boldsymbol{e}_1, \boldsymbol{e}_2, \boldsymbol{e}_3\}$ について $\boldsymbol{e}_j \times \boldsymbol{e}_k = \varepsilon_{jk\ell} \boldsymbol{e}_\ell$ と書くことができる．したがって，

$$\boldsymbol{x} \times \boldsymbol{y} = \sum_{j, k, \ell = 1}^{3} \varepsilon_{jk\ell}\, x_j\, y_k\, \boldsymbol{e}_\ell \tag{1.10}$$

と計算することができる．

このような複雑な代数演算が現れると，いささか不安にならざるをえない．実は，これは「外積」と呼ばれる一般的な代数演算の「3次元における特殊形」であり，幾何学的に自然な構造の「断片」を見ているのだ．外積代数は物理学の背骨を構成する数学的構造である．それが，例えば電磁力においては「フレミングの法則」という形で現れるのである．次章で外積代数を学ぶまでは，とりあえず天下りで (1.7) の定義を受け入れておこう．

---

[11] このルールに従えば，m $(m \geq 2)$ 階の反対称テンソル $\varepsilon_{jk\cdots\ell}$ を定義できる．すなわち，$(j, k, \ldots, \ell) = (1, 2, \ldots, m)$ の偶数回置換をインデックスとするとき +1，奇数回置換のときは −1，その他の場合（つまりインデックスに同じ数が現れる場合）は0とする．

補足 1.3（テンソル）　形式的に言うと，m 階テンソルとは，m 個のインデックスをもつ数（普通は実数か複素数）の並び $(\xi_{jk\cdots\ell})$ である（各インデックス $j, k, \ldots$, ℓ は整数値をとる）．$m = 1$ の場合は普通のベクトル (ξ_j)，$m = 2$ の場合は行列の形 (ξ_{jk}) で表現される．二つのベクトル空間 X と Y の「テンソル積」によって 2 階テンソルの空間が構成され，それを $X \otimes Y$ と書く．これを繰り返して m 階テンソルの空間 $X \otimes Y \otimes \cdots \otimes Z$ が構成される．ここでテンソル積とは，$\boldsymbol{x} \in X$, $\boldsymbol{y} \in Y$ に対して次の性質を満たす $\boldsymbol{x} \otimes \boldsymbol{y} \in X \otimes Y$ を与える双線形写像である[12]：

$$(\boldsymbol{x} + \boldsymbol{x}') \otimes \boldsymbol{y} = \boldsymbol{x} \otimes \boldsymbol{y} + \boldsymbol{x}' \otimes \boldsymbol{y}, \quad \boldsymbol{x} \otimes (\boldsymbol{y} + \boldsymbol{y}') = \boldsymbol{x} \otimes \boldsymbol{y} + \boldsymbol{x} \otimes \boldsymbol{y}',$$
$$\alpha(\boldsymbol{x} \otimes \boldsymbol{y}) = (\alpha\boldsymbol{x}) \otimes \boldsymbol{y} = \boldsymbol{x} \otimes (\alpha\boldsymbol{y}).$$

つまりテンソルはそれぞれのインデックスごとにベクトルである．

$X^{(1)}, \ldots, X^{(m)}$ はそれぞれ $n_1, \ldots, n_m$ 次元のベクトル空間とする．$X^{(i)}$ の基が $\{\boldsymbol{e}_1^{(i)}, \boldsymbol{e}_2^{(i)}, \ldots, \boldsymbol{e}_{n_i}^{(i)}\}$ で与えられているとする．テンソル積によって m 階テンソルの空間 $X^{(1)} \otimes \cdots \otimes X^{(m)}$ を定義すると，その元は $\boldsymbol{e}_{jk\cdots\ell} = \boldsymbol{e}_j^{(1)} \otimes \boldsymbol{e}_k^{(2)} \otimes \cdots \otimes \boldsymbol{e}_\ell^{(m)}$ たちを基として

$$T = \sum_{j,k,\ldots,\ell} T_{jk\cdots\ell}\, \boldsymbol{e}_{jk\cdots\ell}$$

と表現することができる．$T_{jk\cdots\ell}$ をテンソルの**成分** (component) と呼ぶ．テンソル積 $\otimes$ は直積空間 $X \times Y$ 上で定義された，一般的に非可換の，双線形積であり，基を構成するベクトルたちを組み合わせて新しい基 $\{\boldsymbol{e}_{jk\cdots\ell}\}$ を合成する作用だと考えてよい．具体的な例として，内積を定義する (1.4) やベクトル積を定義する (1.10) がある．さらに，2.3 節で議論する外積 (exterior product) もテンソル積の重要な例である．

ここではインデックスをすべて下につけたが，$\xi_{jk\cdots\ell}^{\mu\nu\cdots\eta}$ のように上と下に割りつけることがある．これは次章で議論するベクトルの 2 種類への分類にもとづくものであり，上につけたものを反変インデックス (contravariant index)，下につけたものを共変インデックス (covariant index) という（補足 1.13 も参照）．

1.3.2　ベクトル場

素朴な意味で**場** (field) とは，なんらかの空間の上に広がる物理量のことである．例えば，ある物体内の温度．それは，各点ごとにスカラー（実数）の値をとる．物体が占める領域を $\Omega \subset \mathbb{R}^3$ とし，Ω 内の点の座標を (x^1, x^2, x^3) と表すと，実数値をとる関数 $T(x^1, x^2, x^3)$ によって温度分布を表現するこ

---

[12] $\boldsymbol{y}$ を固定したとき $\boldsymbol{x}$ について線形，また $\boldsymbol{x}$ を固定したとき $\boldsymbol{y}$ について線形であることを「双線形」という．次に述べる m 階のテンソル積は，各変数について線形であるという意味で m 重線形である．

とができる．このような物理量をスカラー場という．

　空間の各点でベクトルの値をとる関数をベクトル場という．例えば，3 次元空間に分布する 3 次元ベクトルの場は

$$\boldsymbol{v}(x^1, x^2, x^3) = \begin{pmatrix} v_1(x^1, x^2, x^3) \\ v_2(x^1, x^2, x^3) \\ v_3(x^1, x^2, x^3) \end{pmatrix}$$

と表現することができる．電場や磁場（図 1.1 参照）は，このようなベクトル場である．

　場は「空間」に分布すると述べたが，何もない空間（真空）に何かが分布するというのは不思議だ．温度の場であれば，それは物体の状態を表す物理量として，物体の上に分布している．電磁場は，何の上に分布するのであろうか？この素朴な疑問に答えるために，かつては「エーテル」という物体を仮定し，その上に電磁場が分布すると考えた．しかし，結局このモデルは否定され，電磁場は真空の空間にも存在することが明らかになった．したがって「場は空間の上に分布する物理量」だと述べたのである．現代物理では，電磁場自体がある種の「物」だと考える．それを量子化して粒子的に表現したものが「光子」である．電磁場の変動である電磁波とは，光子たちが空間の中で運動することでおこる現象なのである．

　場が分布する空間を**底空間** (base space) と呼ぶ．以下，n 次元の底空間 $\mathbb{R}^n$ にデカルト座標を置き，点の位置を $(x^1, x^2, \ldots, x^n)$ と書く．簡便のために，複数の変数をまとめて $\boldsymbol{x}$ とも表記する．これは「位置ベクトル」だと思ってもよいが，厳密には空間 $\mathbb{R}^n$ はアフィン空間であり，その点 $\boldsymbol{x}$ はベクトルとは区別される（補足 1.2 参照）．

　一般に，n 次元底空間上の場は m 次元のベクトル値であってよい（$m = 1$ の場合がスカラー場）．さらに一般化すると，テンソル値（補足 1.3 参照）の場を考えることができる．しかし，電磁気学で基本となる電場と磁場は $n = m = 3$ のベクトル場である．ちなみに流体力学でも，流速場は $n = m = 3$ のベクトル場である．これには深い意味がある．同時に，電場と磁場，そして速度場は，いずれも 3 次元ベクトル値をとるという「同じ顔」をしているが，実はそれぞれ異なる素性をもつ．また，流体の密度や電荷密度などは，一つの実数値で表されるのだが，実はスカラー場ではない．これらの区別を体系的に理解するこ

20　　　　　　　　　　　　　第 1 章　電磁気の物理学

とが次章の課題である.

1.3.3　微分作用素

　物理量の微分係数を見よ，というのがニュートン以来，物理のドグマである．場の微分に関する基本的な演算を見ておこう[13]．

　まず，スカラー場 $\phi(x^1, x^2, \ldots, x^n)$ の微分を考える．座標 x^j $(j = 1, \ldots, n)$ それぞれに関する偏導関数[14] $\partial_{x^j}\phi$ をまとめると n 次元のベクトル場となる．それを

$$\nabla\phi(\boldsymbol{x}) = \begin{pmatrix} \partial_{x^1}\phi(\boldsymbol{x}) \\ \partial_{x^2}\phi(\boldsymbol{x}) \\ \vdots \\ \partial_{x^n}\phi(\boldsymbol{x}) \end{pmatrix}, \tag{1.11}$$

あるいは $\mathrm{grad}\,\phi(\boldsymbol{x})$ と書き，$\phi(\boldsymbol{x})$ の**勾配** (gradient) と呼ぶ.

　勾配 $\nabla\phi(\boldsymbol{x})$ は，スカラー値関数 $\phi(\boldsymbol{x})$（実数値とする）の増加率が最大の方向を向くベクトルである．実際，$\phi(\boldsymbol{x})$ を計算する点を $\boldsymbol{x} \mapsto \boldsymbol{x} + \epsilon\boldsymbol{k}$ $(|\epsilon| \ll 1, |\boldsymbol{k}| = 1)$ と動かしたとき生じる $\phi(\boldsymbol{x})$ の変動は

$$\tilde{\phi} = \phi(\boldsymbol{x} + \epsilon\boldsymbol{k}) - \phi(\boldsymbol{x}) = \epsilon\boldsymbol{k} \cdot \nabla\phi + O(\epsilon^2) \tag{1.12}$$

と計算される．$O(\epsilon^2)$ は微小パラメタ ϵ の 2 乗程度の非常に小さい項を表す記号である．点を動かす方向 $\boldsymbol{k}$ が $\nabla\phi$ と平行であるとき，$\tilde{\phi}$ は最大となる；内積の関係式 (1.3) を参照.

　n 次元の底空間でスカラー場の勾配を計算すると n 次元のベクトル場になることがわかった．逆に n 次元ベクトル場 $\boldsymbol{V}(\boldsymbol{x}) = (V_1(\boldsymbol{x}), \ldots, V_n(\boldsymbol{x}))^{\mathrm{T}}$ に対して次のような微分を計算すると「スカラー場」になる[15]：

---

[13] ここでは空間にデカルト座標を置く．一般の座標で微分演算たちがどのような表現をとるのかを議論するためには，それらの「幾何学的」な意味を明確にしなくてはならない．それは次章の課題とし，ここでは初等的な理解のために必要最小限の定義としてデカルト座標での具体的な表現で微分作用素たちを定義する．

[14] 本書では偏微分 $\partial\phi/\partial x^j$ を $\partial_{x^j}\phi$ と表記する．さらに略して ∂_j と書くこともある (1.5.3 項参照).

[15] 次章では，スカラー場，ベクトル場について微分幾何学の立場から詳しい定義を与える．そのとき，$\boldsymbol{V}$，$\nabla \cdot \boldsymbol{V}$ はベクトル場，スカラー場とは異なる意味が与えられる．しかし，ここでは素朴に，成分が一つの場をスカラー場，複数の場をベクトル場と呼んでおく．

1.3 基本的な数学の準備

表1.1 3次元空間における基本的な微分作用素. デカルト座標で具体的に表現する.

勾配	∇ あるいは grad	$\nabla\phi = (\partial_{x^1}\phi, \partial_{x^2}\phi, \partial_{x^3}\phi)^{\mathrm{T}}$
回転	$\nabla\times$ あるいは curl	$\nabla\times\boldsymbol{V} = \begin{pmatrix} \partial_{x^2}V_3 - \partial_{x^3}V_2 \\ \partial_{x^3}V_1 - \partial_{x^1}V_3 \\ \partial_{x^1}V_2 - \partial_{x^2}V_1 \end{pmatrix}$
発散	$\nabla\cdot$ あるいは div	$\nabla\cdot\boldsymbol{V} = \partial_{x^1}V_1 + \partial_{x^2}V_2 + \partial_{x^3}V_3$

$$\nabla\cdot\boldsymbol{V}(\boldsymbol{x}) = \partial_{x^1}V_1(\boldsymbol{x}) + \partial_{x^2}V_2(\boldsymbol{x}) + \cdots + \partial_{x^n}V_n(\boldsymbol{x}). \tag{1.13}$$

これを div $\boldsymbol{V}(\boldsymbol{x})$ とも書き, $\boldsymbol{V}(\boldsymbol{x})$ の**発散** (divergence) と呼ぶ.

微分作用素 $\nabla = (\partial_{x^1}, \partial_{x^2}, \ldots, \partial_{x^n})^{\mathrm{T}}$ を「ベクトル」に見立てると, $\nabla\cdot\boldsymbol{V}$ は ∇ と $\boldsymbol{V}$ の「内積」のような形をしている. ならば, 「ベクトル積」(1.8) のような微分も考えることができそうである. ただし, ベクトル積と同様に, 3次元ベクトルの場合に限られる. ベクトル積の定義 (1.8) あるいは (1.10) を参考にすると, 空間の次元 $n = 3$ の場合に限って,

$$\nabla\times\boldsymbol{V}(\boldsymbol{x}) = \sum_{j,k,\ell=1}^{3} \varepsilon_{jk\ell}\left(\partial_{x^j}V_k\right)\boldsymbol{e}_\ell = \begin{pmatrix} \partial_{x^2}V_3 - \partial_{x^3}V_2 \\ \partial_{x^3}V_1 - \partial_{x^1}V_3 \\ \partial_{x^1}V_2 - \partial_{x^2}V_1 \end{pmatrix} \tag{1.14}$$

を定義することができる. これを curl $\boldsymbol{V}(\boldsymbol{x})$ とも書き, $\boldsymbol{V}(\boldsymbol{x})$ の**回転** (curl) あるいは**渦度** (vorticity) と呼ぶ[16]. 3次元ベクトル場から3次元ベクトル場への写像である.

以上の微分写像を表1.1にまとめておこう. これらにかかわるベクトル場

---

[16] あるいは rot $\boldsymbol{V}(\boldsymbol{x})$ とも書き, rotation と呼ぶ. 日本名の「回転」はこの訳である. 最近は curl (カール) と呼ぶ方がポピュラーである. 実は回転という呼び方は誤解を招く可能性があって, あまり適切ではない. いわゆる「回転」がおこらないベクトル場でも $\nabla\times\boldsymbol{V}$ が生じる (例として, 電磁波についての説明図3.8を参照). $\nabla\times\boldsymbol{V}\neq 0$ だからといって $\boldsymbol{V}$ がぐるぐる回るベクトル場だとは限らないのである. 「渦度」という呼び方は必ずしも一般的ではないが, 流体力学の分野でよく用いられる. 後で述べるように, $\boldsymbol{V}$ を流体の流速場だと思うと, $\nabla\times\boldsymbol{V}$ は $\boldsymbol{V}$ が作る「渦」を表す (前記のように渦といっても必ずしも渦巻いているとは限らないのだが). 流体力学は, 可視的な流体の運動を主な対象としているために, 場の理論における様々なインスピレーションを与える. 今井功:『電磁気学を考える』, 岩波書店, 1990 は, 電磁気学を流体力学のアナロジーで記述している.

は，ベクトルとしての次元と底空間の次元が等しいということに注目しておく．その理由は既に明らかであろう．微分作用素 ∇ が底空間の次元 n と同じ次元をもつ「ベクトル」として振る舞うからである．

次の重要な関係式が成り立つ：

$$\nabla \times (\nabla \phi) = 0 \quad (\forall \phi), \tag{1.15}$$

$$\nabla \cdot (\nabla \times \boldsymbol{V}) = 0 \quad (\forall \boldsymbol{V}). \tag{1.16}$$

上記の定義に従って計算すれば容易に導けるので，確認されたい．

さて，「勾配」は，文字通りスカラー場の「勾配」を計算する微分作用素であることは既に述べた通りであるが，「発散」と「回転」は，ベクトル場のどのような特性を計っているのだろう？ それぞれ「名は体を表す」ように命名されているのだが，微分作用素としての定義式だけからは，まだ意味が明らかではないだろう．それを理解するために，次項で述べる積分公式が助けになる．

1.3.4 積分にかかわる公式

微分と積分の根本的な関係

$$\int_a^b \frac{\mathrm{d}\phi(x)}{\mathrm{d}x}\,\mathrm{d}x = \phi(x)\Big|_a^b = \phi(b) - \phi(a) \tag{1.17}$$

を多次元空間へ拡張することが，本項の目的である．

体積積分とガウスの公式

(1.17) における積分区間 $(a, b) \subset \mathbb{R}$ に相当するものとして開集合 $\Omega \subset \mathbb{R}^n$ を考えることができる．一般の開集合を考えることは次章を待つことにし，ここでは簡単な「矩形領域」で具体的な計算をしてみよう．3次元空間を考えれば十分である．$\mathbb{R}^3$ にデカルト座標を置いて，その点を $\boldsymbol{x} = (x^1, x^2, x^3)$ と表す．直方体

$$\Omega = \{(x^1, x^2, x^3);\ a^j < x^j < b^j\ (j = 1, 2, 3)\}$$

を考えよう．関数 $f(\boldsymbol{x})$ に対して，その Ω 上の**体積積分** (volume integral) とは

$$\int_\Omega f(\boldsymbol{x})\,\mathrm{d}^3 x = \int_{a^3}^{b^3} \int_{a^2}^{b^2} \int_{a^1}^{b^1} f(\boldsymbol{x})\,\mathrm{d}x^1 \mathrm{d}x^2 \mathrm{d}x^3 \tag{1.18}$$

のことである．$\mathrm{d}^3 x$ は 3 重積分 $\mathrm{d}x^1 \mathrm{d}x^2 \mathrm{d}x^3$ を略記したものだと思っておこう（一般化した定義は 2.3 節で与える）．ここでは Ω を直方体にとったので，(1.18) 右辺の多重積分において各座標軸方向の積分領域は一定の区間になり，各変数ごとに積分することが可能である．このことを使って計算する．

$\nabla \cdot \boldsymbol{V} = \partial V_1 / \partial x^1 + \partial V_2 / \partial x^2 + \partial V_3 / \partial x^3$ の第 1 項について体積積分を計算してみよう．$\int \mathrm{d}x^1$ について (1.17) を用いると，

$$
\begin{aligned}
\int_{\Omega} \frac{\partial V_1}{\partial x^1} \mathrm{d}^3 x &= \int_{a^3}^{b^3} \int_{a^2}^{b^2} V_1 \Big|_{a^1}^{b^1} \mathrm{d}x^2 \mathrm{d}x^3 \\
&= \int_{a^3}^{b^3} \int_{a^2}^{b^2} \left(V_1(b^1, x^2, x^3) - V_1(a^1, x^2, x^3) \right) \mathrm{d}x^2 \mathrm{d}x^3.
\end{aligned}
$$

残りの項についても同様に計算でき，結局

$$
\begin{aligned}
\int_{\Omega} \nabla \cdot \boldsymbol{V} \mathrm{d}^3 x = &\int_{a^3}^{b^3} \int_{a^2}^{b^2} V_1 \Big|_{a^1}^{b^1} \mathrm{d}x^2 \mathrm{d}x^3 \\
&+ \int_{a^1}^{b^1} \int_{a^3}^{b^3} V_2 \Big|_{a^2}^{b^2} \mathrm{d}x^3 \mathrm{d}x^1 + \int_{a^2}^{b^2} \int_{a^1}^{b^1} V_3 \Big|_{a^3}^{b^3} \mathrm{d}x^1 \mathrm{d}x^2 \quad (1.19)
\end{aligned}
$$

を得る．この右辺に現れたものは Ω の境界における**面積分** (surface integral) である．見やすくするために記号を用意しよう．

Ω の境界を $\partial \Omega$ と表す．これは 3 組の向き合う長方形によって構成されている（図 1.8）．例えば $x^1 = a^1$ の境界面を

$$
\Omega\big|_{x^1=a^1} = \{(a^1, x^2, x^3); \ a^2 < x^2 < b^2, \ a^3 < x^3 < b^3\}
$$

のように書くと，

$$
\partial \Omega = \Omega\big|_{x^1=a^1} \cup \Omega\big|_{x^1=b^1} \cup \Omega\big|_{x^2=a^2} \cup \Omega\big|_{x^2=b^2} \cup \Omega\big|_{x^3=a^3} \cup \Omega\big|_{x^3=b^3}.
$$

$\partial \Omega$ 上の外向き単位法線ベクトルを $\boldsymbol{n}$ と書く．$\Omega\big|_{x^1=a^1}$ 上で $\boldsymbol{n} = (-1, 0, 0)^{\mathrm{T}}$ であるから $\boldsymbol{n} \cdot \boldsymbol{V}(\boldsymbol{x}) = -V_1(a^1, x^2, x^3)$，他方 $\Omega\big|_{x^1=b^1}$ 上では $\boldsymbol{n} = (1, 0, 0)^{\mathrm{T}}$，$\boldsymbol{n} \cdot \boldsymbol{V}(\boldsymbol{x}) = V_1(b^1, x^2, x^3)$．他の境界面上でも同様である．境界面上の 2 次元積分を $\mathrm{d}^2 x$ と書く．$\Omega\big|_{x^1=a^1}$ および $\Omega\big|_{x^1=b^1}$ においては $\mathrm{d}^2 x = \mathrm{d}x^2 \mathrm{d}x^3$，$\Omega\big|_{x^2=a^2}$ および $\Omega\big|_{x^2=b^2}$ においては $\mathrm{d}^2 x = \mathrm{d}x^3 \mathrm{d}x^1$，$\Omega\big|_{x^3=a^3}$ および $\Omega\big|_{x^3=b^3}$ においては $\mathrm{d}^2 x = \mathrm{d}x^1 \mathrm{d}x^2$ を意味する．以上を使って (1.19) を書き直すと

$$
\int_{\Omega} \nabla \cdot \boldsymbol{V} \mathrm{d}^3 x = \int_{\partial \Omega} \boldsymbol{n} \cdot \boldsymbol{V} \mathrm{d}^2 x. \quad (1.20)
$$

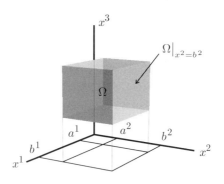

図 1.8 3次元空間内の矩形領域 Ω とその境界 $\partial\Omega = \Omega|_{x^1=a^1} \cup \Omega|_{x^1=b^1} \cup \Omega|_{x^2=a^2} \cup \Omega|_{x^2=b^2} \cup \Omega|_{x^3=a^3} \cup \Omega|_{x^3=b^3}$.

これを**ガウス (Gauss) の公式**という．ここでは Ω は直方体であるとして，これを導いたが，2.4 節で示すように，任意の形状の領域 Ω について (1.20) が成り立つ．

公式 (1.20) は，ベクトルの「発散」$\nabla \cdot \boldsymbol{V}$ の意味を雄弁に語っている．ある領域 Ω 内にある $\nabla \cdot \boldsymbol{V}$ の総量（公式の左辺）は，その境界 $\partial\Omega$ を通って流出する $\boldsymbol{V}$ の流束（公式の右辺）に等しい（補足 1.4 参照）．つまり，$\nabla \cdot \boldsymbol{V}$ はベクトルがもつ発散性（$\nabla \cdot \boldsymbol{V} < 0$ の場合は吸収性）を計っているのである．

図 1.1 を参照しよう．電荷が作る電場 $\boldsymbol{E}$ は，発散するベクトル場の典型である．電荷は $\nabla \cdot \boldsymbol{E}$ という「形」で電場を存在せしめるのである．逆に言うと，ベクトル場の変動を計る微分作用素の一つである発散 $\nabla\cdot$ を電場に作用させると，電場の発生源として電荷を発見する．ベクトル場のもう一つの変動パターンは回転 $\nabla\times$ によって計られる．これを電場に作用させると，もう一つの電場発生源である磁場変動を発見する．その物理は 1.4 節で説明するが，ここでは数学的な準備として，回転に関する積分公式を導いておく．

面積分とストークスの公式

「回転」と呼んだ微分 $\nabla \times \boldsymbol{V}$ が，文字通りベクトル場 $\boldsymbol{V}$ の回転（あるいは渦度）を計るものであることが次に示す積分公式から明らかになる．ここでも簡単な計算で済ますために，$x^3 = c$（定数）の x^1-x^2 平面を考え，その上に矩形

1.3 基本的な数学の準備

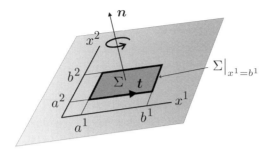

図1.9 2次元平面（3次元空間に埋め込まれた平面）上の矩形領域 Σ とその境界 $\partial\Sigma = \Sigma|_{x^1=a^1} \cup \Sigma|_{x^1=b^1} \cup \Sigma|_{x^2=a^2} \cup \Sigma|_{x^2=b^2}$. 面 Σ には法線ベクトル $\boldsymbol{n}$ で定義される「向き」がある．境界の接線ベクトル $\boldsymbol{t}$ は $\boldsymbol{n}$ を軸として右回りの方向にとる．

領域
$$\Sigma = \{(x^1, x^2, c);\ a^1 < x^1 < b^1,\ a^2 < x^2 < b^2\}$$
をとる．Σ 上の単位法線ベクトルは $\boldsymbol{n} = (0,0,1)^{\mathrm{T}}$ と書ける．3次元ベクトル場 $\boldsymbol{W}(\boldsymbol{x})$ が与えられたとき，それの Σ 上の面積分とは
$$\int_\Sigma \boldsymbol{n}\cdot\boldsymbol{W}(\boldsymbol{x})\,\mathrm{d}^2 x = \int_{a^2}^{b^2}\int_{a^1}^{b^1} W_3(x^1,x^2,c)\,\mathrm{d}x^1\mathrm{d}x^2$$
のことである（ガウスの公式で現れた面積分を参照）．$\boldsymbol{W} = \nabla\times\boldsymbol{V}$ についてこれを計算しよう．(1.17) を用いると
$$\begin{aligned}\int_\Sigma \boldsymbol{n}\cdot(\nabla\times\boldsymbol{V})\,\mathrm{d}^2 x &= \int_{a^2}^{b^2}\int_{a^1}^{b^1}(\partial_{x^1}V_2 - \partial_{x^2}V_1)\,\mathrm{d}x^1\mathrm{d}x^2\\ &= \int_{a^2}^{b^2} V_2\Big|_{a^1}^{b^1}\mathrm{d}x^2 - \int_{a^1}^{b^1} V_1\Big|_{a^2}^{b^2}\mathrm{d}x^1.\end{aligned} \quad (1.21)$$
右辺に現れた1次元積分（線積分）は次のように整理できる．

Σ の境界を $\partial\Sigma$ と書く．これは2組の向き合う直線によって構成されている（図1.9参照）．例えば $x^1 = a^1$ の境界線を
$$\Sigma\big|_{x^1=a^1} = \{(a^1, x^2, c);\ a^2 < x^2 < b^2\}$$
のように書くと，
$$\partial\Sigma = \Sigma\big|_{x^1=a^1} \cup \Sigma\big|_{x^1=b^1} \cup \Sigma\big|_{x^2=a^2} \cup \Sigma\big|_{x^2=b^2}.$$

$\partial\Sigma$ 上の単位接ベクトルを $\boldsymbol{t}$ と書く．ただし，$\boldsymbol{t}$ の向きは Σ に対する法線ベクトル $\boldsymbol{n}$ を軸として右回りにとる（図 1.9 参照）．$\Sigma\big|_{x^1=a^1}$ 上で $\boldsymbol{t} = (0, -1, 0)^{\mathrm{T}}$ であるから $\boldsymbol{t} \cdot \boldsymbol{V}(\boldsymbol{x}) = -V_2(a^1, x^2, c)$，他方 $\Sigma\big|_{x^1=b^1}$ 上では $\boldsymbol{t} = (0, 1, 0)^{\mathrm{T}}$，$\boldsymbol{t} \cdot \boldsymbol{V}(\boldsymbol{x}) = V_2(b^1, x^2, c)$．他の境界線上でも同様である．境界線上の 1 次元積分を $\mathrm{d}^1 x$ と書く．$\Sigma\big|_{x^1=a^1}$ および $\Sigma\big|_{x^1=b^1}$ においては $\mathrm{d}^1 x = \mathrm{d}x^2$，$\Sigma\big|_{x^2=a^2}$ および $\Sigma\big|_{x^2=b^2}$ においては $\mathrm{d}^1 x = \mathrm{d}x^1$ を意味する．以上を使って (1.21) を書き直すと

$$\int_\Sigma \boldsymbol{n} \cdot (\nabla \times \boldsymbol{V}) \, \mathrm{d}^2 x = \int_{\partial\Sigma} \boldsymbol{t} \cdot \boldsymbol{V} \, \mathrm{d}^1 x. \tag{1.22}$$

これを**ストークス (Stokes) の公式**という．右辺は Σ の境界 $\partial\Sigma$ を廻る $\boldsymbol{V}$ の循環 (circulation) を表す．簡単な計算で導くために Σ は矩形の平面であるとしたが，任意の曲面に対して (1.22) が成り立つ．前記ガウスの公式とのアナロジーに注目しよう．次章で示すように，これらの公式は統一されて定理 2.30 としてまとめられる．

公式 (1.22) によって $\nabla \times \boldsymbol{V}$ の意味が読みとれる．ある面 Σ の上に $\nabla \times \boldsymbol{V}$ があると（すなわち $\int_\Sigma \boldsymbol{n} \cdot \nabla \times \boldsymbol{V} \mathrm{d}^2 x$ が生じるとき），$\partial\Sigma$ に沿って $\boldsymbol{V}$ の循環が生じている．つまり，$\nabla \times \boldsymbol{V}$ は $\boldsymbol{V}$ が作る渦の強さを計っている．逆に，あるループ Γ に沿って $\boldsymbol{V}$ の循環 $\int_\Gamma \boldsymbol{t} \cdot \boldsymbol{V} \mathrm{d}^1 x$ があると，Γ を境界とする面 Σ に「渦度」$\nabla \times \boldsymbol{V}$ がある．

ベクトル場 $\boldsymbol{V}$ がどのくらい渦巻いているのかは，それを観察する向きによって変わる（図 1.1 (b) 参照）．渦度 $\nabla \times \boldsymbol{V}$ がやはり 3 次元ベクトルであるのは，このためである．ストークスの公式 (1.22) で，左辺にあるベクトル $\boldsymbol{n}$ が，渦を観測する向きを決めている．これを法線とする面の上にある渦巻きを計るという意味である．

さて，ベクトル場 $\boldsymbol{V}$ に対して $\nabla \cdot \boldsymbol{V}$ が文字通り「発散」を，$\nabla \times \boldsymbol{V}$ が文字通り「渦」を見るための計算であることがわかったので，関係式 (1.15), (1.16) を次のような「標語」にして理解できるようになった：

- (1.15) $\Leftrightarrow$ 勾配ベクトルには渦がない．
- (1.16) $\Leftrightarrow$ 渦ベクトルには発散がない．

発散を電場について計算すると，その発生源である電荷が発見されると述べ

たが，回転を電場について計算すると（つまり電場の渦を見ると）変動する磁場ベクトルが発見される．また磁場の回転からは，電流および変動する電場ベクトルが発見される（図1.1 (b) 参照）．これらの関係を定式化したのが次節で述べるマックスウェルの方程式である．

補足 1.4（流束と循環） ベクトル場の流束 (flux) と循環 (circulation) は重要な概念なので，説明を補足しておく．本項では矩形の領域を考えたので，3次元空間に埋め込まれた「面」や「線」の上の積分（d^2x や d^1x）は空間に置いた座標 x^j で簡単に表すことができた．これを一般化して，任意の曲面や曲線に対しても面積分や線積分を定義することができる．次章では，体積積分と面積分や線積分の整合性を議論しつつ，ガウスの公式やストークスの公式を統一的に整理する．それを先取りして，任意の曲面を通過する流束，閉曲線を廻る循環について，それらの幾何学的な意味を見ておこう．

まず空間の中に埋め込まれた曲面 Σ を考える．積分 $\int_\Sigma d^2x$ は Σ の面積を与えるものとする．この面に単位法線ベクトル $\boldsymbol{n}$ を立て，それが向いている方向を Σ の「表側」と定義する（図1.9参照）．$\boldsymbol{V}$ を「流速」のベクトル場だと考えよう．$\boldsymbol{n} \cdot \boldsymbol{V}$ は面 Σ を裏から表へ向けて通過する流速を表す．これを面積分した $\int_\Sigma \boldsymbol{n} \cdot \boldsymbol{V} d^2x$ は Σ を通過する正味の流量を与える．これが流束である．

次に空間の中に埋め込まれた曲線 Γ を考える．積分 $\int_\Gamma d^1x$ は Γ の長さを与えるものとする．Γ の単位接ベクトルを $\boldsymbol{t}$ と書く．具体的には，Γ 上の点を関数 $\boldsymbol{x}(t)$ で表し，$\boldsymbol{t} = (d\boldsymbol{x}/dt)/|d\boldsymbol{x}/dt|$ と置けばよい．流速のベクトル場 $\boldsymbol{V}$ が与えられたとき，$\boldsymbol{t} \cdot \boldsymbol{V}$ は曲線 Γ に沿った方向の流れの強さを与える．Γ が閉曲線であるとき，$\int_\Gamma \boldsymbol{t} \cdot \boldsymbol{V} d^1x$ は Γ に沿って1周したときの正味の流れを表す．これが循環である．ここでも Γ を向きづける必要があることに注意しよう．普通は，いわゆる「右手系」を選ぶ．閉曲線 Γ を境界とする面に法線ベクトル $\boldsymbol{n}$ を立てたとき，$\boldsymbol{n}$ に対して右回りを Γ の（あるいは Γ の接ベクトル $\boldsymbol{t}$ の）向きにとる（図1.9参照）．これは面の表側から見たとき Γ を反時計回りに回る向きである．

補足 1.5（渦度面積分の不変性） 慧眼な読者は次の疑問をもつだろう．ループ Γ が与えられたとき，これを境界とする面 Σ は一意的ではない．循環 $\int_\Gamma \boldsymbol{t} \cdot \boldsymbol{V} d^1x$ は Γ における $\boldsymbol{V}$ の値だけで決まる量である．他方，面積分 $\int_\Sigma \boldsymbol{n} \cdot (\nabla \times \boldsymbol{V}) d^2x$ の方は，境界を離れて面の位置における $\boldsymbol{V}$ から計算される．すると，面がどこにあっても (1.22) が成り立つというのは変ではないか？ 実は，ガウスの公式と組み合わせると，境界が同じなら，どのような面で計算しても同じ積分値になることがわかる．二つの異なる面 Σ と Σ' について計算してみよう．両者は Γ を共通の境界とし，境界以外では交わらないとする（交わる場合は，交わって生じた境界で面を分割して考えればよい）．すると $\Sigma \cup \Sigma'$ は，ある領域 Ω を内包する．つまり $\partial\Omega = \Sigma \cup \Sigma'$．ここで Γ

28 第1章 電磁気の物理学

の向きが決まっているので，Ω の外向き法線ベクトル $\boldsymbol{n}_\Omega$ に対して，Σ と Σ' のどちらか一方が表向き，他方が裏向きである．ここでは Σ の法線 $\boldsymbol{n}$ が $\boldsymbol{n}_\Omega$，Σ' の法線が $\boldsymbol{n} = -\boldsymbol{n}_\Omega$ だとしよう．さて，ガウスの公式 (1.20) によって

$$\int_\Omega \nabla \cdot (\nabla \times \boldsymbol{V}) \, \mathrm{d}^3 x = \int_{\partial\Omega} \boldsymbol{n}_\Omega \cdot (\nabla \times \boldsymbol{V}) \, \mathrm{d}^2 x.$$

(1.16) によって左辺は 0．一方右辺は，面 Σ と Σ' の裏表に注意すると，

$$\int_\Sigma \boldsymbol{n} \cdot (\nabla \times \boldsymbol{V}) \, \mathrm{d}^2 x - \int_{\Sigma'} \boldsymbol{n} \cdot (\nabla \times \boldsymbol{V}) \, \mathrm{d}^2 x$$

に等しい．したがって，$\int_\Sigma \boldsymbol{n} \cdot (\nabla \times \boldsymbol{V}) \, \mathrm{d}^2 x = \int_{\Sigma'} \boldsymbol{n} \cdot (\nabla \times \boldsymbol{V}) \, \mathrm{d}^2 x$ を得る．

1.4 マックスウェルの方程式

電磁現象の研究は静電場や静磁場の研究に始まり，電磁誘導の研究を経て電磁波の理論に至った．電磁気学の諸法則はマックスウェル (Maxwell) の方程式に集大成されている．本書では，歴史的な発展を追うのではなく，単刀直入にマックスウェルの方程式からはじめ，その意味することを見ていく．マックスウェルの方程式は，これを定式化したマックスウェル自身も自覚しなかったであろう，極めて多くの重要な原理を記述している．

1.4.1 電磁場の基本方程式

電場を $\boldsymbol{E}$，磁場を $\boldsymbol{B}$ で表す（補足 1.6 参照）．いずれも 3 次元空間で定義された 3 次元ベクトル場である（空間の座標を $\boldsymbol{x} = (x^1, x^2, x^3)$ と書く）．さらにこれらは時間 t の関数として変化するものとする．すなわち $\boldsymbol{E}(t, \boldsymbol{x})$, $\boldsymbol{B}(t, \boldsymbol{x})$ と表されるベクトル値の関数である．

電磁場の「発生源」たちも登場させなくてはならない．空間に存在する電荷密度を $\rho(t, \boldsymbol{x})$，電流密度を $\boldsymbol{J}(t, \boldsymbol{x})$ と表現する．電荷密度は実数値の関数，電流密度は 3 次元ベクトル値の関数である．

本書では，電荷密度と電流密度だけを電磁場の発生源として考える．真空中にこれらのみがあるとき，電磁場は

$$\partial_t \boldsymbol{B} + \nabla \times \boldsymbol{E} = 0, \tag{1.23}$$

$$\nabla \cdot \boldsymbol{B} = 0, \tag{1.24}$$

$$-\epsilon_0\mu_0\partial_t \boldsymbol{E} + \nabla \times \boldsymbol{B} = \mu_0 \boldsymbol{J}, \tag{1.25}$$

$$\nabla \cdot \boldsymbol{E} = \epsilon_0^{-1}\rho \tag{1.26}$$

によって支配される[17]．ただし，μ_0 は**真空透磁率** (vacuum permeability)，ϵ_0 は**真空誘電率** (vacuum permittivity) であり，$c = 1/\sqrt{\mu_0\epsilon_0}$ が真空中の光速を与える．(1.23)–(1.26) をマックスウェルの方程式という．ただし上記は SI 単位系（国際単位系 (International System of Units)）で表現されている．電磁気学の「ややこしさ」の一つに単位系の問題がある．他の単位系，例えばガウス単位系で表現すると，方程式に現れる係数が変化する．電磁気学の単位系と係数の意味については 1.6 節で議論する．

マックスウェルの方程式は，電磁気学発展の歴史の中で発見されたクーロン (Coulomb) の法則（静電力に関する法則であり (1.26) のもとになった），アンペール (Ampere) の法則（静磁場に関する法則であり (1.25) のもとになった），ファラデー (Faraday) の法則（電磁誘導の法則であり (1.23) に相当する）を包摂する「集大成」としてマックスウェルが定式化したものである．マックスウェル自身の重要な発見は (1.25) に含まれる $\epsilon_0\mu_0\partial_t \boldsymbol{E}$ なる項（変位電流 (displacement current) と呼ばれる）である．後で述べるように，これによって真空中に電磁波が存在しえることが理解できるようになった．変位電流の項を無視した方程式系をプレ・マックスウェル方程式と呼ぶこともある．

マックスウェルの方程式は，前節で準備した発散 ($\nabla\cdot$) と回転 ($\nabla\times$) を基本的な作用素として構成されていることがわかる．私たちは，これらの作用素がどのような幾何学的構造を「計測する」ものであるかを直感できるようになっている．また 1.2 節で，ベクトル場の視覚的なイメージを培っている．これらを駆使して，マックスウェルの方程式から読みとれる電磁場の基本的な構造について見ていこう．

まず発散に関する方程式をみよう．(1.24) により，磁場 $\boldsymbol{B}$ は発散がないべ

---

[17] 電磁気学における「真空」とは何かという問題は極めて深遠である．例えば，原子から光が放射されるとき，その光とは「光子」という粒子としてふるまう電磁場なのだが，もともと原子の中にはそのような粒子は存在しない．原子の中心にある原子核とその周りを回っている電子がある以外は「真空」なのである．その真空から光子という粒子が生まれる．光子は，もともと「真空として存在していた」と考える．量子論的な真空のモデルでは，真空とは無ではなく，エネルギーがあれば実在化する粒子の存在可能性を湛えた空間だと考える．

30   第1章　電磁気の物理学

クトル場である．「磁力線」を使って磁場を理解しようとするならば（1.2.2項
参照），磁力線には湧き出し点も吸い込み点もないということになる（正確に
は3.1節で議論する）．つまり磁力線は端点（発生点・消滅点）をもたない曲線
であり，空間の中でずっと循環し続ける．場合によっては閉じた曲線（円環な
ど）かもしれないが，必ずしも曲線が閉じているとは限らない．無限に長い曲
線というのが磁力線の一般的なありようである．

　他方，(1.26) が示すように，電場 E には発散があり，その湧き出し・吸い込
み点には電荷がある（図1.1 (a) 参照）．つまり電荷は電場の発生原因となる．

　次に回転に関する方程式をみよう．(1.23) は，変動する磁場 $\partial_t B$ が「渦巻く
電場」を発生することを示している．つまり電場 E には2種類ある．電荷が発
生する「発散する電場」と，変動磁場が発生する「渦巻く電場」である（図1.1
(b) 参照）．前者は時間変動とは直接関係ないので「静電場」と呼ばれる．対し
て後者は磁場変動から誘起されるので「誘導電場」と呼ばれる．

　磁場 B には，上記のように発散する成分はなく，渦巻く成分だけをもつ．
(1.25) が示すように，渦巻く磁場は二つの発生原因をもつ．一つは電流であ
る．アンペールの法則として知られているように，電流が流れるとそれを軸と
する渦状の磁場が発生するのである（図1.1 (b) 参照）．さらにもう一つの発生
メカニズムがあって，それが変位電流と呼ばれる架空の電流 $\epsilon_0\mu_0\partial_t E$ なので
ある．つまり電場の変動があると，それはあたかも電流が流れたように磁場を
発生するのである．アンペールの法則（プレ・マックスウェル方程式）では変
位電流の項がなく，磁場は電流密度 J だけで生成される渦場だと考えられてい
た．この場合，電流の担い手である電荷が存在しない真空中では磁場が発生し
得ない．すると (1.23) により電場の渦も発生し得ない．したがって，真空中を
電磁波が伝播するという現象が説明できないことになる．マックスウェルが変
位電流の項を発見したことで，電磁気の理論が完成したのである．

補足 1.6（電磁場の呼び方）　ここでは一般物理として敷衍している呼び方として電
場 (electric field)，磁場 (magnetic field) という名称を用いるが，E を電場強度
(electric field intensity)，B を磁束密度 (magnetic flux density) と呼ぶ伝統もあ
る．これらに加えて，1.4.6項で説明するように，電磁気の現象論では，E に似た振
る舞いをするものとして D で表す電束密度 (electric flux density)，B に似た振る
舞いをするものとして H で表す磁場強度 (magnetic field intensity) なるベクトル

場が現れる.「場の強度」という名称と,「束の密度」という名称は,次章で述べるベクトル場の分類学にも関係している. 他にもいろいろな呼び方があって, B を磁気誘導 (magnetic induction), D を電気変位 (electric displacement) と呼ぶ人もいる. これらは電磁現象の発生メカニズムを意識した命名である. 混乱するので, むしろ標準的な記号 E, D, H, B を共通言語にして意思疎通をはかるほうが間違いがない.

1.4.2 電荷と電流

前項で見たように, 電荷と電流は電磁場の「発生源」として働く[18]. 電荷密度 ρ と電流密度 J が与えられると, マックスウェルの方程式から電場 E と磁場 B が決められる. 他方, 電荷の分布や電流の流れ方は, 電磁場の影響を受けて変化するので, マックスウェルの方程式だけではモデルが完結していない. E と B から ρ と J を求めるモデル方程式を立てる必要がある. それは電荷の運動を記述するものであるから, 力学の理論にもとづいて定式化されなくてはならない. いわゆる「電磁力」を含む運動方程式である. マックスウェルの方程式と運動方程式を「連立」させることでモデルが完結する. 電磁力と運動方程式については 1.5 節で議論するが (1.4.6 項も参照), その準備として, ここではマックスウェルの方程式に対して「与えるべきデータ」として電荷密度と電流密度を考え, その特徴を見ておく.

電荷や電流は空間に分布する量であるから, ある種の「密度」で表現しなくてはならない[19]. 電荷密度 ρ とは, 単位体積あたりに存在する電荷量である. 電荷の単位は C (クーロン (Coulomb)) であるから, 電荷密度の単位は C/m^3 である (ここでは SI 単位系を採用する:1.6 節参照). ある領域 $\Omega \subset \mathbb{R}^3$ に含まれる電荷は体積積分

$$Q = \int_\Omega \rho \, \mathrm{d}^3 x$$

によって与えられる. 一方, 電流密度 J とは, 単位面積を通過する電流量と定義する. 電流の単位は A (アンペア (Ampere)) であるから (これも SI 単位

---

[18] 再度確認しておく. マックスウェルの方程式 (1.23)–(1.26) で $\rho = 0$, $J = 0$ とすると, $E = 0$, $B = 0$ なる解が得られる. 0 でない E や B を発生させる原因が ρ や J である. しかし, $\rho = 0$, $J = 0$ の場合でも, 0 でない E および B の解がある. それが真空を伝わる電磁波である.

[19] いわゆる「点電荷」とか, その軌道として定義される「線電流」は単純化されたモデルである. 電磁場の発生源として, これらは超関数として働く:3.2.3 項, 3.3.6 項参照.

系),電流密度の単位は A/m^2 ということになる.ある面 Σ を通過する電流は

$$I = \int_{\Sigma} \boldsymbol{n} \cdot \boldsymbol{J} \, \mathrm{d}^2 x,$$

ただし $\boldsymbol{n}$ は面 Σ 上の単位法線ベクトルである.以下,$\boldsymbol{n}$ が面から外向きになる側を Σ の表,反対側を裏と定義する.電荷密度が体積密度であるのに対して,電流密度の方は面積密度である.この違いに注意しておこう(4次元時空で定式化することで,この不統一は解消される:2.5節,2.6節参照).

電流は電荷の移動であるから,ρ と $\boldsymbol{J}$ は独立な変数ではなく,**電荷保存則**を満たす必要がある:

$$\partial_t \rho + \nabla \cdot \boldsymbol{J} = 0. \tag{1.27}$$

これが電荷保存を意味することは1.3.4項で示したガウスの公式から明らかである.任意の領域 Ω を考え,Ω 上で (1.27) の左辺にある二つの項を体積積分すると

$$\frac{\mathrm{d}}{\mathrm{d}t} \int_{\Omega} \rho \, \mathrm{d}^3 x + \int_{\Omega} \nabla \cdot \boldsymbol{J} \, \mathrm{d}^3 x.$$

この第1項は Ω に含まれる電荷の総量の時間変化率を表す.第2項は,ガウスの公式 (1.20) を用いて $\int_{\partial\Omega} \boldsymbol{n} \cdot \boldsymbol{J} \, \mathrm{d}^2 x$ と書き換えられ,境界 $\partial\Omega$ を通って Ω から流出する電荷量を表すことがわかる.(1.27) が成り立つとき両者はバランスして和が0になるのである.

電荷や電流は「何でできているのか」という問題を調べていくと,それらを担う荷電粒子 (charged particle) というミクロなモデルに行き着く.しかし,荷電粒子そのものが何であるかという問題とは別に,いろいろな「保存則」を統合するための道具概念として「粒子」というモデルが役立つ.例えば,ある物体は一定の電荷とともに一定の質量をもつとしよう.これは,物体を構成する粒子が不変のものとして存在していて,各粒子が電荷と質量を担っているからだと考える.逆に言うと,電荷と質量がその粒子のアイデンティティーを定める.マクロな保存則を「粒子」が保存するというミクロなモデルに還元するのである.これは1.5節で電荷と電流の力学を考えるときの基盤となる.

電荷 q と質量 m をもつ粒子を考えよう.仮にある物質が,この1種類の粒子だけで構成されているとする.粒子の数密度が n,流体的な速度が $\boldsymbol{v}$ であるとき,電荷密度と電流密度は

$$\rho = qn, \quad \boldsymbol{J} = qn\boldsymbol{v} \tag{1.28}$$

と表現することができる. 電荷保存則 (1.27) は**粒子保存則**

$$\partial_t n + \nabla \cdot (\boldsymbol{v}n) = 0 \tag{1.29}$$

からの帰結（これに定数 q を掛けたもの）だと考えることができる. (1.29) に質量 m を掛けると**質量保存則** $\partial_t \rho_m + \nabla \cdot \boldsymbol{P} = 0$ が得られる. $\rho_m = mn$ は質量密度, $\boldsymbol{P} = mn\boldsymbol{v}$ は運動量密度である. 同様に, もしこの粒子が他の物理量（例えばスピン）をアイデンティティーとして担っているなら, その物理量の密度と流束密度に関する保存則が粒子保存則 (1.29) から誘導される. ここで重要なポイントは, 速度 $\boldsymbol{v}$ が与えられると, 色々な物理量の分布の時間変化が統一的に計算できるということである. $\boldsymbol{v}$ を求める方程式を定式化することが 1.5 節で議論する力学の課題である.

複数の種類の粒子（記号 $(1), \ldots, (p)$ を与えよう）が共存するときは, 各種類ごとに粒子の数密度 $n_{(1)}, \ldots, n_{(p)}$ と速度 $\boldsymbol{v}_{(1)}, \ldots, \boldsymbol{v}_{(p)}$ を定義し, 粒子保存則

$$\partial_t n_{(\ell)} + \nabla \cdot (\boldsymbol{v}_{(\ell)} n_{(\ell)}) = 0 \quad (\ell = 1, \ldots, p) \tag{1.30}$$

が成り立つとする. 例えば電荷密度と電流密度は

$$\rho = \sum_\ell q_{(\ell)} n_{(\ell)}, \quad \boldsymbol{J} = \sum_\ell q_{(\ell)} n_{(\ell)} \boldsymbol{v}_{(\ell)} \tag{1.31}$$

と表現することができる.

1.4.3 電磁場のエネルギー

電荷 ρ と電流 $\boldsymbol{J}$ が電磁場の発生源になると述べたが, マックスウェルの方程式 (1.23)–(1.26) を見ると, たとえ $\rho = 0$, $\boldsymbol{J} = 0$ であっても, $\boldsymbol{E}$ と $\boldsymbol{B}$ 自体から電磁場の変化 $\partial_t \boldsymbol{E}$ と $\partial_t \boldsymbol{B}$ が生じることがわかる. 電磁場は電磁場自体に対して作用して変化を生じるのだ. このことは, 電磁場が「エネルギー」をもつということを意味する.

エネルギーの原義は「仕事をする能力」である. 意味を広くとれば「現象の生じるところにエネルギーがある」ということである. このエネルギーという概念を真に有用なものとするのは「エネルギー保存」という考え方である.

34　　　　　　　　第 1 章　電磁気の物理学

エネルギーは形を変えながらも保存する量であると考える（すなわちエネルギー保存則）．発想の原点は，振り子の運動にある．振り子が動いている時点で，エネルギーは「運動エネルギー」という形で顕在化している．しかし，振れが大きくなるに従って速度が小さくなり，振れきった時点で静止という事態がおこる．このとき振り子がもつエネルギーは「ポテンシャル（潜在的）エネルギー」に変換されて保たれていると考える．ポテンシャルエネルギーは，再び振り子を動かす能力だ．これを使って振り子は運動を回復する．つまり，振り子のエネルギー＝運動エネルギー＋ポテンシャルエネルギーと定式化されるのである．足し算されているということは，運動エネルギーとポテンシャルエネルギーが同質のものだということを意味している（異質なものは足せない；例えば長さと時間）．運動エネルギーは，まさに動くということにかかわる量であり，一方ポテンシャルエネルギーは振り子の位置にかかわる量である（振り子が振れるに従って少しもちあがることに帰着される）．この異質なものが，エネルギーという物理量において同質なものとして結びつく．つまりエネルギーを定式化することで，一見異質な現象が加算可能なものとして結びつけられるのである[20]．本項の結論を先取りすると，電磁場のエネルギーは電場の成分と磁場の成分を足したものである．つまり，電場と磁場はエネルギーが二つの異なる姿をとったものだと見ることができる．

　エネルギーとは何かを定式化することで，現象の根本にある不変性を明らかにしようというのが理論的戦略である．数学的には，方程式に内在する構造から「保存則」を発見することが目標となる．そのようなものをどうやって発見するのかのお手本になるので，マックスウェルの方程式 (1.23)–(1.26) から電磁場のエネルギーを導出するプロセスを見ておこう．

　方程式に内在する構造から導かれる法則とは，それが個別的な条件で決ま

---

[20] 力学の世界で発見された「エネルギー保存の法則」を大原則として，あらゆる物理現象の統一的な理解を構想したのはヘルムホルツ (Helmholtz) である．ただし，この考えを提示したヘルムホルツの最初の論文は「力の保存についての物理的論述」（1847 年）となっており，エネルギーという概念が確立する 1850 年代よりも前のことである．彼は動物から発生する熱量を測定し，それが食物から発生する熱量と等しいことを実験で確認して，デカルト以来の機械論的生理学を実証しようとしている．力学の理論を中心に置いて，これに熱，電磁気，化学反応，さらには生理学までも包摂していこうというヘルムホルツの壮大な構想は物理の中心的ドグマの一つに発展したのである．

1.4 マックスウェルの方程式

る個々の現象に依存することなくアプリオリ（*a priori*；先験的）に，すなわち方程式の解であるかぎり常に成り立つ関係式という意味である．方程式を解いてはじめてわかる結果ではなく，方程式の解であるための資格とも考えられるような条件式といってもよい．関数 $\boldsymbol{E}$ と $\boldsymbol{B}$ はマックスウェルの方程式 (1.23)–(1.26) の解だと仮定しよう．$\boldsymbol{B}$ と (1.23) の両辺の内積を計算すると

$$\frac{1}{2}\partial_t|\boldsymbol{B}|^2 + \boldsymbol{B}\cdot\nabla\times\boldsymbol{E} = 0 \tag{1.32}$$

なる関係式を得る．これは時空のあらゆる点で成り立たなくてはならない．同様に $\boldsymbol{E}$ と (1.25) の両辺の内積を計算すると

$$\frac{\epsilon_0\mu_0}{2}\partial_t|\boldsymbol{E}|^2 - \boldsymbol{E}\cdot\nabla\times\boldsymbol{B} = -\mu_0\boldsymbol{E}\cdot\boldsymbol{J} \tag{1.33}$$

を得る．(1.32) と (1.33) を足し合わせて μ_0 で割ると

$$\partial_t\left(\frac{|\boldsymbol{B}|^2}{2\mu_0} + \frac{\epsilon_0|\boldsymbol{E}|^2}{2}\right) = -\nabla\cdot\left(\frac{\boldsymbol{E}\times\boldsymbol{B}}{\mu_0}\right) - \boldsymbol{E}\cdot\boldsymbol{J}. \tag{1.34}$$

左辺に現れた

$$W = \frac{|\boldsymbol{B}|^2}{2\mu_0} + \frac{\epsilon_0|\boldsymbol{E}|^2}{2} \tag{1.35}$$

を電磁場のエネルギー密度だと「定義」する．この時間変化が (1.34) の右辺で与えられるということになる．第 2 項の解釈は簡単である．電場 $\boldsymbol{E}$ の方向に電流 $\boldsymbol{J}$ が流れると，電流を運ぶ荷電粒子たちはエネルギー $\boldsymbol{E}\cdot\boldsymbol{J}$ を受け取る．電磁場は，その分だけエネルギーを失わなくてはならない（もちろん $\boldsymbol{E}\cdot\boldsymbol{J} < 0$ の場合はエネルギーの流れは逆である）．つまり電磁場と物体との間のエネルギー交換を表しているのである．

(1.34) の右辺第 1 項からは面白い発見が得られる．

$$\boldsymbol{S} = \frac{\boldsymbol{E}\times\boldsymbol{B}}{\mu_0} \tag{1.36}$$

と置いて，これを**ポインティング** (Poynting) **ベクトル**と呼ぶ．任意の領域 Ω で第 1 項 $-\nabla\cdot\boldsymbol{S}$ を積分し，ガウスの公式 (1.20) を用いると

$$-\int_\Omega \nabla\cdot\boldsymbol{S}\,\mathrm{d}^3x = -\int_{\partial\Omega} \boldsymbol{n}\cdot\boldsymbol{S}\,\mathrm{d}^2x$$

と書くことができる．これが領域 Ω の中にある電磁場のエネルギー $\int_\Omega W\,\mathrm{d}^3x$ に変化を生じるというのである．したがって $\boldsymbol{S}$ は電磁場のエネルギー流束を表すものだと解釈できる（補足 1.4 参照）．

（1.34）を積分形で書いて各項の意味をまとめておこう：

$$\frac{\mathrm{d}}{\mathrm{d}t}\int_{\Omega}W\,\mathrm{d}^3x = -\int_{\partial\Omega}\boldsymbol{n}\cdot\boldsymbol{S}\,\mathrm{d}^2x - \int_{\Omega}\boldsymbol{E}\cdot\boldsymbol{J}\,\mathrm{d}^3x. \tag{1.37}$$

左辺は領域 Ω をしめる電磁場のエネルギーの時間変化，右辺第1項は Ω に流出入するエネルギー流束，そして第2項は Ω 内でおこる電磁場と物質とのエネルギー交換を表している．

1.4.4 電磁場の4元ポテンシャル

マックスウェルの方程式では $\boldsymbol{E}$ と $\boldsymbol{B}$ という2種類の3次元ベクトル場を用いて電磁場を表現したが，現代の電磁気学では，これらのベクトル場のさらに深層に潜在的な場「ポテンシャル場」があると考える．それは4個の成分からなり，ちょうど電荷密度 ρ と電流密度 $\boldsymbol{J}$ の合計4個の成分と対応する．さらにこの4という数は時空が4次元であることに深く関係している．この基本的な関係の解明は次章まで待つことにして，ここでは形式を学んでおくことにする．

まず，スカラー場 ϕ と3次元ベクトル場 $\boldsymbol{A}$ を用いて電磁場が

$$\boldsymbol{E} = -\partial_t\boldsymbol{A} - \nabla\phi, \tag{1.38}$$

$$\boldsymbol{B} = \nabla\times\boldsymbol{A} \tag{1.39}$$

と与えられると仮定する．定常状態の場合 $\partial_t = 0$ と置いてよいから (1.38) は $\boldsymbol{E} = -\nabla\phi$ となる．いわゆる静電場である．よって ϕ のことを**静電ポテンシャル** (electrostatic potential) と呼ぶ．また (1.39) に目配せして $\boldsymbol{A}$ のことを磁場の**ベクトルポテンシャル** (vector potential) と呼ぶ．

ϕ と $\boldsymbol{A}$ を統合して4成分のベクトル場

$$(\mathcal{A}_\mu) = (\phi/c,\, -\boldsymbol{A})^{\mathrm{T}} \tag{1.40}$$

を定義する．ϕ を光速 c で割っておくのは各成分の次元をそろえるためである．$\boldsymbol{A}$ の符号を反転してあるのは，後で相対論の定式化をおこなうための準備であるが，ここでは単なる形式上の選択だと思おう．$(\mathcal{A}_\mu)$ を電磁場の4元ポテンシャルと呼ぶ[21]．

---

[21] $\mathcal{A}_\mu$ のように成分のインデックスにギリシャ文字を使うのは，これが4次元時空にかかわる成分であることを示唆するためであるが，このことについては 1.5 節で詳しく述べる．

1.4 マックスウェルの方程式

電磁場 $\boldsymbol{E}$ と $\boldsymbol{B}$ は合計 6 成分をもつから，4 成分の場 $(\mathcal{A}_\mu)$ で $\boldsymbol{E}$ と $\boldsymbol{B}$ を表現しようというのは無理があるように思われるかもしれない．しかし，マックスウェルの方程式がこれを可能としている．つまりマックスウェルの方程式を満たす $\boldsymbol{E}$ と $\boldsymbol{B}$ は，かならず (1.38)–(1.39) のように表現できるのである．実は，表現 (1.38)–(1.39) は既にマックスウェルの方程式を部分的に解いた結果であって，残る 4 個の自由度が以下に述べる「ポテンシャル表現されたマックスウェルの方程式」に委ねられているという勘定になる．実際，(1.38) の両辺の回転 ($\nabla\times$) を計算し，(1.15) と (1.39) を用いると (1.23) が得られるから，表現 (1.38)–(1.39) を仮定した段階で既に (1.23) は解けている．また，(1.39) の両辺の発散 ($\nabla\cdot$) を計算し，(1.16) を用いると (1.24) が得られるから，この関係も既に表現 (1.39) によって保障されているのである．したがって，4 元ポテンシャル $(\mathcal{A}_\mu)$ はマックスウェルの方程式のうち残る 4 本の式 (1.25) と (1.26) が満たされるように決めればよいのである．

実はそのような $(\mathcal{A}_\mu)$ の決め方には自由度が残っていて（補足 1.7 参照），支配方程式もいろいろな形に書くことができるのだが，ここでは最も美しい表現を示しておく．4 元ポテンシャル $(\mathcal{A}_\mu)$ は

$$\left(\frac{1}{c^2}\partial_t^2 - \Delta\right)\begin{pmatrix}\phi/c \\ -\boldsymbol{A}\end{pmatrix} = \mu_0\begin{pmatrix}c\rho \\ -\boldsymbol{J}\end{pmatrix}, \tag{1.41}$$

$$\frac{1}{c}\partial_t(\phi/c) + \nabla\cdot\boldsymbol{A} = 0 \tag{1.42}$$

に従うとする．ただし Δ と書いたのはラプラシアン (Laplacian) と呼ばれる 2 階の微分作用素であり，スカラー場 ϕ に対しては

$$\Delta\phi = \nabla\cdot(\nabla\phi), \tag{1.43}$$

ベクトル場 $\boldsymbol{A}$ に対しては

$$\Delta\boldsymbol{A} = \nabla(\nabla\cdot\boldsymbol{A}) - \nabla\times(\nabla\times\boldsymbol{A}) \tag{1.44}$$

と定義する（一般的な定義と幾何学的な意味は 2.4 節で与える）．勾配，回転，発散を組み合わせ，スカラー場をスカラー場へ，ベクトル場をベクトル場へ写像する微分作用素になっていることに注目しよう．デカルト座標系で書くと，スカラー場に対しても，ベクトル場の各成分に対しても一様に

$$\Delta = \partial_{x^1}^2 + \partial_{x^2}^2 + \partial_{x^3}^2 \tag{1.45}$$

38   第 1 章　電磁気の物理学

と置けばよい.

　(1.41) を「ポテンシャル表現されたマックスウェルの方程式」, (1.42) をロー
レンツゲージ条件 (Lorentz gauge condition) と呼ぶ. (1.38)–(1.39) によって
変数 ϕ と $\boldsymbol{A}$ を $\boldsymbol{E}$ と $\boldsymbol{B}$ で表すと, (1.42) のもとで, (1.41) はマックスウェルの
方程式の (1.25) と (1.26) と等価である（簡単なので検証されたい）.

　(1.41) の右辺に現れた 4 成分のベクトル場を

$$(\mathcal{J}_\mu) = (c\rho, -\boldsymbol{J})^{\mathrm{T}} \tag{1.46}$$

と書き, 4 元カレント (current) と呼ぶ. 電荷密度に c が掛かるのは次元をそろ
えるためである：(1.28) 参照. また, 電流密度 $\boldsymbol{J}$ の符号が反転するのは $(\mathcal{A}_\mu)$
の中の $\boldsymbol{A}$ が符号反転しているためである[22].

　ポテンシャル表現されたマックスウェルの方程式 (1.41) は, $(\mathcal{A}_\mu)$ と $(\mathcal{J}_\mu)$ が
2 階微分作用素

$$\Box = \frac{1}{c^2}\partial_t^2 - \Delta = \frac{1}{c^2}\partial_t^2 - (\partial_{x^1}^2 + \partial_{x^2}^2 + \partial_{x^3}^2) \tag{1.47}$$

によって結びつけられていることを示している. $\Box$ を**ダランベルシャン**
(d'Alembertian) と呼ぶ. 時間に関する 2 階微分と空間に関する 2 階微分の符
号が異なることに注意しよう. この符号の違いは時空の幾何学的構造の特徴
を反映している（2.6 節参照）. 同時に, 電磁場が波（光）として空間を伝播す
ることの原因となる（1.4.5 項および 3.3 節参照）. 2 次元以上の場合にこのよ
うな符号の違いが問題になるのだが, そもそも 2 階微分はグラフの「曲がり
方」を計測する演算だということを思いだそう. 1 次元の場合は単純であり,
$\mathrm{d}^2 f/\mathrm{d}x^2 = 0$ であるとは $f(x)$ のグラフが真直ぐだということを言っている.
次元が高くなると「真直ぐ」という意味が拡張され, $\Delta f = 0$ あるいは $\Box f = 0$
は, 何らかの意味で f が最も素直な形をしていることを意味する（ここでは
「素直」という感覚的な言い方で直観に訴えておくが, その正確な意味は 3.2
節, 3.3 節で明らかにする）. マックスウェルの方程式 (1.41) が語っているの
は, カレント $(\mathcal{J}_\mu)$ はポテンシャル $(\mathcal{A}_\mu)$ に「歪み」を生じるということであ
る. このことによって電磁場が生起するのである. ただし, $(\mathcal{J}_\mu) = 0$ であっ

---

[22] 後で定義するように, これは 4 元カレントを「共変成分」によって表示したものである.
　反変成分は $(\mathcal{J}^\mu) = (c\rho, \boldsymbol{J})^{\mathrm{T}}$ となる：(1.89) および 2.6.4 項参照.

ても (1.41) の解は $(\mathcal{A}_\mu) = 0$ （したがって $\boldsymbol{E} = 0, \boldsymbol{B} = 0$）だけとは限らない. 初期条件（$t = 0$ における値）が歪んでいると，その歪が電磁波として伝播する. それについては次項で議論する.

補足 1.7（ゲージ変換）　電磁場を 4 元ポテンシャル $(\mathcal{A}_\mu) = (\phi/c, -\boldsymbol{A})^{\mathrm{T}}$ で表すことができると述べた. その数学的な証明は次章を待つこととし, ここではその表現が一意的ではないことを指摘しておく. すなわち一組の $\boldsymbol{E}$ と $\boldsymbol{B}$ が与えられたとき, (1.38)–(1.39) を ϕ と $\boldsymbol{A}$ について解いて 4 元ポテンシャルを求めようとすると, 解は一意的には定まらず「解の集合」をなす. その解たちは, 一つの解から次のような「変換」によって作ることができる. ϕ と $\boldsymbol{A}$ が (1.38)–(1.39) を満たすとしよう. スカラー関数 φ を用いて, これを次のように変換する:

$$\begin{pmatrix} \phi/c \\ -\boldsymbol{A} \end{pmatrix} \mapsto \begin{pmatrix} \phi'/c \\ -\boldsymbol{A}' \end{pmatrix} = \begin{pmatrix} \phi/c \\ -\boldsymbol{A} \end{pmatrix} - \begin{pmatrix} c^{-1}\partial_t\varphi \\ \nabla\varphi \end{pmatrix}. \tag{1.48}$$

(1.38)–(1.39) に代入すれば直ちに確かめられるように, 任意のスカラー関数 φ で変換された ϕ' と $\boldsymbol{A}'$ は同じ $\boldsymbol{E}$ と $\boldsymbol{B}$ に対する 4 元ポテンシャルである. φ のことをゲージ場 (gauge field), 変換 (1.48) のことをゲージ変換 (gauge transformation) という. 電磁場の表現として 4 元ポテンシャルは一意的ではなく, ゲージ変換に関する自由度（ゲージ自由度 (gauge freedom) という）を残しているのである. このことをゲージ対称性 (gauge symmetry) という. ゲージ自由度は 4 元ポテンシャルの支配方程式を (1.41)–(1.42) のように書くために重要な役割を担っている. 未知変数 4 個に対して既に (1.41) が 4 本の方程式を与えているから, さらにローレンツ・ゲージ条件 (1.42) を課すと式が過剰なように思われる. ゲージ条件による制限が可能なのはゲージ自由があるからなのだ. このことについては 2.6.4 項で詳しく述べる[23].

1.4.5　電磁波とローレンツ変換

4 元ポテンシャル (1.40) を用いて表現したマックスウェルの方程式 (1.41) は

---

[23] ゲージ対称性はさらに電磁気学と量子力学を繋ぐ役割を担っている. 量子論では, 複素数値の波動関数 ψ を用いて状態を表現し, 物理量を表す自己共役作用素 $\mathscr{H}$ に対して $\langle \psi, \mathscr{H}\psi \rangle = \int \overline{\psi} \mathscr{H}\psi \, \mathrm{d}x$ がその観測値を与えるとする. この観測値は $\psi \mapsto \psi' = \mathrm{e}^{\mathrm{i}\varphi}\psi$ なる変換（$U(1)$ ゲージ変換という）に対して不変である. したがって量子力学の方程式は $U(1)$ ゲージ対称性をもたなくてはならない. 古典力学と量子力学は運動量 $\boldsymbol{p}$ を微分作用素 $(\hbar/\mathrm{i})\nabla$ で置き換える対応原理（補足 3.10 参照）によって関係づけられるのだが, $\boldsymbol{p} = m\boldsymbol{v}$ と置いただけでは $U(1)$ ゲージ対称性が得られない. $\boldsymbol{p}$ を正準運動量 $\boldsymbol{P} = m\boldsymbol{v} + q\boldsymbol{A}$（補足 1.10 参照）で置き換え, エネルギーに $q\phi$ を加えておくと, φ が (1.48) に従って ϕ と $\boldsymbol{A}$ を変換することで量子力学の $U(1)$ 対称性が得られる. つまり電磁場の存在は, 量子論のゲージ対称性が確保されるための必然なのだ.

典型的な波動方程式であり，その解が電磁波を記述する．ここでは，その基本的な構造と相対論との関係を見ておく．

(1.41) の主要な構造を抽出して，次のような簡略化した方程式を考えよう：

$$\left(\frac{1}{c^2}\partial_t^2 - \partial_x^2\right)u = 0. \tag{1.49}$$

電荷も電流もない真空中の電磁波を考えるために (1.41) の右辺が 0 の場合を想定し，空間次元を 1 にし，未知変数も一つにしている．これを次のように書き換えておこう：

$$(\partial_t + c\partial_x)(\partial_t - c\partial_x)u = 0. \tag{1.50}$$

これが次のような解をもつことは，(1.50) に直接代入して確かめられる：

$$u = f(x - ct) + g(x + ct).$$

f と g は任意の微分可能な関数である．$f(x - ct)$ の方は速度 c で $+x$ の方向へ伝わる波を，$g(x + ct)$ の方は速度 c で $-x$ の方向へ伝わる波を表す．伝播速度 c は光速である．

数学的に (1.50) と同じ方程式は例えば大気を伝わる音波などのモデルでも現れる．ただし音波の場合，c は音速を表す．音波を伝える大気に対して速度 v（定数とする）で移動する慣性座標系から音波を観測すると，観測者に対する音波の相対的な伝播速度は $c \mp v$ となる（観測者と同じ方向に伝播する波がマイナス符号）．このことは，波動方程式 (1.50) に対して**ガリレイ変換** (Galilean transform)[24] をおこなうことで証明できる．

$$x \mapsto x' = x - vt$$

と独立変数を変換すると，(1.50) は

$$[\partial_t + (c - v)\partial_{x'}][\partial_t - (c + v)\partial_{x'}]u = 0$$

と書き直される．この解は

$$u = f(x' - (c - v)t) + g(x' + (c + v)t)$$

---

[24] 空間座標だけの変換ではなく，時間と空間が混ざり合った変換をおこなうことがポイントである．新しい座標系の空間座標は，もとの座標系の時間を含むようになる．そのような座標変換をブースト (boost) という．

1.4 マックスウェルの方程式

となるから，f の伝播速度は $c-v$，g の伝播速度は $-(c+v)$ と変換される．もし光（電磁波）もなんらかの媒体の上を伝わる波であるなら，同じような効果が観測されるはずである．光速は音速などよりもはるかに早いので $c\mp v$ が c に対して有意に変化する速度 v で実験することは簡単ではないが，マイケルソンとモーリー (Michelson & Morley) による精密な実験の結果は意外なものであった．どのような慣性系へ移っても光速は変わらないというのである[25]．このことから，光は媒体の上を伝播するのではなく，それ自体が真空中を常に光速で運動する粒子のようなものだと考えざるをえない．さらに不思議なのは，どのような慣性系へ移っても光速が変わらないことである．電磁波が示すこの奇妙な現象から，アインシュタイン (Einstein) は時空に関する革命的な理論を思いつく．それはガリレイ変換を否定し，慣性系の間の変換は空間だけでなく時間も一緒に変換することで (1.49) を不変にするものでなくてはならないという説である．すなわち任意の慣性系の独立変数 (t,x) と (t',x') に対して

$$\left(\frac{1}{c^2}\partial_t^2 - \partial_x^2\right) u = \left(\frac{1}{c^2}\partial_{t'}^2 - \partial_{x'}^2\right) u = 0$$

が成り立つというのである．このためには

$$x' = \frac{x-vt}{\sqrt{1-v^2/c^2}}, \quad t' = \frac{t-xv/c^2}{\sqrt{1-v^2/c^2}} \tag{1.51}$$

と変換すればよい．これを**ローレンツ変換** (Lorentz transform) という．$|v/c| \ll 1$ のときはガリレイ変換に近い．どの慣性系も同等であり，(1.51) の逆変換は

$$x = \frac{x'+vt'}{\sqrt{1-v^2/c^2}}, \quad t = \frac{t'+x'v/c^2}{\sqrt{1-v^2/c^2}}, \tag{1.52}$$

すなわち相対速度 v の符号を反転したものになる．

$$\beta = \frac{v}{c}, \quad \gamma = \frac{1}{\sqrt{1-v^2/c^2}} \tag{1.53}$$

---

[25] 「媒体」に対する観測者の速度のことを言っているのであって，「光源」が観測者に対して動く場合のことを言っているのではないことに注意．光源と観測者の距離が変化するときはドップラー効果が生じる．ちなみに，宇宙のあらゆる方向にある星から発せられる光はすべてドップラー効果で波長が長くなっており，したがって宇宙は膨張していることが確認できるのである．

と定義すると，ローレンツ変換 (1.51) を

$$\begin{pmatrix} ct' \\ x' \end{pmatrix} = \begin{pmatrix} \gamma & -\beta\gamma \\ -\beta\gamma & \gamma \end{pmatrix} \begin{pmatrix} ct \\ x \end{pmatrix} \tag{1.54}$$

と書くことができる．γ を**ローレンツ因子** (Lorentz factor) と呼ぶ．(1.51) より

$$c^2 t^2 - x^2 = c^2 t'^2 - x'^2 \tag{1.55}$$

となることがわかる．ローレンツ変換とは $c^2 t^2 - x^2$ を一定とする「双曲線」の上を動く一種の「回転変換」だということができる（補足 1.8 参照）．

　ローレンツ変換は相対論の根幹にある数学的構造であるが，時間や空間が運動によって収縮するという不思議な物理現象（ローレンツ収縮という）を予言している．アインシュタインの理論が戸惑いをもって受け取られた原因はそこにある．実際に計算してみよう．(1.52) を β と γ を使ってもう一度書くと

$$\begin{cases} t = \gamma t' + \dfrac{1}{c}\beta\gamma x', \\ x = \gamma x' + c\beta\gamma t'. \end{cases}$$

慣性座標系（変数に $'$ をつけて表している）で同時刻 t' に見えている空間の二つの点

$$x'_a = \gamma^{-1} x_a - c\beta t', \quad x'_b = \gamma^{-1} x_b - c\beta t'$$

の距離は $|x'_a - x'_b| = \gamma^{-1}|x_a - x_b|$ となる．静止系で計った距離 $|x_a - x_b|$ と比べて係数 γ^{-1} (< 1) だけ収縮していることになる．同様に，慣性系の点 x' に置かれた時計が計る時間 $|t'_1 - t'_2|$ は静止系に置かれた時計の時間と比較して $|t'_1 - t'_2| = \gamma^{-1}|t_1 - t_2|$ となる．つまり動いている座標系の時間はゆっくり進むということになる．

　相対論の時空がパラドクシカルなのは，静止系と慣性系を入れ替えたときどうなるのかを考えた場合である．両者の関係は相対的であって，慣性系の方を基準にとって考えると，静止系と思っていたものは逆方向に動く慣性系だと見える．すると最初に静止系だと思っていた方の長さや時間が収縮することになる．長いと思っていた方が短いというのは一見矛盾である．しかし，両者の関係はまさに相対的なのである．凹レンズを通して見た向こう側の世界が縮んで見えるように，立場を反転してもやはり縮んで見える．ローレンツ収縮は時空の幾何学がレンズで歪んでいるようなものだと解釈しなくてはならない．

1.4 マックスウェルの方程式 *43*

補足 1.8（ローレンツ変換の幾何学的な意味）　ローレンツ変換 (1.56) は相対論の非ユークリッド幾何学的な特徴を表現している．このことを示すために，まずユークリッド幾何学の特徴をみよう．ユークリッド空間 $\mathbb{R}^2$ の二つの点 $\boldsymbol{a} = (x_a, y_a)$ と $\boldsymbol{b} = (x_b, y_b)$ の距離はベクトル $\boldsymbol{d} = \boldsymbol{a} - \boldsymbol{b} = (x_a - x_b, y_a - y_b)^{\mathrm{T}} = (\mathrm{d}x, \mathrm{d}y)^{\mathrm{T}}$ のユークリッドノルム $|\boldsymbol{d}| = \sqrt{(\mathrm{d}x)^2 + (\mathrm{d}y)^2}$ によって計られる．これを不変とする座標変換は次の 3 種類の合成で与えられる：(1) x 軸方向の平行移動 $X(a) : x \mapsto x' = x + a$. これは二つの点を $\boldsymbol{a} = (x_a, y_a) \mapsto \boldsymbol{a}' = (x_a + a, y_a)$, $\boldsymbol{b} = (x_b, y_b) \mapsto \boldsymbol{b}' = (x_b + a, y_b)$ のように移すので，$\boldsymbol{d} = (\mathrm{d}x, \mathrm{d}y)^{\mathrm{T}}$ は不変である．(2) y 軸方向の平行移動 $Y(a) : y \mapsto y' = y + a$. これも $\boldsymbol{d} = (\mathrm{d}x, \mathrm{d}y)^{\mathrm{T}}$ を変えない．(3) 回転

$$A(\theta) : \begin{pmatrix} x \\ y \end{pmatrix} \mapsto \begin{pmatrix} x' \\ y' \end{pmatrix} = \begin{pmatrix} \cos\theta & -\sin\theta \\ \sin\theta & \cos\theta \end{pmatrix} \begin{pmatrix} x \\ y \end{pmatrix}.$$

これは線形変換であるから，$A(\theta)\boldsymbol{a} - A(\theta)\boldsymbol{b} = A(\theta)\boldsymbol{d}$ と計算してよい．$|A(\theta)\boldsymbol{d}| = |\boldsymbol{d}|$ であることは容易に検証できる．回転に反転 $R : (x, y) \mapsto (x', y') = (-x, y)$ を掛けると

$$B(\theta) : \begin{pmatrix} x \\ y \end{pmatrix} \mapsto \begin{pmatrix} x' \\ y' \end{pmatrix} = \begin{pmatrix} -\cos\theta & \sin\theta \\ \sin\theta & \cos\theta \end{pmatrix} \begin{pmatrix} x \\ y \end{pmatrix}$$

を得る．これも $|\boldsymbol{d}| = |\boldsymbol{d}'|$ である．$A(\theta)$ と $B(\theta)$ で 2×2 の直交行列のすべてを尽くせる．以上の 3 種類の座標変換は実数パラメタ（移動幅 a や回転角 θ）をもつ連続な変換の群 (group) を構成しており，（2 次元の）ユークリッド群あるいは運動群 (motion group) と呼ばれる．このように対象の一定の性質を不変にする変換のことを「対称性」という．ユークリッド群はユークリッド空間の対称性を表現しているのである．

さて，ローレンツ変換 (1.54) は，$\beta\gamma = \sinh\theta$, $\gamma = \cosh\theta$（したがって $\tanh\theta = v/c$）と置き，座標 $(ct, -\mathrm{i}x)$ を (x, y) と書き直せば，

$$\Lambda(\theta) : \begin{pmatrix} x \\ y \end{pmatrix} \mapsto \begin{pmatrix} x' \\ y' \end{pmatrix} = \begin{pmatrix} \cosh\theta & -\mathrm{i}\sinh\theta \\ \mathrm{i}\sinh\theta & \cosh\theta \end{pmatrix} \begin{pmatrix} x \\ y \end{pmatrix} \tag{1.56}$$

と表される（i は虚数単位）．これは上記の回転変換 $A(\theta)$ を変形したものだと直観できるだろう．実際，$A(\mathrm{i}\theta) = \Lambda(\theta)$. この「変形」は，変換群が作用する対象＝空間の変形を意味する．ローレンツ変換はどのような空間の対称性を表現しているのだろうか？

$\Lambda(\theta)$ は $(\mathrm{d}x)^2 - (\mathrm{d}y)^2$ を不変とする変換を与える．ユークリッド空間の不変量 $(\mathrm{d}x)^2 + (\mathrm{d}y)^2$ は距離（ベクトル $\boldsymbol{d}$ の長さ）を測る量であったが，$(\mathrm{d}x)^2 - (\mathrm{d}y)^2$ は負の値もとるので普通の意味で**計量** (metric) にはならない（2.1.2 項参照）．この**擬計量** (pseudo-metric) を与えた空間をミンコフスキー空間（時空）と呼ぶ（2.6 節参照）．2 次元のミンコフスキー空間は平行移動 $X(a)$, $Y(a)$ とローレンツ変換 $\Lambda(\theta)$ を対称性としてもつ空間である．

1.4.6 現象論的な電磁気モデル

これまで述べてきたモデルでは，空間に存在するすべての電荷と電流を，それぞれ ρ と $\boldsymbol{J}$ で表現してきた．逆に言うと，$\rho = 0$，$\boldsymbol{J} = 0$ であるときは「真空」である．しかし，多くの具体的な状況では，空間に存在する電荷と電流を網羅して，それらをマックスウェルの方程式 (1.25), (1.26) の右辺に与えることは現実的ではない．例えば，プリズムの中を電磁波（光）が伝播するとき，プリズムを構成する膨大な数の分子があり，その中に含まれる電子たちの一つ一つが電磁場の影響下で運動する．その影響で電磁波は屈折して伝播するのである．しかし，プリズムをマクロな物体と見ると，そこには ρ も $\boldsymbol{J}$ もない．ミクロな電荷や電流をピックアップするのではなく，プリズムを一つの「媒質」と考え，その中で電磁場を表現する現象論的なモデルを定式化する方が現実的である．

媒質中の電磁場を表現するために，$\boldsymbol{E}$ と $\boldsymbol{B}$ に加えて $\boldsymbol{D}$（電束密度と呼ぶ）と $\boldsymbol{H}$（磁場強度と呼ぶ）というベクトル場を導入する（補足 1.6 参照）．これら 4 種類のベクトル場を用いて

$$\partial_t \boldsymbol{B} + \nabla \times \boldsymbol{E} = 0, \tag{1.57}$$

$$\nabla \cdot \boldsymbol{B} = 0, \tag{1.58}$$

$$-\partial_t \boldsymbol{D} + \nabla \times \boldsymbol{H} = \boldsymbol{J}, \tag{1.59}$$

$$\nabla \cdot \boldsymbol{D} = \rho \tag{1.60}$$

なる連立方程式を考え，これを「媒質中のマックスウェルの方程式」と呼ぶ．ここで電荷密度 ρ と電流密度 $\boldsymbol{J}$ は，マクロに観測あるいは制御することができる電荷と電流にかかわるものだけを表現したものである．媒質の分子に属するミクロな電荷や電流たちは除外している．それらは $\boldsymbol{E}$ と $\boldsymbol{B}$ の影響下で発生するものだから，$\boldsymbol{E}$ と $\boldsymbol{B}$ の関数として $\boldsymbol{D}$ および $\boldsymbol{H}$ という形で表現されるとするのである．単純化して，$\boldsymbol{D}$ は $\boldsymbol{E}$ と，$\boldsymbol{B}$ は $\boldsymbol{H}$ と関係づけられるとして

$$\boldsymbol{D} = \epsilon \boldsymbol{E}, \tag{1.61}$$

$$\boldsymbol{B} = \mu \boldsymbol{H} \tag{1.62}$$

のように書く．つまり $\boldsymbol{E}$ を力（原因）として $\boldsymbol{D}$ が生じる，$\boldsymbol{H}$ を力（原因）として $\boldsymbol{B}$ が生じるという意味である．ϵ（誘電率 (permittivity) という），μ（透磁

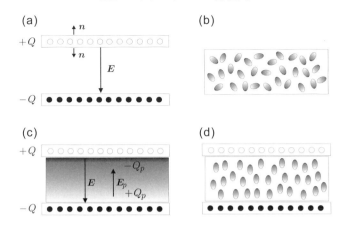

図 1.10 コンデンサーと誘電体の分極．(a) 平板電極型のコンデンサー．電極間は真空とする．正の電荷○を蓄えた電極（上側））から負の電荷●を蓄えた電極（下側）へ向かって電場 E が発生する．電極に挟まれた空間の外には電場は存在しない．(b) 誘電体は分極した分子でできている．誘電体内にマクロな電荷の偏りができないように，分極はランダムに分布している．(c) 電極間に誘電体を挿入して電場を印加すると，誘電体の表面に電荷が析出し，電極によって与えた電場 E を打ち消す向きに分極電場 E_p が発生する．(d) 誘電体表面に電荷が析出するのは，分極した分子が電場 E に反応して整列する結果，列の端に電荷が現れるからである．

率 (permeability) という）は，それぞれベクトルをベクトルへ写す写像（テンソル）で表される．真空中では，ϵ と μ はスカラー定数であり，$\epsilon = \epsilon_0$, $\mu = \mu_0$ と置いて前記のマックスウェル方程式 (1.23)–(1.26) に帰着する．

　理論的に ϵ と μ を構築することは簡単ではない．しかし，実験的にこれらを測定して現象論的なモデルを構築することで，しばしば有用な方程式が得られる．どのような測定をおこなえばよいのかは，誘電率と透磁率の物理的な意味を考えることにもなる．

誘電率の計測

　まず誘電率 ϵ について考えよう．図 1.10 に実験の原理を示す．(a) に示した

ような平板電極を考える．電極面積を $S = L \times L$，電極間距離を ℓ とする．$\ell \ll L$ とし，電極以外の空間は真空だとしよう．電極間に電圧 V を印加すると，電極間の空間に一様な静電場 $\boldsymbol{E} = -\nabla\phi$ が発生する．静電ポテンシャル ϕ は正電極の内側表面で ϕ_+，負電極の内側表面で ϕ_- とすると，$V = \phi_+ - \phi_-$ の関係がある．したがって $\boldsymbol{E}$ は大きさ V/ℓ で正電極から負電極の方向へ向いたベクトルである．電極内に蓄えられる電荷 Q は (1.60) にガウスの公式 (1.20) を用いて計算できる．例えば正電極の領域を Ω とすると

$$Q = \int_\Omega \rho\, \mathrm{d}^3 x = \int_\Omega \nabla \cdot \boldsymbol{D}\, \mathrm{d}^3 x = \int_{\partial\Omega} \boldsymbol{n} \cdot \boldsymbol{D}\, \mathrm{d}^2 x. \tag{1.63}$$

電極の内側表面で $\boldsymbol{n} \cdot \boldsymbol{D} = \epsilon_0 \boldsymbol{n} \cdot \boldsymbol{E} = \epsilon_0 V/\ell$，外側表面では $\boldsymbol{n} \cdot \boldsymbol{D} = 0$ である．電極側面の面積分は無視してよい．したがって

$$Q = \epsilon_0 V \frac{S}{\ell}. \tag{1.64}$$

さて，この電極間に誘電率 ϵ を計りたい物質＝誘電体を差し挟む．(b) は誘電体を構成する分子の状態を模式的に示したものである．一般に分子の中には電荷の偏り（偏極 (polarization) という）があり，各分子は小さな電極だと考えてよい．ただし分子ごとに電気的に中性であるから，誘電体全体としても電荷はバランスしている．外部から電磁的な働きかけがない限り，分子の偏極はランダムに分布して誘電体内部に巨視的な電場が発生することはない．しかし，誘電体を電極で挟んで電圧を印加すると様子が変わる．(d) に示したように，分子内の正に帯電した部分は負電極の方へ，負に帯電した部分は正電極の方へ引きつけられる（クーロンの法則）．誘電体の内部では，分子の正電位の部分の隣には他の分子の負電位の部分が位置することになるから，平均して中性である．しかし，誘電体の表面には電荷が析出する．正電極側の表面には負の電荷，負電極側の表面には正の電荷が現れる．その結果，(c) に示したように誘電体の内部には，外部から与えた電場 $\boldsymbol{E}$ と反対向きの電場 $\boldsymbol{E}_p$ が発生する．これは $\boldsymbol{E}$ に対する応答であるから，$\boldsymbol{E}$ に比例すると仮定して

$$\boldsymbol{E}_p = -\alpha \boldsymbol{E} \quad (0 \le \alpha < 1) \tag{1.65}$$

と表す．比例係数 α が 1 以上にならない理由は $\boldsymbol{E}_p$ が発生する原因を考えれば明らかであろう．誘電体を差し込むあいだ，電極の電荷 Q を変えない

としよう（つまり電極間の回路を遮断しておく）．しかし電極間の電場は
$E + E_p = (1 - \alpha)E$ となって弱められ，電位差は $V' = (1 - \alpha)V$ となる．
$D = \epsilon E'$ と置いて (1.63) を適用すると，電極に蓄えられている電荷は

$$Q' = \epsilon V' \frac{S}{\ell} \tag{1.66}$$

と書ける．上記のように Q' は (1.64) で計算した Q のままであるから

$$\epsilon = \frac{\epsilon_0}{1 - \alpha}$$

を得る．つまり，誘電体を挿入したことによる電圧の変化を計ると誘電率が評
価できる．以上の原理はコンデンサーに応用される（補足 1.9）．

透磁率の計測

　同様に透磁率 μ は電流と磁場の関係として，以下のような実験で計測するこ
とができる．磁性体は磁気モーメントをもつ物質でできている．補足 1.1 で述
べたように，原子レベルで磁気モーメントが生じる物理的メカニズムは簡単で
はないが，円環電流が作る双極子磁場で置き換えて考えることができる（図
1.2 参照）．ミクロな円環電流の集合体を考えよう（図 1.11 参照）．これらが一
定の方向に揃うと，磁性体は磁化する．ここでは，外部から磁場が印加されな
い限りミクロな磁気モーメントはランダムに分布しているとする．磁性体に外
部から磁場 B を印加したとする．これに応答してミクロな円環電流の軸方向
が揃うと，磁性体表面にマクロな電流が発生し，磁性体内部に磁場 B_m を作
る．これを B に対する線形応答として

$$B_m = \beta B \tag{1.67}$$

と表そう．β が正の場合は「強磁性」，負の場合は「反磁性」という[26]．実際
にはソレノイドコイルを用いて磁場を印加すれば，磁場と電流の関係から透磁
率を求める実験をおこなうことができる（図 1.12 参照）．電流と磁場の関係は
(1.59) とストークスの公式 (1.22) を用いて計算できる．軸方向に十分長いソレ

---

[26] $\beta = -1$ のとき，$B + B_m = 0$ となって，物質中の磁場は 0 となる．これを完全反磁性
といい，超伝導物質においておこる（マイスナー効果）．プラズマも反磁性を示すことが
多いが，一般の物質では反磁性効果は小さい．

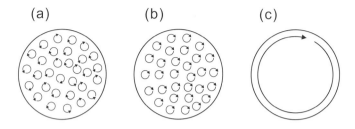

図 1.11 ミクロな磁気モーメントの円環電流モデル．(a) ランダムに分布する磁気モーメント．(b) 方向が揃った磁気モーメント．領域内部で隣り合う円環を流れる電流はどこでも反対向きになることに注目しよう．そのために電流は打ち消される．領域表面では，電流を打ち消す相手がないために，マクロに見ると一つの方向を向いた電流が表出する．(c) 方向が揃ったミクロ磁気モーメントの円環電流を合成すると，領域の表面を流れるマクロな電流が現れる．これはマクロな磁気モーメントと等価である．

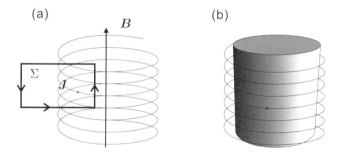

図 1.12 ソレノイドコイルにおける電流と磁場の関係．軸方向に十分長いソレノイドコイルを作ると，B は軸方向成分だけもつ一定のベクトルと考えてよい．(a) ソレノイドを切断する面 Σ を考えてストークスの公式を使うと，面を通過する電流とソレノイド内の磁場の関係が計算できる．(b) ソレノイドの中に物質を挿入して透磁率を計る．

ノイドコイルを用意すると，ソレノイドの内側では磁場は軸方向を向いた一定のベクトル，ソレノイドの外では 0 だとしてよい．(a) に示したような平面 Σ を考え，その軸方向の辺長を ℓ とする．まずコイル部を除いて真空だとする．

$\boldsymbol{H} = \mu_0^{-1}\boldsymbol{B}$ を (1.59) に代入すると（定常状態を考えるので $\partial_t \boldsymbol{D} = 0$ と置く）$\boldsymbol{J} = \mu_0^{-1}\nabla \times \boldsymbol{B}$ となる．両辺を Σ 上で面積分し，ストークスの公式 (1.22) を用いると

$$\int_\Sigma \boldsymbol{n} \cdot \boldsymbol{J} \, \mathrm{d}^2 x = \mu_0^{-1} \int_\Sigma \boldsymbol{n} \cdot \nabla \times \boldsymbol{B} \, \mathrm{d}^2 x = \mu_0^{-1} \int_{\partial\Sigma} \boldsymbol{t} \cdot \boldsymbol{B} \, \mathrm{d}^1 x \tag{1.68}$$

を得る．左辺は面 Σ を通過する電流量を表す．電流密度 $\boldsymbol{J}$ は軸方向に一定であるとすると，面 Σ を通過する電流量は ℓ に比例する．軸方向単位長さあたりの電流量を I とすると左辺は $I\ell$．他方，右辺は境界 $\partial\Omega$ を周回する線積分であり，$\boldsymbol{t} \cdot \boldsymbol{B} \neq 0$ であるのはソレノイド内の軸方向の線分に沿った積分だけである．したがって (1.68) は $I\ell = \mu_0^{-1}B\ell$ と計算される．

図 1.12 (b) のように磁性体をソレノイドコイルの中に挿入したとしよう．電流 I は変えないことにする．磁性体内部の磁場の変化は，コイルに誘導される電場によって計測できる．ファラデーの法則 (1.57) によって

$$\frac{\mathrm{d}}{\mathrm{d}t} \int_S \boldsymbol{n} \cdot \boldsymbol{B} \, \mathrm{d}^2 x = -\int_S \boldsymbol{n} \cdot (\nabla \times \boldsymbol{E}) \, \mathrm{d}^2 x = -\int_{\partial S} \boldsymbol{t} \cdot \boldsymbol{E} \, \mathrm{d}^1 x. \tag{1.69}$$

ただし S はソレノイドの円柱断面にとる．その境界 ∂S はソレノイドコイルの1周分に相当するので，(1.69) の右辺はソレノイドコイル1周あたりに誘起される電圧を与える．これを計れば，(1.67) より $\boldsymbol{B}' = \boldsymbol{B} + \boldsymbol{B}_m = (1+\beta)\boldsymbol{B}$ を求めることができる．磁性体を挿入した場合，(1.68) は $I\ell = \mu^{-1}B'\ell$ と計算される．したがって

$$\mu = \mu_0(1+\beta)$$

を得る．

補足 1.9（コンデンサーとインダクター）　コンデンサーとは電荷を蓄積する装置である．電極間の電場として電気エネルギーを蓄える装置だということもできる．コンデンサーに蓄積される電荷が電圧の関数として $Q = CV$ と与えられるとき C をコンデンサーの容量 (capacitance) という．平行平板のコンデンサーの場合は (1.66) より

$$C = \epsilon \frac{S}{\ell} \tag{1.70}$$

と計算できる．電極間に誘電体を挟み込むことで $\epsilon = \epsilon_0/(1-\alpha)$ となり，容量 C が大きくなることがわかる．誘電体が電場を小さくしてくれるからだ．実際には，絶縁性と両立する材料として油やセラミックスなどが用いられる．セラミックス（チタン酸バリウムなど）で $\epsilon \sim 10^3 \epsilon_0$ 程度が得られる．

50 第1章 電磁気の物理学

コンデンサーに蓄えられるエネルギー（W と書く）を計算してみよう．コンデンサーに流れ込む電流は $I = \mathrm{d}Q/\mathrm{d}t$ と書くことができる．電気回路では電圧 V が「力」，電流 I が単位時間あたりの「移動量」に相当するので，コンデンサーに対して与えられる仕事率は VI，これを時間で積分して

$$W = \int VI\,\mathrm{d}t = \int V\,\mathrm{d}Q = \int VC\,\mathrm{d}V = \frac{1}{2}CV^2$$

と計算できる．(1.70) および $V = E\ell$ を用いて書き直すと

$$W = \frac{1}{2}\epsilon E^2 S\ell = \frac{1}{2}\int_\Omega \boldsymbol{D}\cdot\boldsymbol{E}\,\mathrm{d}^3 x$$

を得る．(1.35) で与えた電磁場のエネルギーと比べると，$\epsilon_0 \boldsymbol{E}$ を $\boldsymbol{D}$ で置き換えたときの電場のエネルギーに相当していることがわかる[27]．

磁場もエネルギーをもつので，ソレノイドコイルで磁場を発生してエネルギーを蓄える装置（インダクター）を作ることができる．ソレノイドコイルの面積を S，長さを ℓ とする．ℓ は十分に長く，ソレノイドコイル内で磁場強度 H は一定とする（図1.12 参照）．ソレノイドコイル1周あたりの電圧は (1.69) から $V = S\mathrm{d}B/\mathrm{d}t$ と与えられる（コイルに印加する電圧を正にとるので符号を反転している）．ソレノイドコイルの単位長さあたりの電流 I とコイル内の磁場強度の関係は $I = H = \mu^{-1}B$ と与えられる．コイルは N ターン巻いてあるとする．コイル電流を $\mathcal{I}$，コイル両端にかかる電圧を $\mathcal{V}$ とすると，$\mathcal{I} = I\ell/N$, $\mathcal{V} = NV$ である．ソレノイドコイルに蓄えられるエネルギーは仕事率を時間積分して

$$W = \int \mathcal{I}\mathcal{V}\mathrm{d}t = \frac{B^2}{2\mu}S\ell = \frac{1}{2}\int_\Omega \boldsymbol{H}\cdot\boldsymbol{B}\,\mathrm{d}^3 x.$$

これは (1.35) で与えた電磁エネルギーのうち磁場のエネルギーに相当する（$\boldsymbol{H} = \boldsymbol{B}/\mu$ と置く）．$\mathcal{V} = L\mathrm{d}\mathcal{I}/\mathrm{d}t$ と置いて L のことをインダクタンスと呼ぶ．上記の関係から

$$L = \frac{N^2 \mu S}{\ell}$$

と計算できる．大きなインダクタンスを得るためには透磁率が大きな材料をソレノイドコイルの芯に用いる．鉄（フェライト）だと $\mu \sim 10^4 \mu_0$ 程度が得られる．

---

[27] ここではコンデンサー内部の電場を具体的に計算することなく，単に電圧 V が掛かった「物」として回路の側から見て，これに対しておこなわれる仕事からエネルギーを計算した．3.2.2項では逆に，コンデンサー内部の電場を計算して，そのエネルギーを評価する．もちろん，同じ結果が得られる．

1.5 電磁力と運動方程式

本章の冒頭に述べたように，電磁気学とはまず「電磁力」を理解することを目標として始まり，そのための技術として電磁場という概念が導入されたのであるが，実は電磁場が担っているのは単に電磁力だけではなく，もっと広く深い「電磁現象の根本原理」であることがわかってきた．したがって電磁力の問題は電磁場の理論の一部分と位置づけるのが，現代の体系では自然である．このために，先に前節で電磁場の基礎方程式であるマックスウェルの方程式を紹介した．本節では，電磁場がどのように電磁力を表現するのかを学び，電磁力が働く物体の運動方程式を定式化する．

1.5.1 荷電粒子に働く力：ローレンツ力

電磁場の中で荷電粒子にはローレンツ (Lorentz) 力が働く：

$$\boldsymbol{F} = q\boldsymbol{E} + q\boldsymbol{v} \times \boldsymbol{B}. \tag{1.71}$$

ここで q は粒子の電荷，$\boldsymbol{v}$ は粒子の速度ベクトルである．第1項は電場 $\boldsymbol{E}$ の方向に働く力であり（力の向きは q の符号によって決まる），これを電気力 (electric force) という．第2項は磁場 $\boldsymbol{B}$ による力であり，これを磁力 (magnetic force) という．ローレンツ力が作用する荷電粒子はニュートンの運動方程式

$$\frac{\mathrm{d}}{\mathrm{d}t}(m\boldsymbol{v}) = q(\boldsymbol{E} + \boldsymbol{v} \times \boldsymbol{B}) \tag{1.72}$$

に従って運動する．m は粒子の質量である．

磁力は $\boldsymbol{v}$ を含むことが特徴である．このことから次の興味深い問題が浮かび上がる．座標系を変換して，一定の速度 $\boldsymbol{V}$ で移動する慣性座標系で現象を観察したとしよう（いわゆるガリレイ変換）．新しい座標系で観測される物理量に ′ をつけて表すことにする．速度は

$$\boldsymbol{v} \mapsto \boldsymbol{v}' = \boldsymbol{v} - \boldsymbol{V} \tag{1.73}$$

と変換される．ガリレイ変換の原理によると，慣性座標系に移っても力は変わらない[28]．したがって，

---

[28] $\mathrm{d}\boldsymbol{V}/\mathrm{d}t = 0$ であるから加速度も不変：$\mathrm{d}(m\boldsymbol{v})/\mathrm{d}t = \mathrm{d}(m\boldsymbol{v}')/\mathrm{d}t$．したがってニュートンの運動方程式 $\mathrm{d}(m\boldsymbol{v})/\mathrm{d}t = \boldsymbol{F}$ はガリレイ変換に対して不変なのである．

52   第 1 章　電磁気の物理学

$$F = qE + qv \times B = qE' + qv' \times B'$$

が成り立つ必要がある．これに (1.73) を代入して電場と磁場の変換則が得られる：

$$E \mapsto E' = E + V \times B, \tag{1.74}$$

$$B \mapsto B' = B. \tag{1.75}$$

つまり，電磁場はそれを観測する座標系によって変化するのである．

　電磁場の変換則 (1.74)–(1.75) を見ると，電場は変わるが磁場は変わらないという不自然な非対称性があることに気づく．このような非対称性は何か深い問題から生じた傷だと直感してよい．この問題を掘り起こすと相対論に達する．実は，(1.74)–(1.75) は相対論的には正しくない．正しい変換則（2.6.2 項で与える）はローレンツ変換なのである．

　本節の最初に述べたように，電磁気学の基本法則＝マックスウェルの方程式は「電磁力」の問題を超えて，より一般的で深い物理の原理を説き明かしている．ニュートンの運動方程式がガリレイ変換に対して不変であるのに対して，マックスウェルの方程式は不変ではない．物理の基本法則に対して，時空の変換則が異なるということは許されない．マックスウェルの方程式が満たすべき変換則は 2.6 節で示すローレンツ変換である．電磁場はローレンツ変換が幾何学的な構造を支配する時空（ミンコフスキー時空という）の住人なのである．ガリレイ変換が支配する時空（ガリレイ時空）に住んでいる（ニュートンの方程式に従って運動している）と思っていた荷電粒子など「物体」も，実は電磁場と同じくミンコフスキー時空の法則に従わなくてはならない[29]．翻って，電磁場もある種の「物」だと考えるのが自然だと思われる．次項では，そのような見方で電磁力を表現する．

補足 1.10（ハミルトン力学）　荷電粒子に対して磁力は常に速度 v に垂直な方向に働く．したがって仕事をしない（運動エネルギーを変えない）．そのために荷電粒子に

---

[29] したがって，ニュートンの運動方程式 (1.72) は相対論的には正しくない．結論を先取りすると $\frac{\mathrm{d}}{\mathrm{d}t}(\gamma m v) = q(E + v \times B)$ と修正しなくてはならない．E と B はローレンツ変換の規則に従う．右辺で質量にローレンツ因子 γ を掛けることで，運動方程式全体がローレンツ変換の規則に従うように修正される．γm は，運動する粒子の実効的な質量である（m は粒子速度が 0 であるときに計測した質量であり，静止質量という）．

働く磁力を「エネルギー」で表現することはできない．このことから「力」とは何か
ということの深い意味がみえてくる．

力学の基本構造であるハミルトン形式 (Hamiltonian form) では，運動は位相空
間の幾何学（シンプレクティック構造）と物質のエネルギー（それを位相空間の座標
で表したハミルトニアンという関数）で決定される：

$$\frac{\mathrm{d}}{\mathrm{d}t}\boldsymbol{z} = J\nabla_{\boldsymbol{z}}H. \tag{1.76}$$

ここで $\boldsymbol{z} = (\boldsymbol{x}, \boldsymbol{P})^{\mathrm{T}}$ は位相空間の正準座標，$\boldsymbol{x}$ は配位空間の座標（位置ベクトル），
$\boldsymbol{P}$ は $\boldsymbol{x}$ に共役な運動量（**正準運動量** (canonical momentum)）を表す．$H(\boldsymbol{z}, t)$ は
ハミルトニアン，$\nabla_{\boldsymbol{z}}H$ は位相空間における H の勾配，そして

$$J = \begin{pmatrix} 0 & I \\ -I & 0 \end{pmatrix} \tag{1.77}$$

は位相空間の幾何を定義する行列である（これをコシンプレクティック行列とい
う）[30]．ハミルトニアンにおいて，仕事をする力はポテンシャルエネルギーで表現さ
れるのだが，仕事をしない（しかし運動の仕方に影響する）力はどのように表現され
るのだろうか？ それは，エネルギーの「値」は変えないが「表現」を変えるものと
して現れる．電磁場の中で運動する質量 m，電荷 q の粒子の場合，

$$H = \frac{|\boldsymbol{P} - q\boldsymbol{A}|^2}{2m} + q\phi. \tag{1.78}$$

ただし ϕ と $\boldsymbol{A}$ は電磁場のポテンシャルであり $\boldsymbol{x}$ と t の関数である（1.4.4 項参照）．
これを (1.76) に代入して，

$$\boldsymbol{P} = m\boldsymbol{v} + q\boldsymbol{A}, \tag{1.79}$$

および $\boldsymbol{v} = \mathrm{d}\boldsymbol{x}/\mathrm{d}t$ と置く．$\mathrm{d}\boldsymbol{P}/\mathrm{d}t = m\mathrm{d}\boldsymbol{v}/\mathrm{d}t + q\mathrm{d}\boldsymbol{A}/\mathrm{d}t$ であるが，$\boldsymbol{A}$ の時間微分
は，粒子の軌道に沿って計算しなくてはならない．この種の計算の数学的な意味を
明確にし，技術を確立することがこれからの章の目的の一つであるが（2.5 節および
3.3.5 項参照），ここでは「ベクトル解析」の公式に従って次のように計算できること
を認めよう：$\mathrm{d}\boldsymbol{A}/\mathrm{d}t = \partial_t\boldsymbol{A} + (\boldsymbol{v}\cdot\nabla)\boldsymbol{A}$．この第 2 項は $(1/2m)\partial|\boldsymbol{P} - q\boldsymbol{A}|^2/\partial\boldsymbol{x} =$
$\boldsymbol{v} \times \boldsymbol{B} + (\boldsymbol{v}\cdot\nabla)\boldsymbol{A}$ の第 2 項と消しあって，$\partial_t\boldsymbol{A}$ が残る．以上からニュートンの運動
方程式 (1.72) を得る．

補足 1.11（磁力がおこなう仕事）「荷電粒子」に対して磁力は仕事をしない力であ
る（補足 1.10 参照）．しかし一般に「磁力は仕事をしない」というと間違いである．
確かに磁石は様々な機械に応用されて物を動かしている．

---

[30] 全く同じ方程式が波動方程式に対する幾何光学の方程式（特性常微分方程式）として導か
れる（3.3.3 項参照）．力学の場合，前者の波動方程式に対応するのが量子論，後者が古典
論という関係になる．

54 第1章 電磁気の物理学

　一般に磁場は磁気モーメント（補足 1.1 参照）に対して力を与え，その力は仕事を することができる．物体の磁気モーメントはその重心点に位置するベクトル $\boldsymbol{\mu}$ で表 され，$\boldsymbol{\mu} \cdot \boldsymbol{B}$ のポテンシャルエネルギーを与える．磁気モーメントを円環電流に置き 換えて考えると（等価原理：補足 1.1 参照），これが動くときに円環上に誘導される電 場 (1.74) が電流に対しておこなう仕事が磁気モーメントのポテンシャルエネルギー 変化と等しい．したがって，仕事をおこなったのは電場であると解釈することができ る．本当に電流が作る磁気モーメントの場合は，この解釈で正しいが，スピンに起因 する磁気モーメントは，空間の中の電流から生じるものではないから，荷電粒子に働 くローレンツ力 (1.71) に帰着して解釈することはできない．

1.5.2　マックスウェルの応力

　前項では点電荷に働く電磁力について考えたが，ここでは電磁場に内在する 力というモデルで電磁力を考える．有限な大きさをもった物体が電荷や電流を 担っているとき，電磁場に「歪み」が生じ，それが**応力** (stress) として物体に 作用すると考えるのである．ファラデーが構想した「力線」の概念（1.2.2 項参 照）をマックスウェルが数学的にまとめたのが，ここで述べるマックスウェル の応力である．

　まず応力という（弾性体の理論に由来する）概念を説明しよう．ある領域 Ω に作用する力は，その表面 $\partial\Omega$ を通して Ω に浸入する「応力」の合計だと考え る．1.3.4 項でガウスの公式を導いたときと同じような計算をおこなう．空間 にデカルト座標 $(x^1, x^2, x^3) = (x, y, z)$ を置き，x^k 軸の方向に働く力 F^k を

$$F^k = \int_{\partial\Omega} \boldsymbol{n} \cdot \boldsymbol{\Sigma}^k \, \mathrm{d}^2 x \quad (k = 1, 2, 3)$$

のように書く．ベクトル $\boldsymbol{\Sigma}^k = (\sigma_{1k}, \sigma_{2k}, \sigma_{3k})^{\mathrm{T}}$ は x^k 軸方向の力を生む応力， $\boldsymbol{n}$ は境界 $\partial\Omega$ 上の外向き単位法線ベクトルである．ガウスの公式を使って右辺 を書き直すと

$$F^k = \int_{\Omega} \nabla \cdot \boldsymbol{\Sigma}^k \, \mathrm{d}^3 x = \int_{\Omega} (\partial_{x^1} \sigma_{1k} + \partial_{x^2} \sigma_{2k} + \partial_{x^3} \sigma_{3k}) \, \mathrm{d}^3 x. \tag{1.80}$$

すべての向きの力をまとめてベクトルとして表現しよう．そのために，3 次元 ベクトル $\boldsymbol{\Sigma}^k$ をインデックス k の順に横に並べ，2 階のテンソル（補足 1.3 参照）

$$(T^{jk}) = (\boldsymbol{\Sigma}^1, \boldsymbol{\Sigma}^2, \boldsymbol{\Sigma}^3) = \begin{pmatrix} \sigma_{11} & \sigma_{12} & \sigma_{13} \\ \sigma_{21} & \sigma_{22} & \sigma_{23} \\ \sigma_{31} & \sigma_{32} & \sigma_{33} \end{pmatrix} \tag{1.81}$$

を定義する．これを**応力テンソル** (stress tensor) と呼ぶ[31]．発散の定義を拡張して

$$(\nabla \cdot T)^k = \sum_j \partial_{x^j} T^{jk}$$

と書く．以上を (1.80) に使うと

$$\boldsymbol{F} = \int_\Omega \nabla \cdot T \, \mathrm{d}^3 x$$

を得る．領域 Ω に働く力 $\boldsymbol{F}$ は力の密度（単位体積あたりの力）$\boldsymbol{f}$ の体積積分だと考え $\boldsymbol{F} = \int_\Omega \boldsymbol{f} \, \mathrm{d}^3 x$ と置くと（Ω は任意の領域であるから）

$$\boldsymbol{f} = \nabla \cdot T$$

という表現を得る．

さて電磁場の応力テンソルは

$$\sigma_{jk} = \epsilon_0 \left(E_j E_k - \frac{1}{2} \delta_{jk} |\boldsymbol{E}|^2 \right) + \frac{1}{\mu_0} \left(B_j B_k - \frac{1}{2} \delta_{jk} |\boldsymbol{B}|^2 \right) \tag{1.82}$$

によって与えられる．これを成分とする応力テンソルを T_{em} と書きマックスウェルの応力テンソルと呼ぶ．T_{em} の発散を計算すると（マックスウェルの方程式を用いて）

$$
\begin{aligned}
\nabla \cdot T_{\mathrm{em}} &= \epsilon_0 \left[(\nabla \cdot \boldsymbol{E})\boldsymbol{E} - \boldsymbol{E} \times (\nabla \times \boldsymbol{E}) \right] \\
&\quad + \frac{1}{\mu_0} \left[(\nabla \cdot \boldsymbol{B})\boldsymbol{B} - \boldsymbol{B} \times (\nabla \times \boldsymbol{B}) \right] \\
&= \rho \boldsymbol{E} + \epsilon_0 \boldsymbol{E} \times (\partial_t \boldsymbol{B}) - \boldsymbol{B} \times (\epsilon_0 \partial_t \boldsymbol{E} + \boldsymbol{J}) \\
&= \rho \boldsymbol{E} + \boldsymbol{J} \times \boldsymbol{B} + \epsilon_0 \partial_t (\boldsymbol{E} \times \boldsymbol{B})
\end{aligned}
\tag{1.83}
$$

を得る．この第 1 項と第 2 項は荷電粒子に作用するローレンツ力 (1.71) を有限な体積をもつ物体に一般化したものであることがわかる．

第 3 項は電磁場自体がもつ「運動量」が時間変化することを表している．つまり $\epsilon_0(\boldsymbol{E} \times \boldsymbol{B})$ は「電磁場の運動量密度」を表すベクトルなのである．(1.36) で定義したポインティングベクトルを思い出そう．$\boldsymbol{S} = \mu_0^{-1} \boldsymbol{E} \times \boldsymbol{B}$ は電磁場

[31) テンソル T の要素に上つきのインデックスを与えるのは，これを物体の応力テンソルと統合するための都合である．まだテンソルの反変成分と共変成分の区別を十分説明していないので，後の議論のための技術的準備とだけ理解しておこう．

のエネルギー流束を表すのであった．次元を見ると，運動量密度に速度を掛けたものがエネルギー密度であり，さらに輸送速度を掛けてエネルギー流束となる．これらの速度を光速 c にとれば，$c^{-2}\boldsymbol{S}$ が運動量密度という解釈は $\boldsymbol{S}$ がエネルギー流束であることと整合する．

1.5.3　4次元時空における運動量とエネルギーの統合

力とは運動量を変化させるもののことであるが，マックスウェルの応力に運動量とエネルギーの自然な結びつきが現れていることを見た：(1.83) 右辺の第3項である．このことは，エネルギーと運動量を一体のものとして扱うべきだということを示唆している．実はこれは，時間と空間を統合して「時空」で力学を考えるべきだということを意味する．(1.83) 右辺の第3項が時間微分 ∂_t を担っているのは，その現れである．

4次元時空を表現する記号の準備

4次元時空は相対論によって構造が与えられている．相対論の時空（ミンコフスキー時空）の数学的な特徴づけは2.6節で与えることにして，ここでは形式的な計算だけで追えることを学ぶことにする．

まず4次元時空に2種類の座標

$$\begin{cases} (x^\mu) = (x^0, x^1, x^2, x^3) = (ct, \quad x, \quad y, \quad z), \\ (x_\mu) = (x_0, x_1, x_2, x_3) = (ct, -x, -y, -z) \end{cases} \tag{1.84}$$

を置く[32]．インデックス 0 をつけた変数を t ではなく ct にとるのは他の空間座標と次元をそろえるためである（c は光速）．インデックスの上下で区別する2種類の変数は行列

$$(\eta^{\mu\nu}) = \begin{pmatrix} 1 & 0 & 0 & 0 \\ 0 & -1 & 0 & 0 \\ 0 & 0 & -1 & 0 \\ 0 & 0 & 0 & -1 \end{pmatrix} \tag{1.85}$$

によって

---

[32] 今後は4次元時空のインデックス（0から3の値をとる）はギリシャ文字（μ, ν など）で表し，空間成分のインデックス（1から3の値をとる）はローマ文字（j, k など）で表すことにする．

$$x^\mu = \sum_\nu \eta^{\mu\nu} x_\nu \tag{1.86}$$

のごとく変換される．右辺では共通なインデックス ν が $\eta^{\mu\nu}$ と x_ν にそれぞれ上つきと下つきとして現れ，それを足し上げることで左辺では ν が消去されている．このように，掛け合わされた項が共通のインデックスを上下にもつとき，必ず足し合わせがおこなわれる．それを縮約 (contraction) という．足し合わせは必然であるから，和の記号を省略してよい．これを「アインシュタインの規則」という．つまり (1.86) のことを $x^\mu = \eta^{\mu\nu} x_\nu$ のように書く．この逆変換は $(\eta_{\mu\nu}) = (\eta^{\mu\nu})^{-1} = (\eta^{\mu\nu})$ によって $x_\mu = \eta_{\mu\nu} x^\nu$ と書ける．

これら双対な座標変数による微分作用素を

$$\begin{cases} \partial_\mu = \partial_{x^\mu} = \left(\dfrac{\partial}{c\partial t}, \quad \nabla \right), \\[2ex] \partial^\mu = \partial_{x_\mu} = \left(\dfrac{\partial}{c\partial t}, -\nabla \right) \end{cases} \tag{1.87}$$

と書く．ここでも $\partial_\mu = \eta_{\mu\nu} \partial^\nu$ あるいは $\partial^\mu = \eta^{\mu\nu} \partial_\nu$ の関係がある．

上つきのインデックスをつけたものを反変成分，下つきのものを共変成分と呼ぶのだが，その数学的な意味は次章で説明する（補足 1.13 も参照）．ベクトルにも反変成分と共変成分を定義する．例えば電磁場の 4 元ポテンシャルに対して

$$\begin{cases} (\mathcal{A}^\mu) = (\phi/c, \quad \boldsymbol{A})^{\mathrm{T}}, \\[1ex] (\mathcal{A}_\mu) = (\phi/c, -\boldsymbol{A})^{\mathrm{T}} \end{cases} \tag{1.88}$$

と定義する（1.4.4 項参照）．$\mathcal{A}_\mu = \eta_{\mu\nu} \mathcal{A}^\mu$, $\mathcal{A}^\mu = \eta^{\mu\nu} \mathcal{A}_\nu$ のように変換される．4 元カレントも同様に

$$\begin{cases} (\mathcal{J}^\mu) = (c\rho, \quad \boldsymbol{J})^{\mathrm{T}}, \\[1ex] (\mathcal{J}_\mu) = (c\rho, -\boldsymbol{J})^{\mathrm{T}} \end{cases} \tag{1.89}$$

があり，$\mathcal{J}_\mu = \eta_{\mu\nu} \mathcal{J}^\mu$, $\mathcal{J}^\mu = \eta^{\mu\nu} \mathcal{J}_\nu$.

電磁場のエネルギー・運動量テンソル

マックスウェルの応力テンソルは 3×3 の行列であるが，これを 4×4 の行列の中に包摂してエネルギー・運動量テンソルを定義する：

58 　　　　　第 1 章　電磁気の物理学

$$\mathcal{T}_{\mathrm{em}} = \begin{pmatrix} W & S_1/c & S_2/c & S_3/c \\ S_1/c & -\sigma_{11} & -\sigma_{12} & -\sigma_{13} \\ S_2/c & -\sigma_{21} & -\sigma_{22} & -\sigma_{23} \\ S_3/c & -\sigma_{31} & -\sigma_{32} & -\sigma_{33} \end{pmatrix}. \tag{1.90}$$

ここで W は (1.35) で与えた電磁場のエネルギー密度，S_j はポインティングベクトルの各成分である．つけ加えた行と列を「第 0 行」，「第 0 列」と呼ぶ．そこにエネルギーにかかわる量が入るのは，第 0 成分が時空の「時間座標」に対応するからである．物理では時間に対してエネルギー，空間に対して運動量が双対関係を作る．エネルギー・運動量テンソル $\mathcal{T}_{\mathrm{em}}$ の空間成分だけを切り取ったものがマックスウェルの応力テンソル $-T_{\mathrm{em}}$ である．マイナスの符号を与える理由は時空のメトリックのためである（2.6 節参照）．

　$\mathcal{T}_{\mathrm{em}}$ の 4 次元時空での発散

$$\partial_\mu \mathcal{T}_{\mathrm{em}}{}^{\mu\nu}$$

を計算してみよう．∂_μ は (1.87) で定義した通りである．空間成分 $\partial_\mu \mathcal{T}_{\mathrm{em}}{}^{\mu k}$ ($k = 1, 2, 3$) からは

$$\frac{1}{c}\partial_t\left(\frac{\boldsymbol{S}}{c}\right) - (\nabla \cdot T_{\mathrm{em}}) = \epsilon_0 \partial_t(\boldsymbol{E} \times \boldsymbol{B}) - (\nabla \cdot T_{\mathrm{em}}) = -(\rho\boldsymbol{E} + \boldsymbol{J} \times \boldsymbol{B}),$$

すなわちローレンツ力を得る．(1.83) 右辺に現れた「見慣れない」第 3 項は 4 次元化でつけ足した時間成分とキャンセルしている．電磁場の運動量密度 $c^{-2}\boldsymbol{S} = \epsilon_0(\boldsymbol{E} \times \boldsymbol{B})$（1.5.2 項参照）が空間移動することで生じる変動が時間変動とバランスしているとき，電磁場自体の運動量は保存している．しかし，電磁場が物体（ρ と $\boldsymbol{J}$ で表現される）と相互作用して運動量を交換するとき，正味の運動量変化が生じる．その変化率がローレンツ力である．

　同じような関係はエネルギー保存則 (1.37) でも成り立っている．4 次元時空の定式化では，エネルギー保存則はエネルギー・運動量テンソルの時間成分に包摂されている．発散の時間成分 $\partial_\mu \mathcal{T}_{\mathrm{em}}{}^{\mu 0}$ を書き下すと

$$\frac{1}{c}\left(\partial_t W + \nabla \cdot \boldsymbol{S}\right).$$

エネルギー保存則 (1.34) を用いると，これは $-\frac{1}{c}\boldsymbol{E} \cdot \boldsymbol{J}$ と等しい．

1.5 電磁力と運動方程式 59

1.5.4 電場と磁場の統一：ファラデーテンソル

前項では3次元空間で定義されたマックスウェル応力テンソルを4次元時空へ拡張することで電磁場のエネルギー・運動量テンソル $\mathcal{T}_{\mathrm{em}}$ を導入したのだが，ここでは電磁場の4元ポテンシャル $(\mathcal{A}_\mu) = (\phi/c, -\boldsymbol{A})^{\mathrm{T}}$ から直接的に $\mathcal{T}_{\mathrm{em}}$ を定式化する．これによって，電磁力は電場と磁場を統一した4次元時空で美しい形式に整理される．

まず $(\mathcal{A}_\mu)$ の微分[33]によって誘導される2階の反対称テンソル

$$F_{\mu\nu} = \partial_\mu \mathcal{A}_\nu - \partial_\nu \mathcal{A}_\mu \tag{1.91}$$

を定義する．これを電磁場のテンソル (electromagnetic field tensor) あるいはファラデーテンソル (Faraday tensor) という．電磁場の定義式 (1.38)–(1.39)，すなわち $\boldsymbol{E} = -(\nabla\phi + \partial_t \boldsymbol{A})$, $\boldsymbol{B} = \nabla \times \boldsymbol{A}$ を用いて成分を書き下すと

$$(F_{\mu\nu}) = \begin{pmatrix} 0 & E_1/c & E_2/c & E_3/c \\ -E_1/c & 0 & -B_3 & B_2 \\ -E_2/c & B_3 & 0 & -B_1 \\ -E_3/c & -B_2 & B_1 & 0 \end{pmatrix}. \tag{1.92}$$

逆に言うと，3次元ベクトル $\boldsymbol{E}$ と $\boldsymbol{B}$ はファラデーテンソル $F_{\mu\nu}$ の六つの成分を取り出して書いたものだと「定義」することができる．

ファラデーテンソルを反変成分で表現すると，

$$F^{\mu\nu} = \partial^\mu \mathcal{A}^\nu - \partial^\nu \mathcal{A}^\mu = \eta^{\mu\alpha} F_{\alpha\beta} \eta^{\beta\nu}$$

$$= \begin{pmatrix} 0 & -E_1/c & -E_2/c & -E_3/c \\ E_1/c & 0 & -B_3 & B_2 \\ E_2/c & B_3 & 0 & -B_1 \\ E_3/c & -B_2 & B_1 & 0 \end{pmatrix}. \tag{1.93}$$

(1.25)–(1.26) を用いて計算すると，

$$\partial_\mu F^{\mu\nu} = \mu_0 \mathcal{J}^\nu. \tag{1.94}$$

逆に言うと，(1.94) がマックスウェルの方程式の後半2式 (1.25)–(1.26) に相当する式だと考えることができる．

---

[33] 2.3 節で定義する外微分である．

第1章 電磁気の物理学

4次元のローレンツ力を

$$\mathcal{J}_\nu F^{\mu\nu} \tag{1.95}$$

と定義する．この空間成分は $\rho\boldsymbol{E} + \boldsymbol{J} \times \boldsymbol{B}$ に他ならず，運動量変化率を表す．また，時間成分は $\boldsymbol{J} \cdot \boldsymbol{E}/c$ と書け，エネルギー変化率を表す．

エネルギー・運動量テンソルはファラデーテンソルを使って

$$\mathcal{T}_{\mathrm{em}}{}^{\mu\nu} = \frac{1}{\mu_0}\left(F^{\mu\alpha}\eta_{\alpha\beta}F^{\beta\nu} + \frac{1}{4}\eta^{\mu\nu}F^{\beta\gamma}F_{\beta\gamma}\right) \tag{1.96}$$

と書くことができる．この発散を計算すると（補足 1.12 参照）

$$\partial_\mu \mathcal{T}_{\mathrm{em}}{}^{\mu\nu} = \mathcal{J}_\mu F^{\mu\nu}. \tag{1.97}$$

右辺は4次元ローレンツ力の符号を反転したものである：(1.95) 参照（F は反対称であるから，縮約するインデックスの位置に注意しよう）．

補足 1.12（エネルギー・運動量テンソルの発散） テンソル $F_{\mu\nu}$ や $\mathcal{T}_{\mathrm{em}}{}^{\mu\nu}$ に関する数学的な基礎づけは次章の主題の一つであるが，ここでは少し議論を先取りして，(1.96) で定義し直したエネルギー・運動量テンソルの発散から4次元のローレンツ力 (1.95) が簡単に求められることを示しておこう．(1.96) 右辺の第1項を $\eta^{\mu\gamma}\eta_{\gamma\mu} = 1$ を用いて書き直すと

$$\frac{1}{\mu_0}F^{\mu\alpha}\eta_{\alpha\beta}F^{\beta\nu} = \frac{1}{\mu_0}\eta^{\mu\gamma}\eta_{\gamma\mu}F^{\mu\alpha}\eta_{\alpha\beta}F^{\beta\nu} = \frac{1}{\mu_0}\eta^{\mu\gamma}F_{\gamma\beta}F^{\beta\nu}.$$

この発散から

$$\begin{aligned}
\frac{1}{\mu_0}\partial_\mu(\eta^{\mu\gamma}F_{\gamma\beta}F^{\beta\nu}) &= \frac{1}{\mu_0}\partial^\gamma(F_{\gamma\beta}F^{\beta\nu}) \\
&= \frac{1}{\mu_0}(\partial^\gamma F_{\gamma\beta})F^{\beta\nu} + \frac{1}{\mu_0}F_{\gamma\beta}(\partial^\gamma F^{\beta\nu}) \\
&= \mathcal{J}_\beta F^{\beta\nu} + \frac{1}{\mu_0}F_{\gamma\beta}(\partial^\gamma F^{\beta\nu})
\end{aligned} \tag{1.98}$$

を得る．この右辺第2項は次のように変形できる．まず，

$$\partial^\gamma F^{\beta\nu} + \partial^\beta F^{\nu\gamma} + \partial^\nu F^{\gamma\beta} = 0 \tag{1.99}$$

が成り立つことが，直接計算して確かめられる．これはマックスウェルの方程式の前半2式 (1.23)–(1.24) に他ならない[34]．これに $F_{\gamma\beta}$ を掛けて縮約すると（F が反対

[34) したがって，(1.99) と (1.94) の二つの関係式が，F を用いて書いたマックスウェルの方程式である．実は，(1.99) は F が「完全 2-形式」であること（2.6.4 項参照）の直接的な帰結である（定理 2.36）．つまり，マックスウェルの方程式の前半2式 (1.23)–(1.24) は F が完全 2-形式であることから導かれる自明な関係なのである：(2.300) 参照.

称であることも使って)

$$F_{\gamma\beta}\partial^\gamma F^{\beta\nu} + F_{\beta\gamma}\partial^\beta F^{\gamma\nu} = -F_{\gamma\beta}\partial^\nu F^{\gamma\beta}$$

を得る. この左辺は $2F_{\gamma\beta}\partial^\gamma F^{\beta\nu}$ に等しく, 右辺は $-F_{\beta\gamma}\partial^\nu F^{\beta\gamma}$ と書き直せる. したがって (1.98) 右辺の第 2 項が (1.96) 右辺の第 2 項の発散 $\frac{1}{2\mu_0}F_{\beta\gamma}\partial^\nu F^{\beta\gamma}$ と打ち消しあうことがわかる. 結局

$$\partial_\mu \mathcal{T}_{\mathrm{em}}{}^{\mu\nu} = \mathcal{J}_\beta F^{\beta\nu}$$

を得る.

1.5.5 電磁場と物体の結合：プラズマ

電磁場のエネルギー・運動量テンソル $\mathcal{T}_{\mathrm{em}}$ の発散 $(\partial_\mu \mathcal{T}_{\mathrm{em}}{}^{\mu\nu})$ が物体に働く電磁力＝運動量変化率とエネルギー変化率を与えることを見た. ここでは物体の側のエネルギー・運動量テンソル $\mathcal{T}_{\mathrm{f}}$ を定式化し, 両者の統合によって電磁力が作用する物体の運動方程式（4 次元時空ではエネルギーおよび運動量の保存則）を導く. 電磁場から物体への「出力」は, 物体の側からみると「入力」であり, 合計すると 0 である. したがって $\mathcal{T}_{\mathrm{em}} + \mathcal{T}_{\mathrm{f}}$ の発散は 0 となる. これが統合という意味だ. 「物体」といったのは, 1.5.1 項で議論したような大きさをもたない粒子ではなく, 空間に展開し変形しながら運動する物, すなわち電荷をもつ流体のことである. このような物体と電磁場の結合体をプラズマ (plasma) という.

最初から 4 次元時空で定式化しよう. しかも相対論の枠組みで始める. エネルギーと運動量の統合は時間と空間の統合と平行関係にあるのだが, それは本質的に相対論的である. 非相対論で定式化しようとすると理論がいびつになる（いろいろ手を入れて人工的に加工することが必要になる）. 非相対論の関係式は, 相対論で定式化しておいて, その低速度近似 $(|\boldsymbol{v}| \ll c)$ として導く方が手っ取り早いのである.

4 元速度

物体の運動に関して 4 元速度を定義する：

$$\mathcal{U}^\mu = (\gamma, \gamma\boldsymbol{v}/c), \quad \mathcal{U}_\mu = (\gamma, -\gamma\boldsymbol{v}/c). \tag{1.100}$$

ここで $\gamma = 1/\sqrt{1 - |\boldsymbol{v}|^2/c^2}$ は (1.53) で与えたローレンツ因子である. $\mathcal{U}^\mu$ あるいは $\mathcal{U}_\mu$ を「速度」と呼んだが, 光速 c で割って無次元化していることに注

意しよう. $\mathcal{U}_\mu = \eta_{\mu\nu}\mathcal{U}^\nu$, $\mathcal{U}^\mu = \eta^{\mu\nu}\mathcal{U}_\nu$ のごとく変換され, 両者は共役な関係

$$\mathcal{U}^\mu \mathcal{U}_\mu = 1 \tag{1.101}$$

を満たす.

質量 m をもつ粒子の 4 元運動量は

$$(P^\mu) = (mc\mathcal{U}^\mu) = (\gamma mc, \gamma m\boldsymbol{v})^{\mathrm{T}} \tag{1.102}$$

と与えられる（m は粒子の静止質量）. 空間成分は静止質量 m を実効質量 γm に修正した運動量である. 時間成分（第 0 成分）には粒子のエネルギー γmc^2 を c で割ったものが入っている（c で割るのは次元をそろえるため）. 非相対論の領域, すなわち $|\boldsymbol{v}|/c \ll 1$ のときは,

$$(P^\mu) \approx \left(\frac{1}{c} \left(mc^2 + \frac{m}{2}|\boldsymbol{v}|^2 \right), m\boldsymbol{v} \right)^{\mathrm{T}} \tag{1.103}$$

と近似できる. エネルギー cP^0 に含まれる定数項 mc^2 は粒子の静止エネルギーを表す. 第 2 項が運動エネルギーである. 空間成分は普通の運動量になる.

粒子の代わりに流体のエレメントを考えるとき, そのエネルギーと運動量は次のように定義される.

相対論的流体のエネルギー・運動量テンソル

流体を構成する粒子の数密度を n とし, 1 粒子あたり内部エネルギー ε をもつとする. 流体が静止しているとき, エンタルピー（1 粒子あたり）は

$$h = \varepsilon + \frac{1}{n}p \tag{1.104}$$

と与えられる. p は圧力である. 流体が運動しているときエンタルピーはテンソルとなる:

$$\mathfrak{h}^{\mu\nu} = h\mathcal{U}^\mu \mathcal{U}^\nu.$$

これに応じて (1.104) をテンソルに拡張し, エネルギーを

$$\mathfrak{e}^{\mu\nu} = \mathfrak{h}^{\mu\nu} - \frac{1}{n}p\eta^{\mu\nu}$$

1.5 電磁力と運動方程式

と定義する．これに n を掛けて単位体積あたりのエネルギーにすると

$$\mathcal{T}_{\mathrm{f}}^{\mu\nu} = nh\mathcal{U}^\mu\mathcal{U}^\nu - p\eta^{\mu\nu}.$$

これが物質場（流体）のエネルギー・運動量テンソルである．

発散を計算しよう：

$$\partial_\mu \mathcal{T}_{\mathrm{f}}^{\mu\nu} = \partial_\mu \left(nh\mathcal{U}^\mu\mathcal{U}^\nu - p\eta^{\mu\nu}\right) = n\mathcal{U}^\mu\partial_\mu\left(h\mathcal{U}^\nu\right) - \partial^\nu p \tag{1.105}$$

$$= nc\mathcal{U}_\mu M^{\mu\nu} + n\partial^\nu h - \partial^\nu p. \tag{1.106}$$

ただし，

$$M^{\mu\nu} = \frac{1}{c}\left[\partial^\mu(h\mathcal{U}^\nu) - \partial^\nu(h\mathcal{U}^\mu)\right] \tag{1.107}$$

と定義した．これを物質場のテンソル (matter field tensor) と呼ぶ（電磁場のテンソル $F^{\mu\nu}$ と後で統合される）．上記の計算は少し説明が必要であろう．第1ステップ (1.105) では次のように計算した；

$$\partial_\mu\left(nh\mathcal{U}^\mu\mathcal{U}^\nu\right) = n\mathcal{U}^\mu\partial_\mu\left(h\mathcal{U}^\nu\right) + h\mathcal{U}^\nu\partial_\mu\left(n\mathcal{U}^\mu\right).$$

この右辺の第2項は粒子保存則

$$\partial_\mu\left(n\mathcal{U}^\mu\right) = 0 \tag{1.108}$$

によって消える[35]．第1項を変形する準備として，まず (1.107) の両辺を $\mathcal{U}_\mu$ と縮約する：

$$c\mathcal{U}_\mu M^{\mu\nu} = \mathcal{U}_\mu\partial^\mu(h\mathcal{U}^\nu) - \mathcal{U}_\mu\partial^\nu(h\mathcal{U}^\mu) = \mathcal{U}^\mu\partial_\mu(h\mathcal{U}^\nu) - \partial^\nu h.$$

これを (1.105) の第1項に使って (1.106) を得る．

(1.106) 右辺の最後の二つの項は熱力学の第1および第2法則（ただし準静的過程を仮定する）の関係式

$$\mathrm{d}h = \frac{1}{n}\mathrm{d}p + T\mathrm{d}\sigma$$

（T は温度，σ は1粒子あたりのエントロピーを表す）を用いて

$$n\partial^\nu h - \partial^\nu p = nT\partial^\nu\sigma$$

---

[35] (1.108) を見慣れた形で書き下すと $\partial_t(\gamma n) + \nabla(\boldsymbol{v}\gamma n) = 0$．これは粒子保存則 (1.27) を相対論的に修正した式であり，形式的に言うと，空間のローレンツ収縮 (1.4.5 項参照) を考慮して静止密度 n を γn と置き換えたものである．正確な意味は 2.5.3 項で議論する．

と書くことができる．これを用いて (1.106) を書き直すと

$$\partial_\mu \mathcal{T}_f{}^{\mu\nu} = nc\mathcal{U}_\mu M^{\mu\nu} + nT\partial^\nu \sigma.$$

これを 0 と置いたものがエネルギーおよび運動量の「保存則」すなわち流体の（相対論的な）運動方程式である[36]：

$$nc\mathcal{U}_\mu M^{\mu\nu} + nT\partial^\nu \sigma = 0. \tag{1.109}$$

プラズマの相対論的運動方程式

流体を構成する粒子が電荷 q をもつときは流体と電磁場とが結合して運動するプラズマとなる．この結合は両者のエネルギー・運動量テンソルを足し合わせることで定式化される：

$$\mathcal{T}_{\text{plas}} = \mathcal{T}_f + \mathcal{T}_{\text{em}}.$$

ここでは簡単のために，物体は 1 種類の粒子集団で構成される流体だとするが，複数の種類の物体（f(1),...,f(p) で表す）が共存する場合は，それぞれのエネルギー・運動量テンソル $\mathcal{T}_{f(1)},\ldots,\mathcal{T}_{f(p)}$ を定義し，それらを足し上げればよい：(1.30), (1.31) も参照．結合を媒介するのは 4 元速度 $\mathcal{U}^\mu$ である．4 元カレント $(\mathcal{J}^\mu)$ は

$$\mathcal{J}^\mu = qcn\mathcal{U}^\mu$$

と与えられる[37]．

$\mathcal{T}_{\text{plas}}$ の発散が 0 となるというのがプラズマの運動方程式（エネルギーと運動量の保存則）である．物質場のテンソル $M^{\mu\nu}$ と電磁場のテンソル $F^{\mu\nu}$ を統合して

$$N^{\mu\nu} = M^{\mu\nu} + qF^{\mu\nu} = \partial^\mu \left(\frac{h}{c}\mathcal{U}^\nu + q\mathcal{A}^\nu \right) - \partial^\nu \left(\frac{h}{c}\mathcal{U}^\mu + q\mathcal{A}^\mu \right)$$

---

[36] $M^{\mu\nu}$ は反対称テンソルであるから，これと対称テンソル $\mathcal{U}_\nu\mathcal{U}_\mu$ との縮約を計算すると 0 となる：$\mathcal{U}_\nu\mathcal{U}_\mu M^{\mu\nu} = 0$．したがって，運動方程式 (1.109) と $\mathcal{U}_\nu$ との縮約から $\mathcal{U}_\nu\partial^\nu \sigma = 0$ を得る．これは流体の運動が等エントロピー（断熱）過程であることを意味する．保存法則 $\partial_\mu \mathcal{T}_f{}^{\mu\nu} = 0$ を破って，流体エレメントに熱エネルギーの出入り $\tilde{Q}$ を許すと，(1.109) の左辺に熱流束を表す項 $n\Theta^\nu$ が加わる（ただし $\mathcal{U}_\nu\Theta^\nu = \tilde{Q}$）．

[37] (1.28) と比べよう．$\mathcal{U}_\mu$ は相対論的に変換するので，カレントと電磁場の関係 (1.94) は相対論的に正しく修正されている．

と定義する.

$$m_{\rm f} = \frac{h}{c^2} \tag{1.110}$$

と置いて，正準運動量

$$\wp^\mu = m_{\rm f} c \mathcal{U}^\mu + q \mathcal{A}^\mu \tag{1.111}$$

を定義すると，

$$N^{\mu\nu} = \partial^\mu \wp^\nu - \partial^\nu \wp^\mu$$

と書くことができる．以上を用いて，プラズマの運動方程式は

$$\partial_\mu \mathcal{T}_{\rm plas}{}^{\mu\nu} = nc\mathcal{U}_\mu N^{\mu\nu} + nT\partial^\nu \sigma = 0 \tag{1.112}$$

と与えられる.

　プラズマの正準運動量 (1.111) の第 1 項（物質場の部分）を荷電粒子の運動量 (1.102) と比べてみよう：(1.79) も参照．粒子の静止質量 m に相当するものとして $m_{\rm f} = h/c^2$ が用いられている．流体エレメントのエンタルピー h（1 粒子あたり）に含まれる内部エネルギー ε は，粒子の静止エネルギー mc^2 に加えて，分子の熱エネルギー（ランダムな運動のエネルギー）で構成されている．さらに p/n を加えたものが流体エレメントの有効質量 $m_{\rm f}$ に寄与する．熱エネルギーと圧力が大きくなると，流体は重くなるのである.

1.5.6 非相対論の極限

　4 次元時空のエネルギー・運動量テンソルを用いて導いた相対論的運動方程式 (1.112) に対して，非相対論の極限を見ておく．電磁力の項 $\partial_\mu \mathcal{T}_{\rm em}{}^{\mu\nu}$ は，単に 4 元カレント $\mathcal{J}$ においてローレンツ収縮の効果 γ を 1 にするだけである.

　物質場の項 $\partial_\mu \mathcal{T}_{\rm f}{}^{\mu\nu}$ について計算しよう．$|\boldsymbol{v}| \ll c$ かつ熱エネルギーが粒子の静止エネルギーより十分小さいときは，

$$(m_{\rm f} c \mathcal{U}^\mu) \approx (mc + K/c,\, m\boldsymbol{v})^{\rm T}, \quad K = \frac{m}{2}|\boldsymbol{v}|^2 + h$$

と近似できる（m は粒子の静止質量）．簡単のために空間 1 次元で計算しよう.

$$M^{\mu\nu} = \begin{pmatrix} 0 & [\partial_t(mv) + \partial_x K]/c \\ -[\partial_t(mv) + \partial_x K]/c & 0 \end{pmatrix}$$

となり，電磁場がない場合の運動方程式は

$$cU_\nu M^{\mu\nu} - T\partial^\nu\sigma = \begin{pmatrix} -v[\partial_t(mv) + \partial_x K]/c \\ -[\partial_t(mv) + \partial_x K] \end{pmatrix} - \begin{pmatrix} T\partial_t\sigma/c \\ -T\partial_x\sigma \end{pmatrix} = 0.$$

第2式を第1式に代入すると $T[\partial_t\sigma + (\boldsymbol{v}\cdot\nabla)\sigma] = 0$，すなわちエントロピー保存則（断熱過程の関係）を得る．第2式は

$$m\frac{\partial}{\partial t}v = -\partial_x K + T\nabla\sigma = -\partial_x\left(\frac{mv^2}{2}\right) - n^{-1}\partial_x p.$$

3次元に拡張すると，

$$m\left(\frac{\partial}{\partial t}\boldsymbol{v} + (\nabla\times\boldsymbol{v})\times\boldsymbol{v}\right) = -\nabla\left(\frac{m|\boldsymbol{v}|^2}{2}\right) - n^{-1}\nabla p.$$

ベクトル解析の公式を用いて見慣れた形に書き直すと

$$mn\left[\frac{\partial}{\partial t}\boldsymbol{v} + (\boldsymbol{v}\cdot\nabla)\boldsymbol{v}\right] = -\nabla p.$$

電磁力の項 $\partial_\mu\mathcal{T}_{\mathrm{em}}{}^{\mu\nu}$ を加えると

$$mn\left[\frac{\partial}{\partial t}\boldsymbol{v} + (\boldsymbol{v}\cdot\nabla)\boldsymbol{v}\right] = -\nabla p + qn(\boldsymbol{E} + \boldsymbol{v}\times\boldsymbol{B}). \tag{1.113}$$

1.6 電磁気の単位とスケーリング

本節では，物理量の「単位」から見えてくる法則の構造について考える．電磁気学にまつわる不必要な「複雑性」の一つとして，単位系の問題がある．SI単位系のほかにいくつかの，それぞれ人気のある単位系が使われているのだが，その変換則がかなり複雑なのである．本節の目的は，それらにいちいち深入りすることではなく，単位とは何かを考え，複雑な変換が生じる原因を考えることで，電磁気の法則がもつ構造の一端を見ることである．

1.6.1 単位と次元

物理量には，それぞれ単位 (unit) がある．単位とは，ある物理量を「数値」で表そうとするときの基準のことであり，いわばその物理量の「代表値」のことである．例えば，長さをメートル [m] で表現するということは，一つの物差

しを代表に選び，その長さを1mと定める[38]．この物差しと比べて何倍かを表す数値（スカラー）が，メートルを単位として表された長さの「値」というわけである．つまり，ある物理量xに対して，その代表値Xを決め，

$$x = \tilde{x}X \tag{1.114}$$

と書いたとき，Xが単位であり，この単位で表したxの「値」が$\tilde{x}$である．

　物理量の次元 (dimension) とは，その物理量の属性を表す概念であり，物理量どうしの「比較可能性」の基準である．同じ次元をもつ物理量どうしは直接比較可能である．つまりxとx'に対して差$x - x'$が評価できる．あるいは，足し算（和）で合成することもできる．対して，異なる次元の物理量の足し算・引き算は意味をなさない．

　次元は単位によって特徴づけられる．物理量の単位を決めると，その単位が次元を担う．(1.114) の場合だと，単位Xが次元をもち，$\tilde{x}$の方は純粋な「数」である．$\tilde{x}$のように単位をもたないただの数を無次元量 (dimension-less quantity) という．共通の単位をもつxとx'の差異は$x - x' = (\tilde{x} - \tilde{x}')X$と表現され，数直線上の距離によって定量化できるのである．したがって次元と単位は同じものだと考えてもよい．

　「長さ」，「時間」，「質量」は，それぞれ独立な次元である．長さの単位をL，時間の単位をT，質量の単位をMと書こう．これらの単位をもつ物量たちの掛け算，割り算，あるいは積分，微分によって定義される物理量は，もとの物理量から誘導される単位＝次元をもつ．例えば「面積」は2次元空間の面積分d^2xで定義されるので（1.3.4項参照）L^2の単位をもつ．具体的に長さを [m]（メートル）の単位で計るならば，面積は [m^2] の単位で計られる．「速度」は移動した長さを移動にかかった時間で微分したもの $(\mathrm{d}x/\mathrm{d}t)$ であるからL/Tの単位をもつ．長さを [m] の単位，時間を [s]（秒）の単位で計るならば，速度は [m/s] の単位で計られる．

　このような「定義式」だけではなく，物理法則の「方程式」も物理量の間に単位＝次元の関係を要求する．例えば，ニュートンの運動第2法則「質量×加

[38) いわゆる「メートル原器」は，1879年にフランスで作られ，国際度量衡局に保管されている．ただし現在では，1mの定義は光速cと秒 [s] によって導出される誘導単位に改められている．

速度＝力」は力の単位が ML/T^2 であることを要求する．長さを [m]，時間を
[s]，質量を [kg]（キログラム）の単位で計るならば，力は [kg m/s^2] の単位で
計られる（便利のために，これを [newton]（ニュートン）と命名しているが，
[m] [kg] [s] に分解できることに注目しよう）．このように，物理量の単位は互
いに関連しあっているので，それぞれ勝手な単位で数値化すると定義式や方程
式に矛盾が生じる．

　力学にかかわる物理量は長さ L，時間 T，質量 M の三つを基本的な単位と
し（これらを基本単位という），それらの積や商で代数的に表される単位をも
つ．単位は基本的にどう選んでもよいのだが，物理量の代表値であるから，注
目している現象において典型的なスケールのものを選ぶのがよい（補足 1.14
参照）．すると「数値」$\hat{x}$ の方はおよそ 1 程度の大きさになる．SI 単位系では，
L に [m]，質量 M に [kg]，時間 T に [s] の単位を与える（各単位の頭文字を大
文字表記して MKS 単位系とも呼ぶ）．これは「人」にかかわる日常的な現象の
スケールを単位にとっているのだが（およそ人は数 kg の物を数 s で数 m 動か
すことができる），もっと小さな手仕事の世界では，いわゆる cgs 単位系，す
なわち長さを [cm]，質量を [g]，時間を [s] で計るのが便利である．天文学では
長さを天文単位 [AU]（太陽と地球の平均距離）や光年 [ly]（光が 1 年で進む長
さ）などで計る．ある単位系から別の単位系に移るときの「換算」はとても簡
単である．例えば，力を MKS から cgs に変換するときは，L が 100 倍，M が
1000 倍になるから [kg m/s^2] $= 10^5$ [g cm^2/s^2] と置けばよい（cgs の力を [dyne]
で表す）．

補足 1.13（反変ベクトルと共変ベクトル）　次章で重要な概念となる反変 (contra-
variant) と共変 (covariant) という概念の「語源」が単位を変えたときにおこる数値
の変化にあることを指摘しておこう．ある変数 x の単位 X を 100 倍にしたとすると
（例えば長さの単位を [cm] から [m] に変えたとき）x の「値」$\hat{x}$ の方は $1/100$ になる．
このように単位の変更に対して反射的に変化することを反変という．単位と数値の関
係 (1.114) を (1.1) と比べると，$\boldsymbol{x}$ がベクトルであるとき，その単位とは基を構成す
るベクトル（基ベクトルという）のことである．例えば速度ベクトル $\boldsymbol{v}$ を考えると，
長さの単位の変換に対して速度の数値は反変である．1 [cm/s] は 0.01 [m/s] と変換
される．それは単位ベクトルの長さを 100 倍にとったとしても，同じものを表してい
なくてはならないからである．そのようなベクトルのことを反変ベクトルと呼ぶ．と
ころが電場ベクトル $\boldsymbol{E}$ を考えると，電場の値は長さの単位に比例して変化する．例

えば 1 [volt/cm] の電場は 100 [volt/m] に等しい．このようなベクトルを共変ベクトルと呼ぶ．初等的なベクトル解析では，速度ベクトルも電場ベクトルも同じ基ベクトル e_j を用いて $\boldsymbol{v} = v_1 e_1 + v_2 e_2 + v_3 e_3$，$\boldsymbol{E} = E_1 e_1 + E_2 e_2 + E_3 e_3$ のように表すのだが，その限りにおいては基ベクトルを「単位」と同一視するわけにはいかないことがわかる．つまり反変ベクトルと共変ベクトルとでは，単位の変換に対して基ベクトルたちの反応が逆でなくてはならないはずだ．基ベクトルとは，空間の中に方向を指示するだけものではなく，物理量ごとにそれぞれ違った意味を担っている．「ベクトル空間の基とは何か」という根本的な問題は次章で主題となる．

1.6.2 規格化（無次元化）

物理法則は，どのような単位系で書いても同じことを表していなくてはならない．単位系の選択は人為的なものであって，物理法則はそのような任意性を超越したものでなくてはならないからだ．このことを端的に表現するためには，すべての物理量から単位を消去し，純粋な数たちの関係式にするのがよい．いわば物理の数学化である．これを規格化 (normalization) あるいは無次元化 (non-dimensionalization) という．具体的には，(1.114) に示したように，単位を書き出して，それらを纏め上げればよい．

ニュートンの運動方程式

$$m\frac{\mathrm{d}^2\boldsymbol{x}}{\mathrm{d}t^2} = \boldsymbol{f} \tag{1.115}$$

を規格化してみよう．質量 m の単位を M として $m = \check{m}M$ と書く．長さの単位を L とすると，位置ベクトルは $\boldsymbol{x} = \check{\boldsymbol{x}}L$ と書ける．時間は $t = \check{t}T$ と置き，力の単位を F として $\boldsymbol{f} = \check{\boldsymbol{f}}F$ と書く．以上を (1.115) に代入し，単位たちを括弧の中にまとめると

$$\check{m}\frac{\mathrm{d}^2\check{\boldsymbol{x}}}{\mathrm{d}\check{t}^2}\left(\frac{ML}{T^2}\right) = \check{\boldsymbol{f}}F \tag{1.116}$$

を得る．左辺の次元と右辺の次元は同じでなくてはならない．等号で結ばれるということは，両辺が「比較可能」だということを言っているのだから．したがって（既に述べた通り），力 $\boldsymbol{f}$ の単位は基本単位によって $F = ML/T^2$ と書けなくてはならない．F をこのように置けば (1.116) は無次元化され，単位によらない普遍的な形で表現できる：

$$\check{m}\frac{\mathrm{d}^2\check{\boldsymbol{x}}}{\mathrm{d}\check{t}^2} = \check{\boldsymbol{f}}. \tag{1.117}$$

(1.115) と (1.117) は形式的に同じだが，後者ではすべてのパラメタが無次元であることに注意しよう，

補足 1.14（スケーリング）　規格化は，注目する「スケール」を決めるという目的でおこなう理論的手続きである．MKS とか cgs とかの標準的な単位を選択することにこだわらず，理論の目的に応じて自由な「代表値」を選ぶことができる．「代表値」は「注目している現象」を特徴づけるスケールという意味を担っている．現象に対する関心に合わせてスケールを決めることができる．逆に，スケールを換えると現象の見え方が変わる．例として，外力 f_e と摩擦力 $-\nu dx/dt$ が作用する 1 次元直線運動を考えよう（ν は摩擦係数を表す正の定数）．質量の単位 M として粒子の質量そのものをとると $\check{m} = 1$．適当な長さの単位 L，時間の単位 T を選んで運動方程式を規格化すると

$$\frac{d^2\check{x}}{d\check{t}^2} + \check{\nu}\frac{d\check{x}}{d\check{t}} = \check{f}_e, \quad \check{\nu} = \frac{\nu T}{M}. \tag{1.118}$$

L と T を先験的 (a priori) に決めるのではなく，例えば L として運動を観測する空間のスケールを選び，最後に運動を観測する時間スケール T を選択するとしよう．T として大きなスケールを選ぶほど規格化された摩擦係数 $\check{\nu}$ は大きくなる．$|\check{\nu}| \gg 1$ となると，(1.118) 左辺第 1 項の慣性項は無視できて，摩擦力と外力がバランスした等速運動が観察されることになる．ほかにも，例えば 3.2 節では静電場，静磁場といった「定常状態」を議論することになるが，それらも何か「基準となる時間スケール」において $\partial/\partial\check{t}$ の掛かった項が無視できるという意味である．その基準を定量的に評価するのが規格化の単位なのである．

1.6.3　SI 単位系で表される電磁気諸量

力としてローレンツ力を考える：

$$\boldsymbol{f} = q\boldsymbol{E} + q\boldsymbol{v} \times \boldsymbol{B}. \tag{1.119}$$

私たちは未だ $\boldsymbol{E}$ や $\boldsymbol{B}$，さらに電荷 q の単位をどう考えてよいのか知らない．1.5 節では，電磁気学の法則を SI 単位で書くと言ったが，それがどういうものか未だ説明していないのである．そこで，とりあえずそれぞれに単位を与えて

$$q = \check{q}Q, \quad \boldsymbol{E} = \check{\boldsymbol{E}}E, \quad \boldsymbol{B} = \check{\boldsymbol{B}}B, \quad \boldsymbol{v} = \check{\boldsymbol{v}}V$$

と置こう．ただし，速度 $\boldsymbol{v} = d\boldsymbol{x}/dt$ の単位が $V = L/T$ であることは既に知っている．これらを (1.119) に代入し，両辺を $F = ML/T^2$ で除すと

$$\check{\boldsymbol{f}} = \check{q}\check{\boldsymbol{E}}\left(E\frac{QT^2}{ML}\right) + \check{q}\check{\boldsymbol{v}} \times \check{\boldsymbol{B}}\left(B\frac{QT}{M}\right). \tag{1.120}$$

1.6 電磁気の単位とスケーリング

右辺のそれぞれ括弧の中にまとめた係数は各項の単位であり，それらは無次元数1にならなくてはならない．三つの未知数 Q, E, B に対して二つの方程式

$$E\frac{QT^2}{ML} = 1, \quad B\frac{QT}{M} = 1 \tag{1.121}$$

を解けばよいので簡単である．電荷の単位 Q を新たな基本単位として選ぼう[39]．すると四つの基本単位を使って

$$E = \frac{ML}{QT^2}, \quad B = \frac{M}{QT} \tag{1.122}$$

を得る．これらから $E/B = L/T$ の関係が明らかになる．

電磁場の単位が決まったので，次にマックスウェルの方程式 (1.23)–(1.26) の規格化をみよう：

$$\partial_{\check{t}}\check{\boldsymbol{B}} + \check{\nabla} \times \check{\boldsymbol{E}}\left(\frac{TE}{LB}\right) = 0, \tag{1.123}$$

$$\check{\nabla} \cdot \check{\boldsymbol{B}} = 0, \tag{1.124}$$

$$-\partial_{\check{t}}\check{\boldsymbol{E}} + \check{\nabla} \times \check{\boldsymbol{B}}\left(\frac{1}{\epsilon_0\mu_0}\frac{TB}{LE}\right) = \check{\boldsymbol{J}}\left(\frac{1}{\epsilon_0}\frac{TJ}{E}\right), \tag{1.125}$$

$$\check{\nabla} \cdot \check{\boldsymbol{E}} = \check{\rho}\left(\frac{1}{\epsilon_0}\frac{LR}{E}\right). \tag{1.126}$$

ただし R は ρ の単位，J は電流密度 $\boldsymbol{J}$ の単位である．電荷密度 ρ は単位体積あたりの電荷量であるから，$R = Q/L^3$．電流密度 $\boldsymbol{J}$ は電荷密度の移動速度であるから，$J = RL/T = Q/(L^2T)$．真空の誘電率 ϵ_0，透磁率 μ_0 は何らかの単位をもつであろう定数であるから，とりあえず括弧 ( ) の中にまとめてある．

ここでも括弧で括った係数が無次元数になる必要がある．まず (1.122) により，(1.123) に現れた単位は無次元数1になることがわかる．問題は (1.125) と (1.126) に含まれる定数 ϵ_0 と μ_0 である．これらは真空の特性を表している．$\mu_0\epsilon_0 = c^{-2}$ であったから（これは SI 単位系で書いた場合の関係であることに注意しよう；次項参照），$c = \check{c}(L/T)$ と書くと (1.125) 左辺第2項の係数は

$$\frac{1}{\epsilon_0\mu_0}\frac{TB}{LE} = \check{c}^2\left(\frac{L^2}{T^2}\frac{TB}{LE}\right) = \check{c}^2$$

---

[39] 電荷 [C] を基本単位に加える代わりに電流 [ampere]（アンペア）を基本単位に加えると考えてもよい．歴史的には [ampere] が先に定義された．電磁現象を含めた SI 単位系のことを MKSA 単位系と呼ぶのは，このためである．

72 第 1 章 電磁気の物理学

表 1.2 SI 単位系で表した電磁気学の基本的物理量と物理定数. 基本単
位を長さ L, 時間 T, 質量 M, 電荷 Q で表す. SI 単位では L
を [m] (メートル), T を [s] (秒), M を [kg] (キログラム), Q
を [C] (クーロン) にとる. 真空に関する物理定数は, 真空透
磁率 $\mu_0 = 4\pi \times 10^{-7}$ [kg m/C^2], 真空誘電率 $\epsilon_0 = 8.8542 \times$
10^{-12} [C^2 s^2/(kg m^3)], 光速 $c = 1/\sqrt{\epsilon_0\mu_0} = 2.9979 \times 10^8$ [m/s].

物理量	表現	SI 単位
電荷	$q = \check{q}\,[Q]$	C
電荷密度	$\rho = \check{\rho}\,[QL^{-3}]$	C/m^3
電流密度	$\boldsymbol{J} = \check{\boldsymbol{J}}\,[Q/(L^2T)]$	C/(m^2 s) = ampere/m^2
電場	$\boldsymbol{E} = \check{\boldsymbol{E}}\,[ML/(QT^2)]$	kg m/(C s^2) = volt/m
磁場	$\boldsymbol{B} = \check{\boldsymbol{B}}\,[M/(QT)]$	kg/(C s) = tesla

のごとく無次元化されていることがわかる. 残りの項については, R と J の定
義と (1.122) を使って

$$\frac{1}{\epsilon_0}\frac{TJ}{E} = \frac{1}{\epsilon_0}\frac{Q^2T^2}{ML^3}, \quad \frac{1}{\epsilon_0}\frac{LR}{E} = \frac{1}{\epsilon_0}\frac{Q^2T^2}{ML^3}$$

と計算される. これから ϵ_0 の次元が $Q^2T^2/(ML^3)$ と決まり, μ_0 の次元を
ML/Q^2 ととれば, $\epsilon_0\mu_0 = c^{-2}$ の関係の次元と整合する. 以上を用いれば,
マックスウェル方程式の変数, 物理定数はすべて無次元化され (マーク ˇ がつ
き), その形式は (1.23)–(1.26) と全く同じである.

単位と規格化を表 1.2 にまとめておこう.

1.6.4 cgs ガウス単位系で表される電磁気諸量

電磁気における「cgs 単位系」とは, 単に長さを [cm], 質量を [g] に換える
というだけではなく, 電場や磁場などに SI 単位系での定義とは異なる「次元」
を採用する. そのために SI 単位系と cgs 単位系の変換は複雑である. もちろ
んどの単位系を用いても同じ物理現象を表現できるのだが, 表現のために使う
「道具」である電場・磁場の定義を変更することができる. 電場と磁場は電磁
現象を表現するための「共役」な道具であり, 役割の配分を調整してもかまわ
ないという意味である. これは, 電磁気学の法則がもつ「対称性」の一つだと
いうことができる. この対称性 (あるいは自由度) のために, さまざまな単位

1.6 電磁気の単位とスケーリング

系が考案され（それぞれ歴史的背景がある），いろいろなメリットやデメリットがある．ここでは代表的な一つとしてガウス単位系を紹介する．

ガウス単位系の特長は (1) 電場と磁場が同じ次元をもつこと，(2) 電荷を基本単位に加えず三つの単位（長さ [c]，質量 [g]，時間 [s]）だけで基本単位系を構成することである．以下順をおって見ていくが，本節の議論でとくに重要なのは (1) の点である．

(1) まず SI 単位系におけるローレンツ力の表現 (1.119) を思いだそう．$\boldsymbol{E}$ と $\boldsymbol{B}$ の次元が L/T だけずれたのは，磁力の項に $\boldsymbol{v}\times$ が作用しているからだ．このずれを解消して $\boldsymbol{E}$ と $\boldsymbol{B}$ の次元を揃えるためには，速度の次元 L/T をもつ定数で $\boldsymbol{v}$ を割ってこれを無次元化しておけばよい．どのような速度を定数に選んでもよいのだが，電磁波＝光の速度 c を使うと便利である．$\boldsymbol{v}$ を $\boldsymbol{v}/c$ で置き換えることは，時間 t を $x_0 = ct$ で置き換えて，$\boldsymbol{v} = \mathrm{d}\boldsymbol{x}/\mathrm{d}t$ の代わりに

$$\frac{\mathrm{d}\boldsymbol{x}}{\mathrm{d}x_0} = \frac{1}{c}\frac{\mathrm{d}\boldsymbol{x}}{\mathrm{d}t} \tag{1.127}$$

を使うという意味である．これを使ってローレンツ力の「表現」を次のように修正する：

$$\boldsymbol{f} = q\boldsymbol{E} + q\left(\frac{\boldsymbol{v}}{c}\right) \times \boldsymbol{B}. \tag{1.128}$$

(1.119) と比べると，$\boldsymbol{B}$ の単位を変えた（あるいは t の単位を変えて「速度」を無次元化した）だけであるから，力としては同じものを表している．しかし (1.128) の表現を採用すると，$\boldsymbol{E}$ と $\boldsymbol{B}$ が共通の単位 U をもつとして $\boldsymbol{f}$ を規格化できる：

$$\check{\boldsymbol{f}} = \check{q}\left[\check{\boldsymbol{E}} + \left(\frac{\check{\boldsymbol{v}}}{\check{c}}\right) \times \check{\boldsymbol{B}}\right]\left(U\frac{QT^2}{ML}\right).$$

SI 単位系における規格化 (1.120) と比較されたい．括弧の中にまとめた単位が無次元数 1 になればよいから，$UQ = ML/T^2$ を満たせばよい．Q を第 4 の基本単位に選べば U が決まるのだが，cgs 単位系では（歴史的な理由があって）そうはしない．この問題には後で戻ることにし，マックスウェルの方程式を規格化しておこう．

$\boldsymbol{E}$ と $\boldsymbol{B}$ の次元を変えたので，マックスウェルの方程式も係数を調整しなくてはならない．SI 単位系で書いた (1.23) と (1.25) に注目しよう．空間微分 ∇ と時間微分 ∂_t あるいは (1.25) では $\epsilon_0\mu_0\partial_t$ などはそれぞれ次元が異なる作用を

74 第 1 章 電磁気の物理学

与えるので，同じ次元をもつ $\boldsymbol{E}$ と $\boldsymbol{B}$ にこれらを作用させたものはそのまま足し合わせることができない．そこで ∂_t を (1.127) で見た $\partial_{x_0} = c^{-1}\partial_t$ に置き換える（x_0 は $\boldsymbol{x}$ と同じ次元をもつから，∂_{x_0} は ∇ と次元的に対等である）．同時に，SI 単位系では次元調整に重要な役割を果たした係数 ϵ_0 と μ_0 をここでは廃してしまう．したがって $\epsilon_0\mu_0 = c^{-2}$ の関係は放棄し，(1.25) に含まれる $\epsilon_0\mu_0\partial_t$ も $\partial_{x_0} = c^{-1}\partial_t$ に置き換える．こうしてマックスウェルの方程式は次元がそろった $\boldsymbol{E}$ と $\boldsymbol{B}$ および ∂_{x_0} と ∇ で表現され，きれいな対称性をもつようになる．このことがガウス単位系が人気を保っている理由である．

残る問題は (1.25) と (1.26) に現れる ρ と $\boldsymbol{J}$ の項をどう書き換えて次元を合わせるかである．前記のように ϵ_0 と μ_0 を廃したので，代わりになる係数を掛けなくてはならない．1.6.3 項で見たように，ρ の単位は Q/L^3，$\boldsymbol{J}$ の単位は $Q/(L^2 T)$ であるから，$\alpha = \check{\alpha}(UL^2/Q)$ を係数に選んで（$\check{\alpha}$ はある無次元数）$\alpha\rho$，$(\alpha/c)\boldsymbol{J}$ と置けば，これらは無次元となる．後で述べる理由によって，ガウス単位系では $\check{\alpha} = 4\pi$ とする．以上をまとめると，ガウス単位系におけるマックスウェルの方程式は（規格化した表現で）

$$\frac{1}{\check{c}}\partial_{\check{t}}\check{\boldsymbol{B}} + \check{\nabla} \times \check{\boldsymbol{E}} = 0, \tag{1.129}$$

$$\check{\nabla} \cdot \check{\boldsymbol{B}} = 0, \tag{1.130}$$

$$-\frac{1}{\check{c}}\partial_{\check{t}}\check{\boldsymbol{E}} + \check{\nabla} \times \check{\boldsymbol{B}} = \frac{4\pi}{\check{c}}\check{\boldsymbol{J}}, \tag{1.131}$$

$$\check{\nabla} \cdot \check{\boldsymbol{E}} = 4\pi\check{\rho}. \tag{1.132}$$

(2) 最後に電荷の単位 Q の問題に戻ろう．これは無次元数 $\check{\alpha}$ を 4π と選んだことにも関係する．前記のように，ガウス単位系では（また cgs 単位系として括られる他の多くの単位系でも）Q を独立な基本単位に選ばない．どうしてそのようなことが可能かというと，特定の電磁的な力学現象を一つ選び，そこで働く力を力学の単位で表現するのである．すると，電磁的な力に含まれる Q が力学の基本単位 M, L, T で表現される．どの現象を選ぶかで Q の単位が変わり，ヴァリエイションが生まれる．

ガウス単位系では，二つの静止した電荷の間に働く力を使う．距離 L を置いて電荷 Q をもつ二つの粒子があると，その間には $F = kQ^2/L^2$ と表される力が働く（クーロンの法則）．k は比例係数であるが，これの選び方で電荷 Q の

1.6 電磁気の単位とスケーリング

表 1.3 ガウス単位系で表した電磁気学の基本的物理量と物理定数. 基本
単位を長さ L, 時間 T, 質量 M で表す. ガウス単位系は cgs 単
位系の一種であり, L を [cm]（センチメートル）, T を [s]（秒）,
M を [g]（グラム）にとる. 真空に関する物理定数は光速 $c =$
2.9979×10^{10} [cm/s]. 変換係数を掛けて SI 単位→ガウス単位と
変換できる.

物理量	表現	ガウス単位	変換係数
電荷	$q = \check{q}\,[M^{1/2}L^{3/2}/T]$	$\mathrm{g}^{1/2}\,\mathrm{cm}^{3/2}/\mathrm{s} = \text{statcoulomb}$	$c/10$
電荷密度	$\rho = \check{\rho}\,[M^{1/2}/(L^{3/2}T)]$	$\text{statcoulomb}/\mathrm{cm}^3$	$c/10^7$
電流密度	$\boldsymbol{J} = \check{\boldsymbol{J}}\,[M^{1/2}/(L^{1/2}T^2)]$	$\mathrm{g}^{1/2}/(\mathrm{cm}^{1/2}\,\mathrm{s}^2)$	$c/10^5$
		$= \text{statampere}/\mathrm{cm}^2$	$c/10^5$
電場	$\boldsymbol{E} = \check{\boldsymbol{E}}\,[M^{1/2}/(L^{1/2}T)]$	$\mathrm{g}^{1/2}/(\mathrm{cm}^{1/2}\,\mathrm{s})$	$10^6/c$
		$= \text{statvolt}/\mathrm{cm}$	$10^6/c$
磁場	$\boldsymbol{B} = \check{\boldsymbol{B}}\,[M^{1/2}/(L^{1/2}T)]$	$\mathrm{g}^{1/2}/(\mathrm{cm}^{1/2}\,\mathrm{s}) = \text{gauss}$	10^4

値が変わる. つまり k の選択が単位を決めると考えることができる. ガウス単
位系は $k = 1$ に選ぶ. 力の単位（代表値）$F = ML/T^2$ を代入すると

$$Q = F^{1/2}L = \frac{M^{1/2}L^{3/2}}{T}$$

と書ける. 具体的に cgs 単位系で L, M, T を計ると, Q は $[\mathrm{g}^{1/2}\,\mathrm{cm}^{3/2}/s]$ の単
位で計られることになる. これを [statcoulomb]（スタットクーロン）と書く.
$k = 1$ を使って単位を決めたので, ガウス単位系で書いたクーロンの法則には
幾何学的な係数が現れず, 代わりに 4π（球の表面積にかかわる数）がマックス
ウェルの方程式に $\check{\alpha}$ として現れるのである. ちなみに SI 単位系では, クーロ
ンの法則は

$$F = \frac{1}{4\pi\epsilon_0}\frac{Q^2}{L^2}$$

と表される[40].

---

[40] SI 単位系では $\mu_0 = 4\pi \times 10^{-7}$ に幾何学的な因子 4π が潜んでいる. 奇妙な指数 10^{-7}
は単に変数の大きさを調整するためであり, 重要なのは $\epsilon_0\mu_0 = c^{-2}$ という関係式とそ
の次元である. したがって, ϵ_0 の方は c と μ_0 から $\epsilon_0 = c^{-2}/\mu_0$ と誘導され, そこにも
4π が潜んでいる.

補足 1.15（変位電流のスケーリング）　電磁気における SI 単位系と cgs 単位系の問題は，単に長さが [m] か [cm] か，質量が [kg] か [g] かの問題ではなく，電磁場の対称性にかかわる問題であることがわかった．ガウス単位系は，電場と磁場，時間微分と空間微分の次元が揃っているために，マックスウェルの方程式 (1.129)–(1.132) の左辺が美しい対称性をもつ．このことは，とくに電磁波の理論において便利である．しかし逆に，マックスウェルの方程式に含まれる項たちの「非対称性」すなわち相対的な働きの違いを見るためには，この対称性がデメリットになる．規格化した方程式に現れる係数は，それが掛かった項の働きをスケーリングする指標である（補足 1.14 参照）．SI 単位系で書いたとき，(1.25) の左辺にある変位電流は，規格化すると $\check{c}^{-2}\partial_{\check{t}}\check{\bm{E}}$ のように表現される．係数 $\check{c}^{-2}$ は，注目する現象の伝播速度（L/T のスケール）と光速の比を与えている．$\check{c}\sim 1$ とスケーリングされるとき，すなわち電磁波などを扱うときは，まさにこの項が本質的な働きをしていることがわかる．他方，磁場の発生が主に電流であるという場合（例えば電磁石などの電磁機器や，プラズマのように空間に大量な荷電粒子がある場合）には，変位電流の項は (1.25) の右辺の電流の項 $\check{\mu}_0^{-1}\check{\bm{J}}$ に対して無視できる．そのような「ゆっくりした」現象の場合は $\check{c}^{-2}\ll 1$ となり，変位電流が真の電流に対して無視できることが直ちにわかるのである．

　つまり，単位系の問題を考える中で，次のことが明らかになった．電磁場は物（電荷）と相互作用すると，真空中でもっていた対称性を失う．cgs 単位系が有利なのは真空中の電磁波の対称性を表現するときだが，逆に非対称なものを対称な枠組みで表現しようとすると無理がある（cgs 単位系を使うと，物理量の数値が極端に小さくなったり大きくなったりする）．SI 単位系は，変位電流をうまくスケールすることで，物と共存する電磁場の姿を表現しやすくなっているのである．

第2章

電磁気の幾何学

　本章では，場という概念を幾何学的に基礎づけ，電磁場が体現する美しい数学的構造を描き出す．これを通じて「時空」という概念が自然に導入される．第1章でとりあえず用意したベクトルの概念，ベクトル場に関する微分作用素や積分公式などについて，これらを微分幾何学の枠組みで見直すことで，より深い意味が明らかになる．同時に，より高度な計算が可能になる．例えば，勾配，回転，発散などはデカルト座標系で具体形を書くことで定義しておいたが，それらは一般の座標系ではどう表されるのかを未だ説明していない．あるいは時空という4次元の空間ではどうなるのかも考える必要がある．これらを統一的な基盤の上で再構築することが本章の目標である．

2.1　ベクトル（一般的な定義）

　1.3.1項で述べた初等的な定義では，ベクトルとは大きさと向きをもつもの，したがって「矢印」で表象されるものだとした．初等的な物理の要請にこたえるためにはこれが定義だといってもよい．しかし数学的には曖昧で先に進めない．本節ではまず最も一般的な意味で（具体的な対象に依存しないものとして）ベクトルを定義する．そのあと次節以降で，いろいろな「意味」を担うベクトルを導入する．

2.1.1　ベクトル算法

　力学で習うベクトル（力や速度など）の本質的な特徴は「平行四辺形の作図法」を使って幾何学的に「分解・合成」ができることである（図1.6参照）．

78　　第 2 章　電磁気の幾何学

数学では，このことをベクトルというものの「定義」とする．つまり分解・合成ができるものをベクトルと呼ぶのである．ただし，作図に頼っていては限界がある．「平行四辺形の作図法」を代数演算で実行できるようにしたい．そのために，**和** (sum) と**スカラー倍** (scalar multiple) で構成される**ベクトル算法** (vector operation) を定義する．ベクトル算法が定義された集合が**ベクトル空間**（あるいは線形空間），その元をベクトルというのである．定義を述べておこう．

┃定義 2.1┃（ベクトル空間）　集合 X が $\mathbb{K} = \mathbb{R}$（あるいは $\mathbb{C}$）を係数体 (field of scalar) とするベクトル空間であるとは，その任意の元（ベクトルと呼ぶ）$\boldsymbol{x}$, $\boldsymbol{y}$ と任意の数（スカラーと呼ぶ）$\alpha \in \mathbb{K}$ に対して，和 $\boldsymbol{x} + \boldsymbol{y}$ とスカラー倍 $\alpha\boldsymbol{x}$ が定義され，以下の規則が成り立つ場合である[1]：

$$\begin{cases} \text{(a)} & \boldsymbol{x} + \boldsymbol{y} \in X, \alpha\boldsymbol{x} \in X, \\ \text{(b)} & \boldsymbol{x} + \boldsymbol{y} = \boldsymbol{y} + \boldsymbol{x}, \\ \text{(c)} & (\boldsymbol{x} + \boldsymbol{y}) + \boldsymbol{z} = \boldsymbol{x} + (\boldsymbol{y} + \boldsymbol{z}), \\ \text{(d)} & \boldsymbol{x} + \boldsymbol{z} = \boldsymbol{y} \quad (\forall \boldsymbol{x}, \boldsymbol{y}, \, \exists_1 \boldsymbol{z}) \\ \text{(e)} & 1 \cdot \boldsymbol{x} = \boldsymbol{x}, \\ \text{(f)} & \alpha(\beta\boldsymbol{x}) = (\alpha\beta)\boldsymbol{x} \quad (\alpha, \beta \in \mathbb{K}), \\ \text{(g)} & (\alpha + \beta)\boldsymbol{x} = \alpha\boldsymbol{x} + \beta\boldsymbol{x}, \\ \text{(h)} & \alpha(\boldsymbol{x} + \boldsymbol{y}) = \alpha\boldsymbol{x} + \alpha\boldsymbol{y}. \end{cases} \tag{2.1}$$

つまり集合 X がベクトル空間であるとは，X の任意の元 $\boldsymbol{x}_1, \boldsymbol{x}_2$ に対して自由に

$$a_1\boldsymbol{x}_1 + a_2\boldsymbol{x}_2$$

という計算ができるということだ．$a_1\boldsymbol{x}_1 + a_2\boldsymbol{x}_2 \mapsto \boldsymbol{x}$ はベクトルの合成を意味する写像であり，X の元 $\boldsymbol{x}$ が常に一意的に定められる．逆に $\boldsymbol{x} \mapsto a_1\boldsymbol{x}_1 + a_2\boldsymbol{x}_2$

---

[1] 1.3.1 項で述べたように，私たちがよく知っているベクトルの計算法 (1.2) が (2.1) をすべて満たすことは容易に検証できる．しかし，ここではベクトルを成分で表示する前に，もっと抽象的にベクトルを定義しようとしている．そのために，具体的な計算法ではなく，計算の公理によってベクトル算法を定義するのである．

はベクトルの分解を意味する.

ここまで一般化・抽象化してしまうと，それは具体的に何なのか見えにくくなる．しかし逆に，一見「矢印」には見えないものもベクトルだと考えることができるようになる[2].例えば「関数」もベクトルである（例 2.2 参照）．関数をベクトルと捉えることは「場の理論」の基礎となる.

〈例 2.2〉（連続関数のベクトル空間）　実数直線上の区間 $[\alpha, \beta]$ で定義された連続関数の集合 $C[\alpha, \beta]$ においては，その元について各点 $t \in [\alpha, \beta]$ で

$$(a_1 u_1 + a_2 u_2)(t) = a_1 u_1(t) + a_2 u_2(t) \tag{2.2}$$

と置いてベクトル算法が定義される．左辺は $(a_1 u_1 + a_2 u_2)$ という新しい関数の t における値という意味である．したがって，連続関数たちはベクトルであり，関数空間 $C[\alpha, \beta]$ はベクトル空間である．物理の理論では連続でない関数を考えたほうが便利なことがある．そのような関数に対しては各点での値が与えられている保証がないので，(2.2) のような式でベクトル算法を定義するわけにはいかなくなる．3.4 節で詳しく議論する.

ベクトル算法によって，ベクトルを「成分」に分解し「数値化」することができる．これによって，ベクトルに関する幾何学的操作を数値的に実行できるようになる．そのためにベクトル空間の基を定めるのであった．1.3.1 項で述べたことだが，抽象化した議論のために再確認しておこう．X に属す n 個のベクトル $\{e_1, \ldots, e_n\}$ を選んだとき，これが X の基 (basis) を与えるとは，任意の $x \in X$ が

$$x = \sum_{j=1}^{n} x^j e_j \quad (x^1, \ldots, x^n \in \mathbb{K}) \tag{2.3}$$

---

[2] 本節で目指しているのは，矢印という表象に頼らない，抽象化されたベクトルの理論である．一旦抽象化しておけば，あとで色々な意味を付与することができる．具体的に何をしようとしているのか少し議論を先取りして述べておこう．ベクトルは「作用するもの」だと考え，異なる作用を「積」で合成することを可能にしたい．例えば，正方行列を基ベクトルにすれば，基ベクトルどうしの積で別の基ベクトルを作ることができる．そのような代数系を「環」という．ベクトルとベクトルの「積」という概念については既にベクトル積 (1.7) という例を 1.3.1 項で見ている．これは 3 次元ベクトルに限ったものだと注意しておいたが，そういう制限を取り除いていくのが数学の仕事の一つである．任意の次元でも「積」がうまく定義できれば，ベクトル積はその体系に包摂できるはずである．そうすることで，いささかいびつなローレンツ力の表現 (1.71) も美しく整理される.

と一意的に書けることをいう．すなわち，基に属すベクトル（これを基ベクトルと呼ぶ）によって，任意の x が分解できるという意味である．X に属する任意のベクトルを分解するのに必要十分な基ベクトルの数を X の**次元** (dimension) という．

ベクトル空間の次元は，必ずしも有限とは限らない．つまり，任意の $x \in X$ を分解できる有限個の基ベクトルたちが存在するとは限らない．「場」を扱う理論では関数をベクトルと考え（例 2.2 参照），無限次元のベクトル空間という概念が必要になる（3.4 節参照）．しかし，本節では有限次元のベクトル空間を主題として議論を進める．

2.1.2 ベクトル空間の位相

ベクトルどうしの間の「近さ」を比較する道具を用意する．それによって，ベクトルを解析 (analysis) の対象にすることができるようになる．

1.3.1 項で述べたように，ベクトルがユークリッド空間に棲む「矢印」であるなら，ベクトルの間の距離や角度などをユークリッド幾何学にもとづいて計算することができる．しかしここではベクトル空間の概念を抽象化したところから出発しているので，ベクトルの長さやベクトル間の角度という概念を順をおって構築していかねばならない．逆に言えば，構築の仕方に自由度が残っている．その自由度はいろいろなときに有用である．

まず空間の中で「距離」を計るための概念装置を導入する．

|| **定義 2.3** ||（距離）　空間 X の二つの元 x と y の距離 $\mathrm{dis}(x, y)$ とは，以下の条件を満たす $X \times X$ から $\mathbb{R}$ への写像である：

$$\mathrm{dis}(x, y) \geq 0 \text{ であり，} \mathrm{dis}(x, y) = 0 \text{ は } x = y \text{ と等価である．}$$

$$\mathrm{dis}(x, y) = \mathrm{dis}(y, x).$$

$$\mathrm{dis}(x, z) \leq \mathrm{dis}(x, y) + \mathrm{dis}(y, z) \quad \text{（三角不等式）．}$$

距離が定義された空間を**距離空間** (distance space) あるいは**メトリック空間** (metric space) という．

これによって X に距離感として位相が導入されたことになる．元と元を比

2.1 ベクトル（一般的な定義）

較する，すなわち遠いか近いかを判断する基準が決められたのである[3]．

　ベクトルを矢印だと思うと，ベクトルの「長さ」とは，矢印の端点と原点との距離である．したがってベクトル空間に距離を導入するためにはベクトルの長さという概念を定義すればよい．

┃┃ **定義 2.4** ┃┃ （ノルム）　ベクトル空間 X の元 x に対して定義されるノルム $\|x\|$ とは，次の条件を満足する X から $\mathbb{R}$ への写像である：

$$\|x\| \geq 0 \text{ であり，} \|x\| = 0 \text{ は } x = 0 \text{ と等価である．} \tag{2.4}$$

$$\|x + y\| \leq \|x\| + \|y\| \quad \text{（三角不等式）．} \tag{2.5}$$

$$\|\alpha x\| = |\alpha| \cdot \|x\| \quad (\alpha \in \mathbb{K}). \tag{2.6}$$

二つのベクトル $x, y \in X$ の距離をノルムによって

$$\mathrm{dis}(x, y) = \|x - y\| \tag{2.7}$$

と定義した距離空間を**ノルム空間** (normed space)，それが完備であるときは**バナッハ** (Banach) 空間と呼ぶ[4]．

　ノルムの具体例は X がユークリッド空間 $\mathbb{R}^n$ である場合のユークリッドノルム (1.6) である．これが定義 2.4 の公理を満たすことは容易に検証できる．他にも次のような例がある．

〈例 2.5〉（最大値ノルム）　有限次元の線形空間 $\mathbb{R}^n$（あるいは $\mathbb{C}^n$）に対して

$$\|x\| = \max_{j \in \{1, \ldots, n\}} |x^j|$$

と定義すると，これがノルムの条件 (2.4)–(2.6) を満たすことが容易に検証できる．

[3) 位相 (topology) とは分類の基準というような意味である．距離空間では距離が遠い・近いで分類するという意味で距離感が位相を定める．

4) 無限次元のベクトル空間の場合は，ベクトルの計算をしばしば極限として扱う必要が生じる．そのようなとき，ベクトル空間が完備であること（コーシー列の収束点が空間の中に必ず存在すること）を要請しておかないと，ノルムによる収束判定が役にたたない（3.4.1 項参照）．ノルム (2.7) で評価した収束に関して完備なベクトル空間をバナッハ空間という．

これに似たノルムを関数空間 $C[\alpha, \beta]$（例 2.2）についても定義することができる：$f \in C[\alpha, \beta]$ に対して

$$\|f\|_{\max} = \max_{x \in [\alpha, \beta]} |f(x)|$$

と定義して，$C[\alpha, \beta]$ をノルム空間とすることができる（これは完備でありバナッハ空間となる：例 3.12 参照）．

ユークリッド空間には内積 (1.3) が定義され，それを使った計算が有用であった．抽象化された内積は次のように定義される：

$\boxed{\text{定義 2.6}}$（内積） ベクトル空間 X の元 $\boldsymbol{x}$ と $\boldsymbol{y}$ に対してスカラー値 ($\in \mathbb{K}$) を定める写像 $(\boldsymbol{x}, \boldsymbol{y})$ が次の条件を満たすとき内積という．

$$\begin{cases} (\boldsymbol{x}, \boldsymbol{x}) \geq 0, \quad (\boldsymbol{x}, \boldsymbol{x}) = 0 \ \Leftrightarrow \ \boldsymbol{x} = 0, \\ (\boldsymbol{x}, \boldsymbol{y}) = \overline{(\boldsymbol{y}, \boldsymbol{x})}, \\ (a_1 \boldsymbol{x}_1 + a_2 \boldsymbol{x}_2, \boldsymbol{y}) = a_1 (\boldsymbol{x}_1, \boldsymbol{y}) + a_2 (\boldsymbol{x}_2, \boldsymbol{y}). \end{cases} \tag{2.8}$$

内積を用いてノルムを

$$\|\boldsymbol{x}\| = \sqrt{(\boldsymbol{x}, \boldsymbol{x})} \tag{2.9}$$

と定義した空間を**ヒルベルト空間** (Hilbert space) と呼ぶ[5][6]．

二つのベクトル $\boldsymbol{x}$ と $\boldsymbol{y}$ の内積が 0 であるとき，$\boldsymbol{x}$ と $\boldsymbol{y}$ は「直交する」という．基 $\{\boldsymbol{e}_1, \ldots, \boldsymbol{e}_n\}$ が正規直交系であるとは

$$(\boldsymbol{e}_j, \boldsymbol{e}_k) = \delta_{jk}$$

となることであった；(1.4) 参照[7]．正規直交系の基が与えられた場合，ベクトルの成分は内積によって容易に計算できる．(2.3) の両辺と $\boldsymbol{e}_j$ の内積を計算

---

[5] 前記のように，無限次元のベクトル空間の場合は，完備であることを要請する必要がある（3.4.1 項参照）．ノルム (2.9) に関して完備なベクトル空間をヒルベルト空間という（完備とは限らない場合「プレヒルベルト空間」という）．

[6] 複素係数数体の場合には，次の点に注意しよう．内積 (,)：$X \times X \to \mathbb{C}$ は左側の作用に関しては線形であるが（公理の第 3 式），右側の作用に関しては「共役線形」である．すなわち $(\boldsymbol{x}, a_1 \boldsymbol{y}_1 + a_2 \boldsymbol{y}_2) = \overline{a_1}(\boldsymbol{x}, \boldsymbol{y}_1) + \overline{a_2}(\boldsymbol{x}, \boldsymbol{y}_2)$．

[7] シュミット (Schmidt) 直交化法によって，有限次元のヒルベルト空間には常に正規直交基を定めることができる．

2.1 ベクトル（一般的な定義）

して

$$x^j = (\boldsymbol{x}, \boldsymbol{e}_j) \quad (j = 1, \ldots, n).$$

また内積を次のように計算できる. $\boldsymbol{x} = \sum x^j \boldsymbol{e}_j$, $\boldsymbol{y} = \sum y^j \boldsymbol{e}_j$ に対して

$$(\boldsymbol{x}, \boldsymbol{y}) = \sum_{j=1}^{n} x^j \overline{y^j}. \tag{2.10}$$

実ヒルベルト空間である場合は $\overline{y^j} = y^j$. ユークリッド空間 $\mathbb{R}^n$ の内積 (1.5) と同じになる. つまり有限次元の実ヒルベルト空間＝ユークリッド空間と考えてよい. ユークリッド空間の内積は慣例に従って $\boldsymbol{x} \cdot \boldsymbol{y}$ と書く.

〈例 2.7〉（リーマン空間）　$n \times n$ 実対称行列 $g = (g_{jk})$ を考える. g は正定値（すなわち g の固有値はすべて > 0）とする. n 次元ベクトル $\boldsymbol{x}, \boldsymbol{y} \in \mathbb{R}^n$ に対して

$$(\boldsymbol{x}, \boldsymbol{y})_g = \sum_{jk} g_{jk} x^j y^k \tag{2.11}$$

と置くと, 内積の公理 (2.8) が満たされる. g をリーマン計量 (Riemannian metric) という[8]. リーマン計量によって内積が定義された実ベクトル空間をリーマン空間 (Riemannian space) と呼ぶ. $g_{jk} = \delta_{jk}$ のときはユークリッド空間に他ならない. g の条件を緩めて負の固有値を許す場合, g をリーマン擬計量 (pseudo-Riemannian metric) という. 重要な例として 2.6 節で議論するミンコフスキー空間のメトリックがある.

〈例 2.8〉（L^2 空間）　区間 (α, β) 上で定義されたスカラー関数 $f(x)$ で $|f(x)|^2$ が区間上でルベーグ可積分（補足 2.9 参照）であるようなもの全体集合を $L^2(\alpha, \beta)$ と書く. 区間上のほとんどすべての点[9]でベクトル算法を (2.2) で与える. $f, g \in L^2(\alpha, \beta)$ に対して内積を

$$(f, g)_{L^2} = \int_{\alpha}^{\beta} f(x) \overline{g(x)} \, \mathrm{d}x \tag{2.12}$$

と定義することができる. この定義を拡張し, 領域 $\Omega \subset \mathbb{R}^n$ で定義された m 次元のベクトル値をとる関数 $\boldsymbol{u}(x), \boldsymbol{v}(x)$ に対しても, ほとんどすべての点でユー

---

[8] $(\boldsymbol{x}, \boldsymbol{y})_g$ のことを $g(\boldsymbol{x}, \boldsymbol{y})$ と書くこともある.
[9] 区間 (α, β) からルベーグ測度 0 の点集合を除いた「ほとんどすべての x」ということを「a.e. $x \in (\alpha, \beta)$」と書く（補足 2.9 参照）.

84　　　　　　　　　第 2 章　電磁気の幾何学

クリッドの内積 $\boldsymbol{u}(x) \cdot \overline{\boldsymbol{v}(x)}$ を計算し,

$$(\boldsymbol{u}, \boldsymbol{v})_{L^2} = \int_\Omega \boldsymbol{u}(x) \cdot \overline{\boldsymbol{v}(x)} \, \mathrm{d}^n x \tag{2.13}$$

と定義する. この内積によってノルムを

$$\|\boldsymbol{u}\|_{L^2} = (\boldsymbol{u}, \boldsymbol{u})_{L^2}^{1/2} \tag{2.14}$$

と定義した空間 $L^2(\Omega)$ はヒルベルト空間である[10].

補足 2.9（測度と積分）　ルベーグ (Lebesgue) 式の積分では, 例えば関数 $f(x)$（実数値関数とする）を領域 $\Omega = (a, b) \subset \mathbb{R}$ 上で積分するとは, まず $f(x)$ がとりうる値を区間 $Y_j = [y_j, y_{j+1})$ $(y_j < y_{j+1})$ に分割し, これを使って Ω を分類する:

$$E_j = \{x \in \Omega;\ f(x) \in Y_j\}, \quad \Omega = \bigcup_j E_j.$$

線素 E_j の「長さ」を $\mu(E_j)$ と表し, $\sum_j y_j \mu(E_j)$ を計算すると, これは $f(x)$ を「階段関数」$\check{f}(x) = y_j$ $(x \in E_j)$ で近似したときの積分値を与える. 分割を無限に細かくした極限が $f(x)$ のルベーグ積分 $\int_\Omega f(x) \, \mathrm{d}x$ である. この計算の根底にあるのは, 線素（Ω の部分集合）の「長さ」の定義である. これを n 次元空間へ一般化して, n 次元の集合 $E \subset \mathbb{R}^n$ に対してその「体積」を与える写像 $\mu^n(E)$ を定義し, これをルベーグ測度 (Lebesgue measure) と呼ぶ.

2.1.3　双対空間

ベクトル空間 X からベクトル空間 Y への写像 f が線形 (linear) であるとは,

$$f(\alpha \boldsymbol{x} + \alpha' \boldsymbol{x}') = \alpha f(\boldsymbol{x}) + \alpha' f(\boldsymbol{x}') \tag{2.15}$$

が任意の $\boldsymbol{x}, \boldsymbol{x}' \in X$, $\alpha, \alpha' \in \mathbb{K}$ に対して成り立つことをいう. とくに $Y = \mathbb{K}$ である場合, すなわちベクトルからスカラーへの線形写像を線形汎関数 (linear functional) という.

定義 2.10（双対空間）　ノルム空間 X 上で定義された連続な線形汎関数の全体集合を X の双対空間 (deal space) といい, X^* と表す. ベクトル算法を

$$(\alpha f + \alpha f')(\boldsymbol{x}) = \alpha f(\boldsymbol{x}) + \alpha' f'(\boldsymbol{x}) \quad (\boldsymbol{x} \in X,\ f, f' \in X^*,\ \alpha, \alpha' \in \mathbb{K}) \tag{2.16}$$

---

[10] 関数空間については 3.4 節でより詳しく議論する. ルベーグ積分の性質を使って $L^2(\alpha, \beta)$ が完備なノルム空間であることが証明できる（定理 3.15 参照）. L^2 ノルムの位相で $u = 0$ といっても, ほとんどすべての x で $u(x) = 0$ ということしか意味しない. 同様に $u = v$ という関係も, ほとんどすべての x で $u(x) = v(x)$ という意味である.

2.1 ベクトル（一般的な定義） 85

と定義することによって X^* はベクトル空間となる[11]．

線形汎関数の作用を写像の記号 $f(\circ)$ の代わりに「ベクトル」$\boldsymbol{f} \in X^*$ を使って

$$\langle \boldsymbol{x}, \boldsymbol{f} \rangle \quad (\boldsymbol{x} \in X) \tag{2.17}$$

とも書く．$\langle\,,\,\rangle : X \times X^* \to \mathbb{K}$ は X と X^* の双方に関して線形な写像を定義する．すなわち

$$\langle \alpha\boldsymbol{x} + \alpha'\boldsymbol{x}', \boldsymbol{f} \rangle = \alpha\langle \boldsymbol{x}, \boldsymbol{f} \rangle + \alpha'\langle \boldsymbol{x}', \boldsymbol{f} \rangle, \tag{2.18}$$

$$\langle \boldsymbol{x}, \alpha\boldsymbol{f} + \alpha'\boldsymbol{f}' \rangle = \alpha\langle \boldsymbol{x}, \boldsymbol{f} \rangle + \alpha'\langle \boldsymbol{x}, \boldsymbol{f}' \rangle. \tag{2.19}$$

(2.18) は (2.15) を表したものであり，(2.19) は (2.16) を表したものである[12]．

定理 2.11 （双対基）　X が n 次元のヒルベルト空間であるとき，X^* も n 次元ヒルベルト空間である．X の基が $\{\boldsymbol{e}_1, \ldots, \boldsymbol{e}_n\}$ と与えられたとき（正規直交系とは限らない），X^* の双対基 (dual basis) $\{\boldsymbol{e}^1, \ldots, \boldsymbol{e}^n\}$ を

$$\langle \boldsymbol{e}_j, \boldsymbol{e}^k \rangle = \delta_{jk} \tag{2.20}$$

となるように定義することができる．

証明　X の内積 $(\,,\,)$ によって

$$(\boldsymbol{e}_j, \boldsymbol{e}_k) = g_{jk} \tag{2.21}$$

と定義する．$g_{jk} = \overline{g_{kj}}$ であるから，これらを要素とする行列 $g = (g_{jk})$ はエルミート行列である．また $\boldsymbol{e}_j, \boldsymbol{e}_k$ たちは基を構成するから，g は正則行列であり，逆行列 g^{-1} もエルミート行列である．その要素を g^{jk} と書くことにする．すなわち $gg^{-1} = I \Leftrightarrow \sum_\ell g_{j\ell}\, g^{\ell k} = \delta_{jk}$.

$$\boldsymbol{e}^k = \sum_\ell g^{k\ell} \boldsymbol{e}_\ell$$

---

[11] $\|f\| = \sup_{\|\boldsymbol{x}\|=1} |f(\boldsymbol{x})|$ $(f \in X^*,\ \boldsymbol{x} \in X)$ は X^* のノルムとなる．

[12] あとで述べるように $\langle\,,\,\rangle$ は内積 $(\,,\,)$ のアナロジーである．ただし，複素ベクトル空間の場合には注意を要する．(2.19) は線形性の要請であるが，内積の場合は共役線形となる．定義 2.6 に付した註を参照．

と置く. 定義より

$$(e_j, e^k) = \sum_\ell (e_j, e_\ell)\overline{g^{k\ell}} = \sum_\ell g_{j\ell}\, g^{\ell k} = \delta_{jk}. \tag{2.22}$$

さて任意の $f \in X^*$ に対して

$$f_j = \langle e_j, f \rangle \quad (j = 1, \ldots, n)$$

を計算すれば f は完全に決定される. したがって $\sum_j f_j e^j$ と f を同一視できる. この同一視は e^j を X^* の元と見ることを許す. したがって (2.22) を (2.20) と書き換える. $x, y \in X^*$ に対して

$$(x, y)^* = \sum_{jk} g^{jk}\langle e_j, x\rangle\langle e_k, y\rangle$$

と置いて X^* に内積を定義できる. □

実ベクトル空間で定義された $g = (g_{jk})$ はリーマン計量を与える対称行列だと考えることができる (例 2.7 参照). これは対称双線形形式として $X \times X$ に働く:

$$(u, w)_g = \sum_{jk} g_{jk}\langle u, e^j\rangle\langle w, e^k\rangle, \quad (u, w \in X). \tag{2.23}$$

これは X の内積に他ならない: $(u, w)_g = (u, w)$. (2.21) は, この内積からその構造を決定している係数 g_{jk} を読み出しているのだ. $(u, u)_g = (u, u) = |u|^2$, すなわちリーマン計量は X の距離 (メトリック) を定義している. また, $u \in X$ に対して

$$(g_{jk})u = \sum_{jk} g_{jk}\langle u, e^j\rangle e^k \tag{2.24}$$

と書くと, これは $X \to X^*$ の同型写像 (isomorphism) を与える. 定理の証明において使った逆行列 (g^{jk}) は $X^* \mapsto X$ の同型写像

$$(g^{jk})w = \sum_{jk} g^{jk}\langle e_j, w\rangle e_k \tag{2.25}$$

を与える.

X に正規直交基をとると $g_{jk} = g^{jk} = \delta_{jk}$. これはユークリッド空間のメトリックを与える. X にどのような基を置いても, (g^{jk}) を用いて双対基を定

義すれば成分への分解は簡単におこなわれる．双対基を用いて $\boldsymbol{x} = \sum_j x^j \boldsymbol{e}_j$, $\boldsymbol{y} = \sum_j y_j \boldsymbol{e}^j$ と成分表示すると

$$\langle \boldsymbol{x}, \boldsymbol{y} \rangle = \sum_j x^j y_j \tag{2.26}$$

と計算できる．

　たとえ X と X^* がベクトル空間として「同型」であったとしても，両者の物理的な意味とそれを反映させた数学的性質（具体的には変換則）が同じだということにはならない．以下の節ではその違いを強調していく．

補足 2.12（リースの表現定理）　双対性の表現 (2.17) は内積の計算式 (2.10) を想起させる．実際，X が有限次元のベクトル空間であるときは，X 上の任意の線形汎関数 $f(\boldsymbol{x})$ は，X の内積を用いて

$$f(\boldsymbol{x}) = (\boldsymbol{x}, \boldsymbol{y}) \quad (\exists \boldsymbol{y} \in X) \tag{2.27}$$

と表すことができる．X が無限次元であっても，ヒルベルト空間であるならば，$f \in X^*$（すなわち X 上で定義された連続な線形汎関数）は X の元 $\boldsymbol{y}$ を用いて (2.27) の形に書けることが知られている．これをリース (Riesz) の表現定理という．ただし，無限次元のベクトル空間にはヒルベルト空間の構造を与えることができるとは限らないので，一般的には X と X^* を同一視することはできない．また複素ベクトル空間の場合，(2.27) の右辺は $\boldsymbol{y}$ に関して共役線形であるから，(2.17) の意味で $\boldsymbol{y}$ を $f \in X^*$ の表現だと考えるわけにはいかない．

2.2　接ベクトル

　前節では最も抽象化したレベルでベクトルを考えた．ここからは，ベクトルにいろいろな「意味」を付与していく．意味は基が担う．意味の違うベクトルは役割も振る舞いも違う．

　これから説明するのは，微分幾何学と呼ばれる数学分野の基礎的な概念である．本節では「接ベクトル」と呼ばれるクラスを考える．物理では，狭い意味で〈ベクトル〉というときはこの接ベクトルを指す．

2.2.1　狭義の〈ベクトル〉：物の動きを生じる作用

　空間の中の「動き」を表現するために〈ベクトル〉という概念が生まれたと

88　　第 2 章　電磁気の幾何学

思われる．「大きさ＝動きの幅」と「方向」をもつものとしてである．動きは
「動かす作用」が空間にあることで生じると考える．例えば風が吹いている情
景を思い浮かべよう．空間の各点には「風速ベクトル」があって，それが花び
らを運んでいく．空間に〈ベクトル〉の場，すなわち〈ベクトル場〉があって，
その作用で空間に置かれたものが動くという具合に現象を記述することができ
る．「物の動きを生じる」という特別な意味をまとわせたベクトルを括弧つき
で〈ベクトル〉と表記することにする．

回転の代数的表現

　「空間」と「動き」と〈ベクトル〉の関係を簡単な例で定式化してみよう．3
次元空間の中で剛体を「回転」させることを考える．空間 $\mathbb{R}^3$ にデカルト座標
を置き，その原点に剛体の 1 点を固定する．剛体に残された運動自由度は，三
つの座標軸それぞれの周りの回転角である．つまり状態空間は

$$\mathbb{T}^3 = [0, 2\pi) \times [0, 2\pi) \times [0, 2\pi)$$

である（これを 3 次元のトーラスという）．$\mathbb{R}^3$ のベクトル $\boldsymbol{x} = (x^1, x^2, x^3)^{\mathrm{T}}$ を
回転させる運動を 3×3 の行列 $A(t)$ が $\boldsymbol{x} \in \mathbb{R}^3$ に作用することで表現しよう．
A にパラメタ $t \in \mathbb{R}$ を与えたのは，運動が連続的におこるものだということを
表現するためである．$A(t)$ は t に関して解析的な関数だと仮定する．t は時間
だと思ってもよい．$t = 0$ ではまだ運動はおきていない．つまり $A(0) = I$（恒
等写像＝単位元）．さらに $A(-t) = A(t)^{-1}$（逆元），$A(t)A(s) = A(t + s)$（推移
律）が成り立つとする．このような作用素（行列）の集合 $G = \{A(t);\ t \in \mathbb{R}\}$
を**リー群** (Lie group) という[13]．

　回転を表す行列 $A(t)$ とはどのようなものだろうか？　もちろん 3×3 の行列
なら何でもよいというわけではない．各座標軸を回転軸とした運動はそれぞれ
行列

---

[13] 代数学で集合が群 (group) であるとは，その任意の元について (1) 積 AB が一意的に定
　　まり，(2) 結合則 $A(BC) = (AB)C$ が成り立ち，(3) 単位元 I（すなわち $IA = AI = A$
　　がすべての A について成り立つ元 I）が一つ存在し，(4) 逆元 A^{-1} が一意的に定まるこ
　　とを言う．おおさっぱに言うと，いくつかの実数の組によって解析的にパラメタ化され
　　た元で構成される群がリー群である．

$$A_1(t) = \begin{pmatrix} 1 & 0 & 0 \\ 0 & \cos t & -\sin t \\ 0 & \sin t & \cos t \end{pmatrix}, \quad A_2(t) = \begin{pmatrix} \cos t & 0 & \sin t \\ 0 & 1 & 0 \\ -\sin t & 0 & \cos t \end{pmatrix},$$

$$A_3(t) = \begin{pmatrix} \cos t & -\sin t & 0 \\ \sin t & \cos t & 0 \\ 0 & 0 & 1 \end{pmatrix}$$

で表される．t は回転角である（各軸に対して右回りを＋にとる）．これらはいずれも $\det A_j = 1$ を満たす直交行列である．回転運動はこれら 3 種類の回転を「合成」したものである．合成とは行列の掛け算である．合成したものも行列式は 1 であり直交行列であることも変わらない．逆に言うと，行列式が 1 である直交行列の全体が回転を表すリー群である．これを特殊直交群といい $SO(n)$（今の場合次元 $n = 3$）と書く．

ベクトル $\boldsymbol{x} = (x^1, x^2, x^3)^{\mathrm{T}} \in \mathbb{R}^3$ に例えば $A_1(t)$ が作用すると運動

$$\boldsymbol{x}(t) = \begin{pmatrix} x^1(t) \\ x^2(t) \\ x^3(t) \end{pmatrix} = \begin{pmatrix} 1 & 0 & 0 \\ 0 & \cos t & -\sin t \\ 0 & \sin t & \cos t \end{pmatrix} \begin{pmatrix} x^1 \\ x^2 \\ x^3 \end{pmatrix} \tag{2.28}$$

が生じる．このように回転運動を表す作用素 $A(t) \in SO(3)$ は空間の各ベクトル $\boldsymbol{x} \in \mathbb{R}^3$ に作用するのだが，$\boldsymbol{x}$ を特定するのをやめて，$A(t)$ は $SO(3)$ 自体へ働いていると考えてもよい（つまり任意の $X \in SO(3)$ に対して $A(t)X$ のように働く）．つまり $SO(3)$ 自身が剛体の回転に関する「配位」を表す空間だと見ることができるのである．運動によってパラメタ化された空間を**配位空間** (configuration space) と呼ぶことにする[14]．

運動 $\boldsymbol{x}(t)$ を t で微分したものが速度（あるいは無限小運動）を表す〈ベクトル〉である．例えば $A_1(t)$ による運動を微分すると

---

[14] 3 次元空間に作用する 3×3 実行列は 9 個の成分をもつので，その全体集合は $\mathbb{R}^9$ と同型のベクトル空間だとみなせる．$SO(3)$ はその「部分多様体」であり（2.2.3 項参照），以下に見るように「接ベクトル空間」が 3 次元であることから，3 次元の多様体だということがわかる．念のために確認しておく．$n \times m$ の $\mathbb{K}$ 行列は $(A_{jk}) + (B_{jk}) = (A_{jk} + B_{jk})$，$\alpha(A_{jk}) = (\alpha A_{jk})$ をベクトル算法としてもつ $\mathbb{K}$ 上の $n \times m$ 次元ベクトル空間である．したがって行列はベクトルの一種だと考えるのである．

$$\frac{\mathrm{d}}{\mathrm{d}t}\begin{pmatrix} x^1(t) \\ x^2(t) \\ x^3(t) \end{pmatrix} = \begin{pmatrix} 0 & 0 & 0 \\ 0 & 0 & -1 \\ 0 & 1 & 0 \end{pmatrix}\begin{pmatrix} x^1(t) \\ x^2(t) \\ x^3(t) \end{pmatrix}. \tag{2.29}$$

ここに現れた行列（a_1 と書こう）は $A_1(t)$ の t 微分を $t=0$ で計算したものである：

$$a_1 = \begin{pmatrix} 0 & 0 & 0 \\ 0 & 0 & -1 \\ 0 & 1 & 0 \end{pmatrix} = \left.\frac{\mathrm{d}A_1(t)}{\mathrm{d}t}\right|_{t=0}. \tag{2.30}$$

つまり行列 a_1 は配位空間 $SO(3)$ の原点 $t=0$（すなわち単位元 I）における**接ベクトル** (tangent vector) である．他の $A_j(t)$ についても同様に微分して三つの独立な接ベクトルが得られる：

$$a_1 = \begin{pmatrix} 0 & 0 & 0 \\ 0 & 0 & -1 \\ 0 & 1 & 0 \end{pmatrix}, \quad a_2 = \begin{pmatrix} 0 & 0 & 1 \\ 0 & 0 & 0 \\ -1 & 0 & 0 \end{pmatrix}, \quad a_3 = \begin{pmatrix} 0 & -1 & 0 \\ 1 & 0 & 0 \\ 0 & 0 & 0 \end{pmatrix}.$$

一般にリー群の原点における接ベクトル空間を**リー環**という（補足 2.13 参照）．群 $SO(3)$ の接ベクトル空間として得られるリー環を $\mathfrak{so}(3)$ と表記する．上記の $\{a_1, a_2, a_3\}$ は $\mathfrak{so}(3)$ の基なのである．

逆に (2.29) を微分方程式だと考え（任意の初期条件 $\boldsymbol{x}(0) = (x^1, x^2, x^3)^{\mathrm{T}}$ を与えて）これを積分すると，a_1 の指数関数として $A_1(t)$ が生成される：

$$\mathrm{e}^{ta_1} = \begin{pmatrix} 1 & 0 & 0 \\ 0 & \cos t & -\sin t \\ 0 & \sin t & \cos t \end{pmatrix}. \tag{2.31}$$

任意の〈ベクトル〉

$$\hat{w} = w_1 a_1 + w_2 a_2 + w_3 a_3 \in \mathfrak{so}(3) \tag{2.32}$$

についても同様にこれを積分して回転 $A(t) = \mathrm{e}^{t\hat{w}}$ が得られる．つまり〈ベクトル〉（$\in$ リー環）を積分して運動（$\in$ リー群）が生成される．〈ベクトル〉の基は運動を生じる（$A(t)$ を生成する）行列（作用素）a_j であることに注意しよう．(2.32) を行列の形で書くと

$$\hat{w} = \begin{pmatrix} 0 & -w_3 & w_2 \\ w_3 & 0 & -w_1 \\ -w_2 & w_1 & 0 \end{pmatrix}. \tag{2.33}$$

まとめると，配位空間＝リー群，すなわちあらゆる運動の可能性の集合．その接ベクトル空間＝リー環，すなわち無限小運動＝〈ベクトル〉の集合である．

補足 2.13（リー環）　ここではリー群（G と書こう）の接ベクトル空間としてリー環（$\mathfrak{g}$ と書こう）を導入したが，その代数的な特性について説明しておく必要があるだろう．代数系が環 (ring) であるとは，その上に和と積が定義されていることをいう．リー環の場合，和はベクトル算法の和である（スカラー倍も定義されているのでリー環はベクトル空間である）．積は「交換積」

$$[a, b] = ab - ba \quad (a, b \in \mathfrak{g}) \tag{2.34}$$

である．なぜ交換積がリー環に導入されるのかは，リー群との関係を見ると理解できる．群 G には積が定義されている．$\mathrm{e}^a, \mathrm{e}^b \in G$ の積を計算すると（指数関数の定義より）

$$\mathrm{e}^a \mathrm{e}^b = \mathrm{e}^{a+b+\frac{1}{2}[a,b]+\frac{1}{12}[a-b,[a,b]]+\cdots}$$

のようになる．右辺も G の元だが，指数に表れる項はすべて交換積で表されるものたちである．それが $\mathfrak{g}$ の元であるためには，$\mathfrak{g}$ の元に対して交換積が計算できなくてはならないのである．交換積とは次の公理を満たす $\mathfrak{g} \times \mathfrak{g} \to \mathfrak{g}$ の演算である：任意の a, $b, c \in \mathfrak{g}$, $\alpha, \beta \in \mathbb{K}$ に対して

$$[a, b] = -[b, a] \quad \text{（反対称性）}, \tag{2.35}$$

$$[[a, b], c] + [[b, c,], a] + [[c, a], b] = 0 \quad \text{（ヤコビ律）}, \tag{2.36}$$

$$[\alpha a + \beta b, c] = \alpha[a, b] + \beta[b, c] \quad \text{（線形性）}. \tag{2.37}$$

具体的な例 $\mathfrak{so}(3)$ の場合

$$[a_j, a_k] = \varepsilon_{jk\ell} a_\ell \tag{2.38}$$

となることがわかる．ただし $\varepsilon_{jk\ell}$ は (1.9) で定義したレヴィ＝チビタの反対称 3 階テンソル．

2.2.2　微分作用素による〈ベクトル〉の表現

上記の定式化では運動を行列で表現したのだが，同じことを微分作用素で表現することもできる．

微分作用素による回転の表現

前項と同じように3次元空間 $\mathbb{R}^3$ の中の回転運動を例にとって説明する．今度は3次元空間をベクトル $\boldsymbol{x}$ の集合ではなく，「点」の集合（アフィン空間：補足 1.2 参照）だと考える．微妙な違いであるが，ベクトルを動かすのが行列であるのに対して，点の座標（$\mathbb{R}^3$ 上の関数の一種と考える）を動かすのは微分作用素である．

まず，点の「位置」を与える概念装置を用意する．$\mathbb{R}^3$ は状態空間，点 $(x^1, x^2, x^3) \in \mathbb{R}^3$ は一つの物理的な状態を表すと解釈しよう．$\mathbb{R}^3$ 上で定義された関数 f を考える．これはある物理量 (observable) を表すと解釈する．一つの点において評価した $f(x^1, x^2, x^3)$ は，状態 (x^1, x^2, x^3) におけるその物理量の「観測値」を与える．典型的には $f(x^1, x^2, x^3) = x^j$（第 j 座標の観測値）を考えるとよいが，任意の解析関数でもよい．原点を中心に空間の点を回転させる運動を考える．例えば x^1 軸を中心に回転させると点＝状態に対して (2.28) の変換がおこる．この運動によって f の観測値が変化する．その作用を記号的に $\Omega_1(t)$ と書く：

$$\Omega_1(t)f(x^1, x^2, x^3) = f(x^1(t), x^2(t), x^3(t)). \tag{2.39}$$

無限小運動は，$t = 0$ での値を計算すると，

$$\frac{\mathrm{d}}{\mathrm{d}t}\Omega_1(t)f(x^1, x^2, x^3)\bigg|_{t=0} = \sum_k \left(\frac{\mathrm{d}}{\mathrm{d}t}x^k(t)\right)\partial_{x^k}f\bigg|_{t=0}$$
$$= \left(-x^3\partial_{x^2} + x^2\partial_{x^3}\right)f. \tag{2.40}$$

したがって前記 a_1 に相当する〈ベクトル〉$\omega_1 = -x^3\partial_{x^2} + x^2\partial_{x^3}$ を得る．他の軸周りの回転も合わせて，回転運動を生成する〈ベクトル〉の空間は

$$\begin{cases} \omega_1 = -x^3\partial_{x^2} + x^2\partial_{x^3}, \\ \omega_2 = -x^1\partial_{x^3} + x^3\partial_{x^1}, \\ \omega_3 = -x^2\partial_{x^1} + x^1\partial_{x^2} \end{cases} \tag{2.41}$$

を基とする微分作用素のリー環である[15]．

$$\partial_{x^1} \Leftrightarrow \boldsymbol{e}_1, \quad \partial_{x^2} \Leftrightarrow \boldsymbol{e}_2, \quad \partial_{x^3} \Leftrightarrow \boldsymbol{e}_3 \tag{2.42}$$

---

[15] $\tilde{\omega}_j = -i\hbar\omega_j$ と置くと，交換関係 $[\tilde{\omega}_j, \tilde{\omega}_k] = i\hbar\varepsilon_{jk\ell}\tilde{\omega}_\ell$ を得る．これは (2.38) の量子化であり，角運動量作用素と呼ばれる．

と対応させれば，(2.41) はそれぞれの軸回りの回転ベクトルに他ならない．ここで「同値」を表す記号 $\Leftrightarrow$ は，そもそもの定義が異なる二つの対象を同一視することを意味する．いまの場合，左辺にあるのは 1 階偏微分作用素のリー環の基であり，右辺にあるのはユークリッド空間の基である．両者の間の同型写像 (isomorphism) を $\Leftrightarrow$ で表すと考えてよい．本書では，ベクトル解析の対象を微分幾何学の対象に読み替えることで，より深い意味を開発する．そのような場合に，しばしば記号 $\Leftrightarrow$ を用いる．

微分作用素による平行移動の表現

同じように平行運動の〈ベクトル〉を微分作用素で表現することができる．n 次元空間 $\mathbb{R}^n$（アフィン空間）の点 $(x^1, \ldots, x^n)$ を平行移動させる運動を $\boldsymbol{V}(t)$ で表す：

$$\boldsymbol{V}(t)f(x^1, \ldots, x^n) = f(x^1 + v^1 t, \ldots, x^n + v^n t). \tag{2.43}$$

無限小運動は

$$\begin{aligned}
\frac{\mathrm{d}}{\mathrm{d}t} \boldsymbol{V}(t)f(x^1, \ldots, x^n) &= \sum_k \left(\frac{\mathrm{d}}{\mathrm{d}t} x^k(t) \right) \partial_{x^k} f \\
&= \left(\sum_k v^k \partial_{x^k} \right) f,
\end{aligned} \tag{2.44}$$

したがって〈ベクトル〉

$$\boldsymbol{v} = \sum_k v^k \partial_{x^k} \tag{2.45}$$

を得る．これは，(2.42) のように，〈基ベクトル〉を $\partial_{x^j} \Leftrightarrow \boldsymbol{e}_j$ と対応させることで n 次元ベクトルと同一視できる．微分作用素 ∂_{x^j} を基ベクトルとする〈ベクトル〉を**接ベクトル** (tangent vector) あるいは**反変ベクトル** (contravariant vector) と呼ぶ.

〈ベクトル〉$\boldsymbol{v}$ を積分した指数関数として $\boldsymbol{V}(t)$ を表現し，(2.43) を書き直すと

$$\mathrm{e}^{t(v^1 \partial_{x^1} + \cdots + v^n \partial_{x^n})} f(x^1, \ldots, x^n) = f(x^1 + v^1 t, \ldots, x^n + v^n t). \tag{2.46}$$

指数関数を展開して左辺を書き直すと，これは f のテイラー展開に他ならない．

94　第 2 章　電磁気の幾何学

接ベクトル場

これまでは空間の中で一様におこる運動として剛体回転や平行運動を考えたのだが，それを「場所ごと」に変化する「運動の場」へ一般化する[16]．つまり空間に分布する〈ベクトル場〉を定義する．

ユークリッド空間 $E = \mathbb{R}^n$ の点たちを連続的に動かす作用

$$\mathscr{T}(t) : E \to E \tag{2.47}$$

を考える．時間を意味する実数パラメタ t に関して $\mathscr{T}(t)$ は次の性質をもつとする：

$$\mathscr{T}(0) = I, \quad \mathscr{T}(-t) = \mathscr{T}(t)^{-1}, \quad \mathscr{T}(t)\mathscr{T}(s) = \mathscr{T}(t+s). \tag{2.48}$$

このような $\mathscr{T}(t)$ の全体集合はリー群となる（G と表そう）．ある $\mathscr{T}(t) \in G$ を選び，ある点 $\boldsymbol{x} \in E$ を与えて $\boldsymbol{x}(t) = \mathscr{T}(t)\boldsymbol{x}$ を計算すると，それは一つの点の運動を表し，幾何学的には E 内の一つの曲線＝軌道 (orbit) を与える．$t = 0$ で点 $\boldsymbol{x}$ を通る軌道に対して無限小運動すなわち接ベクトルを

$$\boldsymbol{v} = \sum_k v^k \partial_{x^k} \tag{2.49}$$

と書こう．対応関係 $\partial_{x^j} \Leftrightarrow \boldsymbol{e}_j$ のもとで $(v^1, \ldots, v^n)^{\mathrm{T}}$ は，点 $\boldsymbol{x}$ に与えられた速度ベクトルを表している．群 G は「あらゆる運動」の集合であるから，接ベクトルすなわち速度ベクトル $(v^1, \ldots, v^n)^{\mathrm{T}}$ の全体は $\mathbb{R}^n$ と一致する．点 $\boldsymbol{x}$ ごとに与えられる接ベクトルの全体集合 $(= \mathbb{R}^n)$ を $\boldsymbol{x}$ における接ベクトル空間 (tangent vector space) と呼び，$T_{\boldsymbol{x}}$ と表す．

接ベクトル空間はすべての点 $\boldsymbol{x} \in E$ ごとに定義される．したがって (2.49) において v^k は $\boldsymbol{x}$ の関数だと考えることができる．

$$\boldsymbol{v}(\boldsymbol{x}) = \sum_k v^k(\boldsymbol{x})\partial_{x^k} \tag{2.50}$$

---

[16]「場所」という概念が見渡している空間は，運動がおこる空間＝配位空間とは一般的には異なってよい．場所ごとに何らかの変化が生じているとき（例えば場所ごとに物の色が変化するという場合），その変化を記述する変数（例えば色のスペクトル）は場所を指示する変数とは一般的には無関係である．場所という概念が指している空間を底空間 (base space) と呼ぶ．しかしここで考える「接ベクトル場」では，底空間の中でおこる運動，すなわち底空間の点の移動を考えるので，底空間と配位空間は同じものだと考えてよい．

を**接ベクトル場** (tangent vector field) あるいは**反変ベクトル場** (contravariant vector field) という．これは空間 E の中で点の運動を生成する〈ベクトル〉の一般形である．空間 E に対する接ベクトル場の全体集合を**接ベクトル束** (tangent vector bundle) と呼び，TE と表す．

本節の最初に述べたように，狭い意味で〈ベクトル場〉というときはこの接ベクトル場のことであり，空間の中で「点」を動かす運動を生成する作用を表す．TE は 1 階の偏微分作用素全体からなるリー環である．

2.2.3 多様体上の接ベクトル場

これまでの議論ではずっとデカルト座標を使ってきた．空間にはいつもデカルト座標を置くことができると仮定してきたのである．このことは空間のあり方によっては正しくない．また，デカルト座標以外の座標を使う場合に何がおこるのかも検討を要する．実際，いろいろ具体的な問題では極座標やトロイダル座標などを使ったほうが便利なことがある．

本項では空間の概念を一般化した多様体というものを導入し，様々な空間，座標系で接ベクトル場を表現できるようにする．そのためには座標系を変えたとき「場」の表現がどのように変換されるのかを計算できるようになる必要がある．いわゆる座標変換則とは，同じ「場」を異なる座標系で表現したとき，その表現の間の関係式のことである．実は，この座標変換則は単に「計算の技術」なのではなく，「場」というものの「定義」を支える理論の根本である．私たちは接ベクトル場の一般的表現という目的で初めてこの問題に遭遇した．重要なポイントなので丁寧に説明しよう．

║ **定義 2.14** ║（位相多様体と局所座標）　空間 M の各点 p が $\mathbb{R}^n$（n 次元ユークリッド空間）の開集合と同相な[17] 近傍 U_p をもつとき M を位相多様体 (topological manifold) という[18]．同相写像 $\psi_p : U_p \to \Omega_p \subset \mathbb{R}^n$ によって $\xi \in U_p$ が $\psi_p(\xi) \in \Omega \subset \mathbb{R}^n$ に写されると，$\psi_p(\xi)$ のデカルト座標 $(x^1, \ldots,$

---

[17] 位相空間 X から位相空間 Y への連続写像 ψ が全単射で，逆写像 ψ^{-1} も連続であるとき，ψ のことを同相写像 (homeomorphism) といい，そのような ψ が存在するとき，X と Y は同相 (homeomorphic) であるという．

[18] 厳密に言うと，M はハウスドルフ空間（任意の $p \neq q$ に対して，$p \in U$, $q \in V$, $U \cap V = \emptyset$ を満たす開集合 U, V が存在するような空間）であると仮定する必要がある．

x^n) が定まる．これを ξ の座標として使うことができる．点 $p \in M$ に対して選んだ U_p と ψ_p の組 (U_p, ψ_p) を M の座標近傍 (coordinate neighborhood) といい，$\psi_p(\xi)$ の座標を M の局所座標 (local coordinates) という．

最も単純な多様体は $\mathbb{R}^n$ そのものである．$\mathbb{R}^n$ の中に埋め込まれ，n より次元が小さい部分集合である多様体を $\mathbb{R}^n$ の部分多様体 (submanifold) という．具体的な例をみよう．

〈例 2.15〉（球面）　3 次元空間 $\mathbb{R}^3$ に置かれた半径 R の球面 M を考えよう．球の中心に原点を置いた $\mathbb{R}^3$ のデカルト座標 (x, y, z) で M を表現すると

$$x^2 + y^2 + z^2 = R^2 \tag{2.51}$$

を満たす点の集合である．このような M 上の点は極角 (polar angle) と方位角 (azimuthal angle) と呼ばれる二つの変数からなる座標 $(\theta, \phi) \in \mathbb{R}^2$ を使って

$$x = R\sin\theta\cos\phi, \quad y = R\sin\theta\sin\phi, \quad z = R\cos\theta \tag{2.52}$$

と表すことができる（図 2.1 参照）．このことから M は「局所的」に $\mathbb{R}^2$ の部分集合と同相であることがわかる．ただし二つの「極地点」$\theta = 0, \pi/2$ では ϕ を変化させても点は動かないから，この両点は座標近傍からを除外しなくてはならない（この極値点は変数 θ の原点の選び方によって変わるものであって，M の特別な構造に起因するものではないことに注意しよう）．また $\phi \pm 2m\pi$ （$\forall m \in \mathbb{N}$）は M の同じ点を表すから，ϕ の変域を 2π 以内に限定しなくてはならない．

この例において，M の第一の特徴づけ (2.51) は，M を 3 次元空間の中で描写したものである．三つの変数 (x, y, z) の間に一つの束縛関係 (2.51) があるために，M は 3 次元空間より変数の自由度が一つ小さい．したがって M は $\mathbb{R}^3$ に対して余次元 (codimension) が 1 の部分多様体である．M がもつ二つの自由度を「角度」の変数 (θ, ϕ) で表現した (2.52) は大域的な知識 (2.51) から構築したものであって，M の上だけに視点を限定すると（例えば地球の上に住む人が見渡す風景を思い描いてみよう）M の全体構造を知ることは容易ではない．ただ「局所的」には，面 M の部分的な領域に 2 次元の座標を置いて点の位置を指定できる．これが局所座標である．M 上どこでも局所座標がとれると

いう事実だけで，M は多様体であると結論できるのである．大域的には，M は $\mathbb{R}^2$ と同じではない．これは局所座標を延長していくことで発見できる．緯度 θ の方向へ行っても，経度 ϕ の方向へ行っても，やがて元の位置に戻る．したがって θ も ϕ も「多価」の変数，すなわち大域的には「角度」を表すものだと推論されるのである．しかし，この事実だけから M が球面であることを結論することはできない．トーラスでも同じことがおこる（後で議論する図 2.8 参照）．球面かトーラスかは M の「トポロジー」の違いをみなくては判別できない．球面である場合は，その面内にとったすべての「円環」が連続的な変形（ホモトピー変形）によって 1 点に収縮できる．他方，トーラスである場合は，1 点に収縮できない円環がある．この問題は 2.4.6 項で重要なテーマになるが，ここでは「多様体」という概念が局所的な議論のための舞台装置であって，大域性の問題を保留している（したがって様々な可能性を包摂する）ことを注意しておく．

例 2.15 のように，一般的には一つの局所座標だけで位相多様体 M 全体を覆うことはできないので，いくつか局所座標の「パッチワーク」で M 全体に座標を与えることを考える．M から可算個の代表点を選んで集合 A を作り，その各点の座標近傍を集めた系 $S = \{(U_p, \psi_p);\ p \in A\}$ で，$\{U_p;\ p \in A\}$ が M の被覆になるものが存在する．そのような S を M の**アトラス** (atlas) と呼ぶ．

微分可能多様体

n 次元の位相多様体 M の座標近傍 U_p と U_q を考える．$U_r = U_p \cap U_q \neq \emptyset$ であるとき，$\psi_q \circ \psi_p^{-1}$ は $\psi_p(U_r) \to \psi_q(U_r)$ の同相写像であり，共通領域 U_r に対して ψ_p が与える座標から ψ_q が与える座標への「座標変換」を意味する．$\xi \in U_r$ に対して $\psi_p(\xi) = (x_p^1, \ldots, x_p^n)$，$\psi_q(\xi) = (x_q^1, \ldots, x_q^n)$ と座標表現したとき，$x_p \in \psi_p(U_r)$ に対して

$$\psi_q \circ \psi_p^{-1}(x_p) = (x_q^1(x_p^1, \ldots, x_p^n), \ldots, x_q^n(x_p^1, \ldots, x_p^n)) \tag{2.53}$$

と表すことができる．この関数 $x_q^1, \ldots, x_q^n$ が r 回連続微分可能であるとき S を C^r 級アトラスといい，M を C^r 級（微分可能）多様体 (differentiable manifold of class C^r) と呼ぶ．本書では（特別にことわらないで）「多様体」というときは，無限回連続微分可能（C^∞ 級）多様体，すなわち滑らかな多様体 (smooth

98 　第 2 章　電磁気の幾何学

manifold) を考える.

　座標近傍の共通領域 $U_r = U_p \cap U_q \neq \emptyset$ において，座標変換 (2.53) の**ヤコビアン** (Jacobian) とは行列式

$$D_{pq} = \frac{D(x_q^1, \ldots, x_q^n)}{D(x_p^1, \ldots, x_p^n)} = \det \begin{pmatrix} \partial_{x_p^1} x_q^1 & \cdots & \partial_{x_p^n} x_q^1 \\ \vdots & & \vdots \\ \partial_{x_p^1} x_q^n & \cdots & \partial_{x_p^n} x_q^n \end{pmatrix} \tag{2.54}$$

のことである. U_r が二つの局所座標 ψ_p と ψ_q の共通領域であることから，U_r において $D_{pq} \neq 0$. 共通領域をもつあらゆる座標近傍 (U_p, ψ_p), (U_q, ψ_q) が $D_{pq} > 0$ となるようにアトラス $S = \{(U_p, \psi_p); \ p \in A\}$ を構築できるとき，多様体 M は**向きづけ可能** (orientable) であるという.

　前記の「球面」は向きづけ可能である. 向きづけ可能でない曲面の例としてメビウスの帯がある.

接ベクトル場の座標変換則

　多様体 M の上でおこる運動 $\xi(t)$ を t で微分することで，自然に M 上の接ベクトル場が定義される. 逆に接ベクトル場は M 上に運動を生成する作用素である. 本項で見てきたように，多様体の上にはいろいろなアトラスを定義することができ，局所座標を任意に定義することができる. 座標のとり方によって接ベクトル場の「表現」は異なるのだが，それらは同じものを表していなくてはならない.

　n 次元多様体 M の上でおこる点の運動 $\xi(t)$ を考える. M の座標近傍 (U, ψ) を用いて点の運動を記述する. 点の位置を座標で表し $\psi(\xi(t)) = (x^1(t), \ldots, x^n(t))$ と書こう. 無限小運動はこの t-微分を $t = 0$ で計算したものである:

$$v_{(x)}^j = \frac{\mathrm{d}}{\mathrm{d}t} x^j(t) \Big|_{t=0} \qquad (j = 1, \ldots, n). \tag{2.55}$$

添え字 x は座標 $\boldsymbol{x}$ で評価したものであることを示すためにつけてある. U の各点を通過する運動についてこれを計算して接ベクトル場 $\boldsymbol{v}_{(x)} = (v_{(x)}^1, \ldots, v_{(x)}^n)^{\mathrm{T}}$ が得られる. 同じ運動を別の局所座標 (U, φ) で記述したとする（領域 U は共通）. 点の位置を $\varphi(\xi(t)) = (y^1(t), \ldots, y^n(t))$ と書こう. (U, φ) で記述した無限小運動は

$$v^j_{(y)} = \frac{\mathrm{d}}{\mathrm{d}t} y^j(t) \Big|_{t=0} \qquad (j = 1, \ldots, n). \tag{2.56}$$

添え字 y は座標 $\boldsymbol{y}$ で評価したことを示すためである．上記のように座標変換 $(y^1(x^1, \ldots, x^n), \ldots, y^n(x^1, \ldots, x^n))$ が定義でき，これを (2.56) に代入すると

$$v^j_{(y)} = \sum_{k=1}^n \left(\frac{\partial y^j}{\partial x^k} \right) \frac{\mathrm{d}}{\mathrm{d}t} x^k(t) \Big|_{t=0} = \sum_{k=1}^n \frac{\partial y^j}{\partial x^k} v^k_{(x)} \tag{2.57}$$

と表される（付録の表 a）.

$\boldsymbol{v}_{(x)} = (v^1_{(x)}, \ldots, v^n_{(x)})^{\mathrm{T}}$ も $\boldsymbol{v}_{(y)} = (v^1_{(y)}, \ldots, v^n_{(y)})^{\mathrm{T}}$ も「同じもの」を表している．座標の選び方で「表現」が異なるだけである．座標は表現のために導入する人為的なもの（主観の側にあるもの）であるから，何か「絶対的」な座標があるわけではない．したがって，何かの座標で書いた具体的な表現を「定義」とし，別の座標での表現は誘導されるというように考えるわけにはいかない．表現の出発点に選ぶものは任意であって，なにを選んでもすべては等価でなくてはならない．具体的な座標での表現が出発点に選べないとすると，接ベクトル場というものの「定義」が宙に浮いてしまう．こういう時は次のように考える．「接ベクトル場とは座標変換則 (2.57) に従うものである．」これを**反変性** (contravariance) という．

この特性を「基」に担わせることで，次のように明示的な定義をおこなうことができる．これは (2.50) の一般化に他ならない．

‖ **定義 2.16** ‖（多様体上の接ベクトル場）n 次元多様体 M 上の接ベクトル場とは，その（任意の）座標近傍 (U, ψ) における局所座標 $\psi(\xi) = (x^1, \ldots, x^n)$ を用いて

$$\boldsymbol{v} = \sum_j v^j(\boldsymbol{x}) \partial_{x^j} \tag{2.58}$$

と書かれる n 次元ベクトル場である．各点 $\boldsymbol{p} \in M$ において $\{\partial_{x^1}, \ldots, \partial_{x^n}\}$ を基とするベクトル空間を M の $\boldsymbol{p}$ における接ベクトル空間といい，$T_{\boldsymbol{p}}$ と表す．対応

$$\partial_{x^j} \Leftrightarrow \boldsymbol{e}_j \qquad (j = 1, \ldots, n) \tag{2.59}$$

によって $T_{\boldsymbol{p}}$ の基を幾何学的なベクトル空間の基 $\{\boldsymbol{e}_1, \ldots, \boldsymbol{e}_n\}$ と同一視すると，$T_{\boldsymbol{p}}$ は点 $\boldsymbol{p}$ において M に接する n 次元平面を表す．すべての点 $\boldsymbol{p} \in M$ で定

義される接ベクトル場の全体 $\bigcup_{p \in M} T_p$ を M の接ベクトル束といい，TM と表す.

定義 2.16 で与えた接ベクトル場が座標変換則 (2.57) を満たすことを確認しておく．要は微分の連鎖律

$$\partial_{x^k} = \sum_j \frac{\partial y^j}{\partial x^k} \partial_{y^j} \tag{2.60}$$

である．2 通りの基で表現した $\boldsymbol{v}_{(x)} = \sum v_{(x)}^k \partial_{x^k}$ と $\boldsymbol{v}_{(y)} = \sum v_{(y)}^j \partial_{y^j}$ が同じものであるためには

$$\sum_k v_{(x)}^k \partial_{x^k} = \sum_k \sum_j v_{(x)}^k \frac{\partial y^j}{\partial x^k} \partial_{y^j} = \sum_j v_{(y)}^j \partial_{y^j}. \tag{2.61}$$

したがって $v_{(x)}^k$ と $v_{(y)}^j$ の関係は (2.57) となる[19].

計算の演習として具体例をみよう.

〈例 2.17〉（極座標で表した接ベクトル） 3 次元ユークリッド空間 $E = \mathbb{R}^3$ のデカルト座標を (x, y, z) と書く．接ベクトル空間の基 $\{\partial_x, \partial_y, \partial_z\} \Leftrightarrow \{\boldsymbol{e}_x, \boldsymbol{e}_y, \boldsymbol{e}_z\}$ によって TE を定義する．標準的には

$$\boldsymbol{e}_x = \begin{pmatrix} 1 \\ 0 \\ 0 \end{pmatrix}, \quad \boldsymbol{e}_y = \begin{pmatrix} 0 \\ 1 \\ 0 \end{pmatrix}, \quad \boldsymbol{e}_z = \begin{pmatrix} 0 \\ 0 \\ 1 \end{pmatrix} \tag{2.62}$$

と置き，これで TE を一様に張る．この表現を「基準」として選んで，E に置いた別の座標での接ベクトルの表現と比較しよう．E に極座標 (r, θ, ϕ) を置く：

$$\begin{cases} x = r \sin\theta \cos\phi, \\ y = r \sin\theta \sin\phi, \\ z = \alpha\, r \cos\theta. \end{cases} \tag{2.63}$$

$\alpha\, (\neq 0)$ はこの例を少し面白くするためのパラメタである．$\alpha = 1$ のときは球座標となる（例 2.15 参照）．$\alpha > 1$ とすると $r =$ 定数の曲面（θ-ϕ 座標面）

---

[19] もっと公理的な立場をとると，点 $\boldsymbol{p} \in M$ における接ベクトル $\boldsymbol{v}(\boldsymbol{p})$ とは，任意の関数 f, $g \in C^\infty(M)$ に対してライプニッツ則 $\boldsymbol{v}(\boldsymbol{p})(fg) = g(\boldsymbol{p})\boldsymbol{v}f(\boldsymbol{p}) + f(\boldsymbol{p})\boldsymbol{v}g(\boldsymbol{p})$ を満たす線形写像 $C^\infty(M) \to \mathbb{R}$ だと定義してもよい．すなわち，接ベクトル場とは 1 階の斉次（0 階微分の項を含まない）偏微分作用素に他ならない.

2.2 接ベクトル

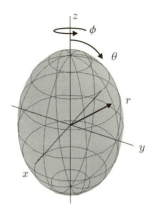

図 2.1 極座標．$\mathbb{R}^3$ に置いたデカルト座標 (x,y,z) と極座標 (r,θ,ϕ)．ここでは z 軸方向に引き伸ばした楕円型の極座標をとった（定義式 (2.63) において $\alpha = 1.5$）．$\alpha = 1$ のときは標準的な球座標となる．なお，極角 θ は「北極」から測った角度であり $(0,\pi)$ の値をとる．「赤道」から測った角度である緯度 (latitude) は $\vartheta = \pi/2 - \theta$ に相当する（$\vartheta > 0$ の場合が北緯，$\vartheta < 0$ の場合が南緯）．

は z 軸方向に伸びた楕円体となる．$r = 0$（楕円体の中心点）および $\theta = 0, \pi$ は極座標の特異点であり，座標変換ができない．これは極座標が局所座標であることの証左である．これらの特異点を除いて議論する．極座標へ変換したときの接ベクトルの基 $\{\partial_r, \partial_\theta, \partial_\phi\} \Leftrightarrow \{\boldsymbol{e}_r, \boldsymbol{e}_\theta, \boldsymbol{e}_\phi\}$ を (2.60) を用いて計算しよう．変換係数の掛け算を行列の形で書くと

$$\begin{pmatrix} \boldsymbol{e}_r \\ \boldsymbol{e}_\theta \\ \boldsymbol{e}_\phi \end{pmatrix} = \begin{pmatrix} \frac{\partial x}{\partial r} & \frac{\partial y}{\partial r} & \frac{\partial z}{\partial r} \\ \frac{\partial x}{\partial \theta} & \frac{\partial y}{\partial \theta} & \frac{\partial z}{\partial \theta} \\ \frac{\partial x}{\partial \phi} & \frac{\partial y}{\partial \phi} & \frac{\partial z}{\partial \phi} \end{pmatrix} \begin{pmatrix} \boldsymbol{e}_x \\ \boldsymbol{e}_y \\ \boldsymbol{e}_z \end{pmatrix} = \begin{pmatrix} \frac{x}{r} & \frac{y}{r} & \frac{z}{r} \\ \frac{xz}{\alpha\rho} & \frac{yz}{\alpha\rho} & -\alpha\rho \\ -y & x & 0 \end{pmatrix} \begin{pmatrix} \boldsymbol{e}_x \\ \boldsymbol{e}_y \\ \boldsymbol{e}_z \end{pmatrix}. \quad (2.64)$$

ただし $r = \sqrt{x^2 + y^2 + z^2/\alpha^2}$, $\rho = \sqrt{x^2 + y^2} = r\sin\theta$ と置いた．$\alpha = 1$（球座標）のときのみ $\{\boldsymbol{e}_r, \boldsymbol{e}_\theta, \boldsymbol{e}_\phi\}$ は直交座標系となる（図2.2参照）．それでも正規直交基にはなっていない．いわゆる球座標系 ($\alpha = 1$) の正規直交基は（デカルト座標に置くと）

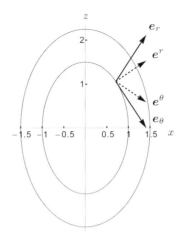

図 2.2 極座標（楕円率 $\alpha = 1.5$）における接ベクトル（例 2.17）と余接ベクトル（例 2.19）．$y = 0$ における断面を示す（図 2.1 参照）．楕円は断面上に現れた $r =$ 定数の座標面．実線ベクトルで示したのは接ベクトルの基 $\partial_r = \boldsymbol{e}_r$ と $\partial_\theta = \boldsymbol{e}_\theta$．破線ベクトルで示したのは余接ベクトルの基 $\mathrm{d}r = \boldsymbol{e}^r$ と $\mathrm{d}\theta = \boldsymbol{e}^\theta$．$\partial_\phi = \boldsymbol{e}_\phi$ および $\mathrm{d}\phi = \boldsymbol{e}^\phi$ はいずれも方位角方向のベクトルであり，この紙面に直交する．接ベクトル $\boldsymbol{e}_\theta$ は $r =$ 定数の θ-ϕ 座標曲面に接している．他方，余接ベクトル $\boldsymbol{e}^r$ は，その面の法線方向に向いている．楕円座標では接ベクトル空間も余接ベクトル空間も非直交系であることがわかる（$\boldsymbol{e}_r \cdot \boldsymbol{e}_\theta \neq 0$, $\boldsymbol{e}^r \cdot \boldsymbol{e}^\theta \neq 0$）．しかし接ベクトルと余接ベクトルの双対性が確認できる（$\boldsymbol{e}_r \cdot \boldsymbol{e}^r = 1$, $\boldsymbol{e}_\theta \cdot \boldsymbol{e}^\theta = 1$, $\boldsymbol{e}_r \cdot \boldsymbol{e}^\theta = 0$, $\boldsymbol{e}_\theta \cdot \boldsymbol{e}^r = 0$）．

$$\boldsymbol{\epsilon}_r = \boldsymbol{e}_r = \begin{pmatrix} \dfrac{x}{r} \\ \dfrac{y}{r} \\ \dfrac{z}{r} \end{pmatrix}, \quad \boldsymbol{\epsilon}_\theta = \dfrac{\boldsymbol{e}_\theta}{r} = \begin{pmatrix} \dfrac{xz}{r\rho} \\ \dfrac{yz}{r\rho} \\ \dfrac{-\rho}{r} \end{pmatrix}, \quad \boldsymbol{\epsilon}_\phi = \dfrac{\boldsymbol{e}_\phi}{\rho} = \begin{pmatrix} \dfrac{-y}{\rho} \\ \dfrac{x}{\rho} \\ 0 \end{pmatrix}. \quad (2.65)$$

以上は基ベクトルの変換であるが，ベクトルの成分の方は変換則 (2.57) に従う．これも変換行列の形で書いておこう：

$$
\begin{pmatrix} v^r \\ v^\theta \\ v^\phi \end{pmatrix} = \begin{pmatrix} \dfrac{\partial r}{\partial x} & \dfrac{\partial r}{\partial y} & \dfrac{\partial r}{\partial z} \\ \dfrac{\partial \theta}{\partial x} & \dfrac{\partial \theta}{\partial y} & \dfrac{\partial \theta}{\partial z} \\ \dfrac{\partial \phi}{\partial x} & \dfrac{\partial \phi}{\partial y} & \dfrac{\partial \phi}{\partial z} \end{pmatrix} \begin{pmatrix} v^x \\ v^y \\ v^z \end{pmatrix} = \begin{pmatrix} \dfrac{x}{r} & \dfrac{y}{r} & \dfrac{z}{\alpha^2 r} \\ \dfrac{xz}{\alpha \rho r^2} & \dfrac{yz}{\alpha \rho r^2} & \dfrac{-\rho}{\alpha r^2} \\ \dfrac{-y}{\rho^2} & \dfrac{x}{\rho^2} & 0 \end{pmatrix} \begin{pmatrix} v^x \\ v^y \\ v^z \end{pmatrix}. \quad (2.66)
$$

この例では接ベクトル場を「幾何学的」に表現するために，ユークリッド空間 E に置いたデカルト座標と正規直交系 (2.62) を「基準」に選んだ．この選択は任意であって，例えば極座標を（特異点を除いた）点 $\boldsymbol{p} \in E$ の局所座標とし，$\{\partial_r, \partial_\theta, \partial_\phi\} \Leftrightarrow \{\boldsymbol{e}_r, \boldsymbol{e}_\theta, \boldsymbol{e}_\phi\}$ を「正規直交系」とする 3 次元ベクトル空間を $T_{\boldsymbol{p}}$ だとすることも可能なのである．すると $\{\partial_x, \partial_y, \partial_z\} \Leftrightarrow \{\boldsymbol{e}_x, \boldsymbol{e}_y, \boldsymbol{e}_z\}$ の方が歪んだ基になる．具体的に何かの座標系とそれに対応するベクトル空間の位相構造（2.1.2 項参照）を選択することが「物理」の側から要請されるのは，空間で「積分」を計算するときである（2.4 節参照）．

2.3 余接ベクトル・微分形式

前節で説明した接ベクトル（および接ベクトル場）と「双対」の関係にあるのが，ここで定義する余接ベクトル（および余接ベクトル場）である．接ベクトル場とは物（点）の「動き」を生み出す作用を表すものであった．これに対して，余接ベクトル場は動きを計るもの，すなわち動きに感応するものを表す．運動がおきていることは何らかの**物理量** (observable) を計ることで観測される．既に 2.2.2 項で，運動を計る概念装置としてスカラー関数で表される物理量を導入した．余接ベクトル場は物理量の中でベクトルの姿をしたものであって，「微分 1 次形式」と呼ばれるものとして位置づけられる．これが「1 次」だということは他の「次数」があるということだ．スカラーの場を 0 次として n 次（n は空間の次元）までの微分形式を定義する．すべての物理量はいずれかの次数の微分形式で表される．その次数の違いが，それぞれの物理量の特性・振る舞いの違いとして現れる．

2.3.1 余接ベクトル場

n 次元多様体 M の上で定義された C^1 級スカラー関数 $f(x^1, \ldots, x^n)$ に対し

て，その変動 (variation) は

$$\mathrm{d}f(x^1,\dots,x^n) = \sum_j (\partial_{x^j} f)\,\mathrm{d}x^j \tag{2.67}$$

と表される．独立変数 x^j の微小変動 $\mathrm{d}x^j$ $(j=1,\dots,n)$ によって生じる従属変数 $f(x^1,\dots,x^n)$ の変動を表す式である[20]．各 $\mathrm{d}x^j$ は変動の「可能性」を表しているだけであって，これに具体的な値を与えるのは x_j の微分運動を表す〈ベクトル〉$\boldsymbol{v} = \sum_j v^j(\boldsymbol{x})\partial_{x^j}$ である．具体的に計算すると

$$\frac{\mathrm{d}}{\mathrm{d}t}f(x^1(t),\dots,x^n(t))\Big|_{t=0} = \sum_j \left(\frac{\mathrm{d}}{\mathrm{d}t}x^j(t)\right)\Big|_{t=0}(\partial_{x^j}f) = \sum_j v^j(\partial_{x^j}f). \tag{2.68}$$

前節の解釈では，(2.68) は接ベクトル場 $\boldsymbol{v}$ が微分作用素としてスカラー関数 f に作用していると見る．しかしここでは異なる見方を提案する．この右辺に現れた v^j は $\boldsymbol{v} = \sum_j v^j\partial_{x^j}$ に由来するものであり，$(\partial_{x^j}f)$ の方は (2.67) の $\mathrm{d}f$ に由来するものだ．〈ベクトル〉$\boldsymbol{v}$ ともう一つの n 成分ベクトル $\mathrm{d}f$ が合成されて，左辺の値（スカラー値）が決まるというように (2.68) を読む．これは $\boldsymbol{v}$ と $\mathrm{d}f$ が双対関係にあるという意味である．2.1.3 項で書いたように，両者の結合を

$$\left\langle \sum_j v^j\,\partial_{x^j}, \sum_k (\partial_{x^k}f)\mathrm{d}x^k \right\rangle = \sum_{jk} v^j\,(\partial_{x^k}f)\langle\partial_{x^j},\mathrm{d}x^k\rangle \tag{2.69}$$

と表そう．ここで $\langle\partial_{x^j},\mathrm{d}x^k\rangle$ は 2 種類の基ベクトル ∂_{x^j} と $\mathrm{d}x^k$ の代数的な結合関係を表したものであり，(2.69) が (2.68) の右辺を与えるように

$$\langle\partial_{x^j},\mathrm{d}x^k\rangle = \delta_{jk} \tag{2.70}$$

と「定義」すればよい．2.1.3 項で述べた双対空間の一般的な定義にあてはめると，M の各点 $\boldsymbol{p}$ において，接ベクトル空間 $T_{\boldsymbol{p}}$ に対して，その双対空間 $T_{\boldsymbol{p}}^*$ が定義され，$T_{\boldsymbol{p}}$ の基 $\{\partial_{x^1},\dots,\partial_{x^n}\}$ に対して $T_{\boldsymbol{p}}^*$ の双対基が $\{\mathrm{d}x^1,\dots,\mathrm{d}x^n\}$ で与えられる．$T_{\boldsymbol{p}}^*$ の元を**余接ベクトル** (cotangent vector) あるいは**コベクトル** (covector) と呼ぶ．

---

[20] 例えば熱力学ではエネルギー E の準静的変化は $\mathrm{d}E = -P\mathrm{d}V + T\mathrm{d}S$ と与えられる（V は体積，$P = -\partial E/\partial V$ は圧力，S はエントロピー，$T = \partial E/\partial S$ は温度）．

2.3 余接ベクトル・微分形式　　105

各点 $\boldsymbol{p} \in M$ で定義された余接ベクトルを底空間 M に拡張した「余接ベクトル場」を考える．それは定義 2.16 で与えた接ベクトル場と双対関係にある：

定義 2.18 （余接ベクトル場）　n 次元多様体 M 上の余接ベクトル場（cotangent vector field）とは，その（任意の）座標近傍 (U, ψ) における局所座標 $\psi(\xi) = (x^1, \ldots, x^n)$ を用いて

$$\boldsymbol{w} = \sum_j w_j \mathrm{d}x^j \tag{2.71}$$

と書かれる n 次元ベクトル場である．各点 $\boldsymbol{p} \in M$ において $\{\mathrm{d}x^1, \ldots, \mathrm{d}x^n\}$ を基とするベクトル空間を $\boldsymbol{p}$ における余接ベクトル空間といい，$T_{\boldsymbol{p}}^*$ と表す．関係式 (2.70) によって $T_{\boldsymbol{p}}^*$ と $T_{\boldsymbol{p}}$ は双対関係にある．$\boldsymbol{v} \in T_{\boldsymbol{p}}$ と $\boldsymbol{w} \in T_{\boldsymbol{p}}^*$ の双対積を

$$\langle \boldsymbol{v}, \boldsymbol{w} \rangle = \sum_{j=1}^{n} v^j w_j \tag{2.72}$$

と書く．余接ベクトル場の全体 $\bigcup_{\boldsymbol{p} \in M} T_{\boldsymbol{p}}^*$ を M の余接ベクトル束といい，T^*M と表す．

(2.67) では $T_{\boldsymbol{p}}^*$ という概念の導入のために，スカラー関数 f の変動を表す $\mathrm{d}f$ を考えたのだが，それを底空間上の関数と考えたものは余接ベクトル場（T^*M の元）としては特別なものであることを断っておく（2.4.6 項で議論する完全微分形式と呼ばれるクラスをなすものである）．一般の $w \in T^*M$ の成分 w_j は，必ずしも $\partial_{x^j} f$ のようにスカラー関数 f の偏導関数で与えられるとは限らず，自由に選ぶことができる．

余接ベクトル場の座標変換則を見ておこう．2 通りの座標で表現した

$$\boldsymbol{w} = \sum_j w_j^{(x)} \mathrm{d}x^j = \sum_j w_j^{(y)} \mathrm{d}y^j$$

を考えよう．微分の連鎖律により

$$\mathrm{d}x^j = \sum_k \frac{\partial x^j}{\partial y^k} \mathrm{d}y^k. \tag{2.73}$$

これは余接ベクトル場の基の変換則を与えている．ベクトルの成分は反射的に

$$w_j^{(y)} = \sum_k \frac{\partial x^k}{\partial y^j} w_k^{(x)} \tag{2.74}$$

により変換される．実際，$\boldsymbol{w}$ の 2 通りの表現に (2.73) を代入すると

$$\boldsymbol{w} = \sum_j w_j^{(x)} \mathrm{d}x^j = \sum_j \sum_k w_j^{(x)} \frac{\partial x^j}{\partial y^k} \mathrm{d}y^k = \sum_k w_k^{(y)} \mathrm{d}y^k \qquad (2.75)$$

であるから (2.74) が得られる．

基の変換則とベクトル成分の変換則を接ベクトルの場合と比べると，互いに反転した関係にあることがわかる（付録の表 a 参照）．接ベクトルのことを**反変ベクトル** (contravariant vector)，余接ベクトルのことを**共変ベクトル** (covariant vector) と呼ぶ（補足 1.13 参照）．

接ベクトル空間と余接ベクトル空間の「基の双対性」(2.70) は座標変換によらない性質であることを確認しておこう．$p \in M$ の座標近傍 (U_p, ψ_p) で 2 通りの座標 $(x^1, \ldots, x^n)$ と $(y^1, \ldots, y^n)$ が定義されているとする．$\langle \partial_{x^j}, \mathrm{d}x^k \rangle = \delta_{jk}$ であるとき，座標 $(y^1(x^1, \ldots, x^n), \ldots, y^n(x^1, \ldots, x^n))$ においても $\langle \partial_{y^j}, \mathrm{d}y^k \rangle = \delta_{jk}$ となることを変換則 (2.60) と (2.73) によって直接計算で示そう．変換則（逆変換の形になるが）を代入して $\langle \partial_{x^j}, \mathrm{d}x^k \rangle = \delta_{jk}$ を使うと

$$\langle \partial_{y^j}, \mathrm{d}y^k \rangle = \left\langle \sum_\ell \frac{\partial x^\ell}{\partial y^j} \partial_{x^\ell}, \sum_m \frac{\partial y^k}{\partial x^m} \mathrm{d}x^m \right\rangle = \sum_\ell \frac{\partial x^\ell}{\partial y^j} \frac{\partial y^k}{\partial x^\ell} = \frac{\partial y^k}{\partial y^j} = \delta_{jk}.$$

具体的な計算例を極座標について示そう（図 2.2 も参照）：

〈例 2.19〉（極座標で表した余接ベクトル） 例 2.17 で定義した極座標 (2.63) において余接ベクトルを具体的に書いてみよう．3 次元ユークリッド空間 $\mathbb{R}^3$ のデカルト座標を (x, y, z) と書く．標準的な選択として，余接ベクトル空間の基 $\{\boldsymbol{e}^x, \boldsymbol{e}^y, \boldsymbol{e}^z\} \Leftrightarrow \{\mathrm{d}x, \mathrm{d}y, \mathrm{d}z\}$ は接ベクトル空間の基 (2.62) と等価だと定める．極座標へ変換したときの基 $\{\mathrm{d}\phi, \mathrm{d}\theta, \mathrm{d}\phi\} \Leftrightarrow \{\boldsymbol{e}^r, \boldsymbol{e}^\theta, \boldsymbol{e}^\phi\}$ を (2.73) を用いて計算しよう．変換係数の掛け算を行列形式で書くと

$$\begin{pmatrix} \boldsymbol{e}^r \\ \boldsymbol{e}^\theta \\ \boldsymbol{e}^\phi \end{pmatrix} = \begin{pmatrix} \dfrac{\partial r}{\partial x} & \dfrac{\partial r}{\partial y} & \dfrac{\partial r}{\partial z} \\ \dfrac{\partial \theta}{\partial x} & \dfrac{\partial \theta}{\partial y} & \dfrac{\partial \theta}{\partial z} \\ \dfrac{\partial \phi}{\partial x} & \dfrac{\partial \phi}{\partial y} & \dfrac{\partial \phi}{\partial z} \end{pmatrix} \begin{pmatrix} \boldsymbol{e}^x \\ \boldsymbol{e}^y \\ \boldsymbol{e}^z \end{pmatrix} = \begin{pmatrix} \dfrac{x}{r} & \dfrac{y}{r} & \dfrac{z}{\alpha^2 r} \\ \dfrac{xz}{\alpha\rho r^2} & \dfrac{yz}{\alpha\rho r^2} & \dfrac{-\rho}{\alpha r^2} \\ \dfrac{-y}{\rho^2} & \dfrac{x}{\rho^2} & 0 \end{pmatrix} \begin{pmatrix} \boldsymbol{e}^x \\ \boldsymbol{e}^y \\ \boldsymbol{e}^z \end{pmatrix}. \qquad (2.76)$$

ただし $r = \sqrt{x^2 + y^2 + z^2/\alpha^2}$, $\rho = \sqrt{x^2 + y^2} = r\sin\theta$. 接ベクトルとの違いを図 2.2 に示す．$\alpha = 1$ の場合，球座標の正規直交基 (2.65) との関係は

$$\boldsymbol{\epsilon}_r = \boldsymbol{e}^r = \begin{pmatrix} \dfrac{x}{r} \\ \dfrac{y}{r} \\ \dfrac{z}{r} \end{pmatrix}, \quad \boldsymbol{\epsilon}_\theta = r\boldsymbol{e}^\theta = \begin{pmatrix} \dfrac{xz}{r\rho} \\ \dfrac{yz}{r\rho} \\ \dfrac{-\rho}{r} \end{pmatrix}, \quad \boldsymbol{\epsilon}_\phi = \rho\boldsymbol{e}^\phi = \begin{pmatrix} \dfrac{-y}{\rho} \\ \dfrac{x}{\rho} \\ 0 \end{pmatrix}. \quad (2.77)$$

ベクトルの成分の方は変換則 (2.74) に従う：

$$\begin{pmatrix} w_r \\ w_\theta \\ w_\phi \end{pmatrix} = \begin{pmatrix} \dfrac{\partial x}{\partial r} & \dfrac{\partial y}{\partial r} & \dfrac{\partial z}{\partial r} \\ \dfrac{\partial x}{\partial \theta} & \dfrac{\partial y}{\partial \theta} & \dfrac{\partial z}{\partial \theta} \\ \dfrac{\partial x}{\partial \phi} & \dfrac{\partial y}{\partial \phi} & \dfrac{\partial z}{\partial \phi} \end{pmatrix} \begin{pmatrix} w_x \\ w_y \\ w_z \end{pmatrix} = \begin{pmatrix} \dfrac{x}{r} & \dfrac{y}{r} & \dfrac{z}{r} \\ \dfrac{xz}{\alpha\rho} & \dfrac{yz}{\alpha\rho} & -\alpha\rho \\ -y & x & 0 \end{pmatrix} \begin{pmatrix} w_x \\ w_y \\ w_z \end{pmatrix}. \quad (2.78)$$

例 2.17 で見た変換行列と比べてみよう．基にかかわる変換とベクトル成分にかかわる変換が入れ替わっていることがわかる（付録の表 a 参照）．

2.3.2 微分形式，外積および内部積

余接ベクトル場のことを微分 1 次形式 (differential 1-form) ともいう．わざわざ微分 1 次形式と呼び直したのは，この概念を拡張して他の次数の微分形式を導入したいからである．「1 次」というのは，これが独立変数の変動 $\mathrm{d}x^j$ の 1 次関数で表される物理量だという意味である．微分 p 次形式というのは独立変数の変動 $\mathrm{d}x^1, \ldots, \mathrm{d}x^n$ たちの p 次の関数として表される物理量という意味であるが，この p 次というのは，以下に述べる「外積」なる積によって誘導されるものである．以下，簡単のために「微分 p 次形式」のことを「p-形式」と呼ぶことにする．

外積代数

n 次元多様体 M の局所座標を $(x^1, \ldots, x^n)$ で表す．二つの 1-形式 $u = \sum u_j \mathrm{d}x^j$ と $v = \sum v_j \mathrm{d}x^j$ の**外積** (exterior product) を

$$u \wedge v = \sum_{j,k=1}^n u_j v_k \, \mathrm{d}x^j \wedge \mathrm{d}x^k \quad (2.79)$$

と定義する．ただし右辺に現れた $\mathrm{d}x^j \wedge \mathrm{d}x^k$ は

$$\mathrm{d}x^j \wedge \mathrm{d}x^k = -\mathrm{d}x^k \wedge \mathrm{d}x^j, \quad (2.80)$$

$$(\alpha \, \mathrm{d}x^j + \beta \, \mathrm{d}x^k) \wedge \mathrm{d}x^\ell = \alpha \, \mathrm{d}x^j \wedge \mathrm{d}x^\ell + \beta \, \mathrm{d}x^k \wedge \mathrm{d}x^\ell \qquad (2.81)$$

を満たす「積」であり，記号 $\wedge$ をウェッジ (wedge) と呼ぶ．反対称性 (2.80) から $\mathrm{d}x^j \wedge \mathrm{d}x^j = 0 \; (\forall j)$ が導かれる．この約束により

$$u \wedge v = \sum_{j<k} (u_j v_k - u_k v_j) \, \mathrm{d}x^j \wedge \mathrm{d}x^k \qquad (2.82)$$

と表される．一般に，M の各点で

$$\omega = \sum_{1 \le j < k \le n} \omega_{jk} \, \mathrm{d}x^j \wedge \mathrm{d}x^k \qquad (2.83)$$

と表される $\binom{n}{2}$ 成分のベクトル場を 2-形式という[21]．

さらに結合法則

$$(\mathrm{d}x^j \wedge \mathrm{d}x^k) \wedge \mathrm{d}x^\ell = \mathrm{d}x^j \wedge (\mathrm{d}x^k \wedge \mathrm{d}x^\ell) \qquad (2.84)$$

のもとで高次の微分形式が導入される[22]．一般に p-形式 $(p \le n)$ とは M の各点で

$$\omega = \sum_{1 \le j_1 < \cdots < j_p \le n} \omega_{j_1, \ldots, j_p} \, \mathrm{d}x^{j_1} \wedge \cdots \wedge \mathrm{d}x^{j_p} \qquad (2.85)$$

と表される $\binom{n}{p}$ 次元のベクトル場である．M 上の p-形式の全体集合を $\bigwedge^p T^* M$ と書く．$\mathrm{d}x^{j_1} \wedge \cdots \wedge \mathrm{d}x^{j_p}$ たちを互いに独立なるように選んで $\bigwedge^p T^* M$ の基を構成する．

定義から明らかなように，n 次元空間においては 1 次から n 次までの微分形式の階層が定義される．便利のためにスカラー場を 0-形式と考えて，これを微分形式の階層に加える．0-形式から n-形式まで微分形式の系をド＝ラーム複体 (de Rham complex) と呼ぶ．付録の表 b に $n = 2$ から 4 の場合の標準的な基の選択と並べ方を示す．以下，一般次元の定式化を見ていくが，具体的な応用のために，この表の関係を参照しつつ理論を学んでほしい．

スカラー場は 1 を基ベクトルとする 1 成分のベクトル場である．n-形式もスカラー場と同じように 1 成分だけもつベクトル場であるが，スカラー場とは違う意味をもつ．基ベクトル $\mathrm{d}x^1 \wedge \cdots \wedge \mathrm{d}x^n$ が掛かっているからである．

---

[21] $\binom{n}{k} = n!/[k!(n-k)!]$ は 2 項係数を表す．

[22] すなわち外積は反対称なテンソル積である（補足 1.3 参照）．外積を積とする代数をグラスマン (Glassmann) 代数という．

2.3 余接ベクトル・微分形式   109

1-形式と $(n-1)$-形式はどちらも n 個の成分をもつから，n 次元ベクトル場と同一視できる[23]．しかし，1-形式と $(n-1)$-形式は違う基をもつために，あとで見るように，異なる性質をもつ．

p-形式 u と q-形式 v（ただし $p+q \le n$ とする）の外積 $u \wedge v$ は $(p+q)$-形式であり

$$u \wedge v = (-1)^{pq} v \wedge u \tag{2.86}$$

が成り立つ．証明は簡単なので読者に委ねる．

具体的に 3 次元空間 $\mathbb{R}^3$ における外積を計算してみよう．$\mathbb{R}^3$ の正規直交基を $\{e_1, e_2, e_3\}$ とし，1-形式とベクトル場を $\mathrm{d}x^j \Leftrightarrow e_j$ によって対応づける．さらに 2-形式とベクトル場は

$$\begin{cases} \mathrm{d}x^2 \wedge \mathrm{d}x^3 \Leftrightarrow e_1, \\ \mathrm{d}x^3 \wedge \mathrm{d}x^1 \Leftrightarrow e_2, \\ \mathrm{d}x^1 \wedge \mathrm{d}x^2 \Leftrightarrow e_3 \end{cases} \tag{2.87}$$

によって対応づける．とくに e_2 のとり方に注意しよう．(2.85) の書き方では 2-形式の基には $\mathrm{d}x^1 \wedge \mathrm{d}x^3$ が現れるのだが，積の順序を反転して $\mathrm{d}x^3 \wedge \mathrm{d}x^1$ を e_2 に対応させる（この選択の意味はあとで説明する）．以上の対応によって以下の関係（付録の表 d）が得られる．u（1-形式）を左から f（0-形式），α（1-形式），ω（2-形式）と外積すると，

$$u \wedge f \Leftrightarrow uf, \tag{2.88}$$

$$u \wedge \alpha \Leftrightarrow u \times \alpha, \tag{2.89}$$

$$u \wedge \omega \Leftrightarrow u \cdot \omega. \tag{2.90}$$

つまり 3 次元のベクトル解析で現れる代数計算（1.3.1 項参照）は外積のバリエーションを見ているのである．

補足 2.20（テンソル形式）　p-形式とは，p 個の独立なインデックスをもつテンソルの中で，すべてのインデックスの置換について反対称なものだと考えてよい（補足 1.3 参照）．定義式 (2.85) では $\mathrm{d}x^{j_1} \wedge \mathrm{d}x^{j_2} \wedge \cdots \wedge \mathrm{d}x^{j_p}$ $(1 \le j_1 < \cdots < j_p \le n)$

---

[23] 1.3.2 項でコメントしたように，物理の諸分野で現れる底空間の次元と等しい次元をもつベクトル場は 1-形式か $(n-1)$-形式である．この両者は 2.4.4 項で述べる「ホッジ双対」の関係にある．

のようにインデックスを小さい順に並べたが，その規則をやめて，独立に 1 から n までの値をとる p 個のインデックス $(k_1, \dots, k_p)$ を使って (2.85) を次のように書き換えることもできる：

$$\omega = \frac{1}{p!} \sum_{k_1, \dots, k_p = 1}^{n} \omega_{k_1, \dots, k_p} \mathrm{d}x^{k_1} \wedge \cdots \wedge \mathrm{d}x^{k_p}. \tag{2.91}$$

ただし $\omega_{k_1, \dots, k_p}$ は (2.85) の $\omega_{j_1, \dots, j_p}$ から

$$\omega_{k_1, \dots, k_p} = \mathrm{sgn}\, \sigma(j_\ell \mapsto k_\ell)\, \omega_{j_1, \dots, j_p}$$

によって生成される．ここで $\sigma(j_\ell \mapsto k_\ell)$ は数列 $(j_1, \dots, j_p)$ を $(k_1, \dots, k_p)$ へ変換する並べ替え（置換），$\mathrm{sgn}\, \sigma(j_\ell \mapsto k_\ell)$ はその置換の符号を表す（m 回の置換をおこなうとき $\mathrm{sgn}\, \sigma = (-1)^m$）．$(j_1, \dots, j_p)$ からの置換で得られないインデックス，すなわちインデックス $(k_1, \dots, k_p)$ の中に同じ数が重複する場合は $\omega_{k_1, \dots, k_p} = 0$ とする．例えば 2-形式は $(\mathrm{d}x^1, \dots, \mathrm{d}x^n) \otimes (\mathrm{d}x^1, \dots, \mathrm{d}x^n)$ を基として $n \times n$ の反対称行列

$$\frac{1}{2}\begin{pmatrix} 0 & \omega_{12} & \omega_{13} & \cdots & \omega_{1n} \\ -\omega_{12} & 0 & \omega_{23} & & \\ -\omega_{13} & -\omega_{23} & 0 & & \vdots \\ \vdots & & & \ddots & \\ -\omega_{1n} & & \cdots & & 0 \end{pmatrix} \tag{2.92}$$

で表現することができる．

微分形式と接ベクトル場との双対性

1-形式＝余接ベクトル場 $(\in T^*M)$ は接ベクトル場 $(\in TM)$ の双対ベクトル場として導入された．1-形式たちの外積によって定義された p-形式は接ベクトル場に対して「双対」な p 重線形なテンソル場であり（補足 1.3 参照），反対称なものである．

p-形式 ω が p 個の接ベクトル場 $\boldsymbol{v}_1, \dots, \boldsymbol{v}_p$ に対して p 重線形な関数として作用していることを $\omega(\boldsymbol{v}_1, \dots, \boldsymbol{v}_p)$ と書く（ここで $\boldsymbol{v}_j$ のインデックス j は一つの接ベクトル場の成分番号ではなく，p 個ある接ベクトル場の j 番目という意味である）．具体的にどのように作用するのかを見ておこう．$\theta_1, \dots, \theta_p$ を 1-形式とすれば，これらの外積が定義する完全反対称な p 重線形関数は

$$(\theta_1 \wedge \cdots \wedge \theta_p)(\boldsymbol{v}_1, \dots, \boldsymbol{v}_p) = \det \theta_j(\boldsymbol{v}_k) \tag{2.93}$$

である．これを原理にして計算すればよいのだが，公式として次のような計算ができる：α と β を r-形式および s-形式とする．$p = r + s$ と置く．$\boldsymbol{v}_1, \ldots, \boldsymbol{v}_p$ を接ベクトル場とすれば，

$$(\alpha \wedge \beta)(\boldsymbol{v}_1, \ldots, \boldsymbol{v}_p) = \sum_{j_1, \ldots, j_r} \sum_{k_1, \ldots, k_s} \operatorname{sgn}(\sigma(j, k))$$
$$\times \alpha(\boldsymbol{v}_{j_1}, \ldots, \boldsymbol{v}_{j_r}) \beta(\boldsymbol{v}_{k_1}, \ldots, \boldsymbol{v}_{k_s}). \tag{2.94}$$

ここで数列 $(1, \ldots, p)$ から数列 $(j_1, \ldots, j_r, k_1, \ldots, k_s)$ を生成する置換を $\sigma(j, k)$ と書いた．

内部積

接ベクトルと余接ベクトルの間の双対関係 $\langle \partial_{x^j}, \mathrm{d}x^k \rangle = \delta_{jk}$ は 1-形式（余接ベクトル）を 0-形式（スカラー）に変換する接ベクトルの作用だと考えることができる．接ベクトル $v = \sum_j v^j \partial_{x^j}$ と 1-形式 $\alpha = \sum_j \alpha_j \mathrm{d}x^j$ の**内部積** (interior product) を

$$i_v \alpha = \sum_{jk} v^j \alpha_k \langle \partial_{x^j}, \mathrm{d}x^k \rangle = \sum_j v^j \alpha_j \tag{2.95}$$

と定義する．v と α を互いに双対なベクトルと考えると，それらの「内積」と呼ばれているものに他ならない：(2.26) 参照．線形汎関数の書き方 (2.17) にならうと

$$i_v \alpha = \langle v, \alpha \rangle. \tag{2.96}$$

これを単に

$$i_v \alpha = \alpha(v) \tag{2.97}$$

と書くこともできる．余接ベクトル（1-形式）α は接ベクトルに対する線形汎関数であり，これに対して具体的に v における「値」を評価せよということを i_v と書くのだ．関数 $f(x)$ に対して，その値を $x = p$ において評価することを $f|_p$ と書くことに似ている．

内部積は p-形式を $(p-1)$-形式へ写す写像として一般化できる．p-形式の各項の左端にある $\mathrm{d}x^k$ に対して $\langle \partial_{x^j}, \mathrm{d}x^k \rangle = \delta_{jk}$ と計算するのである．ただし，∂_{x^j} と双対な $\mathrm{d}x^j$ が項の左端ではなく奥にあるときは，置換によって左端に移

してから $\langle \partial_{x^j}, \mathrm{d}x^j \rangle = 1$ によって $\mathrm{d}x^j$ を消す. 例えば

$$i_{\partial_{x^2}} \mathrm{d}x^1 \wedge \mathrm{d}x^2 = i_{\partial_{x^2}}(-\mathrm{d}x^2 \wedge \mathrm{d}x^1) = -\mathrm{d}x^1.$$

一般化すると, 置換 $\sigma(k_\ell \mapsto m_\ell)$ の符号を $\mathrm{sgn}\,\sigma(k_\ell \mapsto m_\ell)$ と書いて

$$i_{\partial_{x^j}} \mathrm{d}x^{k_1} \wedge \cdots \wedge \mathrm{d}x^{k_p}$$
$$= \sum_\sigma \mathrm{sgn}\,\sigma(k_\ell \mapsto m_\ell) \langle \partial_{x^j}, \mathrm{d}x^{m_1} \rangle \mathrm{d}x^{m_2} \wedge \cdots \wedge \mathrm{d}x^{m_p}. \tag{2.98}$$

この約束のもとで接ベクトル $v = \sum_j v^j \partial_{x^j}$ と p-形式 ω の内部積は

$$i_v \omega = \sum_{jk} v^j \omega_{k_1,\ldots,k_p}\, i_{\partial_{x^j}} \mathrm{d}x^{k_1} \wedge \cdots \wedge \mathrm{d}x^{k_p} \tag{2.99}$$

により与えられる. p-形式 α と q-形式 β の外積に対しては

$$i_v(\alpha \wedge \beta) = (i_v \alpha) \wedge \beta + (-1)^p \alpha \wedge (i_v \beta) \tag{2.100}$$

と書くことができる. 計算のポイントは, 代数操作 i_v は「左から作用する」ということである. β に含まれる $\mathrm{d}x^k$ たちを p-形式 α の左側に移動してから (2.98) を用いる. α をまたぐために p 回の置換をおこなう必要があるので, 右辺の第 2 項には置換符号 $(-1)^p$ が掛かるのである.

p-形式 ω は接ベクトル場 TM 上の p 重線形関数であるからこれを $\omega(\boldsymbol{w}_1,\ldots,\boldsymbol{w}_p)$ $(\boldsymbol{w}_1,\ldots,\boldsymbol{w}_p \in TM)$ と書くことができる (ここで各 $\boldsymbol{w}_j$ を太字で書いたのは, それが一つの接ベクトルの第 j 成分だという意味ではなく, それぞれ異なる接ベクトルであり, それらを p 個選んでくること表すためである). (2.97) の書き方にならうと

$$(i_{\boldsymbol{v}} \omega)(\boldsymbol{w}_2,\ldots,\boldsymbol{w}_p) = \omega(\boldsymbol{v}, \boldsymbol{w}_2,\ldots,\boldsymbol{w}_p). \tag{2.101}$$

つまり p-形式 ω に対して $i_v \omega$ は次数が一つ落ちて $(p-1)$-形式になる. これは, 最初の変数 $\boldsymbol{w}_1$ に具体的な値 $\boldsymbol{v} \in TM$ が代入されるからである.

　この種の計算は, 実例を用いて規則通りに計算してみることで容易に了解できるはずである (一般論を記号的に記述しようとすると過度に形式的になってわかりにくい). 3 次元で計算してみよう. $\mathbb{R}^3$ の正規直交基を $\{\boldsymbol{e}_1, \boldsymbol{e}_2, \boldsymbol{e}_3\}$ とし, 1-形式とベクトル場を $\mathrm{d}x^j \Leftrightarrow \boldsymbol{e}_j$ によって対応づける. 2-形式とベ

2.3 余接ベクトル・微分形式 113

クトル場の対応は (2.87) とする. これは 3-形式の基 $dx^1 \wedge dx^2 \wedge dx^3$ と次の関係にある:

$$\begin{cases} i_{\partial_{x^1}} dx^1 \wedge dx^2 \wedge dx^3 = dx^2 \wedge dx^3 \Leftrightarrow \boldsymbol{e}_1, \\ i_{\partial_{x^2}} dx^1 \wedge dx^2 \wedge dx^3 = dx^3 \wedge dx^1 \Leftrightarrow \boldsymbol{e}_2, \\ i_{\partial_{x^3}} dx^1 \wedge dx^2 \wedge dx^3 = dx^1 \wedge dx^2 \Leftrightarrow \boldsymbol{e}_3. \end{cases} \quad (2.102)$$

つまり 2-形式とベクトル場の対応といった (2.87) は, むしろ $(3-1)$-形式とベクトル場の対応と見ると自然なのである. 接ベクトルを $v = \sum v^j \partial_{x^j}$ とし, α (1-形式), ω (2-形式), ϱ (3-形式) との内部積を計算すると,

$$i_v \alpha \Leftrightarrow \boldsymbol{v} \cdot \boldsymbol{\alpha}, \quad (2.103)$$

$$i_v \omega \Leftrightarrow -\boldsymbol{v} \times \boldsymbol{\omega}, \quad (2.104)$$

$$i_v \varrho \Leftrightarrow \boldsymbol{v}\varrho. \quad (2.105)$$

付録の表 d に 3 次元空間 $\mathbb{R}^3$ における内部積とそのベクトル解析での表記との関係をまとめる.

補足 2.21（物理量の次元と微分形式の次数） 議論を先取りして, どのような物理量がどの微分形式で表されるのかを見ておこう. まずスカラー場（0-形式）で表される物理量の代表はポテンシャルエネルギーである. 他方, n-形式の代表は電荷密度 ρ である. これは 1 成分の物理量であるがスカラー場ではない. 単に ρ と書くとき, これが基ベクトルを伴っていることをしばしば忘れている. 正確には $\varrho = \rho\, dx^1 \wedge \cdots \wedge dx^n$ である. 次項で述べるように n-形式の基ベクトル $dx^1 \wedge \cdots \wedge dx^n$ は「体積測度」を表している. ある領域 Ω を与えて積分

$$\int_\Omega \rho\, dx^1 \wedge \cdots \wedge dx^n$$

を計算してはじめて「電荷」という数値が決まるのである. これと同じように p-形式は p 次元の領域上で積分してはじめて物理量としての数値（スカラー）を与える. 3 次元ベクトル場で 1-形式の例は電場 $\boldsymbol{E}$ である. 電場は曲線上で積分することで電位差という数値を与える. 2-形式の例は磁場 $\boldsymbol{B}$ である. これは面上で積分することで磁束という数値を与える. 電場と磁場でなぜ次数が異なるのかは 2.6 節で明らかになる.

2.3.3 リーマン計量

ユークリッド空間 $E = \mathbb{R}^n$ から n 次元多様体 M に一般化した議論をおこなうにあたって, すべての局所座標は任意に選ぶことができる対等なものとして

第2章　電磁気の幾何学

扱ってきてた．しかし，なにか基準となる座標を置かないと「ものの大きさ」を数値化することができない．ここではリーマン計量が定義できる古典的な空間（2.1.2 項で述べた例 2.7）を基準系とし，基準座標と任意の座標との関係（座標変換則）を学ぶ[24]．

n 次元の多様体 M（向きづけ可能とする）の座標近傍 U においてデカルト座標 $(x^1, \ldots, x^n)$ と一般座標 $(y^1, \ldots, y^n)$ を置く．デカルト座標を基準として U をユークリッド空間 $E = \mathbb{R}^n$ と同一視する．E の内積を $(\ ,\ )$ と書く．各点 $\boldsymbol{p} \in U$ において，接ベクトル（反変ベクトル）の基 $\partial_{x^j} \Leftrightarrow \boldsymbol{e}_j$ が与えられる．これは正規直交系である：

$$(\partial_{x^j}, \partial_{x^k}) = \delta_{jk}. \tag{2.106}$$

余接ベクトル（共変ベクトル）の基 $\mathrm{d}x^j \Leftrightarrow \boldsymbol{e}^j$ は $\boldsymbol{e}_j$ と一致する．接ベクトル $\boldsymbol{v} \in T_{\boldsymbol{p}}$ のノルムは $|\boldsymbol{v}| = (\boldsymbol{v}, \boldsymbol{v})^{1/2}$ により与えられる．

補題2.22 （リーマン計量）　基準座標系 $(x^1, \ldots, x^n)$ で定義されたノルム $|\boldsymbol{v}| = (\boldsymbol{v}, \boldsymbol{v})^{1/2}$ は，一般座標 $(y^1, \ldots, y^n)$ では

$$|\boldsymbol{v}| = (\boldsymbol{v}, \boldsymbol{v})_g^{1/2} = \left(\sum_{jk} g_{jk} \langle \boldsymbol{v}, \mathrm{d}y^j \rangle \langle \boldsymbol{v}, \mathrm{d}y^k \rangle \right)^{1/2} \tag{2.107}$$

と計算される．ただしリーマン計量 $g_{jk} = (\partial_{y^j}, \partial_{y^k})$ は次のように与えられる：

$$g_{jk} = \sum_{\ell} \frac{\partial x^{\ell}}{\partial y^j} \frac{\partial x^{\ell}}{\partial y^k}. \tag{2.108}$$

証明　(2.108) を (2.107) に代入して確認できる：

$$\left(\sum_{jk} g_{jk} \langle \boldsymbol{v}, \mathrm{d}y^j \rangle \langle \boldsymbol{v}, \mathrm{d}y^k \rangle \right)^{1/2} = \left(\sum_{jk} \sum_{\ell} \frac{\partial x^{\ell}}{\partial y^j} \frac{\partial x^{\ell}}{\partial y^k} \langle \boldsymbol{v}, \mathrm{d}y^j \rangle \langle \boldsymbol{v}, \mathrm{d}y^k \rangle \right)^{1/2}$$

$$= \left(\sum_{\ell} \langle \boldsymbol{v}, \mathrm{d}x^{\ell} \rangle^2 \right)^{1/2} = |\boldsymbol{v}|. \qquad \square$$

ついでにリーマン計量 $g_{jk} = (\partial_{y^j}, \partial_{y^k})$ を微分の連鎖則を用いて直接導出しておこう．(2.60) の逆変換 $\partial_{y^k} = \sum_{\ell} (\partial x^{\ell}/\partial y^k) \partial_{x^{\ell}}$ を用いて

---

[24] 2.6 節で見るように，相対論の時空はリーマン空間ではない．これは，時間と空間を合成した「時空」における座標変換則がリーマン空間の変換則とは異なる性質を要求するからである．

2.3 余接ベクトル・微分形式　　115

$$g_{jk} = (\partial_{y^j}, \partial_{y^k}) = \left(\sum_\ell \frac{\partial x^\ell}{\partial y^j} \partial_{x^\ell}, \sum_{\ell'} \frac{\partial x^{\ell'}}{\partial y^k} \partial_{x^{\ell'}} \right)$$

$$= \sum_{\ell\ell'} \frac{\partial x^\ell}{\partial y^j} \frac{\partial x^{\ell'}}{\partial y^k} (\partial_{x^\ell}, \partial_{x^{\ell'}}) = \sum_{\ell\ell'} \frac{\partial x^\ell}{\partial y^j} \frac{\partial x^{\ell'}}{\partial y^k} \delta_{\ell\ell'}$$

を得る.

共変対称2次形式 $g : T_{\boldsymbol{p}} \times T_{\boldsymbol{p}} \to \mathbb{R}$ のことをしばしば

$$(\mathrm{d}s)^2 = \sum_{jk} g_{jk} \, \mathrm{d}y^j \mathrm{d}y^k \tag{2.109}$$

と書く. 右辺は $\sum_{jk} g_{jk} \langle \ , \mathrm{d}y^j \rangle \langle \ , \mathrm{d}y^k \rangle$ のことである. $\boldsymbol{v} \in T_{\boldsymbol{p}}$ に対して $(\mathrm{d}s)^2(\boldsymbol{v}) = |\boldsymbol{v}|^2$ を与える.

n-形式の基は, 2.4節で微分形式の積分を考えるとき極めて重要な意味をもつ. 積分値が定まるためには, 空間のスケールが決まっている必要がある. いろいろな次元をもつ部分多様体について積分をおこなうとき, それらすべてに統一的な基準スケールを定義する役割を n-形式の基に担わせる. 基準座標 $(x^1, \ldots, x^n)$ に対して定義した

$$\mathrm{vol}^n = \mathrm{d}x^1 \wedge \cdots \wedge \mathrm{d}x^n \tag{2.110}$$

を**体積形式** (volume form) あるいは**体積要素** (volume element) と呼び, これを n 次元体積の測度 $\mathrm{d}^n x$ と同一視する. vol^n の符号は座標の並べ方で変わるので, これが正になるように注意する必要がある.

任意の座標 $(y^1, \ldots, y^n)$ で vol^n を書くと

$$\mathrm{vol}^n = \frac{D(x^1, \ldots, x^n)}{D(y^1, \ldots, y^n)} \, \mathrm{d}y^1 \wedge \cdots \wedge \mathrm{d}y^n. \tag{2.111}$$

ヤコビアンの代わりにリーマン計量を用いて書くこともできる. リーマン計量 g の行列式を G と書く：$G = \det(g_{jk})$. 下記の補題2.23を用いて

$$\mathrm{vol}^n = \sqrt{G} \, \mathrm{d}y^1 \wedge \cdots \wedge \mathrm{d}y^n. \tag{2.112}$$

補題2.23 （リーマン計量とヤコビアン）　局所座標 $(y^1, \ldots, y^n)$ に関するリーマン計量を $g_{jk} = (\partial_{y^j}, \partial_{y^k})$ によって与えるとき,

$$\det(g_{jk}) = \left(\frac{D(x^1, \ldots, x^n)}{D(y^1, \ldots, y^n)} \right)^2. \tag{2.113}$$

証明 (2.108) を用いて

$$\det(g_{jk}) = \det\left[\left(\frac{\partial(x^1,\ldots,x^n)}{\partial(y^1,\ldots,y^n)}\right)^{\mathrm{T}}\left(\frac{\partial(x^1,\ldots,x^n)}{\partial(y^1,\ldots,y^n)}\right)\right]$$
$$= \left(\frac{D(x^1,\ldots,x^n)}{D(y^1,\ldots,y^n)}\right)^2$$

を得る. □

　一般座標において微分形式とベクトルを関係づけるための関係式を補題2.24にまとめておく. 普通ベクトル解析で「ベクトル」と呼ぶものは接ベクトルに相当するものである. したがって, 微分形式 (余接ベクトルの外積で定義されるもの) を〈ベクトル〉と対応づけるためには余接ベクトル (共変ベクトル) と接ベクトル (反変ベクトル) との間の変換が必要になる. これらはリーマン計量 $g = (g_{jk})$ を用いて表現される:(2.24)–(2.25) 参照.

補題2.24 (微分形式とベクトルの関係)　局所座標 $(y^1,\ldots,y^n)$ を用いて接ベクトル空間を構築する. その基ベクトル $\partial_{y^j} \Leftrightarrow \boldsymbol{y}_j$ はユークリッド空間 $\mathbb{R}^n$ の正規直交基 $\partial_{x^j} \Leftrightarrow \boldsymbol{e}_j$ を用いて

$$\boldsymbol{y}_j = \sum_k \frac{\partial x^k}{\partial y^j}\boldsymbol{e}_k \tag{2.114}$$

と表される (付録の表 a 参照).

(1)　$\boldsymbol{y}_j$ を規格化した単位ベクトル $\hat{\boldsymbol{y}}_j$ は

$$\hat{\boldsymbol{y}}_j = \frac{1}{\sqrt{g_{jj}}}\boldsymbol{y}_j \tag{2.115}$$

と与えられる.

(2)　1-形式 $\alpha = \sum \alpha_j \mathrm{d}y^j$ とベクトル $\boldsymbol{u} = \sum u^j \hat{\boldsymbol{y}}_j$ の対応は

$$\alpha_j = \sum_k \frac{g_{jk}}{\sqrt{g_{kk}}}u^k \tag{2.116}$$

によって与えられる.

(3)　$(n-1)$-形式 $\omega = \sum \omega_j\, \mathrm{d}y^{j_1} \wedge \cdots \wedge \mathrm{d}y^{j_{n-1}}$ $((j_1,\ldots,j_{n-1})$ は $(1,\ldots,n)$ から j を除いた数列) とベクトル $\boldsymbol{u} = \sum u^j \hat{\boldsymbol{y}}_j$ の対応は

$$\omega_j = (-1)^{j-1}\sqrt{\frac{G}{g_{jj}}}u^j. \tag{2.117}$$

によって与えられる.

証明 (2.114) は (2.60) の逆変換 $\partial_{y^j} = \sum_k (\partial x^k/\partial y^j)\partial_{x^k}$ に他ならない. $\hat{\boldsymbol{y}}_j = \alpha\partial_{y^j}$ と置いて計算すると

$$1 = (\hat{\boldsymbol{y}}_j, \hat{\boldsymbol{y}}_j) = \alpha^2(\partial_{y^j}, \partial_{y^j}) = \alpha^2 g_{jj}.$$

よって (2.115) を得る. 1-形式とベクトルを関係づけるために, まず $u^j\hat{\boldsymbol{y}}_j = (u^j/\sqrt{g_{jj}})\partial_{y^j}$ と書いて接ベクトル場とする. これに (g_{jk}) を作用させて余接ベクトル場とする:

$$\frac{u^j}{\sqrt{g_{jj}}}\partial_{y^j} \Leftrightarrow \sum_k g_{jk}\frac{u^j}{\sqrt{g_{jj}}}\mathrm{d}y^k.$$

これから (2.116) を得る. (2.112) および

$$\partial_{y^j} \Leftrightarrow i_{y^j}\,\mathrm{vol}^n \tag{2.118}$$

によって

$$\partial_{y^j} \Leftrightarrow \mathrm{sgn}(\sigma)\sqrt{G}\,\mathrm{d}y^{j_1} \wedge \mathrm{d}y^{j_{n-1}}.$$

これから (2.117) を得る. $\qquad\square$

2.3.4 外微分

2.3.2 項では外積によって微分形式の次数が上昇することを見たが, もう一つ次数を上げるメカニズムがある. スカラー場 (0-形式) $f(x^1, \ldots, x^n)$ に対して[25], その変動は

$$\mathrm{d}f = \sum_{j=1}^n (\partial_{x^j}f)\,\mathrm{d}x^j \tag{2.119}$$

と計算するのであった. 右辺は 1-形式であり, f の偏微分係数で構成されている. したがって d は 0-形式を 1-形式へ写す微分作用素だと考えることができる.

---

[25] 前項では基準となる座標として $(x^1, \ldots, x^n)$ はデカルト座標を表すものとしたが, 本項では $(x^1, \ldots, x^n)$ は任意の局所座標を表すものとする.

これを一般化して，p-形式を $(p+1)$-形式へ写す微分作用素 d を定義し，**外微分** (exterior derivative) と呼ぶ．微分形式に含まれる各スカラー変数について (2.119) を適用すればよい．$p \leq n-1$ としよう．p-形式

$$u = \sum_{1 \leq j_1 < \cdots < j_p \leq n} u_{j_1 \cdots j_p}\, \mathrm{d}x^{j_1} \wedge \cdots \wedge \mathrm{d}x^{j_p}$$

の外微分を

$$\mathrm{d}u = \sum_{1 \leq j_1 < \cdots < j_p \leq n} (\mathrm{d}u_{j_1 \cdots j_p}) \wedge \mathrm{d}x^{j_1} \wedge \cdots \wedge \mathrm{d}x^{j_p} \qquad (2.120)$$

により定義する．これは $(p+1)$-形式になる．便利のために，n-形式 ρ に対しては $\mathrm{d}\rho = 0$ と定義する．

p-形式 α と q-形式 β の外積に対しては

$$\mathrm{d}(\alpha \wedge \beta) = (\mathrm{d}\alpha) \wedge \beta + (-1)^p \alpha \wedge (\mathrm{d}\beta) \qquad (2.121)$$

と書くことができる．内部積について示した (2.100) との類似性に注目しよう．ここでも計算のポイントは，d は「左から作用する」ということである．β に含まれる項たちを p-形式 α をまたいで左端に移動してから (2.120) を用いる．このために p 回の置換をおこなうので，右辺の第 2 項には置換符号 $(-1)^p$ が掛かる[26]．

以下，空間次元 n が 2 および 3 の場合について外微分を具体的に表現し，1.3.3 項で与えたベクトル解析の基本微分作用素との対応を見る．実は，ベクトル解析で現れる grad, curl や div などの微分作用素はすべて外微分作用素の「ニックネーム」なのである．

2 次元空間の微分形式と外微分

次元 $n = 2$ の多様体 M を考え，その局所座標を (x^1, x^2) と書く．基本形を定義するために，これらはデカルト座標だとする．1-形式の基は $\{\mathrm{d}x^1, \mathrm{d}x^2\}$，2-形式の基は $\{\mathrm{d}x^1 \wedge \mathrm{d}x^2\}$ である．$\mathrm{d}x^1 \Leftrightarrow \boldsymbol{e}_1$, $\mathrm{d}x^2 \Leftrightarrow \boldsymbol{e}_2$ と置いて 1-形

---

[26] この関係を擬ライプニッツ則 (pseudo-Leibniz law) と呼ぶことにする．普通の微分演算（D と表そう）について成り立つライプニッツ則 $D(\alpha\beta) = (D\alpha)\beta + \alpha(D\beta)$ を少し複雑化した関係である．

式を 2 次元ベクトル場と同一視する．0-形式から 1-形式への外微分はベクトル場の言い方では勾配 (gradient) であり，∇ あるいは grad と表すのであった：

$$\mathrm{d}f = (\partial_{x^1}f)\mathrm{d}x^1 + (\partial_{x^2}f)\mathrm{d}x^2 \Leftrightarrow \mathrm{grad}\,f = \begin{pmatrix} \partial_{x^1}f \\ \partial_{x^2}f \end{pmatrix}. \tag{2.122}$$

1-形式から 2-形式への外微分を回転と呼び curl と表す（3 次元の場合の回転は (1.14) で紹介したが，2 次元の回転はここではじめて定義する）．具体的に書くと

$$\mathrm{d}(u_1\mathrm{d}x^1 + u_2\mathrm{d}x^2) = (\partial_{x^1}u_2 - \partial_{x^2}u_1)\,\mathrm{d}x^1 \wedge \mathrm{d}x^2$$

$$\Leftrightarrow \mathrm{curl}\begin{pmatrix} u_1 \\ u_2 \end{pmatrix} = \partial_{x^1}u_2 - \partial_{x^2}u_1. \tag{2.123}$$

1-形式と基との対応は，もう一つ別の選択が可能である．$\boldsymbol{e}_1 = \mathrm{d}x^2$，$\boldsymbol{e}_2 = -\mathrm{d}x^1$ と置いて

$$w = w_1\mathrm{d}x^2 - w_2\mathrm{d}x^1 \Leftrightarrow \boldsymbol{w} = \begin{pmatrix} w_1 \\ w_2 \end{pmatrix} \tag{2.124}$$

なる対応を考える．これは (2.99) の意味で $(2-1)$-形式と呼ぶにふさわしいものである．先に述べたように 1-形式と $(n-1)$-形式は双方 n 成分をもつベクトル場であるが，違う特性をもつ．$n = 2$ のときは双方とも 1-形式になるが，基の並べ方に 2 通りの選択があり，それによってベクトル場の意味が変化する．外微分を計算すると

$$\mathrm{d}w = (\partial_{x^1}w_1 + \partial_{x^2}w_2)\,\mathrm{d}x^1 \wedge \mathrm{d}x^2 \Leftrightarrow \mathrm{div}\begin{pmatrix} w_1 \\ w_2 \end{pmatrix} = \partial_{x^1}w_1 + \partial_{x^2}w_2. \tag{2.125}$$

すなわち 2 次元ベクトル場の発散 (divergence) である．以上の関係を図 2.3 にまとめる．

3 次元空間の微分形式と外微分

ここでも $\mathbb{R}^3$ にデカルト座標 (x^1, x^2, x^3) を置き，基本形を計算する．3 次元の場合は，1-形式，2-形式双方とも 3 次元のベクトル場と同一視できる．正規直交基と 1-形式および 2-形式の基を次のように対応させる：

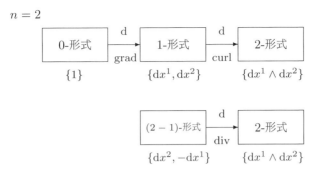

図 2.3 2次元の場合のド=ラーム複体（微分形式の階層）と外微分 (grad, curl, div) の関係.

$$\begin{Bmatrix} \boldsymbol{e}_1 \\ \boldsymbol{e}_2 \\ \boldsymbol{e}_3 \end{Bmatrix} \Leftrightarrow \begin{Bmatrix} \mathrm{d}x^1 \\ \mathrm{d}x^2 \\ \mathrm{d}x^3 \end{Bmatrix} \Leftrightarrow \begin{Bmatrix} \mathrm{d}x^2 \wedge \mathrm{d}x^3 \\ \mathrm{d}x^3 \wedge \mathrm{d}x^1 \\ \mathrm{d}x^1 \wedge \mathrm{d}x^2 \end{Bmatrix}. \tag{2.126}$$

とくに 2-形式の基に注意しよう．これは (2.102) でも見た $(3-1)$-形式の基である．

0-形式から 1-形式への外微分は勾配であり，grad または ∇ で表す．このことは (2.119) で見た通りであるから繰り返す必要はなかろう．1-形式から 2-形式への外微分は (1.14) で定義した回転であり，curl または $\nabla \times$ で表す：

$$\begin{aligned} \mathrm{d}(u_1 \mathrm{d}x^1 + u_2 \mathrm{d}x^2 + u_3 \mathrm{d}x^3) &= (\partial_{x^2} u_3 - \partial_{x^3} u_2)\,\mathrm{d}x^2 \wedge \mathrm{d}x^3 \\ &\quad + (\partial_{x^3} u_1 - \partial_{x^1} u_3)\,\mathrm{d}x^3 \wedge \mathrm{d}x^1 \\ &\quad + (\partial_{x^1} u_2 - \partial_{x^2} u_1)\,\mathrm{d}x^1 \wedge \mathrm{d}x^2 \\ \Leftrightarrow \mathrm{curl} \begin{pmatrix} u_1 \\ u_2 \\ u_3 \end{pmatrix} &= \begin{pmatrix} \partial_{x^2} u_3 - \partial_{x^3} u_2 \\ \partial_{x^3} u_1 - \partial_{x^1} u_3 \\ \partial_{x^1} u_2 - \partial_{x^2} u_1 \end{pmatrix}. \end{aligned} \tag{2.127}$$

ここで $u_3 = 0, \partial_{x^3} = 0$ と置くと，(2.123) で見た 2次元の curl になることがわかる．

2-形式から 3-形式への外微分は (1.13) で定義した発散であり，div または $\nabla \cdot$ で表す：

2.3 余接ベクトル・微分形式

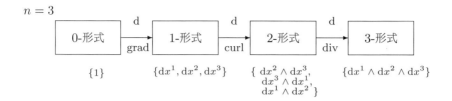

図 2.4 3次元の場合のド=ラーム複体（微分形式の階層）と外微分 (grad, curl, div) の関係．

$$d(w_1 dx^2 \wedge dx^3 + w_2 dx^3 \wedge dx^1 + w_3 dx^1 \wedge dx^2)$$
$$= (\partial_{x^1} w_1 + \partial_{x^2} w_2 + \partial_{x^3} w_3) dx^1 \wedge dx^2 \wedge dx^3$$
$$\Leftrightarrow \mathrm{div} \begin{pmatrix} w_1 \\ w_2 \\ w_3 \end{pmatrix} = \partial_{x^1} w_1 + \partial_{x^2} w_2 + \partial_{x^3} w_3. \tag{2.128}$$

以上の関係を図 2.4 にまとめる．3次元ユークリッド空間のベクトル場について 1.3.3 項で導入した微分作用素 grad, curl, div はすべて外微分 d だったのである．電磁現象や流体現象などを3次元空間で定式化したとき，これらの微分作用素が頻繁に現れるのは，すべての物理量はいずれかの微分形式であり，その変動を計る微分作用素はいずれかの外微分だからである．

微分形式とその外微分は，任意の多様体の任意の局所座標について定義されている．私たちは異なる座標の間での「座標変換」の規則を既に知っている．したがって，上記の基本的な微分作用素 (grad, curl, div) を任意の座標でどのように表現すればよいのか，既に明らかである．ただし注意を要するのは，ベクトル解析において「ベクトル」と呼ぶものは接ベクトル（反変ベクトル）だということである．他方，微分形式は余接ベクトル（共変ベクトル）によって構成されている．両者の間の対応づけが鍵である（補題 2.24 参照）．具体的な例で計算法を確認しておこう．

⟨例 2.25⟩（球座標で表した外微分と grad, curl, div）　球座標で計算される外微分を「ベクトル」で表現することで grad, curl, div を極座標へ座標変換したものが求められる．それらを ∇, $\nabla\times$, $\nabla\cdot$ と書く（1.3.3 項においてデカルト座

標で定義しておいたものである). まず 0-形式 (スカラー関数) の外微分 grad をみよう. どのような座標でも $\mathrm{d}f = \sum (\partial_{x^j} f)\,\mathrm{d}x^j$ と定義される. 球座標 (r, θ, ϕ) では

$$\mathrm{d}f = (\partial_r f)\,\mathrm{d}r + (\partial_\theta f)\,\mathrm{d}\theta + (\partial_\phi f)\,\mathrm{d}\phi. \tag{2.129}$$

右辺の 1-形式を $\mathbb{R}^3$ の「ベクトル」と同一視する. $\mathrm{d}r \Leftrightarrow \boldsymbol{e}^r,\ \mathrm{d}\theta \Leftrightarrow \boldsymbol{e}^\theta,\ \mathrm{d}\phi \Leftrightarrow \boldsymbol{e}^\phi$ であるが, これらを球座標の正規直交基 $\{\boldsymbol{\epsilon}_r, \boldsymbol{\epsilon}_\theta, \boldsymbol{\epsilon}_\phi\}$ で書き直す. つまり 1-形式＝余接ベクトルを接ベクトルの形に書き換えるのである. 関係 (2.77) を使って (2.129) を書き直すと

$$\mathrm{d}f \Leftrightarrow \nabla f = (\partial_r f)\boldsymbol{\epsilon}_r + \frac{1}{r}(\partial_\theta f)\boldsymbol{\epsilon}_\theta + \frac{1}{r\sin\theta}(\partial_\phi f)\boldsymbol{\epsilon}_\phi. \tag{2.130}$$

次に回転 curl を計算しよう. 1-形式 u を球座標で書くと

$$u = u_r \mathrm{d}r + u_\theta \mathrm{d}\theta + u_\phi \mathrm{d}\phi. \tag{2.131}$$

その外微分は

$$\begin{aligned}
\mathrm{d}u = {} & (\partial_\theta u_\phi - \partial_\phi u_\theta)\,\mathrm{d}\theta \wedge \mathrm{d}\phi \\
& + (\partial_\phi u_r - \partial_r u_\phi)\,\mathrm{d}\phi \wedge \mathrm{d}r + (\partial_r u_\theta - \partial_\theta u_r)\,\mathrm{d}r \wedge \mathrm{d}\theta.
\end{aligned} \tag{2.132}$$

問題は球座標の正規直交基 (2.77) を使って u および $\mathrm{d}u$ の「ベクトル成分」を表現することである. まず 1-形式 u をベクトル $\boldsymbol{U} = U^r \boldsymbol{\epsilon}_r + U^\theta \boldsymbol{\epsilon}_\theta + U^\phi \boldsymbol{\epsilon}_\phi$ の形に書く. (2.131) と比べると

$$u_r = U^r, \quad u_\theta = r U^\theta, \quad u_\phi = r\sin\theta\, U^\phi. \tag{2.133}$$

次に 2-形式 $\mathrm{d}u$ をベクトル $\nabla \times \boldsymbol{U} = \boldsymbol{W} = W^r \boldsymbol{\epsilon}_r + W^\theta \boldsymbol{\epsilon}_\theta + W^\phi \boldsymbol{\epsilon}_\phi$ の形に書く. ここで

$$\boldsymbol{\epsilon}_r = \boldsymbol{\epsilon}_\theta \times \boldsymbol{\epsilon}_\phi, \quad \boldsymbol{\epsilon}_\theta = \boldsymbol{\epsilon}_\phi \times \boldsymbol{\epsilon}_r, \quad \boldsymbol{\epsilon}_\phi = \boldsymbol{\epsilon}_r \times \boldsymbol{\epsilon}_\theta \tag{2.134}$$

の関係がある. これに (2.77) を代入すると

$$\boldsymbol{\epsilon}_r = r^2 \sin\theta\, \mathrm{d}\theta \wedge \mathrm{d}\phi, \quad \boldsymbol{\epsilon}_\theta = r\sin\theta\, \mathrm{d}\phi \wedge \mathrm{d}r, \quad \boldsymbol{\epsilon}_\phi = r\, \mathrm{d}r \wedge \mathrm{d}\theta. \tag{2.135}$$

(2.132) に (2.133) と (2.135) を代入すると

$$\begin{aligned}
\nabla \times \boldsymbol{U} = {} & \left[\frac{1}{r\sin\theta} \partial_\theta (\sin\theta\, U^\phi) - \frac{1}{r\sin\theta} \partial_\phi U^\theta \right] \boldsymbol{\epsilon}_r \\
& + \left[\frac{1}{r\sin\theta} \partial_\phi U^r - \frac{1}{r} \partial_r (r U^\phi) \right] \boldsymbol{\epsilon}_\theta + \left[\frac{1}{r} \partial_r (r U^\theta) - \frac{1}{r} \partial_\theta U^r \right] \boldsymbol{\epsilon}_\phi.
\end{aligned} \tag{2.136}$$

2.3 余接ベクトル・微分形式 123

最後に発散 div を計算しよう. 2-形式 w を球座標で書くと

$$w = w_r \, \mathrm{d}\theta \wedge \mathrm{d}\phi + w_\theta \, \mathrm{d}\phi \wedge \mathrm{d}r + w_\phi \, \mathrm{d}r \wedge \mathrm{d}\theta. \tag{2.137}$$

その外微分は

$$\mathrm{d}w = (\partial_r w_r + \partial_\theta w_\theta + \partial_\phi w_\phi) \, \mathrm{d}r \wedge \mathrm{d}\theta \wedge \mathrm{d}\phi. \tag{2.138}$$

これらを球座標の正規直交基を使って表現する. (2.135) を用いて 2-形式 (2.137) をベクトル $\boldsymbol{W} = W^r \boldsymbol{\epsilon}_r + W^\theta \boldsymbol{\epsilon}_\theta + W^\phi \boldsymbol{\epsilon}_\phi$ の形に書き換えると

$$W^r = \frac{w_r}{r^2 \sin\theta}, \quad W^\theta = \frac{w_\theta}{r \sin\theta}, \quad W^\phi = \frac{w_\phi}{r}. \tag{2.139}$$

3-形式の基は体積要素に置き換える. (2.111) により

$$\mathrm{vol}^3 = \mathrm{d}x^1 \wedge \mathrm{d}x^2 \wedge \mathrm{d}x^3 = r^2 \sin\theta \, \mathrm{d}r \wedge \mathrm{d}\theta \wedge \mathrm{d}\phi. \tag{2.140}$$

$\mathrm{d}w \Leftrightarrow (\nabla \cdot \boldsymbol{W}) \mathrm{vol}^3$ と置くと, (2.139) と (2.140) を用いて,

$$\nabla \cdot \boldsymbol{W} = \frac{1}{r^2} \partial_r (r^2 W^r) + \frac{1}{r \sin\theta} \partial_\theta (\sin\theta W^\theta) + \frac{1}{r \sin\theta} \partial_\phi (W^\phi). \tag{2.141}$$

球座標は直交系であるが, 計算の要は理解できたであろう. 一般の非直交系 (曲線座標) で grad, curl, div のベクトル表現がどのようになるのかをまとめておく.

$\boxed{\text{公式 2.26}}$（曲線座標の grad, curl, div）任意の局所座標 $(y^1, \ldots, y^n)$ を置き, リーマン計量を (g_{jk}) とする. ベクトル場をすべて接ベクトル場と同一視すると, 外微分として定義した grad, curl, div の各成分は次のように表現される. ただし, $g^{jk} = (\mathrm{d}y^j, \mathrm{d}y^k)$ は $g_{jk} = (\partial_{y^j}, \partial_{y^k})$ に対して逆行列である.

(1) grad：（スカラー関数）$\Leftrightarrow$（0-形式）$\overset{\mathrm{d}}{\to}$（1-形式）$\Leftrightarrow$（ベクトル）

$$(\nabla f)^j = \sum_k g^{jk} \sqrt{g_{jj}} \, \partial_{y^k} f.$$

(2) curl：（ベクトル）$\Leftrightarrow$（1-形式）$\overset{\mathrm{d}}{\to}$（2-形式）$\Leftrightarrow$（ベクトル）

$$(\nabla \times \boldsymbol{u})^j = \sum_{k\ell} \epsilon_{jk\ell} \sqrt{\frac{g_{jj}}{G}} \, \partial_{y^k} \left(\sum_r \frac{g_{\ell r}}{\sqrt{g_{rr}}} u^r \right).$$

124　　　　　　　　第 2 章　電磁気の幾何学

(3)　div：（ベクトル）⇔（2-形式）$\overset{\mathrm{d}}{\to}$（3-形式）⇔（スカラー関数・vol^3）

$$
\nabla \cdot \boldsymbol{u} = \frac{1}{\sqrt{G}} \sum_k \partial_{y^k} \left(\sqrt{\frac{G}{g_{kk}}}\, u^k \right).
$$

$\nabla\times$ は 3 次元だけで定義される．∇, $\nabla\cdot$ は任意の次元で定義できる．

　証明は補題 2.23，補題 2.24 を用いれば明らかであろう．例 2.17 で見た楕円球座標で ∇, $\nabla\times$, $\nabla\cdot$ の成分がどのように表されるかを計算されたい．

2.4　微分形式と図形の双対性

　微分形式はもともと微小変動を表す記号 d を用いて導入された概念である．独立変数 $(x^1, \ldots, x^n)$ があったとき，それらの変化を微小変動 $\mathrm{d}x^1, \ldots,$ $\mathrm{d}x^n$ を「単位」にして計る．例えば 1-形式 $u = u_1\,\mathrm{d}x^1 + \cdots + u_n\,\mathrm{d}x^n$ は，各変数 x^j の微小変動によって生じる変化 $u_j\,\mathrm{d}x^j$ の合成として物理量 u が成り立っていることを表している．$\mathrm{d}x^j$ は変化の可能性として「空間」を張る（空間とは存在可能性の集合である）．まだ可能性でしかない $\mathrm{d}x^j$ を具体化するのは「積分」である．微小変化 $u_j\,\mathrm{d}x^j$ を積分すると，それぞれの u への寄与が具体化＝数値化されるのだ．空間の中に定められる「積分区間」が具体的な「物」の「状態」を表す．物理量とは，もともと「変数」なのであって，その「値」は「状態」を指定してはじめて決まる．1-形式で表現されている物理量に対して「状態」とは 1 次元の図形（多様体）すなわち n 次元空間の中の一つの曲線である．各 $\mathrm{d}x^j$ に対する積分区間を指定するということは n 次元空間の中に一つの曲線を与えることになるからである．同じように考えると，p-形式で表される物理量に「値」を与えるのは p-次元の図形で表される状態だということになる（補足 2.21 参照）．n-形式 $\varrho = \rho\,\mathrm{d}x^1 \wedge \cdots \wedge \mathrm{d}x^n$ は n 次元の領域の上で積分して具体的な数値になる．他方，0-形式＝スカラー関数で表される物理量に対する状態は 0 次元の図形すなわち「点」である．スカラー関数に点の値を与えることも積分の概念で統一的に表現できる．本節では，物理量と状態の双対性を，微分形式と図形の双対性に対応させて議論する．

2.4 微分形式と図形の双対性

2.4.1 微分形式の積分

既に 2.3.3 項で述べたように，n-形式（n は空間次元）の基は体積要素を意味する．デカルト座標 $(x^1, \ldots, x^n)$ をスケールの基準にとると

$$\mathrm{d}x^1 \wedge \cdots \wedge \mathrm{d}x^n = \mathrm{vol}^n \Leftrightarrow \mathrm{d}^n x \tag{2.142}$$

と置いて n-形式の**体積積分**を定義する（$\mathrm{d}^n x$ はルベーグ測度を表す：補足 2.9 参照）．一般座標 $(y^1, \ldots, y^n)$ ではリーマン計量を用いて

$$\sqrt{|G|}\, \mathrm{d}y^1 \wedge \cdots \wedge \mathrm{d}y^n = \mathrm{vol}^n \Leftrightarrow \sqrt{|G|}\, \mathrm{d}^n y = \mathrm{d}^n x \tag{2.143}$$

となるのであった．n-形式 $\varrho = \rho\, \mathrm{vol}^n$ は n 次元の図形（多様体 M の開集合）Ω と「対」をなして，積分

$$\int_\Omega \varrho = \int_\Omega \rho\, \mathrm{vol}^n = \int_\Omega \rho\, \mathrm{d}^n x \tag{2.144}$$

によってその「値」が確定するのである．

同様に考えると，n より小さい次数の p-形式 $\omega^{(p)}$ も，n 次元空間の p 次元部分多様体 $\Omega^{(p)}$ と対をなして，

$$\int_{\Omega^{(p)}} \omega^{(p)} \tag{2.145}$$

なる積分で値を確定する．インデックス $^{(p)}$ は微分形式の次数と図形の次元を忘れないためにつけてある．ここで問題となることは，$\Omega^{(p)}$ が n 次元空間の中に埋め込まれた領域だということである．空間の中の曲線や曲面の上で微分形式を積分するということを正確に定義しなくてはならない[27]．

積分領域のパラメタ化

まず簡単な例から始めよう．1 次元の図形すなわち曲線の上で 1-形式を積分する場合を考える．ユークリッド空間 $E = \mathbb{R}^n$ の中で有限な長さをもつ滑らかな曲線 Γ を考える．その両端の座標を $\boldsymbol{a}$ および $\boldsymbol{b}$ とする．曲線 Γ に沿って適当な「目盛り」つまり Γ 上の位置を示すパラメタ τ を与え，Γ 上の点を $\boldsymbol{x}(\tau)$ と書く．仮に $\boldsymbol{x}(0) = \boldsymbol{a}$, $\boldsymbol{x}(1) = \boldsymbol{b}$ としよう．

$$\frac{\mathrm{d}\boldsymbol{x}(\tau)}{\mathrm{d}\tau} = \boldsymbol{v}(\tau) \tag{2.146}$$

---

[27] 1.3.4 項では「矩形」の領域を考えることで，この問題を暫定的に処理した．

は曲線 Γ に沿った接ベクトル場である．1-形式＝余接ベクトル場は各点において接ベクトル場に実数値を与える線形汎関数であった．1-形式 $\boldsymbol{\alpha}$ を $\boldsymbol{v} = \mathrm{d}\boldsymbol{x}/\mathrm{d}\tau$ において評価することを $\langle \boldsymbol{v}, \boldsymbol{\alpha} \rangle$ のように（あるいは $i_{\boldsymbol{v}}\boldsymbol{\alpha}$ とか $\boldsymbol{\alpha}(\boldsymbol{v})$ などとも）書くのであった：(2.96) 参照．各点 τ において評価される $\langle \boldsymbol{v}, \boldsymbol{\alpha} \rangle = \langle \mathrm{d}\boldsymbol{x}/\mathrm{d}\tau, \boldsymbol{\alpha} \rangle$ を τ について積分する：

$$\int_0^1 \left\langle \frac{\mathrm{d}\boldsymbol{x}}{\mathrm{d}\tau}, \boldsymbol{\alpha} \right\rangle \mathrm{d}\tau = \int_0^1 \sum_j \alpha_j \frac{\mathrm{d}x^j}{\mathrm{d}\tau} \mathrm{d}\tau. \tag{2.147}$$

これをベクトル解析の素朴な書き方で表すと

$$\int_0^t \boldsymbol{\alpha}(\boldsymbol{x}) \cdot \frac{\mathrm{d}\boldsymbol{x}}{\mathrm{d}\tau} \mathrm{d}\tau = \int_\Gamma \boldsymbol{\alpha}(\boldsymbol{x}) \cdot \mathrm{d}\boldsymbol{x}. \tag{2.148}$$

この右辺が曲線 Γ に沿った $\boldsymbol{\alpha}$ の**線積分**と呼んでいるものである[28]．この積分値は Γ 上の目盛り τ の選び方には依存せず，$\boldsymbol{\alpha}$ と Γ だけで決まることは，(2.148) の右辺で τ が消えていることから明らかである．

パラメタ化のための引き戻し

一般化する前に上記の計算で用いたことを整理しよう．まず曲線 $\Gamma \subset E$ を $\tau \in D = \mathbb{R}$ によってパラメタ化した．これは，写像

$$\varphi : D \to E$$

によって E の点を $\boldsymbol{x} = \varphi(\tau)$ のように表現することを意味する．これを $\boldsymbol{x}(\tau)$ と書いたのである．そうしておいて (2.147) においては，E で定義された 1-形式 $\boldsymbol{\alpha} = \sum \alpha_j(\boldsymbol{x})\,\mathrm{d}x^j$ を D で定義された 1-形式 $\langle \mathrm{d}\boldsymbol{x}/\mathrm{d}\tau, \boldsymbol{\alpha} \rangle(\tau)\,\mathrm{d}\tau$ へ変換して積分を定義した．つまり E で定義された微分形式を「パラメタ空間」D の上の微分形式として読み替えたのである．この変換を

$$\varphi^* : \sum \alpha_j(\boldsymbol{x}(\tau))\,\mathrm{d}x^j \mapsto \left\langle \frac{\mathrm{d}\boldsymbol{x}}{\mathrm{d}\tau}, \boldsymbol{\alpha} \right\rangle \mathrm{d}\tau \tag{2.149}$$

と書き，写像 φ^* を**引き戻し** (pull back) と呼ぶ．

ここでは多様体上の点をパラメタ化する必要から引き戻しが自然に導入されることを見た．この概念は微分幾何の色々な計算で重要な役割を果たす．次項で一般的な定義と性質について述べる．

---

[28] 1.3.4 項で現れた矩形境界についての線積分と一致することを確かめられたい．

2.4 微分形式と図形の双対性

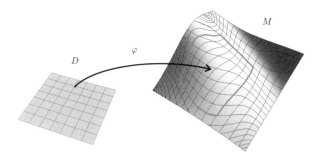

図 2.5 多様体 M の座標空間 D によるパラメタ化．写像 φ の双対写像 φ^* を「引き戻し」という．これによって M 上の関数を D 上の関数に書き直す．

2.4.2 引き戻し

基準となる空間 D（点を $\boldsymbol{\tau}$ で表す）から多様体 M（点を $\boldsymbol{x}$ で表す）への写像 φ を考える：
$$\varphi : D \to M \quad (\varphi(\boldsymbol{\tau}) = \boldsymbol{x}).$$
M で定義された写像 $f : M \to A$ に対して，$\varphi(D) \subset M$ において，写像 $f(\boldsymbol{x})$ を $f(\boldsymbol{x}(\boldsymbol{\tau}))$ と書くことを「引き戻し」といい（図 2.5 参照），これを $\varphi^* f(\boldsymbol{\tau})$ と書く：
$$\varphi^* f : D \to A \quad (\varphi^* f(\boldsymbol{\tau}) = f(\varphi(\boldsymbol{\tau}))).$$
写像の列
$$D \xrightarrow{\varphi} M \xrightarrow{f} A$$
に対して，引き戻し $\varphi^* f : D \to A$ は φ が単射 (injection) である限り一意的に定義できる．例えば，D の次元が M の次元より低い場合でも引き戻しを考えることができる（後述の「包含写像」のような場合である）．

他方，D で定義された写像 $g : \boldsymbol{\tau} \mapsto g(\boldsymbol{\tau}) \in A$ を M 上の関数として書こうとすると，$\boldsymbol{x} = \varphi(\boldsymbol{\tau})$ の逆写像 $\boldsymbol{\tau} = \varphi^{-1}(\boldsymbol{x})$ を定義して
$$\hat{g}(\boldsymbol{x}) = g(\varphi^{-1}(\boldsymbol{x}))$$
としなくてはならない．
$$M \xrightarrow{\varphi^{-1}} D \xrightarrow{g} A$$

という意味であるが，D 上で定義された g を M へ転写したという意味で，これを押し出し (push forward) という．$(\varphi^{-1})^*$ だと解釈することができる.

微分幾何の場合

D の接束 TD から M の接束 TM の写像は，φ を線形化した写像（Jacobi 行列）

$$
\varphi_* = \left(\frac{\partial x^j}{\partial \tau^k} \right) = (\varphi_*{}^j{}_k)
$$

によって与えられる．これは「変数変換」として働く．TM の元（ベクトル）

$$
\boldsymbol{v}_{(\boldsymbol{x})} = \sum_j v^j_{(\boldsymbol{x})} \, \partial_{x^j} \ \in TM
$$

を $\boldsymbol{\xi}_{(\boldsymbol{\tau})} = \sum_k \xi^k_{(\boldsymbol{\tau})} \, \partial_{\tau^k} \in TD$ から写像されたものとして $\boldsymbol{v} = \varphi_* \boldsymbol{\xi}$ と書く（一般の写像の場合に $\boldsymbol{x} = \varphi(\boldsymbol{\tau})$ と書いたものを「線形化」したわけである）．具体的に書くと（接ベクトル＝反変ベクトルの「成分」は反変変数であるから $v^j_{(x)} = \sum_k \varphi_*{}^j{}_k \xi^k_{(\boldsymbol{\tau})}$ のごとく変換する）

$$
\boldsymbol{v}_{(\varphi(\boldsymbol{\tau}))} = \sum_{jk} \varphi_*{}^j{}_k \xi^k_{(\boldsymbol{\tau})} \, \partial_{\tau^j}. \tag{2.150}
$$

これはまだ準備であって，TM 上の関数（すなわち微分形式）を TD 上の関数に書き換えるのが引き戻しである.

1-形式の引き戻し

TM 上で定義された微分形式を TD へ引き戻す．1-形式の引き戻しを計算しておけば十分である．$\boldsymbol{\alpha}_{(\boldsymbol{x})} = \alpha_{(\boldsymbol{x})j} \, \mathrm{d}x^j \in T^*M$ は $\boldsymbol{v}_{(\boldsymbol{x})} = v_{(\boldsymbol{x})}{}^j \, \partial_{x^j} \in TM$ の関数として

$$
\langle \boldsymbol{v}_{(\boldsymbol{x})}, \boldsymbol{\alpha}_{(\boldsymbol{x})} \rangle = \sum_{j=1}^n v_{(\boldsymbol{x})}{}^j \alpha_{(\boldsymbol{x})j}
$$

と定義される．これを TD 上で定義された 1-形式として書き直すのが引き戻しである．つまり（TD の元を $\boldsymbol{\xi}_{(\boldsymbol{\tau})}$ と書き）

$$
\langle \boldsymbol{v}_{(\boldsymbol{x})}, \boldsymbol{\alpha}_{(\boldsymbol{x})} \rangle = \langle \varphi_* \boldsymbol{\xi}_{(\boldsymbol{\tau})}, \boldsymbol{\alpha}_{\varphi(\boldsymbol{\tau})} \rangle = \langle \boldsymbol{\xi}_{(\boldsymbol{\tau})}, \varphi^* \boldsymbol{\alpha}_{(\boldsymbol{\tau})} \rangle.
$$

2.4 微分形式と図形の双対性

ここで φ^* は φ_* (φ の線形化) の双対写像 (共役行列) である (付録の表a参照). (2.150) を用いて $\varphi_* \boldsymbol{\xi}_{(\tau)} = \sum_{jk} \varphi_{*}{}^j_k \xi^k_{(\tau)} \, \partial_{\tau^j}$ と書くことができるから,

$$\langle \varphi_* \boldsymbol{\xi}_{\varphi(\tau)}, \boldsymbol{\alpha}_{\varphi(\tau)} \rangle = \sum_{j=1}^{n} \left(\sum_{k=1}^{n} \varphi_{*}{}^j_k \xi_{(\tau)}{}^k \right) \alpha_{\varphi(\tau)\,j}$$

$$= \sum_{k=1}^{n} \xi_{(\tau)}{}^k \left(\sum_{j=1}^{n} \varphi^{*j}{}_k \alpha_{\varphi(\tau)\,j} \right).$$

縮約すべきインデックスが上下反転していることに注意しよう. したがって

$$\varphi^{*j}{}_k = (\varphi_{*}{}^j_k)^{\mathrm{T}} = \left(\frac{\partial x^k}{\partial \tau^j} \right). \tag{2.151}$$

これは余接束の基の変換 (2.73) から直接導くこともできる:

$$\boldsymbol{\alpha}(\boldsymbol{x}) = \sum_k \alpha_k \, \mathrm{d}x^k$$

$$= \sum_k \alpha_k \left(\sum_j \frac{\partial x^k}{\partial \tau^j} \, \mathrm{d}\tau^j \right) = \sum_j \left(\sum_k \frac{\partial x^k}{\partial \tau^j} \alpha_k \right) \mathrm{d}\tau^j = \varphi^* \boldsymbol{\alpha}(\tau).$$

以上にもとづき次のように定義する:

定義 2.27 (引き戻し) φ を D から M への滑らかな写像とする. D の各点 τ において φ を線形化した写像を φ_* と書いたとき (すなわち $\varphi_* : T_\tau \to T_{\varphi(\tau)}$), φ_* の双対写像 $\varphi^* : T^*_{\varphi(\tau)} \to T^*_\tau$ を

$$\langle \varphi_* \boldsymbol{\xi}, \boldsymbol{\alpha} \rangle = \langle \boldsymbol{\xi}, \varphi^* \boldsymbol{\alpha} \rangle \quad (\boldsymbol{\xi} \in T_\tau, \ \boldsymbol{\alpha} \in T^*_{\varphi(\tau)}) \tag{2.152}$$

により定義し, これを引き戻しと呼ぶ.

φ^* は φ^{-1} ではないことに注意しよう. 引き戻しはいつも一意的に定義できるが, φ^{-1} は定義できるとは限らない.

(2.151) を見ると, 引き戻しとは要するに一種の変数変換である (付録の表a参照). 外積および外微分という外微分法の演算は, 先に座標変換してからおこなっても, 逆に演算した結果を座標変換しても同じでなくてはならない. つまり次の関係 (代数同型性) が成り立つ:

補題 2.28 (引き戻しの代数同型性) $\varphi : D \to M$ の引き戻し φ^* について,

$$\varphi^*(\omega \wedge \vartheta) = (\varphi^* \omega) \wedge (\varphi^* \vartheta), \tag{2.153}$$

130　　第 2 章　電磁気の幾何学

$$\varphi^*(\mathrm{d}\omega) = \mathrm{d}(\varphi^*\omega). \tag{2.154}$$

が成り立つ.

証明　(2.153) は外積の定義から明らかであろう. $\boldsymbol{\tau} = (\tau^1, \ldots, \tau^m) \in D$ に対して $\varphi(\boldsymbol{\tau}) = \boldsymbol{x}(\boldsymbol{\tau}) = (x^1(\tau^1, \ldots, \tau^m), \ldots, x^n(\tau^1, \ldots, \tau^m)) \in M$ と書こう（m は D の次元, n は M の次元である）. M 上の 0-形式（スカラー関数）$f(\boldsymbol{x})$ に対しては $\varphi^* f = f(\boldsymbol{x}(\boldsymbol{\tau}))$ と置けばよい. $\boldsymbol{v} = \sum v^j \partial_{\tau^j} \in TD$ が微分作用素として $\varphi^* f$ に作用するとしよう：

$$\langle \boldsymbol{v}, \mathrm{d}(\varphi^* f) \rangle = \sum_{j=1}^{m} v^j \partial_{\tau^j} f(\boldsymbol{x}(\boldsymbol{\tau})) = \sum_{j=1}^{m} \sum_{k=1}^{n} v^j \frac{\partial x^k}{\partial \tau^j} \partial_{x^k} f(\boldsymbol{x}).$$

この右辺は, 座標変換

$$(\varphi_* \boldsymbol{v})^k = \sum_{j=1}^{m} \frac{\partial x^k}{\partial \tau^j} v^j$$

を用いて

$$\langle \varphi_* \boldsymbol{v}, \mathrm{d}f \rangle = \langle \boldsymbol{v}, \varphi^* \mathrm{d}f \rangle$$

と書ける. したがってスカラー関数 f について（2.154）が証明された. p-形式の外微分は, その係数であるスカラー関数の外微分と基との外積によって計算される. したがって (2.153) を使って p-形式についての（2.154）が導かれる. □

部分多様体への引き戻し

以上の手続きを一般の次元 p をもつ部分多様体 $\Omega^{(p)} \subset M$ とそれに対応する p-形式 $\omega^{(p)}$ に適用する. $\Omega^{(p)}$ をパラメタ化するためには p 次元のパラメタ空間 $D^{(p)}$ が必要である. そのデカルト座標を $\boldsymbol{\tau} = (\tau^1, \ldots, \tau^p)$ とする. 滑らかな写像 $\varphi : D^{(p)} \to M$ によって $\boldsymbol{x} \in \Omega^{(p)}$ が $\boldsymbol{x}(\boldsymbol{\tau}) = \varphi(\tau^1, \ldots, \tau^p)$ と表されるとする. p-形式は $\bigwedge^p T_{\boldsymbol{x}}$ の双対空間, すなわち p 個の接ベクトル $\boldsymbol{v}_1, \ldots, \boldsymbol{v}_p$ に働く線形汎関数であるから, 各 $\boldsymbol{v}_j$ を $\boldsymbol{v}_j = \partial \boldsymbol{x}/\partial \tau^j$ によってパラメタ化すれば引き戻し $\varphi^* : \bigwedge^p T^*_{\boldsymbol{x}(\boldsymbol{\tau})} \to \bigwedge^p T^*_{\boldsymbol{\tau}}$ が定義される. それを用いて

$$\int_{\Omega^{(p)}} \boldsymbol{\omega}^{(p)} = \int_{D^{(p)}} \varphi^* \boldsymbol{\omega}^{(p)} = \int_{D^{(p)}} \boldsymbol{\omega}^{(p)} \left(\frac{\partial \boldsymbol{x}}{\partial \tau^1}, \ldots, \frac{\partial \boldsymbol{x}}{\partial \tau^p} \right) \mathrm{d}\tau^1 \wedge \cdots \wedge \mathrm{d}\tau^p. \tag{2.155}$$

2.4 微分形式と図形の双対性 *131*

ただし p-形式 $\boldsymbol{\omega}^{(p)}$ の p 個の接ベクトル $\boldsymbol{v}_1, \ldots, \boldsymbol{v}_p$ における値を $\boldsymbol{\omega}^{(p)}(\boldsymbol{v}_1, \ldots, \boldsymbol{v}_p)$ のように書いた.$D^{(p)}$ にはデカルト座標を置いたので,その体積要素 $\mathrm{d}\tau^1 \wedge \cdots \wedge \mathrm{d}\tau^p$ は多重積分 $\mathrm{d}\tau^1 \cdots \mathrm{d}\tau^p$ のことだと思ってよい.

〈例 2.29〉(面積分) 重要な例として $E = \mathbb{R}^3$ に埋め込まれた滑らかな曲面 Σ に対して 2-形式

$$\omega = \omega_1 \, \mathrm{d}x^2 \wedge \mathrm{d}x^3 + \omega_2 \, \mathrm{d}x^3 \wedge \mathrm{d}x^1 + \omega_3 \, \mathrm{d}x^1 \wedge \mathrm{d}x^2 \tag{2.156}$$

の積分を具体的に書いてみよう.3 次元空間で 2-形式は 3 成分ベクトルであって,1-形式と同じ姿をしているのだが,前記の線積分は意味をなさず,面積分で値が決まるのである.パラメタ空間に引き戻された 2-形式 $\varphi^*\omega$ は $\omega(\boldsymbol{v}_1, \boldsymbol{v}_2)$ のベクトル表現

$$\omega(\boldsymbol{v}_1, \boldsymbol{v}_2) = \boldsymbol{\omega} \cdot (\boldsymbol{v}_1 \times \boldsymbol{v}_2) \tag{2.157}$$

を用いて計算できる.ただし,$\boldsymbol{\omega}, \boldsymbol{v}_1, \boldsymbol{v}_2$ はそれぞれ 3 次元のベクトル場と同一視してベクトル解析の表現をとっている[29].2-形式の基を書き下した (2.156) を公式 (2.93) に用いて (2.157) を検証されたい.$\boldsymbol{v}_1 = \partial \boldsymbol{x}/\partial \tau^1$, $\boldsymbol{v}_2 = \partial \boldsymbol{x}/\partial \tau^2$ を代入して,面積分は

$$\int_\Sigma \omega = \int_D \varphi^*\omega = \int_D \boldsymbol{\omega} \cdot \left(\frac{\partial \boldsymbol{x}}{\partial \tau_1} \times \frac{\partial \boldsymbol{x}}{\partial \tau_2} \right) \mathrm{d}\tau^1 \mathrm{d}\tau^2 \tag{2.158}$$

と計算される.二つの接ベクトルのベクトル積 $\boldsymbol{n} = (\partial \boldsymbol{x}/\partial \tau^1) \times (\partial \boldsymbol{x}/\partial \tau^2)$ は Σ に対する法線ベクトルである.したがって,面積分は $\boldsymbol{\omega}$ の「法線成分」を積分するものだということがわかる.ただし $\boldsymbol{n}$ は単位ベクトルではない.$\boldsymbol{n}$ の長さは二つの接ベクトル $\boldsymbol{v}_1 = \partial \boldsymbol{x}/\partial \tau^1$ と $\boldsymbol{v}_2 = \partial \boldsymbol{x}/\partial \tau^2$ が張る平行四辺形の面積に他ならない(図 1.7 参照).これとパラメタ空間 D の面積要素 $\mathrm{d}\tau^1 \mathrm{d}\tau^2$ が連動している.パラメタ領域 D の上で $\varphi^*\omega$ を積分すると,$\Sigma = \varphi(D) \subset M$ の上で $\boldsymbol{\omega}$ の法線成分を M の面積測度で積分したことになる.

---

[29] 既に何度か指摘したように,ベクトル解析で「ベクトル場」とは接ベクトル場を意味するので,2-形式 ω を接ベクトル場に変換して (2.157) の右辺を計算しなくてはならない.ここではユークリッド空間 E で考えているので,接ベクトルも余接ベクトルも成分は同じであるが,一般座標を使う場合は注意が必要である.ω に対応する接ベクトル場 $\omega^\dagger$ は関係 $i_{\omega^\dagger} \mathrm{vol}^3 = \omega$ を満たすものとして決められる(付録の表 d 参照).

包含写像と制限写像（トレース）

集合 $A \subset B$ において**包含写像** (inclusion map) $i : A \to B$ とは，$x \in A$ をそのまま B の元と認める写像，すなわち A から B の中への恒等写像のことである．n 次元多様体 M の中に埋め込まれた ν ($< n$) 次元の部分多様体 M' を考えるとき，$i : M' \to M$ を一種のパラメタ化写像だと考えて，これによる引き戻し i^* を定義する．M 全体で定義された p-形式 ω に対して，$i^*\omega$ は ν 次元部分多様体 M' 上に制限された微分形式である．すなわち $i^* : \bigwedge^p T^*M \to \bigwedge^p T^*M'$．これを部分多様体 M' への**制限写像** (restriction map) あるいは**トレース** (trace) と呼ぶ[30]．トレースは引き戻しの一種であるから，補題 2.28 が成り立つ．

とくに多様体 M が境界（∂M と書こう）をもつとき，M で定義された p-形式に対して，その「境界値」を与える写像は，包含写像 $i : \partial M \to M$ を引き戻すトレースだと考えることができる．α が 0-形式（スカラー関数）であるとき，$i^*\alpha$ は単純に α の境界上の値であり（連続関数とする），$i^*\alpha = 0$ は ∂M 上の各点で $\alpha = 0$ となることを意味する．しかし，1 以上の次数の微分形式であるときは，$i^*\alpha = 0$ は α がそのまま 0 になるという意味ではないから注意が必要である．α を ∂M 上の微分形式に引き戻したとき 0 となるという意味である．具体的な表現を見ておこう．

局所的に境界を $\partial\Omega = \{(x^1, \ldots, x^{n-1}, 0);\ x^j \in \mathbb{R}\}$ とパラメタ化する．$\partial\Omega$ の上には変数 x^n がないので，Ω 内で定義された微分形式を $\partial\Omega$ へ引き戻すと $\mathrm{d}x^n = 0$ と制限しなくてはならない．したがって，p-形式 α の中で $\mathrm{d}x^n$ を含む項は i^* によって消される．$i^*\alpha = 0$ となるのは，α のすべての項が $\mathrm{d}x^n$ を含むときである．つまり，ある $(p-1)$-形式 γ があって $\alpha = \mathrm{d}x^n \wedge \gamma$ と書けるときである．$\mathrm{d}x^n$ は境界 $\partial\Omega$ に対する「法線ベクトル」である．実際，$\partial\Omega$ 内の接ベクトル $v = v^1 \partial_{x^1} + \cdots + v^{n-1} \partial_{x^{n-1}} \in T\partial\Omega$ に対して $\langle v, \mathrm{d}x^n \rangle = 0$．とくに α が 1-形式の場合，$\alpha = \alpha_n \mathrm{d}x^n$ と書けるとき，すなわち境界に対して法線ベクトルとなるとき $i^*\alpha = 0$ となる．

---

[30] 例えば (2.158) で $\int_\Sigma \omega$ と書いたものは，正確には 3 次元空間 $E = \mathbb{R}^3$ で定義された ω を曲面 Σ 上の 2-形式へ制限する i^* を用いて $\int_\Sigma i^*\omega$ を意味している．しかし，積分域を Σ にとったときトレース i^* が作用していることは自明と考えて，しばしば i^* を省略する．

2.4 微分形式と図形の双対性　　　　　*133*

2.4.3　ストークスの定理

　最も美しくかつ有用な定理の一つであるストークス (Stokes) の定理を証明
しよう．既に 1.3.4 項でその原型を紹介し，矩形領域を仮定して暫定的な証明
を述べてある．ここでは「ストークスの定理」と呼ぶけれど，その内容はガウ
スの公式 (1.20) を包摂し，任意の p 次元多様体と p-形式について一般化された
ものである．歴史的にはアンペール (Ampere)，ケルビン (Kelvin)，グリーン
(Green)，そしてガウスたちが導いた同類の公式を集大成したものである．

$\boxed{\text{定理 2.30}}$（ストークスの定理）　p 次元のコンパクトで向きづけられた多様
体 V が境界をもつとき，それを ∂V と書く．p 次の微分形式が $\mathrm{d}\omega$ と与えられ
たとき（ω は C^1 級の $(p-1)$-形式）

$$\int_V \mathrm{d}\omega = \int_{\partial V} i^* \omega \tag{2.159}$$

が成り立つ（i^* は包含写像 $i : \partial V \to V$ の引き戻しを表す）[31]．

証明　鍵となるのは V を矩形領域に帰着することである．そうすれば 1.3.4 項
で見たような計算に帰着できる．既に述べたように，V 上の積分をパラメタ領
域上の積分に引き戻して書くことができる．パラメタ空間が「矩形」になるよ
うにすればよいのだが，V の構造によっては一挙にそのようなパラメタ化がで
きるとは限らない．そこで，まず V を部分領域（座標近傍）に分割し，各部分
領域は単純な形状になるようにする．

　V はコンパクト集合であるから，有限個の座標近傍 U_ν $(\nu = 1, \ldots, m)$ で開
被覆 $V = \bigcup U_\nu$ を作ることができる．各 U_ν で，他の $U_{\nu'}$ $(\nu' \neq n)$ と交わら
ない部分を U_ν° と書こう（交わっている部分はパッチワークの「のりしろ」とな
る）．各 U_ν の上で C^1 級のスカラー関数

$$\mu_\nu(\boldsymbol{x}) = \begin{cases} 1 & (\boldsymbol{x} \in U_\nu^\circ), \\ f(\boldsymbol{x}) \ (\geq 0) & (\boldsymbol{x} \in U_\nu \setminus U_\nu^\circ), \\ 0 & (\boldsymbol{x} \notin U_\nu) \end{cases} \tag{2.160}$$

を定義する．ただし，のりしろ部分の値 $f(\boldsymbol{x})$ はそれと重なる $U_{\nu'}$ と調整して
$V = \bigcup_\nu U_\nu$ の上で

---

[31] p 次元の多様体 V が n $(> p)$ 次元の空間 M に埋め込まれている場合，包含写像 $V \to M$
　　の引き戻しによって左辺を $\int_V i^* \mathrm{d}\omega$ と書くのが正確である．

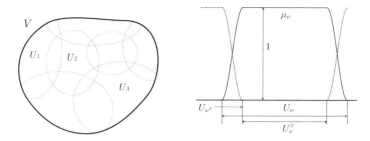

図 2.6 （左図）多様体 V を覆う座標近傍 $U_1, U_2, \ldots$. 図中の U_1, U_3 は V の境界 ∂V の一部を含むが、U_2 は含まない。（右図）関数をパッチ U_ν へ局所化するための重み関数 μ_ν.

$$\sum_\nu \mu_\nu(\boldsymbol{x}) = 1 \tag{2.161}$$

を満たすようにする（図 2.6）。$\omega_\nu = \mu_\nu \omega$ と置くと $\omega = \sum_\nu \omega_\nu$、これを用いて

$$\int_V \mathrm{d}\omega = \int_V \mathrm{d}\left(\sum_\nu \omega_\nu\right) = \sum_\nu \int_{U_\nu} \mathrm{d}\omega_\nu, \quad \int_{\partial V} \omega = \sum_\nu \int_{\partial V} \omega_\nu$$

と書くことができる。したがって、各 U_ν において

$$\int_{U_\nu} \mathrm{d}\omega_\nu = \int_{\partial V} \omega_\nu \tag{2.162}$$

を示せば定理の証明は完成する。

座標近傍 U_ν が境界 ∂V の一部を含む場合と、そうでない場合に分けて考える。

(i) まず後者すなわち U_ν が完全に V の内部に含まれる部分領域である場合を考えよう。U_ν を p 個のパラメタ $\tau^1, \ldots, \tau^p$ でパラメタ化する。パラメタ空間 $E = \mathbb{R}^p$ から $U_\nu \subset V$ への滑らかな写像 φ によって ω_ν を引き戻す。$\varphi^* \omega = \gamma$ と書こう。これは E 全体で定義された $(p-1)$-形式である。ω_ν の台 (support)[32] はコンパクト集合 $\overline{U_\nu}$ に含まれるので、γ の台 D も E のコンパクト集合になるように φ を定義することができる。つまり D の外では $\gamma = 0$. (2.154) を用

---

[32] 連続関数 $f(x)$ に対して、$f(x) \neq 0$ であるような x の集合の閉包を f の台 (support) と呼び、$\mathrm{supp}\, f$ で表す。

2.4 微分形式と図形の双対性

いて

$$\int_{U_\nu} \mathrm{d}\omega_\nu = \int_E \varphi^*(\mathrm{d}\omega_\nu) = \int_E \mathrm{d}\gamma \tag{2.163}$$

と書ける. $E = \mathbb{R}^p$ の体積要素は $\mathrm{vol}_E^p = \mathrm{d}\tau^1 \wedge \cdots \wedge \mathrm{d}\tau^p$. $\beta^j = i_{\partial_{\tau^j}} \mathrm{vol}_E^p$ $(j = 1,\ldots,p)$ で $\bigwedge^{p-1} T_E^*$ の基を構成する. $\gamma = \sum \gamma_j \beta^j$ と書くと,

$$\int_E \mathrm{d}\gamma = \int_E \sum_j (\partial_{\tau^j}\gamma_j)\,\mathrm{vol}_E^p = \sum_j \int_{\mathbb{R}^{p-1}} \mathrm{d}^{p-1}\tau \int_{-\infty}^{+\infty} (\partial_{\tau^j}\gamma_j)\,\mathrm{d}\tau^j. \tag{2.164}$$

コンパクト集合 D の外で $\gamma = 0$ であるから, この右辺は 0 となる. つまり U_ν が V の内部である場合は $\int_{U_\nu} \mathrm{d}\omega_\nu = 0$.

(ii) U_ν が ∂V の一部 Γ を含む場合を考えよう. $\varphi(\tau^1,\ldots,\tau^{p-1},0)$ が ∂V 上の点を与えるようにパラメタ化する. パラメタ空間は半空間

$$E_- = \{(\tau^1,\ldots,\tau^p);\ \tau^1,\ldots,\tau^{p-1} \in \mathbb{R},\ \tau^p \in (-\infty,0)\}$$

にとる. $\tau^p < 0$ の側を内部にとるのは, E_-(したがって U_ν)の「外法線」を境界 $\tau^p = 0$(したがって Γ)の正の向き(表)にとりたいからである. E_- へ ω_ν を引き戻し, それを γ と書く.(i)の場合と同じように $\int_{U_\nu} \mathrm{d}\omega_\nu = \int_{E_-} \mathrm{d}\gamma$ を計算するのだが, τ^p に関する積分だけは $\tau^p = 0$ に境界がある. したがって

$$\begin{aligned}
\int_{E_-} \mathrm{d}\gamma &= \int_{\mathbb{R}^{p-1}} \mathrm{d}^{p-1}\tau \int_{-\infty}^0 (\partial_{\tau^p}\gamma_p)\,\mathrm{d}\tau^p \\
&= \int_{\mathbb{R}^{p-1}} \gamma_p(\tau^1,\ldots,\tau^{p-1},0)\,\mathrm{d}\tau^1 \wedge \cdots \wedge \mathrm{d}\tau^{p-1}. \tag{2.165}
\end{aligned}$$

ここで $\gamma_p(\tau^1,\ldots,\tau^{p-1},0)\,\mathrm{d}\tau^1 \wedge \cdots \wedge \mathrm{d}\tau^{p-1} = \gamma\big|_{\tau^p=0} = \varphi^*\omega_\nu\big|_{\tau^p=0}$ であるから, 右辺の積分は $\int_{\partial V} \omega_\nu$ を $\tau^p = 0$ に引き戻したものに他ならない. したがって

$$\int_{U_\nu} \mathrm{d}\omega_\nu = \int_{\partial V} \omega_\nu$$

が成り立つ. $\qquad\square$

　この定理はガウスの公式 (1.20) やストークスの公式 (1.22) を包摂し(図 2.4 に示した d の翻訳を参照), これらに一般的な証明を与えている.

　ここまで見てきた図形(多様体)と微分形式との双対関係をまとめておこう. p 次元の図形 Ω と p-形式 ω を結びつけるのは積分 $\int_\Omega \omega$ であるが, それを

象徴的に

$$\langle\!\langle\, \Omega \,\|\, \omega \,\rangle\!\rangle$$

と書こう．図形 Ω を数値化するのが微分形式＝物理量 ω だと見ることもできるし，裏返して微分形式 ω を数値化するのが図形＝状態 Ω だと見ることもできる．図形のパラメタ化を $\Omega = \varphi D$ と書くと，その双対写像として引き戻し $\varphi^* \omega = \gamma$ が定義されるのだった．この双対関係は

$$\langle\!\langle\, \varphi D \,\|\, \omega \,\rangle\!\rangle = \langle\!\langle\, D \,\|\, \varphi^* \omega \,\rangle\!\rangle$$

と書くことができる．ストークスの定理 2.30 は，図形 Ω からその境界 $\partial\Omega$ を探し出す**境界作用素** ∂ の双対写像が外微分 d であることを示している：

$$\langle\!\langle\, \partial\Omega \,\|\, \omega \,\rangle\!\rangle = \langle\!\langle\, \Omega \,\|\, \mathrm{d}\omega \,\rangle\!\rangle.$$

2.4.4 ホッジ双対

n 次元多様体 M の上で定義された微分形式を考える．便利のために，$0 \leq p \leq n$ に対して

$$p^\star = n - p$$

と書くことにしよう．p-形式と $p^\star$-形式は同じ次元 $\binom{n}{p}$ をもつ．すなわちベクトル場として同型である．両者の間を行きかう同型写像を $\star$ と書き，ホッジの $\star$ 作用素 (Hodge's star operator) と呼ぶ．p-形式 β に対して $\star\beta$ は $p^\star$-形式になるという具合である．二つの p-形式 α, β に対して $\alpha \wedge \star\beta$ は n-形式になる．これを M で積分したもので α と β の内積を定義する（例 2.8 参照）：

$$(\alpha, \beta)_M = \int_M \alpha \wedge \star\beta. \tag{2.166}$$

この定義がうまく行くためには，n-形式である $\alpha \wedge \star\beta$ の基が M の体積要素 vol^n になるように $\star\beta$ の基が決められてなくてはならない．

具体的には次のように定義する．まずユークリッド空間 $\mathbb{R}^3$ の例で考えよう． $\mathrm{vol}^3 = \mathrm{d}x^1 \wedge \mathrm{d}x^2 \wedge \mathrm{d}x^3$ である．1-形式 $\beta = \beta_1\, \mathrm{d}x^1 + \beta_2\, \mathrm{d}x^2 + \beta_3\, \mathrm{d}x^3$ に対して

$$\star\beta = \beta_1\, \mathrm{d}x^2 \wedge \mathrm{d}x^3 + \beta_2\, \mathrm{d}x^3 \wedge \mathrm{d}x^1 + \beta_3\, \mathrm{d}x^1 \wedge \mathrm{d}x^2 \tag{2.167}$$

と定義する．この $1^\star$-形式の基は 2.3.4 項で採用した $(3-1)$-形式の基に他ならない：(2.102) 参照．$\star\beta$ に対して $\alpha = \alpha_1\, \mathrm{d}x^1 + \alpha_2\, \mathrm{d}x^2 + \alpha_3\, \mathrm{d}x^3$ を左から掛け

2.4 微分形式と図形の双対性

る外積を計算すると

$$\alpha \wedge \star \beta = (\alpha_1 \beta_1 + \alpha_2 \beta_2 + \alpha_3 \beta_3) \, \mathrm{d}x^1 \wedge \mathrm{d}x^2 \wedge \mathrm{d}x^3 \tag{2.168}$$

を得る．1-形式を 3 次元ベクトル場と同一視して $\beta \Leftrightarrow \boldsymbol{\beta} = (\beta_1, \beta_2, \beta_3)^{\mathrm{T}}$，$\alpha \Leftrightarrow \boldsymbol{\alpha} = (\alpha_1, \alpha_2, \alpha_3)^{\mathrm{T}}$ と書くと，(2.168) を M で積分して

$$(\alpha, \beta)_M = \int_M \alpha \wedge \star \beta = \int_M \boldsymbol{\alpha} \cdot \boldsymbol{\beta} \, \mathrm{vol}^3 . \tag{2.169}$$

この例を見ると，$\star \mathrm{d}x^j$ は vol^3 から $\mathrm{d}x^j$ を引き抜いたものにすればよいことがわかる（すなわち $\star \mathrm{d}x^j = i_{\partial_{x^j}} \mathrm{vol}^3$）．

一般化すると，次のように定義すればよい．n 次元の多様体 M の座標近傍 U において局所座標 $(y^1, \ldots, y^n)$ を置く．$\sqrt{|G|} \, \mathrm{d}y^1 \wedge \cdots \wedge \mathrm{d}y^n = \mathrm{vol}^n$ とする．$\bigwedge^p T^* U$ の基 $\mathrm{d}y^{j_1} \wedge \cdots \wedge \mathrm{d}y^{j_p}$ $(1 \leq j_1, \ldots, j_p \leq n)$ に対してそのホッジ双対基 $\vartheta_{j_1, \ldots, j_p}$ を

$$(\mathrm{d}y^{j_1} \wedge \cdots \wedge \mathrm{d}y^{j_p}) \wedge \vartheta_{j_1, \ldots, j_p} = \mathrm{vol}^n \tag{2.170}$$

となるように定める．具体的には

$$\vartheta_{j_1, \ldots, j_p} = \mathrm{sgn}(\sigma) \sqrt{|G|} \, \mathrm{d}y^{k_1} \wedge \cdots \wedge \mathrm{d}y^{k_{p^\star}} \tag{2.171}$$

と書ける．ここで数列 $(k_1, \ldots, k_{p^\star})$ は $(1, \ldots, n)$ から $(j_1, \ldots, j_p)$ を引き抜いた残りであり $(k_1 < \cdots < k_{p^\star})$，$\sigma$ は $(j_1, \ldots, j_p, k_1, \ldots, k_{p^\star})$ を $(1, \ldots, n)$ へ並べ替える置換である．これを用いて，p-形式

$$\omega = \sum_{1 \leq j_1, \ldots, j_p \leq n} \omega_{j_1, \ldots, j_p} \, \mathrm{d}y^{j_1} \wedge \cdots \wedge \mathrm{d}y^{j_p}$$

に対して

$$\star \omega = \sum_{1 \leq j_1, \ldots, j_p \leq n} \omega_{j_1, \ldots, j_p} \vartheta_{j_1, \ldots, j_p} \tag{2.172}$$

と定義すればよい．ホッジの $\star$ 作用素は $\bigwedge^p T^* M \to \bigwedge^{p^\star} T^* M$ の同型写像である．

$$\star(\star \omega) = (-1)^{pp^\star} \omega \tag{2.173}$$

が成り立つことはホッジ双対基の定義 (2.171) を見ればわかる[33]．

---

[33] ただし 2.6 節で述べるように，ミンコフスキー時空を考える場合は符号係数を $-(-1)^{pp^\star}$ に改める．

各点 $\boldsymbol{x} \in M$ で二つの p-形式 α と β を双対なベクトルとして掛け合わせる積を $(\alpha, \beta)_{\boldsymbol{x}}$ と書こう. すなわち

$$(\alpha, \beta)_{\boldsymbol{x}} = \sum_{1 \le j_1, \dots, j_p \le n} \alpha_{j_1, \dots, j_p}(\boldsymbol{x}) \, \beta_{j_1, \dots, j_p}(\boldsymbol{x}). \tag{2.174}$$

この記号を用いて書くと $\alpha \wedge \star\beta = (\alpha, \beta)_{\boldsymbol{x}} \, \mathrm{vol}^n$. したがって内積 (2.166) は

$$(\alpha, \beta)_M = \int_M \alpha \wedge \star\beta = \int_M (\alpha, \beta)_{\boldsymbol{x}} \, \mathrm{vol}^n \tag{2.175}$$

と書くことができる. 例えば 1-形式についての内積 (2.175) は,1-形式を n 次元ベクトル場と考えると,その L^2-内積 (2.13) と同じものになる.

共役微分作用素：外微分の共役作用素

外微分は微分形式の次数を 1 だけ上昇させる微分作用素であった. その逆の働きをする微分作用素,すなわち次数を 1 だけ下げる微分作用素を定義する.

n 次元多様体 M で定義された p-形式 ω に対して

$$\delta \omega = (-1)^{n(p+1)+1} \star \mathrm{d} \star \omega \tag{2.176}$$

と定義し,δ を**共役微分作用素** (codifferential operator) と呼ぶ[34]. ω が p-形式であるとき,$\delta\omega$ は $(p-1)$-形式となる. 便利のために $p = 0$ のときは $\delta = 0$ と定義しておく.

これが d の「共役作用素」であるというのは,またいささか複雑な符号 $(-1)^{n(p+1)+1}$ が掛かるのは,次のような関係があるからである. $(p-1)$-形式 α と p-形式 β について

$$\begin{aligned}
\mathrm{d}(\alpha \wedge \star\beta) &= \mathrm{d}\alpha \wedge \star\beta + (-1)^{p-1} \, \alpha \wedge \mathrm{d} \star \beta \\
&= \mathrm{d}\alpha \wedge \star\beta + (-1)^{p-1} (-1)^{(n-p+1)(p-1)} \, \alpha \wedge \star(\star\mathrm{d} \star \beta) \\
&= \mathrm{d}\alpha \wedge \star\beta + (-1)^{n(p+1)} \, \alpha \wedge \star(\star\mathrm{d} \star \beta).
\end{aligned}$$

したがって

$$\mathrm{d}\alpha \wedge \star\beta = \alpha \wedge \star(\delta\beta) + \mathrm{d}(\alpha \wedge \star\beta). \tag{2.177}$$

---

[34] 2.6 節で述べるように,ミンコフスキー時空を考える場合は符号係数を $(-1)^{n(p+1)}$ に改める.

2.4 微分形式と図形の双対性 139

両辺とも n-形式である．(2.177) の両辺を M で積分しよう．内積の定義 (2.166) を用いて書くと

$$(\mathrm{d}\alpha, \beta)_M = (\alpha, \delta\beta)_M + \int_\Omega \mathrm{d}(\alpha \wedge \star\beta)$$

$$= (\alpha, \delta\beta)_M + \int_{\partial\Omega} i^*(\alpha \wedge \star\beta). \qquad (2.178)$$

ただし $\mathrm{d}(\alpha \wedge \star\beta)$ の積分についてストークスの定理 (2.159) を用いた．左辺の $(\mathrm{d}\alpha, \beta)_M$ は p-形式の内積，右辺の $(\alpha, \delta\beta)_M$ は $(p-1)$-形式の内積であることに注意しよう．右辺の境界積分の項は，(2.153) を用いて

$$\int_{\partial M} i^*(\alpha \wedge \star\beta) = \int_{\partial M} (i^*\alpha) \wedge (i^* \star \beta)$$

と書けるので，$i^*\alpha = 0$ あるいは $i^* \star \beta = 0$ であれば 0 となる．このいずれかの「境界条件」が成り立つと仮定すると「共役関係」

$$(\mathrm{d}\alpha, \beta)_M = (\alpha, \delta\beta)_M \qquad (2.179)$$

が成り立つ．

後の議論でも重要になるので「境界条件」について精密化しておこう．

▌▌定義 2.31 ▐▐ （法線方向と接線方向）　n 次元多様体 M からその境界 ∂M へのトレースを i^* と書く．p-形式 α に対して

(1)　$i^*\alpha = 0$ であるとき，α は ∂M に対して法線方向 (normal) という．

(2)　$i^* \star \alpha = 0$ であるとき，α は ∂M に対して接線方向 (tangential) という．

境界近傍に座標 $(x^1, \ldots, x^n)$ を置いて，$x^n = 0$ が境界を表すようにパラメタ化しよう．2.4.2 項の最後に指摘したように，α が法線方向である（$i^*\alpha = 0$）のは，α の項がすべて「法線ベクトル」$\mathrm{d}x^n$ を含むとき（つまり，$(p-1)$-形式 γ があって $\alpha = \mathrm{d}x^n \wedge \gamma$ と書けるとき）である．とくに α が 1-形式であるとき，これを n 次元ベクトル $\boldsymbol{a}$ と同一視すると，$\boldsymbol{a}$ が ∂M に対して法線ベクトルとなるとき，α は文字通り「法線方向」である（ただし 2 次以上の微分形式のときはベクトルとして法線方向を向くという意味ではないから注意が必要である：例 2.34 参照）．逆に α が接線方向となるのは α に $\mathrm{d}x^n$ が含まれないときである．(2.172) に示したように，α の各項がすべて $\mathrm{d}x^n$ が含まないとき，$\star\alpha$ の

140 第2章 電磁気の幾何学

すべての項は $\mathrm{d}x^n$ を含むからである．したがって法線方向 ($i^* \alpha = 0$) かつ接線方向 ($i^* \star \alpha = 0$) であるとき，∂M で $\alpha = 0$ である．

〈例2.32〉（2次元空間における共役微分作用素） (2.179) を使って δ の具体形を求めてみよう．原型を見るためにデカルト座標を置いて計算する．空間次元 $n = 2$ の場合を考える．0-形式 f と 1-形式 $\beta = \beta_1\,\mathrm{d}x^1 + \beta_2\,\mathrm{d}x^2$ を考え，f が境界条件 $i^* f = 0$（すなわち境界で $f = 0$）を満たすとしよう．部分積分を行うと

$$
\begin{aligned}
(\mathrm{d}f, \beta)_M &= \int_M [(\partial_{x^1} f)\,\beta_1 + (\partial_{x^2} f)\,\beta_2]\,\mathrm{d}x^1 \wedge \mathrm{d}x^2 \\
&= -\int_M f(\partial_{x^1}\beta_1 + \partial_{x^2}\beta_2)\,\mathrm{d}x^1 \wedge \mathrm{d}x^2 = (f, \delta\beta)_M.
\end{aligned}
$$

よって $\delta\beta = -(\partial_{x^1}\beta_1 + \partial_{x^2}\beta_2)$ を得る．1-形式から 0-形式への δ は $-\mathrm{div}$ と同一視される．次に 1-形式 $\alpha = \alpha_1\,\mathrm{d}x^1 + \alpha_2\,\mathrm{d}x^2$ と 2-形式 $\varrho = \rho\,\mathrm{d}x^1 \wedge \mathrm{d}x^2$ を考え，境界条件 $i^* \star \varrho = 0$（すなわち境界上で $\rho = 0$）を仮定しよう．部分積分を行うと

$$
\begin{aligned}
(\mathrm{d}\alpha, \varrho)_M &= \int_M (\partial_{x^1}\alpha_{x^2} - \partial_{x^2}\alpha_1)\,\rho\,\mathrm{d}x^1 \wedge \mathrm{d}x^2 \\
&= \int_M [\alpha_1(\partial_{x^2}\rho) - \alpha_2(\partial_{x^1}\rho)]\,\mathrm{d}x^1 \wedge \mathrm{d}x^2 = (\alpha, \delta\rho)_M.
\end{aligned}
$$

この 2-形式 ρ から 1-形式への写像 δ を curl^* と書くことにする．ベクトルとして成分表示すると

$$
\mathrm{curl}^* \rho = (\partial_{x^2}\rho,\ -\partial_{x^1}\rho)^{\mathrm{T}}. \tag{2.180}
$$

空間次元 $n = 3$ の場合は演習としよう．図2.7に $n = 2$ と 3 の場合の δ をまとめる．

2.4.5 ラプラス・ベルトラミ作用素，調和微分形式

次数を上げる作用素 d と下げる作用素 δ を組み合わせて次数を変えない2階微分作用素

$$
\mathscr{L} = \delta\mathrm{d} + \mathrm{d}\delta \tag{2.181}
$$

を定義し，これをラプラス・ベルトラミ (Laplace-Beltrami) 作用素と呼ぶ．0-形式に対しては第2項は0，n-形式に対しては第1項は0とする．

2.4 微分形式と図形の双対性

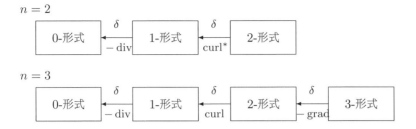

図 2.7 共役微分作用素 δ と grad, curl, div の関係.

デカルト座標 $(x^1, \ldots, x^n)$ を置いた場合には, p-形式 $\omega = \sum \omega_{j_1,\ldots,j_p} \, \mathrm{d}x^{j_1} \wedge \cdots \wedge \mathrm{d}x^{j_p}$ に対して

$$\mathscr{L}\omega = \sum -(\Delta \omega_{j_1,\ldots,j_p}) \, \mathrm{d}x^{j_1} \wedge \cdots \wedge \mathrm{d}x^{j_p}$$

と書ける(Δ は 1.4.4 項で紹介した「ラプラシアン」である). しかし一般座標では基ベクトルも座標の関数であるから, 各成分のスカラー関数 $\omega_{j_1,\ldots,j_p}$ を $-\Delta$ で微分しておけばよいというわけではない.

3次元空間の場合について具体的に書いてみよう. 図 2.4 および 2.7 を用いて d と δ を grad, curl, div などで書く. 0-形式(スカラー関数)f に対しては

$$\mathscr{L}f = -\operatorname{div}(\operatorname{grad} f), \tag{2.182}$$

1-形式を 3 成分ベクトル $\boldsymbol{u}$ と同一視すると[35]

$$\mathscr{L}\boldsymbol{u} = -\operatorname{grad}(\operatorname{div} \boldsymbol{u}) + \operatorname{curl}(\operatorname{curl} \boldsymbol{u}) \tag{2.183}$$

と書ける. 2-形式も 3 成分ベクトルと同一視できて,(2.183)と同じ形式になる. これらは 1.4.4 項で紹介した「ラプラシアン」の符号を反転したものである:

$$\mathscr{L} = -\Delta. \tag{2.184}$$

$\mathscr{L}u = 0$ を満たす u を**調和微分形式**(harmonic differential form)と呼ぶ. $\mathscr{L}$ は場の「歪み」を計る基本的な微分作用素であるから(1.4.4 項参照), 調和微

---

[35] 既に何度も注意したように, ベクトル解析の概念で「ベクトル」を扱うときは, 微分形式を接ベクトルに変換して操作する必要がある:公式 2.25 参照.

分形式は最も歪が小さい場のあり様を示すものである．もちろん領域全体で $u \equiv 0$ であれば $\mathscr{L}u \equiv 0$ である．興味深いのは，それ以外の非自明な解が存在することである．それらは場の理論をトポロジーと結びつける中心的な役割を担う．電磁気学においても，静電場や静磁場の興味深い構造が調和微分形式で表される．

調和微分形式とトポロジーの関係を考える準備として，2 階微分作用素 $\mathscr{L}$ と，これを構成する d と δ との関係を見ておく．n 次元多様体 M の上で定義された p-形式 u に対して

$$(\mathscr{L}u, u)_M = (\mathrm{d}u, \mathrm{d}u)_M + (\delta u, \delta u)_M + \int_{\partial M} i^*[\delta u \wedge \star u - u \wedge \star \mathrm{d}u] \quad (2.185)$$

と計算できる．境界積分の項は境界条件

$$i^* \star \mathrm{d}u = 0, \quad i^* \delta u = 0 \tag{2.186}$$

のもとで 0 となる．このとき (2.185) は

$$(\mathscr{L}u, u)_M = (\mathrm{d}u, \mathrm{d}u)_M + (\delta u, \delta u)_M \tag{2.187}$$

となる．右辺の 2 項はいずれも非負であるから，$\mathscr{L}u = 0$ であるとき（したがって左辺＝ 0）$\mathrm{d}u = 0$ および $\delta u = 0$ でなくてはならない．

つまり次のことがわかった．u が調和微分形式であり（$\mathscr{L}u = 0$）かつ境界条件 (2.186) を満たすことと，

$$\mathrm{d}u = 0, \tag{2.188}$$

$$\delta u = 0 \tag{2.189}$$

が同時に成り立つことは等価である．調和微分形式の全体は (2.188)–(2.189) で与えられる調和微分形式より広いのだが，ここではむしろ特殊な後者の方に注目する．それは，調和微分形式たちの中で (2.188)–(2.189) を満たすものが場の理論をトポロジーと結びつける役割を担うからである[36]．

非自明な調和微分形式とはどのようなものなのか，具体的な例をみよう．

---

[36] 方程式 (2.188)–(2.189) の重要な（非自明な）解を決定するのは境界条件 (2.186) だというのではない．定義 2.31 で準備した法線方向あるいは接線方向に関する境界条件のもとで働くトポロジカルな束縛条件（ホモロジー）が重要な役割をはたす．

2.4 微分形式と図形の双対性

〈例 2.33〉（静電場） 有界領域 $\Omega \subset \mathbb{R}^3$ 上で (2.188)–(2.189) を満たす 1-形式 u を考える．$u \Leftrightarrow \boldsymbol{E}$ と置いて 3 次元ベクトル場と同一視すると（図 2.4 および 2.7 参照）

$$\mathrm{d}u = 0 \Leftrightarrow \nabla \times \boldsymbol{E} = 0 \quad (\text{in } \Omega), \tag{2.190}$$

$$\delta u = 0 \Leftrightarrow \nabla \cdot \boldsymbol{E} = 0 \quad (\text{in } \Omega). \tag{2.191}$$

この $\boldsymbol{E}$ を電場だと考え，マックスウェルの方程式と比較しよう．(1.23) を参照すると，(2.190) は $\boldsymbol{E}$ が静電場（磁場の変動がないときの電場）であることを表している．また (1.26) を参照すると，(2.191) は領域 Ω の中に電荷がないことを表している．したがって，領域 Ω の「内部」には電場を生じる原因がない．しかし，領域の外部あるいは境界に電場を生じる原因があれば，Ω の中で非自明な電場 $\boldsymbol{E} \not\equiv 0$ が存在してよい．外部や境界のあり様に応じて，そのような $\boldsymbol{E}$ には無限の可能性があって（つまり非自明な調和微分形式には無限の多様性があり）このこと自体に特別な数学的意味はない．

対象を絞るために境界条件を課す．例えば境界 $\partial\Omega$ に対して 1-形式 $u \Leftrightarrow \boldsymbol{E}$ は法線方向だとしよう（定義 2.31 参照）：

$$i^*u = 0 \Leftrightarrow \boldsymbol{n} \times \boldsymbol{E} = 0 \quad (\text{on } \partial\Omega). \tag{2.192}$$

ただし $\boldsymbol{n}$ は境界 $\partial\Omega$ に対する法線ベクトルである．(2.192) は境界に対して接線方向の電場が 0 となることを表している．これは Ω が導体で囲まれているときに成り立つので「導体壁の境界条件」と呼ばれるものである．物理的な説明はこうである：導体内に電場があると，それを打ち消すように電流が流れる．静電場が実現する定常状態においては導体内の電場は消滅している．そのために導体表面 $= \partial\Omega$ に対して接線方向の電場は 0 になる．ただし法線方向成分（導体の境界から出て Ω 内部へ向かう電場）は残っていてもかまわない．このように領域 Ω を導体で覆うと，Ω は外部から電磁的に隔離された孤立系となる．その場合，領域 Ω の中に電場を生じえるのは境界 $\partial\Omega$ だけである．といっても，もし Ω が球と同じような領域で $\partial\Omega$ が一つだけの連結集合（球面）であるならば，$\boldsymbol{E} \equiv 0$ の解しかないことが直観できるであろう（精密な議論は 3.2 節でおこなう）．しかし，例えば球殻のような領域で，その境界が入籠状になった二つの球面 Σ_1 と Σ_2 である場合には，両者に「電位差」を与えることで領域内に電場を発生できる（図 2.8 参照）．

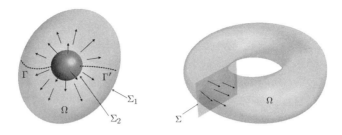

図 2.8 （左図）球殻状の領域（卵の白身の部分：第 2 ベッチ数 = 1，ただし領域のトポロジーにかかわる「ベッチ数」の概念については補足 2.41 を参照）．内境界と外境界に電位差を与えて静電場 E を作ることができる．静電場（調和微分 1-形式）を生成する電位差は，内境界と外境界を繋ぐ曲線（図中の Γ, Γ' など）に沿って E を線積分した値であり，積分路のとり方によらないホモトピー不変量である．（右図）環状の領域（第 1 ベッチ数 = 1）．トーラス（輪環面）の中に真空磁場 B を閉じ込めることができる．閉じ込めた磁場の磁束は，領域の「ハンドル」の切断面（図中の Σ）上で B の通過量を面積分した値であり，切断面のとり方によらないホモトピー不変量である．図 1.1 も参照．

この「電位差を与える」という操作は，次のように表現できる．二つの非連結な境界 Σ_1 と Σ_2 をつなぐ滑らかな曲線 Γ を考え，$u \Leftrightarrow E$ を Γ に沿って積分したものが Σ_1 と Σ_2 の電位差 Φ である：

$$\Phi = \int_\Gamma i^* u \Leftrightarrow \int_\Gamma E \cdot d\boldsymbol{x}. \tag{2.193}$$

電位差は Σ_1 と Σ_2 をつなぐ曲線（電位の計測線）Γ の選び方によらない（電位計＝テスターをもって二つの電極間の電位差を計るとき，テスターの端子は電極のどこを触ってもよいのである）．実際，2 通りの経路 Γ と Γ' で電位差を計ったとしよう（図 2.8 参照）．まず Γ を通って Σ_1 から Σ_2 へ行き，Σ_2 上を移動して Γ' の接続点へ行き（この経路を C_2 と書く），次に Γ' を通って Σ_2 から Σ_1 へ戻る．最後に Σ_1 上を移動して出発点まで戻ると（この経路を C_1 と書く）一つの閉じたループ $C = \Gamma + C_2 \Leftrightarrow \Gamma' + C_1$ が得られる（符号は移動方向を表す）．C を境界とする（任意の）曲面を S とすると，ストークスの定理 (2.159) を用いて

2.4 微分形式と図形の双対性 145

$$\int_C i^* u = \int_\Gamma i^* u - \int_{\Gamma'} i^* u = \int_S du = 0$$

$$\Leftrightarrow \int_\Gamma \boldsymbol{E} \cdot d\boldsymbol{x} - \int_{\Gamma'} \boldsymbol{E} \cdot d\boldsymbol{x} = 0. \tag{2.194}$$

ただし $C_1 \subset \Sigma_1$ および $C_2 \subset \Sigma_2$ の上では境界条件 $i^* u = 0$ を用いた.

具体的に電場は次の方程式で与えられる. まず静電場を $\boldsymbol{E} = -\nabla \phi$ と書こう (ϕ は静電ポテンシャル:1.4.4 項参照). (2.190) は自動的に満たされる:(1.15) 参照. (2.191) および (2.192) は

$$-\Delta\phi = 0 \quad (\text{in } \Omega), \tag{2.195}$$

$$\phi = c_1 \quad (\text{on } \Sigma_1), \quad \phi = c_2 \quad (\text{on } \Sigma_2) \tag{2.196}$$

に帰着する. c_1, c_2 はそれぞれ二つの球面 Σ_1 と Σ_2 の電位を表す定数であり, $c_2 = c_1 + \Phi$. 非斉次境界条件 (2.196) によって非自明な解が得られるのである (3.2 節参照).

長い説明になったが, この例が問題の本質を射ている. 微分方程式 (2.188)–(2.189) は斉次(右辺が 0)であるから, 場を「作る」項をもたない. さらに斉次の境界条件 (2.192) を課して領域 Ω を外界から遮断する. そのような条件下でも, 場=非自明な調和微分形式が作られるわずかな可能性が残されている. Ω の構造(トポロジー)が非自明な場合(上記の例では $\partial\Omega$ が複数の部分に分解されているとき)である. 方程式と境界条件には見えない非斉次項(場を作る効果)が (2.193) の形で存在しているのだ. このような調和微分形式の「自由度」(線形独立な解の個数)は領域のトポロジーを表す指数(ベッティ数 (Betti number) という:補足 2.41 参照)と関係している.

もう一つ電磁気に直接関係する次の例は, 異なるタイプのトポロジーの働きを明らかにしてくれる.

〈例 2.34〉(真空磁場) 今度は 2-形式を考え, それを磁場 $\boldsymbol{B}$ と対応させる. 有界領域 $\Omega \subset \mathbb{R}^3$ 上で (2.188)–(2.189) を満たす 2-形式 u を $u \Leftrightarrow \boldsymbol{B}$ と置いて 3 次元ベクトル場と同一視すると

$$du = 0 \ \Leftrightarrow \ \nabla \cdot \boldsymbol{B} = 0 \quad (\text{in } \Omega), \tag{2.197}$$

$$\delta u = 0 \ \Leftrightarrow \nabla \times \boldsymbol{B} = 0 \quad (\text{in } \Omega). \tag{2.198}$$

(2.197) は (1.24) に他ならない．ここでは定常問題を考えることにし，$\partial_t \boldsymbol{E} = 0$ および (2.198) を (1.25) に代入すると，Ω の中に電流がない場合を考えることになる（電流がない空間の磁場を真空磁場と呼ぶ）．したがって，領域 Ω の「内部」には磁場を生じる原因がない．領域の外部から磁場が浸入する可能性を排除しよう．境界 $\partial\Omega$ に対して 2-形式 $u \Leftrightarrow \boldsymbol{B}$ は法線方向だとしよう（定義 2.31 参照）：

$$i^* u = 0 \ \Leftrightarrow \ \boldsymbol{n} \cdot \boldsymbol{B} = 0 \quad (\text{on } \partial\Omega). \tag{2.199}$$

ここでは 2-形式を考えているので「法線方向」というのは，ベクトルとしては接線方向になるという意味だから注意しよう（具体的に計算して確認されたい）．これは Ω が「完全導体」で囲まれているときに成り立つので「完全導体壁の境界条件」と呼ばれるものである（物理的な意味は 3.2.6 項で詳しく議論する）．外部からの磁場の侵入を禁止したということは，領域内から磁場が逃げ出すことも禁止したことになる．つまり，領域の中に「生成源」がなくても「閉じ込められた磁場」が存在するのである（図 2.8 参照）．これも領域のトポロジーに関係する非斉次項として定式化される．

2-形式に対しては「面」が双対な関係にあるから $u \Leftrightarrow \boldsymbol{B}$ の面積分（流束：補足 1.4 参照）を考える．$\Sigma \subset \Omega$ は Ω の一つの断面だとする（すなわち $\partial\Sigma \subset \partial\Omega$）．

$$\Psi = \int_\Sigma i^* u \ \Leftrightarrow \ \int_\Sigma \boldsymbol{n} \cdot \boldsymbol{B} \, \mathrm{d}^2 x \tag{2.200}$$

は断面 Σ を通過する「磁束」を与える（$\boldsymbol{n}$ は Σ 上の単位法線ベクトル）．

ただし，Ω が球（あるいはそれを連続変形した多様体）であるなら，$\Psi = 0$ となる（したがって非自明な磁場を与えない）．このことは次のようにして証明できる．Σ によって球 Ω は二つの非連結な部分領域 Ω_1 と Ω_2 に分割される．また境界 $\partial\Omega$ も S_1 と S_2 に分割され，$\partial\Omega_1 = S_1 + \Sigma$, $\partial\Omega_2 = S_2 - \Sigma$ と書ける．ただし外向きを＋にするように面に符号を与えている．ストークスの定理 (2.159) を用いて

$$\int_{S_1} i^* u + \int_\Sigma i^* u = \int_{\partial\Omega_1} i^* u = \int_{\Omega_1} \mathrm{d}u = 0.$$

ここで境界条件 (2.199) によって左辺の第 1 項は 0．したがって

$$\int_\Sigma i^* u = 0 \ \Leftrightarrow \ \int_\Sigma \boldsymbol{n} \cdot \boldsymbol{B} \, \mathrm{d}^2 x = 0.$$

2.4 微分形式と図形の双対性 147

磁束 Ψ が非斉次項として調和微分形式の生成に効くのは領域 Ω が「ハンドル」をもつときである（図 2.8 参照）．面 Σ でハンドルを切断したとき，$\dot{\Omega} = \Omega \setminus \Sigma$ の連結性は壊されない（球を切断したときは Ω は二つの部分領域 Ω_1 と Ω_2 に分けられた）．代わりに，切断面の「両面」が $\dot{\Omega}$ の境界として加わる．境界条件 (2.199) のために磁場はもとの境界 $\partial\Omega$ を通過することはできないのだが，新たに開放された切断面 Σ では，磁場は「出入り」することが許される．ただし Σ の表と裏は貼り合わさっている．表から入った（出た）磁場はそのまま裏から出た（入った）磁場だという関係にある．これを「周期境界条件」という．Σ のどちらかの面を表と定めて面積分 (2.200) を計算すれば，ハンドルを循環する磁場の磁束が得られる．つまり Ω に空いた穴の周りを巡る空間に磁場が閉じ込められるのである．

なお，磁束（一種の流束）が断面 Σ の位置によらないこと（同じハンドルの切断であるかぎり）は補足 1.5 で述べた通りである．

電場の例 2.33 は，1-形式に対しては Ω 内部の「曲線」にかかわる積分が生成項として働くこと，磁場の例 2.34 は，2-形式に対しては Ω 内部の「曲面」にかかわる積分が生成項として働くことを示している．これら曲線や曲面は，境界 $\partial\Omega$ との相対的な関係＝トポロジーが保たれる限り，すなわち曲線を切ったり面を破ったり，あるいは境界との接続点をはずしたりすることなく，連続に変形する限り（このような変形をホモトープ (homotopic) な変形という）その形状や位置にはよらず同じ「電位」や「磁束」を与える．このような著しい特徴は，積分する対象が調和微分形式であるということに起因している（一般的な微分形式＝物理量を積分するとき，当然のことながら，その積分値は積分領域の変形に強く影響される）．ホモトープな図形の集合（ホモロジー群という）と調和微分形式は「双対」な関係にある．次項ではこの関係をさらに掘り下げる．

2.4.6 コホモロジー

3次元ベクトル場について $\nabla \times (\nabla f) = 0$, $\nabla \cdot (\nabla \times \boldsymbol{u}) = 0$ という公式が成り立つことは既に (1.15) および (1.16) で見た通りである．微分形式の連鎖の図 2.4 の上にこの関係式を置いてみると，外微分 d は 2 回連続して作用すると

0 になる，すなわち $\mathrm{d}^2 = 0$ という性質があることを示唆している．実際，任意の n 次元多様体で定義された任意の p-形式についてこれが成り立つ．まず言葉を用意しよう．

┃ **定義 2.35** ┃ （完全微分形式，閉微分形式）　ある $(p-1)$-形式 ϑ が存在して $\omega = \mathrm{d}\vartheta$ と表されるとき，ω は完全微分形式 (exact form) であるという．このとき ϑ を ω のポテンシャル (potential) あるいは原始微分形式と呼ぶ．また，$\mathrm{d}\omega = 0$ であるとき，ω は閉微分形式 (closed form) であるという．

外微分の定義に従って計算すると，(1.15)–(1.16) の関係すなわち $\nabla \times (\nabla \phi) = 0$ および $\nabla \cdot (\nabla \times \boldsymbol{V}) = 0$ を包摂する定理として次を得る．

$\boxed{\text{定理 2.36}}$　完全微分形式は閉微分形式である．すなわち，任意の 2 回連続微分可能な微分形式 ϑ に対して $\mathrm{d}(\mathrm{d}\vartheta) = 0$.

$\boxed{\text{系 2.37}}$　外微分作用素 d とそれぞれの意味で「双対」な次の二つの作用素について，$\mathrm{d}^2 = 0$ と双対な関係として
(1)　共役作用素：$\delta^2 = 0$,
(2)　境界作用素：$\partial^2 = \emptyset$（すなわち多様体の境界には境界がない）
が成り立つ．

証明　δ の定義および (2.173) を用いて，任意の p-形式 ω に対して
$$\delta(\delta\omega) = (-1)^n \star \mathrm{d}[\star \, \mathrm{d}(\star\omega)] = (-1)^{pp^\star - 1} \star \mathrm{d}^2(\star\omega) = 0.$$
次に，ストークスの定理 (2.159) から
$$\int_{\partial\partial\Omega} i^*\vartheta = \int_{\partial\Omega} i^*\mathrm{d}\vartheta = \int_{\Omega} \mathrm{d}^2\vartheta = 0 \quad (\forall\vartheta)$$
を得る．　　　　　　　　　　　　　　　　　　　　　　　　　　　□

定理 2.36 の逆は一般的には成立しない．反例をみよう．

〈例 2.38〉（穴のある領域）　$\mathbb{R}^2$ の部分多様体として穴のある領域
$$\Omega^+ = \left\{ (x, y) \in \mathbb{R}^2;\ \sqrt{x^2 + y^2} > \epsilon \right\} \quad (\epsilon > 0)$$
を考える．Ω^+ において定義された滑らかな 1-形式

2.4 微分形式と図形の双対性 　　149

$$u = \frac{x}{x^2 + y^2}\,\mathrm{d}y - \frac{y}{x^2 + y^2}\,\mathrm{d}x \qquad (2.201)$$

は閉微分形式である．ただし，図2.3に示したように，2次元空間の1-形式は，これを $(2-1)$-形式と見ることもできて2通りの基のとりかたがある．その双方の d（すなわち curl と div）について $\mathrm{d}u = 0$ である．この2通りはdとδの組合せと見ることもできる（図2.7）．したがって $\delta u = 0$ でもある．つまり u は調和微分形式である．しかし完全微分形式ではない．$u = \mathrm{d}\theta$ $(\Leftrightarrow \mathrm{grad}\,\phi)$ と書こうとすると，$\phi = \tan^{-1}(y/x)$ となり，ポテンシャル ϕ は多価関数になってしまうからである．

　この例のように，閉微分形式と完全微分形式の差は，領域のトポロジーに深く関連している．領域について適当な制限を設けると，定理2.36の逆の命題が成立する．まず星形 (star shape) の領域という概念を用意しよう．$\Omega \subset \mathbb{R}^n$ に対して，次のような条件が成り立つデカルト座標を置くことができる場合，Ω は星形であるという．すなわち，各座標軸に平行な直線と Ω とが交わるとすると，それは必ず連結開線分となり，この線分と垂直に交わる平面で原点を含むものがあるという条件である．ややこしい規定であるが，その意味は，次の定理を証明するとき明らかになるように，ポテンシャルを構築するためにおこなう積分の経路が Ω の中に留まることを保証することである．具体的には，球が最も単純な星形である．球の中心に原点を置き，球の表面から各座標軸の方向に「角」を伸ばして「金平糖」のような領域へ拡張しても，やはり星形である．しかし「勾玉」のような領域は星形ではない．

定理 2.39（ポアンカレの補題）　星形の $\Omega \subset \mathbb{R}^n$ において，連続微分可能な p 次 $(p \geq 1)$ 閉微分形式 ω を考える（すなわち Ω 内で $\mathrm{d}\omega = 0$ とする）．このとき，$(p-1)$-形式 ϑ が存在し，Ω 内で $\omega = \mathrm{d}\vartheta$ と表すことができる．

証明　p を固定し，n についての帰納法を用いる．$n \leq p-1$ のときは $\omega = 0$ より $\vartheta =$ 定数とすればよい．次元が $1, \dots, n-1$ のときは証明されたとして，次元 n のときを考える．

$$\omega = \mathrm{d}x^n \wedge \lambda + \mu$$

と書き，λ と μ は，それぞれ $\mathrm{d}x^n$ を含まない $(p-1)$-形式および p-形式とする（x^n の関数ではある）．$x' = (x^1, \dots, x^{n-1})$ と表すことにしよう．$\mathrm{d}\omega$ を計算す

ると

$$d\omega = d(dx^n \wedge \lambda) + d\mu$$

$$= (ddx^n \wedge \lambda - dx^n \wedge d\lambda) + \sum_{j=1}^{n} dx^j \wedge (\partial_{x^j}\mu)$$

$$= -dx^n \wedge d'\lambda + dx^n \wedge (\partial_{x^n}\mu) + d'\mu.$$

ただし x' に関する外微分を d' と表した. dx^n を含む項と含まない項にわけて考えれば, それぞれ 0 でなくてはならない. すなわち

$$d'\mu = 0, \quad -d'\lambda + \partial_{x^n}\mu = 0. \tag{2.202}$$

さて

$$\Lambda(x', x^n) = \int_0^{x^n} \lambda(x', \xi)\,d\xi$$

と定義しよう. Ω が星形であるという仮定より, この積分路は常に Ω の中にとれる. したがって $\Lambda(x', x^n)$ は問題なく定義される. Λ は $(p-1)$-形式で $\partial_{x^n}\Lambda = \lambda$ となる. この外微分は

$$d\Lambda = \sum_{j=1}^{n-1} dx^j \wedge (\partial_{x^j}\Lambda) + dx^n \wedge (\partial_{x^n}\Lambda) = d'\Lambda + dx^n \wedge \lambda$$

$$= \int_0^{x^n} (d'\lambda(x', \xi))d\xi + dx^n \wedge \lambda. \tag{2.203}$$

(2.202) を (2.203) に代入すれば

$$d\Lambda = dx^n \wedge \lambda + \int_0^{x^n} \partial_{x^n}\mu\,d\xi = dx^n \wedge \lambda + \mu(x', x^n) - \mu(x', 0).$$

よって

$$\omega = \big[d\Lambda - \mu + \mu(x', 0)\big] + \mu = d\Lambda + \mu(x', 0).$$

ここで $d'\mu = 0$ であるから, 帰納法の仮定により $\mu(x', 0) = d'\chi$ と書ける. ただし, $\chi = \chi(x')$ は $(n-1)$ 次元での $(p-1)$-形式である. 結局

$$\omega = d\Lambda + d'\chi = d(\Lambda + \chi)$$

となり, 実際にポテンシャル $\Lambda + \chi$ が構築された. $\qquad\square$

2.4 微分形式と図形の双対性

前項で述べたホモトピー不変性の議論や例 2.38 で見た多価のポテンシャル関数の例から,慧眼な読者は複素関数論との関連に気づいたであろう.少し長い補足になるが,広い数学へ視野を開くために,具体的な対応関係を描出しておく.

補足 2.40(複素関数論) 複素関数を複素平面＝実軸と虚軸で張られた 2 次元空間の 1-形式と見ることで,複素関数論の多くの概念が微分形式の言葉に翻訳できる.正則関数の理論は複素平面上の調和微分形式の理論だということができ,その意味では調和微分形式の理論は正則関数の理論を任意次元の空間,任意次数の微分形式に拡張したものだと見ることができるのである.

x-y 平面を複素平面と思い,これを $\mathbb{C}$ と表す.$\mathbb{C}$ の点を $z = x + \mathrm{i}y$ と書く(i は虚数単位 $\sqrt{-1}$).複素関数

$$f(z) = f_x(x, y) + \mathrm{i}f_y(x, y)$$

を考える.これが点 $z \in \mathbb{C}$ の近傍で正則関数であるとは,微分 $\mathrm{d}f(z)/\mathrm{d}z$ が $\mathrm{d}z$ の偏角によらず一つに定まること,すなわちコーシー・リーマン (Cauchy-Riemann) の微分方程式

$$-\partial_y f_x - \partial_x f_y = 0, \quad \partial_x f_x - \partial_y f_y = 0 \tag{2.204}$$

が成り立つということである.$f(z)$ を x-y 平面上の 1-形式と関係づけよう.

$$\overline{f} = f_x - \mathrm{i}f_y \iff \omega = f_x\,\mathrm{d}x - f_y\,\mathrm{d}y \tag{2.205}$$

と置く(複素共役をとったのは後の計算をみやすくするためである).$\star\omega = f_x\,\mathrm{d}y + f_y\,\mathrm{d}x$ を用いて計算すると,(2.204) は

$$\mathrm{d}\omega = 0, \quad \delta\omega = 0 \tag{2.206}$$

と等価であることがわかる.つまり f が正則関数であることと $\overline{f} \iff \omega$ が調和微分形式であることとは等価である.

複素関数については「微分可能」であること(正則性)と「積分可能」であることは等価である.曲線 $\gamma \subset \mathbb{C}$ に沿った複素積分とは

$$\int_\gamma f(z)\,\mathrm{d}z = \int_\gamma (f_x\,\mathrm{d}x - f_y\,\mathrm{d}y) + \mathrm{i}\int_\gamma (f_y\,\mathrm{d}x + f_x\,\mathrm{d}y) \tag{2.207}$$

のことである.点 $z \in \mathbb{C}$ からその近傍 U に含まれる点 z' まで曲線 $\gamma \subset U$ に沿って $f(z)$ を積分したとき,その積分値が積分経路 γ によらないで一意的に決まるとき,$f(z)$ は積分可能だという.すなわち,z と z' を結ぶ二つの経路 γ_+ と γ_- を U 内に任意に選んだとき

$$\int_{\gamma_+} f(z)\,\mathrm{d}z - \int_{\gamma_-} f(z)\,\mathrm{d}z = 0$$

が常に成り立つとき $f(z)$ は U で局所的に積分可能である．経路に往路（＋），復路（－）の符号を与えて $\Gamma = \gamma_+ - \gamma_-$ と書くと，Γ は z から出発して z' を通過し最後に z へ戻る閉じた曲線となる．したがって，ある点 z の近傍 U で $f(z)$ が積分可能であるとは，U に含まれる任意の閉じた経路 Γ について $\int_\Gamma f(z)\,\mathrm{d}z = 0$ となることだと定義してもよい．微分形式との対応を見ると

$$\int_\Gamma f(z)\,\mathrm{d}z \;\Leftrightarrow\; \int_\Gamma i^*\omega + \mathrm{i}\int_\Gamma i^* \star\omega = \int_\Sigma \mathrm{d}\omega - \mathrm{i}\int_\Sigma \star\delta\omega. \qquad (2.208)$$

ただし Σ は閉曲線 Γ に囲まれた領域である $(\partial\Sigma = \Gamma)$．任意の $\Gamma \subset U$ についてこれが 0 になるためには，U 内で (2.206) が成り立たなくてはならないのである．

正則関数 f が点 z の近傍 U で「局所的」に積分可能であることと，$\overline{f} \Leftrightarrow \omega$ が U で完全微分形式であることは等価である．近傍 U として星形領域をとればポアンカレの補題（定理 2.39）が使えて $\omega = \mathrm{d}\psi$ と書けるスカラー関数 ψ が存在する．これと双対なものとして，$\star\omega = \mathrm{d}\star\phi$（すなわち $\omega = \delta\phi$）と書ける 2-形式 ϕ が存在する．これらを用いて $f(z)$ の積分は

$$\int_{z_0}^{z} f(z)\,\mathrm{d}z = [\psi(z) - \psi(z_0)] + \mathrm{i}[\phi(z) - \phi(z_0)] \qquad (2.209)$$

と与えられる．

以上の関係を標語的に言えば，

$$f(z) \text{ が微分可能（正則）} \quad\Leftrightarrow\quad f(z) \text{ が局所的に積分可能}$$

$$\Updownarrow \qquad\qquad\qquad\qquad\qquad \Updownarrow$$

$$\omega \text{ と } \star\omega \text{ が閉微分形式} \quad\Leftrightarrow\quad \omega \text{ と } \star\omega \text{ が局所的に完全微分形式}$$

正則性を破るのが特異点である．正則関数が定義されている領域 Ω が**多重連結** (multiply connected) であるとは，Ω 内の閉曲線で 1 点に縮めることができないものがあることをいう．そのような閉曲線を経路にとった周回積分は留数を生じる．正則関数の積分の多価性は，偏角 (argument) すなわち特異点を周回する角度変数の多価性に帰着され，積分経路のホモトープな変形に対して不変である．複素関数論でよく知られたこれらの性質は，調和微分形式にもそのまま当てはまる．例 2.38 で見た多価のポテンシャル関数はこの偏角に他ならない．(2.201) の 1-形式 u を (2.205) によって複素関数に対応させると $f(z) = 1/\mathrm{i}z$．この複素積分は

$$\int \frac{1}{\mathrm{i}z}\,\mathrm{d}z = -\mathrm{i}\log z = \arg z - \mathrm{i}\log|z|$$

であり，これを (2.209) と比較すると

$$-\phi = \log|z| = \log\sqrt{x^2+y^2}, \quad \psi = \arg z = \tan^{-1}(y/x)$$

が得られるのである．

2.4 微分形式と図形の双対性 153

コホモロジー群

定理 2.36 および定理 2.39 によると，局所的には，完全微分形式であること
と閉微分形式であることは等価である．しかし大域的には両者は等価ではな
い．閉微分形式と完全微分形式の違いは領域のトポロジーと密接な関係をもつ
（例 2.38 参照）．

n 次元多様体 Ω で定義された二つの p 次閉微分形式 u と v の差が完全微分形
式で与えられるとき，両者を同一のグループに属すとみなして $u \sim v$ と書く．
すなわち

$$u \sim v \quad \Leftrightarrow \quad u - v = \mathrm{d}\omega \ (\exists \omega)$$

とする．これは，完全微分形式で表されるものは「本質的でない」として無視
し，あとに残ったものだけに注目するという意味だ．関係 $\sim$ は**同値関係**であ
る．この同値関係によって p 次閉微分形式の全体を分類する．$u \sim v$ の関係を
満たす u, v は一つの**類**に属するものとする．類の集合を**商集合**という．完全微
分形式の集合によって同値関係 $\sim$ を定義して分類された p 次閉微分形式の商集
合を

$$H^p = \{p\,次閉微分形式\}/\{p\,次完全微分形式\} \tag{2.210}$$

と書き，これを p 次のド＝ラーム (de Rham) コホモロジー群 (cohomology
group) と呼ぶ[37]．ここでは，これを略して単にコホモロジー群ということに
しよう．

コホモロジー群 H^p の各類を代表する元 u として

$$(u, \mathrm{d}\chi)_\Omega = 0 \quad (\forall \chi \in \bigwedge^{p-1} T^*\Omega) \tag{2.211}$$

を満たす p 次閉微分形式をとる．つまり，完全微分形式のすべてに「直交」す
る（内積 $(\alpha, \beta)_\Omega$ が 0 になるという意味で直交する）閉微分形式である．二つ
の異なる u_1, u_2 が (2.211) を満たすならば，

$$(u_1 - u_2, \mathrm{d}\chi)_\Omega = 0 \quad (\forall \chi) \tag{2.212}$$

---

[37] ω と ϑ が閉微分形式であるとき，$\omega \wedge \vartheta$ も閉微分形式である．さらに ϑ が完全微分形式で
あるとき，$\omega \wedge \vartheta$ は完全微分形式である．$H = H^0 \oplus \cdots \oplus H^n$ と置くと，これはベクト
ル算法と外積によって環となる．これをド＝ラームのコホモロジー環という．

が成り立つ. 仮に $u_1 - u_2 = \mathrm{d}\omega$ と書けるとすると, (2.212) は成り立ち得ない. つまり, (2.212) は u_1, u_2 が異なる類に属することを意味する. したがって, 各類は (2.211) を満たす元によって代表されるのである.

(2.211) において部分積分をおこなうと, この関係式は共役作用素と境界条件によって表すことができる. (2.178) でも計算したように

$$(u, \mathrm{d}\chi)_\Omega = (\delta u, \chi)_\Omega + \int_{\partial\Omega} i^*(\chi \wedge \star u). \tag{2.213}$$

右辺が任意の $\chi \in \bigwedge^{p-1} T^*\Omega$ に対して 0 となるためには $\delta u = 0$ と $i^* \star u = 0$ が成り立たなくてはならない. それと u が閉微分形式である条件を合わせて, コホモロジー群 H^p の代表元を決める方程式は

$$\mathrm{d}u = 0 \quad (\text{in } \Omega), \tag{2.214}$$

$$\delta u = 0 \quad (\text{in } \Omega), \tag{2.215}$$

$$i^* \star u = 0 \quad (\text{on } \partial\Omega) \tag{2.216}$$

と書き下すことができる. これは u が調和微分形式であることを意味している：$\mathscr{L}u = (\mathrm{d}\delta + \delta\mathrm{d})u = 0$. 境界条件 (2.216) は u が $\partial\Omega$ に対して接線方向であることを要求している（定義 2.31 参照）[38].

系 2.38 で見たように $\delta^2 = 0$ であるから, これを使ったコホモロジー群を作ることもできる. $\delta\omega = 0$ となる微分形式 ω を余閉微分形式 (co-closed form) と呼ぶ. p 次の余閉微分形式の全体集合を $\omega = \delta\vartheta$ と書ける「余完全微分形式」の集合で除した商集合

$$H^{p^\star} = \{\omega \in \bigwedge^p T^*\Omega;\ \delta\omega = 0\}/\{\omega = \delta\varphi\} \tag{2.217}$$

を考えると, その代表元 u は

$$(u, \delta\chi)_\Omega = 0 \quad (\forall \chi \in \bigwedge^{p+1} T^*\Omega) \tag{2.218}$$

によって与えられる. (2.213) と対称的に

$$(u, \delta\chi)_\Omega = (\mathrm{d}u, \chi)_\Omega - \int_{\partial\Omega} i^*(u \wedge \star\chi) \tag{2.219}$$

---

[38] $\mathscr{L}u = 0$ は (2.214)+(2.215) より広い条件である. これに境界条件を加えて (2.214)+(2.215)+(2.216) へ制限されている. 境界条件のもう一つの可能性である法線方向条件 $i^*u = 0$ を使うのが, 次に述べる余閉微分形式のコホモロジーである.

と計算できるから，代表元を決定する方程式は (2.214), (2.215) および

$$i^*u = 0 \quad (\text{on } \partial\Omega) \tag{2.220}$$

となる．この境界条件は u が法線方向であることを要求する．この場合も u は調和微分形式である．しかし境界条件が接線方向から法線方向へ交代したことに注意しよう．例 2.33 および 2.34 で見た静電場と真空磁場は境界条件 (2.220) を満たすコホモロジーのそれぞれ 1-形式および 2-形式の実例である．

補足 2.41（ホモロジー） ベクトル空間の列 $V_0, V_1, \ldots$ とそれを繋ぐ準同型写像 $f_j : V_j \to V_{j+1}$ が

$$\cdots \longrightarrow V_{j-1} \xrightarrow{f_{j-1}} V_j \xrightarrow{f_j} V_{j+1} \longrightarrow \cdots$$

のように与えられたとする．各 j について $\mathrm{Im}\, f_{j-1} = \mathrm{Ker}\, f_j$ が成り立つとき[39]，この列を**完全系列** (exact sequence) という．外微分 d によって繋がれる微分形式の列 $\bigwedge^p T^*M$ $(p = 0, 1, \ldots, n)$ にあてはめよう（図 2.4 などで書いてきた列である）．定理 2.36 は $\mathrm{Im}\, f_{p-1} \subseteq \mathrm{Ker}\, f_p$ を示している[40]．系 2.37 により，p を下げる系列を生成する共役微分作用素 δ，さらに図形に作用する境界作用素 ∂ についても同様の関係が成り立つ（図形をベクトル空間と見ることについてはこの補足の後半で説明する）．定理 2.39 は星形領域上の微分形式の系列が完全系列であることを示している．

しかし，一般の領域において微分形式の列は完全系列ではない．完全性を壊すもの（$\mathrm{Im}\, f_{p-1}$ をはみ出す $\mathrm{Ker}\, f_p$ の元）が（自明でない）コホモロジーである．微分形式の列について，この余剰物（完全微分形式ではない閉微分形式）は空間の非自明な構造によって生み出されることを見てきた（例 2.33, 2.34, 2.38）．生成の鍵となるのは「積分」における「障害物」である．閉微分形式 ω が完全微分形式として $\omega = \mathrm{d}\phi$ と書けるということは，与えられた ω に対してこれを微分方程式として解いて（積分して）関数 ϕ を求めることができるという意味だ．この積分ができない ω がコホモロジーなのである．補足 2.40 で述べたように，2 次元の 1-形式を複素関数と読み替えたとき，この積分の障害物はまさしく「特異点」であり，特異点のおかげで自明でない正則関数が生成されると考えることもできるのである．

領域のトポロジーがどのようにしてコホモロジーの生成にかかわるのか，その要点を説明しておく．まず n 次元空間の中に置かれた p 次元の図形たちの集合をベクト

---

[39] 写像 $f : D \to R$ に対して $\mathrm{Im}\, f = \{f(x);\ x \in D\}$ と書き f の像 (image) という（値域 R の部分集合である）．また $\mathrm{Ker}\, f = \{x;\ f(x) = 0\}$ と書き f の核 (kernel) という（定義域 D の部分集合である）．

[40] p-形式に働く外微分も $(p-1)$-形式に働く外微分も同じ記号 d で書いて $\mathrm{d}^2 = 0$ というように表現してきたが，正確には $f_p \circ f_{p-1} = 0$ の意味である．

ル空間と考えることから始める．p次元の図形の基本形（単体 (simplex) という）は$\mathbb{R}^p$ の中で $p+1$ 個の点

$$P_0 = (0, \ldots, 0), \ P_1 = (1, 0, \ldots, 0), \ \ldots, \ P_n = (0, \ldots, 0, 1)$$

を頂点とする凸集合であり，それを Δ_p と書く（$\Delta_0 = $ 点，$\Delta_1 = $ 線分，$\Delta_2 = 3$ 角形，$\Delta_3 = 4$ 面体，$\ldots$）．Δ_p をパラメタ空間とし，Δ_p から n 次元多様体 M への滑らかな写像 $\sigma_p : \Delta_p \to M$ によって M 内に p 次元の図形（Δ_p と同相）を作ることができる．このような写像を複数足し合わせて M 内に作られる図形を p-鎖 (p-chain)と呼ぶ：

$$c_p = g_1 \sigma_p^1 + \cdots + g_m \sigma_p^m.$$

便利のために係数 g_j は実数にとることにする（g_j の符号は図形の向きづけに寄与するので重要な意味をもつ）[41]．p-鎖の全体集合を C_p と書こう．これは係数 (g_j)のベクトル算法によってベクトル空間である．c_p の境界 ∂c_p は，これを Δ_p へ引き戻して，その辺を係数 g_j たちで合成することで計算できる．境界作用素によって$\partial : C_p \to C_{p-1}$ の列が作られる：

$$C_0 \ \leftarrow \ \cdots \ \leftarrow \ C_{p-1} \ \overset{\partial}{\leftarrow} \ C_p \ \overset{\partial}{\leftarrow} \ C_{p+1} \ \leftarrow \ \cdots \ \leftarrow \ C_n.$$

境界をもたない c_p を p-サイクルと呼ぶ．その全体を $Z_p = \{z_p ; \partial z_p = 0\} = \operatorname{Ker} \partial :$ $C_p \to C_{p-1}$ と書こう．また，$(p+1)$-鎖の境界として与えられる p-鎖の全体を$B_p = \{b_p ; b_p = \partial c_{p+1}\} = \operatorname{Im} \partial : C_{p+1} \to C_p$ と書く．$\partial^2 = 0$（系 2.37 参照）であるから $B_p \subset Z_p$ である．同値類

$$H_p = Z_p / B_p \tag{2.221}$$

を p 次のホモロジー群と呼ぶ．つまり境界をもたない図形のうち，何かの境界としては書けないものたちの集合である．H_p の次元を第 p ベッティ (Betti) 数と呼ぶ．

例えば C_1 は曲線の集合であり，その元 c_1 の境界 ∂c_1 は必ず偶数個の点 ($\subset C_0$) となる．一つだけの点からなる z_0 だと，それがある曲線の境界だということはありえない．M が連結集合の場合，H_0 の代表元は M 内の一つの点 p である．M が互いに分離した m 個の連結集合 $M_1, \ldots, M_m$ の和として $M = M_1 \cup \cdots \cup M_m$ として与えられるときは

$$H_0 = \mathbb{R} p_1 \oplus \cdots \oplus \mathbb{R} p_m, \quad (p_j \text{ は } M_j \text{ の点}).$$

ただし $\mathbb{R} p_j$ は p_j を「基」とする 1 次元の実ベクトル空間という意味である．第 0 ベッティ数は M を構成する連結部分集合の数 m である．

---

[41] 一般的なトポロジーの理論ではベクトル空間のような高度な構造を仮定せず，係数はアーベル群 G に値をとるとして様々な代数構造をもった幾何学を構成する．

2.5 運動の幾何学的理論

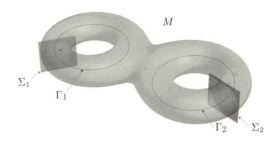

図 2.9 第1ベッティ数＝2の多様体．図中のループ(1-サイクル)Γ_1 あるいは Γ_2 を境界とする面（2-鎖）を作ろうとすると領域 M をはみ出す．したがって $\Gamma_1, \Gamma_2 \in H_1$．これらのループはハンドルの切断 Σ_1, Σ_2 と双対な関係にある．

閉曲線すなわち1-サイクル $z_1 \in Z_1$ のうちで2-鎖（M 内の曲面）の境界として書けないものとは，M のハンドルを周回するループである．これを境界とする面は M に空いた穴と交差せざるを得ないからである．したがって第1ベッティ数は M のハンドルの数である（図2.9参照）．例2.34で見た真空磁場の調和2-形式（コホモロジー $H^{2\star}$）はホモロジー H_1 と双対な関係にあることがわかる．

H_2 は閉曲面すなわち2-サイクル $z_2 \in Z_2$ のうちで3-鎖（M 内の3次元領域）の境界として書けないものの集合である．M の中にボイド（空隙）があるとき，それを囲う閉曲面が H_2 を構成する．これは例2.33で見た静電場の調和1-形式（コホモロジー $H^{1\star}$）と双対関係にある．第2ベッティ数は M 内のボイドの数である．

2.5 運動の幾何学的理論

物理量＝微分形式，状態＝図形（コンパクト部分多様体）という対応関係の上に「運動」の理論を構築することが本節の目標である．2.2節で見たように，微分運動を数学的に表現するのが「狭い意味」での〈ベクトル〉すなわち接ベクトルである．接ベクトル場とは空間（多様体）の各点に与えられた「風速ベクトル」のようなものであり，その作用によって各点が動かされる．p-形式によって表現される物理量 ω に対しては，p 次元の図形 $\Omega \subset M$ を状態として指定すると，その状態における観測値 $\langle\!\langle \Omega \| \omega \rangle\!\rangle$ が積分 $\int_\Omega \omega$ によって評価される

のであった．微分運動の〈ベクトル〉は状態 Ω に対して働く．動く図形 $\Omega(t)$ が状態の変化を表現する．このとき物理量の観測値 $\langle\!\langle\, \Omega(t)\,\|\,\omega\,\rangle\!\rangle$ がどのように変化するのかを計算したいのである．ここで変化するのは状態 $=\Omega$ の方であり，物理量（の定義）ω ではないことに注意しよう（ω も時間 t の関数である場合は，2.5.3項で「時空」の中の運動として定式化する）．この計算は（古典）物理のあらゆる領域における運動理論（粒子の運動，剛体の運動，流体の運動，電磁場の運動，プラズマの運動など）に共通する一般的な構造を与えることになる．私たちが表現したいのは，どのような対象であれ，状態の変化によって生じる物理量の観測値の変化なのだから．

2.5.1 リー微分

n 次元多様体 M の上に運動（空間の点を動かす作用素）$\mathscr{T}(t)$ が与えられているとする．これを時間 t で微分したものが接ベクトル場である（2.2.2項参照）：

$$\frac{\mathrm{d}}{\mathrm{d}t}\mathscr{T}(t)\bigg|_{t=0} = \boldsymbol{v}.$$

ただし

$$\boldsymbol{v} = \sum_j v^j \partial_{x^j}$$

であり，これが微分作用素として M 上の関数に作用する．例えば $\mathscr{T}(t)$ を座標 x^j に作用させたとき，$\boldsymbol{v}$ は座標の変化率 $\boldsymbol{v}x^j = v^j$ を与えるという具合である．$\mathscr{T}(t)$ が空間に置かれた点たちの座標を動かすことによって p 次元の図形 $\Omega \subset M$ の位置も変化する．時間変化する図形を $\Omega(t) = \mathscr{T}(t)\Omega$ と書こう．p-形式で表される物理量 ω（これ自体は t によらない M 上の滑らかな関数とする）の観測値 $\langle\!\langle\, \Omega(t)\,\|\,\omega\,\rangle\!\rangle = \int_{\Omega(t)} \omega$ の時間微分を

$$\frac{\mathrm{d}}{\mathrm{d}t}\int_{\Omega(t)} \omega \bigg|_{t=0} = \lim_{t\to 0}\frac{1}{t}\left[\int_{\Omega(t)}\omega - \int_{\Omega(0)}\omega\right] = \int_{\Omega(0)} L_{\boldsymbol{v}}\omega \qquad (2.222)$$

と書き，$L_{\boldsymbol{v}}\omega$ を ω の（接ベクトル場 $\boldsymbol{v}$ による）**リー微分** (Lie derivative) と呼ぶ．問題は $L_{\boldsymbol{v}}\omega$ が具体的にどのように表されるかである．

簡単な例から始めよう（これは2.2.2項の復習である）．M の上で定義されたスカラー関数（0-形式）で表される物理量 $f(\boldsymbol{x})$ を考える．状態は0次元の図

形すなわち点 $\boldsymbol{x} = \boldsymbol{s} \in M$ によって表される．0 次元の図形 $\boldsymbol{s}$ と 0-形式 f の双対関係は，積分ではなく，$\langle\!\langle\, \boldsymbol{s} \,\|\, f \,\rangle\!\rangle = f\big|_{\boldsymbol{s}}$ と与えられる．点が時間 t の関数として動くことを $\boldsymbol{s}(t) = \mathscr{T}(t)\boldsymbol{s}$ と表そう．f の観測値は $f\big|_{\boldsymbol{s}(t)} = f(\boldsymbol{s}(t))$ によって時間の関数となる．t に関する微分 $L_{\boldsymbol{v}}f$ を具体的に計算すると（任意の点 $\boldsymbol{s} \in M$ において）

$$L_{\boldsymbol{v}}f = \lim_{t \to 0} \frac{1}{t}[f(\boldsymbol{s}(t)) - f(\boldsymbol{s}(0))] = \sum_j v^j \partial_{x^j} f = i_{\boldsymbol{v}}\mathrm{d}f. \tag{2.223}$$

最後の表式はベクトル解析の記号で書くと $\boldsymbol{v} \cdot \nabla f$．ベクトル $\boldsymbol{v}$ の方向に動いたときの f の変動という意味である．

スカラー関数に対してはこのように簡単であるが，一般の p-形式については積分値の変化を計算しなくてはならないので難しい．最終的な結果（定理 2.43）は極めて美しい対称性をもつのだが，計算の過程はやや複雑である．第一歩として 1-形式の場合を考えよう．

1-形式のリー微分

$M = \mathbb{R}^n$ にデカルト座標を置き，1-形式を $\omega = \sum_j \omega_j \mathrm{d}x^j$ と書く．簡単のために 1 次元の図形として線分 $L = \{(x^1, 0, \ldots, 0);\ 0 < x^1 < 1\}$ を考える．これを動かす〈ベクトル場〉は 1 成分のみもつとしよう：$\boldsymbol{v} = v^j \partial_{x^j}$．微小時間 ϵ だけ $\boldsymbol{v}$ が作用すると（以下，オーダー ϵ^2 以下の微小量は無視する）

$$L \mapsto L_\epsilon = \{(x^1, 0, \ldots, 0) + \epsilon v^j \boldsymbol{e}_j;\ 0 < x^1 < 1\}$$

へ写される（$\boldsymbol{e}_j$ は x^j の方向の単位ベクトル）．この間に L が通過した点の集合を Σ_ϵ と書こう．これは 2-次元の図形（$\subset x^1$-x^j 平面）となる（$j = 1$ の場合，L は x^1 軸上を横滑りするだけなので別に扱う）．境界 $\partial\Sigma_\epsilon$ は四つの線分で構成されている（図 2.10 参照）：

$$\partial\Sigma_\epsilon = L_\epsilon \cup (-L) \cup \Gamma_0 \cup (-\Gamma_1). \tag{2.224}$$

ただし，L_ϵ 上で $x^1 \uparrow$ を正の向きにとる．ストークスの定理を用いて

$$\int_{L_\epsilon} \omega - \int_L \omega = \int_{\partial\Sigma_\epsilon} \omega + \int_{\Gamma_1} \omega - \int_{\Gamma_0} \omega = \int_{\Sigma_\epsilon} \mathrm{d}\omega + \int_{\Gamma_1} \omega - \int_{\Gamma_0} \omega. \tag{2.225}$$

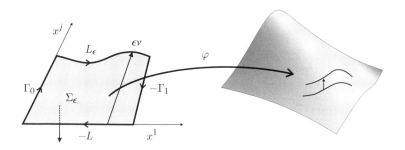

図 2.10 1次元図形（曲線）の微分運動．直線 L に引き戻してパラメタ化する．L が L_ϵ まで動く間に通過した範囲は面 Σ_ϵ を作る．その境界 $\partial \Sigma_\epsilon$ は L_ϵ と L，さらに ∂L（直線の両端）が通過した線分 Γ_0 と Γ_1 からなる．図に示したように右手系で向きづける．

まず右辺の面積分の項をみよう．Σ_ϵ 上の積分に寄与するのは 2-形式 $d\omega$ の中で $dx^j \wedge dx^1$ を含む項だけである（この順の外積を面積要素の正の向きにとる：図 2.10 参照）：

$$\int_{\Sigma_\epsilon} d\omega = \int_{\Sigma_\epsilon} (\partial_{x^j} \omega_1 - \partial_{x^1} \omega_j) \, dx^j \wedge dx^1. \tag{2.226}$$

この面積分は，L 上の線素 dx^1 に幅 ϵv^j を掛けた線積分として計算することができる：

$$\int_{\Sigma_\epsilon} (\partial_{x^j} \omega_1 - \partial_{x^1} \omega_j) \, dx^j \wedge dx^1 = \epsilon \int_L v^j (\partial_{x^j} \omega_1 - \partial_{x^1} \omega_j) \, dx^1 = \epsilon \int_L i_{\boldsymbol{v}} d\omega. \tag{2.227}$$

次に (2.225) 右辺の Γ_0, Γ_1 にかかわる積分をみよう．これらの線分は L の境界 $p_0 = (0, 0, \ldots, 0)$ および $p_1 = (1, 0, \ldots, 0)$ の軌跡であるから，それぞれの長さは $\epsilon v^j\big|_{p_0}$ および $\epsilon v^j\big|_{p_1}$ である．したがって

$$\int_{\Gamma_1} \omega - \int_{\Gamma_0} \omega = \epsilon v^j \omega_j \big|_{p_1} - \epsilon v^j \omega_j \big|_{p_0} = \epsilon i_{\boldsymbol{v}} \omega \big|_{p_1} - \epsilon i_{\boldsymbol{v}} \omega \big|_{p_0} = \epsilon \int_L d(i_{\boldsymbol{v}} \omega). \tag{2.228}$$

最後のところではストークスの定理を用いた（$\partial L = p_1 \cup (-p_0)$）．以上をまとめると

$$\lim_{\epsilon \to 0} \frac{1}{\epsilon} \left[\int_{L_\epsilon} \omega - \int_L \omega \right] = \int_L i_{\boldsymbol{v}}(d\omega) + d(i_{\boldsymbol{v}} \omega) \tag{2.229}$$

を得る．リー微分の定義 (2.222) にもどると

$$L_{\boldsymbol{v}} = i_{\boldsymbol{v}}\mathrm{d} + \mathrm{d}i_{\boldsymbol{v}} \tag{2.230}$$

を得る．

これを導くとき「簡単のため」に導入した仮定をとり除いて一般化しておこう．まず単成分の〈ベクトル場〉$\boldsymbol{v} = v^j \partial_{x^j}$ で $j \neq 1$ の場合を考えたのだが，$j = 1$ のときは $\int_{\Sigma_\epsilon} \mathrm{d}\omega = 0$ と置いて，$\int_{\Gamma_0} \omega$ および $\int_{\Gamma_1} \omega$ だけ計算すればよい．これらから (2.229) 右辺の第 2 項が得られるのだが，第 1 項の方は確かに 0 となるので (2.229) は $j = 1$ の場合も包摂している．次に多成分の〈ベクトル場〉$\boldsymbol{v} = \sum_j v^j \partial_{x^j}$ の場合に拡張したい．ここでおこなっているのは「微分」の計算であるから，任意の $v^j \partial_{x^j}$ に関しておこなった上記の計算を j について足しあげるだけでよい．$i_{\boldsymbol{v}}$ は $\boldsymbol{v}$ に関して線形であるから，(2.229) の表現をそのまま一般の $\boldsymbol{v}$ について用いればよい．最後に，ここでは図形を直線 L に限定したのだが，これを任意の 1 次元図形 Ω に一般化する必要がある．そのためには，L をパラメタ空間だと考えて $\varphi : L \to \Omega$ を引き戻せばよい（図 2.10 参照）．これは次項で具体的に定式化する．さらに，(2.230) が任意の次数 p についても成り立つことも示す（0-形式のときは $i_{\boldsymbol{v}} f = 0$ となるから，(2.230) は既に 0-形式の結果 (2.223) を含んでいる）．

2.5.2 カルタンの公式

リー微分と引き戻しの関係をみよう．n 次元多様体 M で定義された p-形式 ω を考える．M の部分集合として与えられる p 次元の図形 Ω の上で ω を積分することを簡単に $\int_\Omega \omega$ と書くのだが，これは正確に言うと，ある p 次元のパラメタ空間 D から M への写像 φ を使って Ω をパラメタ化し，引き戻し φ^* によって $\int_D \varphi^* \omega$ を計算するという意味であった（定義 2.27 参照）．$\varphi(t) = \mathscr{T}(t) \circ \varphi$ と置くと，$\Omega(t) = \varphi(t)D$ と書くことができ，この引き戻しを用いて

$$\int_{\Omega(t)} \omega = \int_D \varphi^*(t)\omega$$

と表すことができる．リー微分の定義 (2.222) に用いると

$$\int_{\Omega(0)} L_{\boldsymbol{v}}\omega = \frac{\mathrm{d}}{\mathrm{d}t}\int_{\Omega(t)}\omega\bigg|_{t=0} = \lim_{t\to 0}\frac{1}{t}\left[\int_{\Omega(t)}\omega - \int_{\Omega(0)}\omega\right]$$
$$= \lim_{t\to 0}\frac{1}{t}\left[\int_D \varphi^*(t)\omega - \int_D \varphi^*(0)\omega\right].$$

したがって

$$L_{\boldsymbol{v}}\omega = \frac{\mathrm{d}}{\mathrm{d}t}\varphi^*(t)\omega\bigg|_{t=0} \tag{2.231}$$

と書くことができる．これをリー微分の定義だとしてもよい．

$\boxed{\text{補題 2.42}}$（リー微分のライプニッツ則）r-形式 α と s-形式 β の外積 $\alpha\wedge\beta$ に対して

$$L_{\boldsymbol{v}}(\alpha\wedge\beta) = (L_{\boldsymbol{v}}\alpha)\wedge\beta + \alpha\wedge(L_{\boldsymbol{v}}\beta) \tag{2.232}$$

が成り立つ．

証明 p-形式 ω を接ベクトル場 $\boldsymbol{v}_1,\ldots,\boldsymbol{v}_p \in TM$ の上で評価することを $\omega(\boldsymbol{v}_1,\ldots,\boldsymbol{v}_p)$ と書く．定義 2.27 で見たように，引き戻し $\varphi^*(t)$ は $\varphi_*(t)$（$\varphi(t)$ の線形化）の双対写像であるから

$$\frac{\mathrm{d}}{\mathrm{d}t}\varphi^*(t)\omega(\boldsymbol{v}_1,\ldots,\boldsymbol{v}_p)\bigg|_{t=0} = \frac{\mathrm{d}}{\mathrm{d}t}\omega(\varphi_*(t)\boldsymbol{v}_1,\ldots,\varphi_*(t)\boldsymbol{v}_p)\bigg|_{t=0} \tag{2.233}$$

と書くことができる．$\alpha\wedge\beta$ を (2.94) のように表すと（$p=r+s$ と置く）

$$\frac{\mathrm{d}}{\mathrm{d}t}(\alpha\wedge\beta)(\varphi_*(t)\boldsymbol{v}_1,\ldots,\varphi_*(t)\boldsymbol{v}_p)$$
$$= \frac{\mathrm{d}}{\mathrm{d}t}\sum_{j_1,\ldots,j_r}\sum_{k_1,\ldots,k_s}\mathrm{sgn}(\sigma(j,k))$$
$$\times\,\alpha(\varphi_*(t)\boldsymbol{v}_{j_1},\ldots,\varphi_*(t)\boldsymbol{v}_{j_r})\,\beta(\varphi_*(t)\boldsymbol{v}_{k_1},\ldots,\varphi_*(t)\boldsymbol{v}_{k_s})$$
$$= \sum_{j_1,\ldots,j_r}\sum_{k_1,\ldots,k_s}\mathrm{sgn}(\sigma(j,k))$$
$$\times\left\{\left[\frac{\mathrm{d}}{\mathrm{d}t}\alpha(\varphi_*(t)\boldsymbol{v}_{j_1},\ldots,\varphi_*(t)\boldsymbol{v}_{j_r})\right]\beta(\varphi_*(t)\boldsymbol{v}_{k_1},\ldots,\varphi_*(t)\boldsymbol{v}_{k_s})\right.$$
$$\left.+\,\alpha(\varphi_*(t)\boldsymbol{v}_{j_1},\ldots,\varphi_*(t)\boldsymbol{v}_{j_r})\left[\frac{\mathrm{d}}{\mathrm{d}t}\beta(\varphi_*(t)\boldsymbol{v}_{k_1},\ldots,\varphi_*(t)\boldsymbol{v}_{k_s})\right]\right\}$$
$$= \left[\frac{\mathrm{d}}{\mathrm{d}t}\alpha(\varphi_*(t)\boldsymbol{v}_1,\ldots,\varphi_*(t)\boldsymbol{v}_r)\right]\wedge\beta(\varphi_*(t)\boldsymbol{v}_1,\ldots,\varphi_*(t)\boldsymbol{v}_s)$$
$$+\,\alpha(\varphi_*(t)\boldsymbol{v}_1,\ldots,\varphi_*(t)\boldsymbol{v}_r)\wedge\left[\frac{\mathrm{d}}{\mathrm{d}t}\beta(\varphi_*(t)\boldsymbol{v}_1,\ldots,\varphi_*(t)\boldsymbol{v}_s)\right].$$

2.5 運動の幾何学的理論

$t = 0$ と置き，(2.233) と (2.231) を用いて (2.232) を得る． □

ここでは $\frac{\mathrm{d}}{\mathrm{d}t}\varphi^*(t)\alpha$ や $\frac{\mathrm{d}}{\mathrm{d}t}\alpha(\varphi_*(t)\boldsymbol{v}_1,\ldots,\varphi_*(t)\boldsymbol{v}_r)$ などを具体的に計算する必要はなく，単にリー微分がライプニッツ則を満たすことを示せば十分である[42]．これを使って次の定理を得る．

定理 2.43 （カルタン (Cartan) の公式） p-形式 ω のリー微分は

$$L_{\boldsymbol{v}}\omega = (i_{\boldsymbol{v}}\mathrm{d} + \mathrm{d}i_{\boldsymbol{v}})\omega \tag{2.234}$$

と書くことができる．

証明　数学的帰納法を用いる．既に 1-形式（および 0-形式）について (2.234) が成り立つことを知っている．q-形式 β について (2.234) が成り立つとしよう．すると次に示すように，1-形式 α と β の外積 $\alpha \wedge \beta$ に対しても (2.234) が成り立つことが示される．任意の $(q+1)$-形式は $\alpha \wedge \beta$ の形に書くことがきるから，すべての $(q+1)$-形式について (2.234) が証明されたことになる．補題 2.42 により

$$L_{\boldsymbol{v}}(\alpha \wedge \beta) = (L_{\boldsymbol{v}}\alpha) \wedge \beta + \alpha \wedge (L_{\boldsymbol{v}}\beta)$$

と書くことができる．1-形式 α と q-形式 β について (2.100), (2.121) および (2.234) を用いて計算すると

$$
\begin{aligned}
&(L_{\boldsymbol{v}}\alpha) \wedge \beta + \alpha \wedge (L_{\boldsymbol{v}}\beta) \\
&= (i_{\boldsymbol{v}}\mathrm{d}\alpha + \mathrm{d}i_{\boldsymbol{v}}\alpha) \wedge \beta + \alpha \wedge (i_{\boldsymbol{v}}\mathrm{d}\beta + \mathrm{d}i_{\boldsymbol{v}}\beta) \\
&= \mathrm{d}[(i_{\boldsymbol{v}}\alpha) \wedge \beta - \alpha \wedge (i_{\boldsymbol{v}}\beta)] + i_{\boldsymbol{v}}[(\mathrm{d}\alpha) \wedge \beta - \alpha \wedge (\mathrm{d}\beta)] \\
&= \mathrm{d}[i_{\boldsymbol{v}}(\alpha \wedge \beta)] + i_{\boldsymbol{v}}[\mathrm{d}(\alpha \wedge \beta)].
\end{aligned}
$$

（この変形は逆向きに辿った方がわかりやすいだろう．）したがって $L_{\boldsymbol{v}}(\alpha \wedge \beta) = (\mathrm{d}i_{\boldsymbol{v}} + i_{\boldsymbol{v}}\mathrm{d})(\alpha \wedge \beta)$． □

時間依存する微分形式

これまで物理量を表す微分形式は「空間」の上で定義された関数であり，時間 t を独立変数として含まないものとしてきた．このままでは一般的な物理の

[42) 内部積，外微分が満たす擬ライプニッツ則と比較しよう．(2.121) に付した脚注を参照．

164 第2章　電磁気の幾何学

要請には応えられない．時間に依存する物理量（例えば電磁場や物質場）を扱うためには次のような拡張が必要である．

時間に依存する p-形式を $\omega(t)$ と書こう．$\langle\!\langle\, \Omega(t)\,\|\,\omega(t)\,\rangle\!\rangle = \int_{\Omega(t)}\omega(t)$ の時間微分は，(2.222) を修正して

$$
\begin{aligned}
\frac{\mathrm{d}}{\mathrm{d}t}\int_{\Omega(t)}\omega(t)\bigg|_{t=0} &= \lim_{t\to 0}\frac{1}{t}\left[\int_{\Omega(t)}\omega(t) - \int_{\Omega(0)}\omega(0)\right]\\
&= \lim_{t\to 0}\frac{1}{t}\left[\int_{\Omega(t)}[\omega(t)-\omega(0)] + \int_{\Omega(t)}\omega(0) - \int_{\Omega(0)}\omega(0)\right]\\
&= \int_{\Omega(0)}(\partial_t + L_{\boldsymbol{v}})\omega
\end{aligned}
\tag{2.235}
$$

により与えられる．つまり

$$
L_{\boldsymbol{v}} \to \partial_t + L_{\boldsymbol{v}}
\tag{2.236}
$$

と拡張すればよい．しかし，次項で述べるような考え方もある．

2.5.3　時空における運動

時間を独立変数として含む物理量は，時間も座標の一つとして含む時空 (space-time) で定義されていると考えれば，時間を特別扱いしないで空間を張る座標と同じように扱うことができる．ただし，運動の進行（多様体の点たちを動かすリー群の作用）を計る実数パラメタが必要なので，それを s と書く．実は s と t との関係に相対論が介入してくるのだが（2.6節参照），ここでは非相対論的（ガリレオ的）な時空を考える．この場合，$s = t$ としてかまわない．時空の時間軸は単に時間を独立変数に加えるための技術なのである．

ユークリッド空間 E の座標 (x^1, x^2, x^3) に時間軸（x^0 と書く）を加えた時空 $E^4 = \mathbb{R} \times E$ を考える（ここでは E は3次元空間とするが，何次元でもかまわない．また一般のリーマン空間でもよい）．E^4 の座標を

$$
(x^\mu) = (x^0, x^1, x^2, x^3) = (ct, x^1, x^2, x^3)
\tag{2.237}
$$

と書く．すべての座標変数の次元を「長さ」の次元にそろえるために $x^0 = ct$（c は光速）としている．4次元の時空 E^4 で微分形式を定義するときの標準的な基を付録の表 b にまとめておく．

運動を生成する接ベクトル場として

$$
\boldsymbol{u} \;\Leftrightarrow\; u^\mu \partial_{x^\mu} = c\partial_{x^0} + v^j \partial_{x^j}
\tag{2.238}
$$

2.5 運動の幾何学的理論

を考える[43]. 第 0 成分は定数 c に固定されていることに注意しよう. 時間座標は一定の速さでしか変化しない. これは運動の進行を計るパラメタ s が t と同じものだという意味である. 第 1 から 3 の空間成分はこれまでと同じベクトル場 v である.

時空 E^4 におけるリー微分を $\mathcal{L}_u$ と書いて, 空間 E におけるリー微分 L_v との区別を明確にしよう. 具体例を見ていく.

0-形式のリー微分：スカラー保存則, 運動の積分

スカラー関数（0-形式）f に関するリー微分は, 空間から時空へ簡単に拡張できる：

$$\mathcal{L}_u f = i_u \mathrm{d}f = \partial_t f + v \cdot \nabla f. \tag{2.239}$$

既に (2.236) で導いた結果 $(\partial_t + L_v)f$ と一致することが確かめられる.

$\mathcal{L}_u f$ は流れ u と一緒に動く座標系で観測される f の時間変化率を表す. (2.231) がこのことを端的に表している. $\mathcal{L}_u f = 0$ であるとき, f は時間の進行に対して不変である. そのような物理量を保存量 (constant of motion) と呼ぶ.

とくに重要なのは t を含まない保存量, すなわち $L_v f = 0$ を満たすものである. そのようなスカラー関数は運動の積分 (integral of motion) と呼ばれる. これを座標の一つに選ぶと, 運動の自由度が一つ減らされる. n 次元空間の運動において独立な運動の積分 $\mu^j(x^1, \ldots, x^n)$ $(j = 1, \ldots, \nu)$ があったとしよう. $n = m + \nu$ として, 座標変換

$$(x^1, \ldots, x^n) \mapsto (y^1, \ldots, y^n) = (y^1, \ldots, y^m, \mu^1, \ldots, \mu^\nu)$$

のヤコビアンが 0 でないように $y^1, \ldots, y^m$ を選ぶ（$\mu^1, \ldots, \mu^\nu$ が互いに「独立」であるというのは, 適当な y^j を選んでヤコビアン $\neq 0$ とできるという意味である）. 新しい座標で v を書くと m 成分のベクトル場

---

[43] 1.5 節で取り決めた時空を表現するときの約束を思い出そう. ギリシャ文字のインデックスは 0（時間成分）から 3 までを示し, ローマ文字のインデックスは 1 から 3 までの空間成分だけを示す. 上下対のインデックスについては縮約をおこなう. 上つきインデックスは反変成分, 下つきインデックスは共変成分を表す. なお (1.100) ではミンコフスキー時空の 4 元速度を U^μ で表したが, ここでは相対論への準備としてユークリッド時空の 4 元速度を考えるので, それを u^μ と書いて区別する.

$$\boldsymbol{v} = v_y^1 \partial_{y^1} + \cdots + v_y^m \partial_{y^m}$$

になる．実際，接ベクトル場の座標変換則（付録の表a）により，

$$v_y^{m+\ell} = \sum_{k=1}^{n} \frac{\partial y^{m+\ell}}{\partial x^k} v_x^k = \sum_k \frac{\partial \mu^\ell}{\partial x^k} v_x^k = L_{\boldsymbol{v}} \mu^\ell = 0 \quad (\ell = 1, \ldots, \nu).$$

ただし，座標 $(x^1, \ldots, x^n)$ で書いた接ベクトル場の成分を v_x^k と書いた．このように，運動の積分が存在するとき実効的な空間の次元（運動で変化するパラメタの自由度）を縮減することができる．ただしベクトル場の成分 v_y^j には μ^1, $\ldots, \mu^\nu$ が「定数パラメタ」として含まれることに注意しよう．

補足 2.44（可積分系） $n-1$ 個の運動の積分があると，変化する変数は y^1 の一つだけとなり（簡単に y と書こう），「最後の保存量」が

$$\mathcal{L}_{\boldsymbol{u}} f = \partial_t f + v_y \partial_y f = 0 \tag{2.240}$$

によって求められる．これを解くために，まず1次元運動方程式の初期値問題

$$\frac{\mathrm{d}}{\mathrm{d}t} y = v_y, \quad y(0) = \eta \tag{2.241}$$

の解を求積法によって求める．(2.241) は変数分離型であるから

$$\frac{\mathrm{d}y}{v_y} = \mathrm{d}t \tag{2.242}$$

と書き換えられる．左辺の不定積分によって定義される関数 $F(y)$ の逆関数によって $y = F^{-1}(t, C)$ と解くことができる．C は右辺を積分したときの積分定数であるが，これを $y(0) = \eta$ と関連づけて (2.241) の解を $y(t; \eta)$ の形に書くことができる．$y(t; \eta)$ の逆関数 $\eta(y, t)$ を求めると，$f(t, y) = \eta(y, t)$ が (2.240) の解を与えることがわかる．また，任意の η_0 に対して $\eta(y(t; \eta_0), t) = \eta_0$ が成り立つ．「最後の保存量」とは，(2.242) によって時間 t とシンクロナイズする変数 y の初期値 $y(0) = \eta$，すなわち「初期時刻」に相当するものだ．出発したときの時刻が消えない記憶として残るのである．

4-形式のリー微分：電荷保存則

電荷保存則（あるいは質量保存則）は4次元時空の中で「密度」を表す4-形式にかかわる保存則である．E^4 にユークリッド座標 $(x^0, \ldots, x^3)$ を置いて計量を $\mathrm{vol}^4 = \mathrm{d}x^0 \wedge \mathrm{d}x^1 \wedge \mathrm{d}x^2 \wedge \mathrm{d}x^3$ により定める．

$$\varrho = \rho \, \mathrm{vol}^4 \tag{2.243}$$

2.5 運動の幾何学的理論

と表される 4-形式を考える. 普通 3 次元空間で定義する密度は 3-形式であるが（補足 2.21 参照）, これと次のような関係にある. $\boldsymbol{u}$ と ϱ の内部積をとると

$$
\begin{aligned}
\mathcal{J} = i_{\boldsymbol{u}}\varrho = {}& c\rho\,\mathrm{d}x^1 \wedge \mathrm{d}x^2 \wedge \mathrm{d}x^3 \\
& - \rho\mathrm{d}x^0 \wedge \left(v^1\mathrm{d}x^2 \wedge \mathrm{d}x^3 + v^2\mathrm{d}x^3 \wedge \mathrm{d}x^1 + v^3\mathrm{d}x^1 \wedge \mathrm{d}x^2\right) \quad (2.244)
\end{aligned}
$$

なる $(4-1) = 3$-形式を得る. これをカレント (current) と呼ぶ. 右辺の第 1 項 $\rho\,\mathrm{d}x^1 \wedge \mathrm{d}x^2 \wedge \mathrm{d}x^3$ は 3 次元空間の密度を表す 3-形式である. 2 行目に書いた項は

$$
\boldsymbol{e}_j \Leftrightarrow i_{\partial_{xj}}\mathrm{vol}^4 \quad (\mathrm{vol}^4 = \mathrm{d}x^0 \wedge \mathrm{d}x^1 \wedge \mathrm{d}x^2 \wedge \mathrm{d}x^3) \quad (2.245)
$$

の対応関係のもとで 3 次元空間のベクトル場 $\rho\boldsymbol{v}$ を表す. したがって, カレントは 4 次元時空の 4 成分ベクトル場と見ることができる:

$$
\mathcal{J} = (c\rho, \rho\boldsymbol{v})^{\mathrm{T}}. \quad (2.246)
$$

この第 0 成分 ρ が電荷密度だとすると, $\rho\boldsymbol{v}$ は電流密度である: (1.28) 参照.

3-形式 $\mathcal{J}$ は 3 次元の図形 $\Omega^{(3)}$ の上で積分して物理量の観測値を与える. $\Omega^{(3)}$ を純粋に空間的な 3 次元領域 $V \subset E$ にとると, $\int_V \varphi^*\mathcal{J} = \int_V \rho\,\mathrm{d}x^1 \wedge \mathrm{d}x^2 \wedge \mathrm{d}x^3$. これは V に含まれる電荷量を与える. $\Omega^{(3)}$ は時間軸上の区間 $T = (a, b)$ を含むようにとることもできる. 曲面 $\Sigma \subset E$ との直積として与えられる $\Omega^{(3)} = T \times \Sigma$ と選ぶと, $\int_{\Omega^{(3)}} \varphi^*\mathcal{J}$ は曲面 Σ を時間 T の間に通過する電荷量を与える.

電荷保存則とは 4-形式 ϱ のリー微分が 0 となることである:

$$
\mathcal{L}_{\boldsymbol{u}}\varrho = \mathrm{d}\mathcal{J} = 0. \quad (2.247)
$$

これはカレントが発散のない 4 次元ベクトル場だという意味である.

$$
\mathcal{L}_{\boldsymbol{u}}\varrho = (\partial_t + L_{\boldsymbol{v}})\varrho = 0 \quad (2.248)
$$

と書くことができるから, 流速場 $\boldsymbol{v}$ で運ばれる 3 次元領域 $V(t) \subset E$ 内の電荷総量が保存することを意味する: (2.244) 参照. ベクトル解析の記号で書くと,

$$
\partial_t\rho + \nabla \cdot (\boldsymbol{v}\rho) = 0, \quad (2.249)
$$

すなわち (1.27). 左辺第 2 項は $\nabla \cdot (\boldsymbol{v}\rho) = \boldsymbol{v} \cdot \nabla\rho + \rho\nabla \cdot \boldsymbol{v}$ と書き換えられる. (2.249) とスカラー保存則 $(\partial_t f + \boldsymbol{v} \cdot \nabla f = 0)$ との違いに注意しよう.

168   第2章　電磁気の幾何学

　ここでは4次元時空で4-形式を考えたが，一般化してn次元の時空でn-形式を考えた場合も同様に$(n-1)$-形式のカレントが定義され，その時間成分を一般化された意味で「電荷」(charge) と呼ぶ.

1-形式のリー微分：エネルギー・運動量保存則

　1-形式の典型的な例として4元ポテンシャル

$$\mathcal{A} = \mathcal{A}_\mu \mathrm{d}x^\mu = (\phi/c, -\boldsymbol{A})^\mathrm{T}$$

がある. 空間成分（磁場のベクトルポテンシャル$\boldsymbol{A}$）にマイナス符号を与えるのは1.4.4項以来の「慣習」であるが，その理由は次項で相対論の時空（ミンコフスキー時空）を考えるとき明らかになる. ここでは単に便宜上のことだとしておこう.

　1.5.5項で述べたように，$\mathcal{A}$は正準運動量$\wp = m_\mathrm{f}c\mathcal{U} + q\mathcal{A}$の中に電磁場成分として包摂されている：(1.111) 参照（補足 1.10 も参照）. ここでは，$\mathcal{A}$だけを取り出して考える. これはエネルギー・運動量の保存則 (1.112) において物質場の項を無視すること，すなわち$\wp \approx q\mathcal{A}$と近似することを意味する. すると，電磁場のみのエネルギー・運動量が保存する：

$$\partial_\mu \mathcal{T}_\mathrm{em}{}^{\mu\nu} = 0. \tag{2.250}$$

物質場のエネルギー・運動量より電磁場のそれが卓越している場合に，この近似が成り立つ. これを電磁流体力学（magnetohydrodynamics, MHDと略す）のモデルという.

　(2.250) の左辺は (1.97) で既に計算してある. 4次元の電磁力を表すのであった：$\partial_\mu \mathcal{T}_\mathrm{em}{}^{\mu\nu} = \mathcal{J}_\mu F^{\mu\nu}$. これが0であるというのは，電磁力とバランスすべき物質場が無視されているからである：正確な運動方程式 (1.112) と比較しよう. 電磁場のエネルギー・運動量が支配的であるときは，電磁場のみで保存則を満足しなくてはならない. 実際 (2.250) は$\wp \approx q\mathcal{A}$の保存則を意味する. このことを確認しよう.

　ファラデーテンソルは

$$F = \mathrm{d}\mathcal{A}$$

により定義される2-形式である. 外微分を具体的に計算して，(1.92) で与えたテンソルが得られることを検証されたい. 4元カレント$\mathcal{J}$はベクトル場$\boldsymbol{u}$に電

2.5 運動の幾何学的理論

荷密度 ρ を掛けたものである：(1.89) 参照．したがって，$\partial_\mu \mathcal{T}_{\mathrm{em}}{}^{\mu\nu} = \mathcal{J}_\mu F^{\mu\nu} = 0$ を ρ で割ったものは

$$i_{\boldsymbol{u}} F = 0 \tag{2.251}$$

を意味する．したがって，(2.251) は

$$\mathcal{L}_{\boldsymbol{u}} \mathcal{A} = \mathrm{d}\tilde{\phi} \quad (\tilde{\phi} = i_{\boldsymbol{u}} \mathcal{A}) \tag{2.252}$$

と書くことができる．電磁場のエネルギー・運動量保存則 (2.250) は，4元ポテンシャル $\mathcal{A}$ のリー微分が完全形式であること，即ち $\mathrm{d}\mathcal{A}$ が保存することを意味するのである．

補足 2.45（順圧流体の運動方程式） ここでは $\wp \approx q\mathcal{A}$ と近似して，その保存則を議論したが，物質場も考慮した正準運動量 $\wp = m_{\mathrm{f}} c \mathcal{U} + q\mathcal{A}$ を 1-形式とみなすと，その運動方程式 (1.112) は $i_{\boldsymbol{u}} \mathrm{d}\wp = -\frac{1}{c} T \mathrm{d}\sigma$ と解釈できる．これは

$$\mathcal{L}_{\boldsymbol{u}} \wp = \frac{1}{c} T \mathrm{d}\sigma + q \mathrm{d}\tilde{\phi} \tag{2.253}$$

と書くことができる．熱変化の項 $(T/c)\mathrm{d}\sigma$ のために，正準運動量 $\wp$ の保存は壊れる．しかし，$(T/c)\mathrm{d}\sigma$ が $\mathrm{d}\Theta$ のごとく完全微分形式で書ける場合（これを順圧流体 (barotropic fluid) という），(2.253) は

$$\mathcal{L}_{\boldsymbol{u}} \wp = -\mathrm{d}\Theta + q \mathrm{d}\tilde{\phi} \tag{2.254}$$

となる．$\mathrm{d}h = n^{-1}\mathrm{d}p + T\mathrm{d}\sigma$（熱力学第 1 ＋第 2 法則）であるから，順圧流体では $n^{-1}\mathrm{d}p$ も完全微分形式でなくてはならない．したがって，∇n, ∇p, ∇T および $\nabla \sigma$ はすべて平行なベクトルとなる．すなわち p, n, T はいずれも σ の関数として書ける．以下に述べる循環保存則，ヘリシティー保存則は順圧流体の運動量 $\wp$ についても成り立つ．

2-形式のリー微分：循環保存則

運動方程式 (2.251) の両辺の外微分を計算すると（$\mathrm{d}F = \mathrm{d}\mathrm{d}\mathcal{A} = 0$ を用いて）

$$\mathcal{L}_{\boldsymbol{u}} F = 0 \tag{2.255}$$

を得る．これは 2-形式 F が保存量であることを示す[44] [45]．

---

[44] 補足 2.45 で述べたように，順圧流体の運動方程式 (2.254) でも $N = \mathrm{d}\wp$ について $\mathcal{L}_{\boldsymbol{u}} N = 0$ が成り立つ．

[45] ハミルトン力学の方程式は $i_{\dot{\boldsymbol{z}}} \Omega = \mathrm{d}H$ と書ける（補足 1.10 参照）．ただし $\dot{\boldsymbol{z}}$ は位相空間

170　　　　第 2 章　電磁気の幾何学

2-形式 F を積分する 2 次元の図形（曲面）Σ を純粋に空間的にとると（すなわち $\Sigma \subset E$），保存量は

$$\int_{\Sigma(t)} F = \int_{\partial \Sigma(t)} \mathcal{A} \tag{2.256}$$

と書き直せる（ストークスの定理を用いた）．ループ $\partial \Sigma(t)$ に沿って 1-形式 $\mathcal{A}$ の周回積分をとると，それは保存量となるというのである．この周回積分を循環 (circulation) という．また F の成分 (1.92) を用いて左辺を書き下すと

$$\int_{\Sigma(t)} F = \int_{\Sigma(t)} \boldsymbol{n} \cdot \boldsymbol{B}\, \mathrm{d}^2 x, \tag{2.257}$$

（$\boldsymbol{n}$ は曲面 $\Sigma(t)$ に対する単位法線ベクトル），すなわち曲面 $\Sigma(t)$ を通過する磁束を表す．$\mathcal{A}$ の循環が保存することと磁束の保存とは等価である．

3-形式のリー微分：ヘリシティー保存則

1-形式 P から次のような 3-形式を作る：

$$\mathcal{C} = P \wedge \mathrm{d}P. \tag{2.258}$$

これをヘリシティー (helicity) という．P は運動方程式

$$\mathcal{L}_{\boldsymbol{u}} P = -\mathrm{d}\Lambda \tag{2.259}$$

を満たすとする．具体的には (2.252) を満たす $\mathcal{A}$（この場合 $\Lambda = 0$），あるいは (2.254) を満たす $\wp$（この場合 $\Lambda = \Theta$）を考えることができる．例えば $\mathcal{A}$ に関するヘリシティーは

$$\mathcal{C} = \begin{pmatrix} \boldsymbol{A} \cdot \boldsymbol{B} \\ \dfrac{\phi}{c} \boldsymbol{B} - \boldsymbol{A} \times \boldsymbol{E}/c \end{pmatrix} \tag{2.260}$$

と書くことができる．(2.259) より $\mathcal{L}_{\boldsymbol{u}}\, \mathrm{d}P = 0$．したがって，

$$\mathcal{L}_{\boldsymbol{u}}(P \wedge \mathrm{d}P) = (\mathcal{L}_{\boldsymbol{u}} P) \wedge \mathrm{d}P + P \wedge (\mathcal{L}_{\boldsymbol{u}}\, \mathrm{d}P) = -\mathrm{d}\Lambda \wedge \mathrm{d}P = -\mathrm{d}\left[\Lambda\, \mathrm{d}P\right]. \tag{2.261}$$

の接ベクトル，H はハミルトニアン，Ω は正準 2-形式（正準 1-形式 $\theta = p_j \mathrm{d}q^j$ の外微分 $\Omega = \mathrm{d}\theta$）である．$\Omega^{-1}$ が補足 1.10 におけるコシンプレクティック行列 J．両辺の外微分をとると $L_{\dot{z}}\Omega = 0$，すなわちハミルトン力学の運動は正準 2-形式を保存する群＝シンプレクティック群の作用である．場のテンソル F と Ω のアナロジーに注目しよう．

ヘリシティーは3-形式であるから，時空の中の3次元図形の上で積分して物理量になる．純粋に空間的な領域 $\Omega(t) \subset E$ をとったとき，

$$\int_{\Omega(t)} \mathcal{C} = \int_{\Omega(t)} \mathcal{C}_0 \, \mathrm{d}^3 x \tag{2.262}$$

と与えられる．電磁場の4元ポテンシャル $\mathcal{A}$ に関するヘリシティー (2.260) の場合だと，これは $\int_{\Omega(t)} \boldsymbol{A} \cdot \boldsymbol{B} \, \mathrm{d}^3 x$ と書ける．ストークスの定理を使って

$$\frac{\mathrm{d}}{\mathrm{d}t} \int_{\Omega(t)} \mathcal{C} = \int_{\Omega(t)} \mathcal{L}_{\boldsymbol{u}} \mathcal{C} = -\int_{\partial\Omega(t)} \Lambda \, \mathrm{d}P \tag{2.263}$$

と計算できる．P の台を含むように $\Omega(t)$ を十分大きくとり，境界 $\partial\Omega(t)$ の上で $\mathrm{d}P = 0$ としよう．$\Omega(t)$ は P とともにベクトル $\boldsymbol{u}$ で運ばれるので，この境界条件は初期に満たされれば，そのまま保持され，(2.263) の右辺は 0 である．すなわちヘリシティーの全積分量は保存量である[46]．

2.6 ミンコフスキー時空（特殊相対論）

前項では時空の時間座標 t と運動の進行を計るパラメタ s は同じものだと考えた．これは自明な選択でも，唯一の可能性でもない．電磁気の法則は別の選択を要求している．

2.6.1 ローレンツ計量

この問題は時空の座標変換則に関係している．古典的な時空の概念では，リーマン計量によって空間 $M \cong \mathbb{R}^3$ に位相を与える（2.1.2 および 2.3.3 項参照）．時間軸に関する計量（時間の計り方）は M の計量とは独立であり，時間と空間を混ぜた座標変換（ブースト (boost) という）をおこなっても，空間の計量と時間の計量はそれぞれ不変だと考える．つまり「動いている座標系」に移っても，ものの長さ，時間の進み方は変わらないとするのである．例えば，ある基準系に対して一定の速度で運動している別の座標系（すなわち慣性座標系）へ座標変換したとしても，空間の2点間の距離は同じであり，加速度も変化しない（すなわちガリレイ変換 (Galilean transformation)）．ニュートン

---

[46] この保存則は「力線」のトポロジーに関する束縛を意味する（3.2.5 項参照）．

172　　　第2章　電磁気の幾何学

の運動方程式は，確かにガリレイ変換に対して不変である．しかし，既に指摘
したように（1.4.5, 1.5.1 項），電磁気の法則はガリレイ変換に対して不変では
ない．この問題を解決するためには，時間と空間の「独立性」を仮定すること
をやめ，時空 M^4 において座標変換則を検討し，電磁気の法則と整合する計量
（位相）を見いださなくてはならない．そのために，運動や場の変化を記述す
るパラメタ s と時間の座標 t は，そもそも違うものだというところへ遡るので
ある．

　4次元時空 M^4 に次のローレンツ計量 (Lorentzian metric) を与えたものをミ
ンコフスキー時空 (Minkowski space-time) という．

‖ **定義2.46** ‖（ローレンツ計量）　M^4 のデカルト座標を (x^0, x^1, x^2, x^3) と書
く．各点 $\boldsymbol{p} \in M^4$ において $\boldsymbol{u} = u^\mu \partial_\mu$, $\boldsymbol{w} = w^\mu \partial_\mu \in T_{\boldsymbol{p}}$ に対して双線形形式を

$$(\boldsymbol{u}, \boldsymbol{w})_\eta = \eta_{\mu\nu} u^\mu w^\nu \tag{2.264}$$

と定義する[47]．ただし，

$$(\eta_{\mu\nu}) = \begin{pmatrix} 1 & 0 & 0 & 0 \\ 0 & -1 & 0 & 0 \\ 0 & 0 & -1 & 0 \\ 0 & 0 & 0 & -1 \end{pmatrix}.$$

$(\boldsymbol{u}, \boldsymbol{w})_\eta$ をローレンツ計量という[48]．

　ローレンツ計量 $(\boldsymbol{u}, \boldsymbol{w})_\eta$ は二つの反変ベクトル $\boldsymbol{u}$ と $\boldsymbol{w}$ から実数への双線
形写像であるが，反変ベクトル $\boldsymbol{w} \in T_{\boldsymbol{p}}$ を $\eta = (\eta_{\mu\nu})$ によって共変ベクトル
$\eta\boldsymbol{w} \in T_{\boldsymbol{p}}^*$ へ変換し，それと反変ベクトル $\boldsymbol{u}$ との双対積 $\langle\ ,\ \rangle$ をとったものだと
考えることができる：

$$(\boldsymbol{u}, \boldsymbol{w})_\eta = \langle \boldsymbol{u}, \eta\boldsymbol{w} \rangle. \tag{2.265}$$

---

[47] 1.5 節で取り決めた時空を表現するときの記号法を採用する．メトリックテンソル $\eta_{\mu\nu}$
も既に定義してある：(1.85) 参照．

[48] $-\eta_{\mu\nu}$ によってローレンツ計量を定義する流儀もある．ここでは $(\eta_{\mu\nu})$ の正定値性を放
棄するので，$\eta_{\mu\nu}$ の符号はどちらに選んでもかまわない．ただし，この符号を変えると，
以下の計算のいろいろな所で符号の違いが生じる．時空の時間的領域と空間的領域の定
義が入れ替わる，ファラデーテンソル $F_{\mu\nu}$ に含まれる E_j や B_j の符号が反転するなどで
ある．しかしこれらは「公理体系」の選択の問題であり，物理的な結論，例えば電磁場の
ローレンツ変換式 (2.277) などは同じものが導かれる．

2.6 ミンコフスキー時空（特殊相対論）

つまり，η は $T_{\boldsymbol{p}} \to T_{\boldsymbol{p}}^*$ の同型写像だと考えることができる[49]．

$\det(\eta_{\mu\nu}) = -1$ であることに注意しよう[50]．ローレンツ計量のことを擬リーマン計量 (pseudo-Riemannian metric) ということもある．

接ベクトル $\boldsymbol{u} = \sum_\mu u^\mu \partial_{x^\mu}$ に対して，$u^\mu = \langle u, \mathrm{d}x^\mu \rangle$ と計算できる．$\langle \circ, \mathrm{d}x^\mu \rangle$ のことを簡単に $\mathrm{d}x^\mu$ と書いて

$$(\mathrm{d}s)^2 = (\mathrm{d}x^0)^2 - (\mathrm{d}x^1)^2 - (\mathrm{d}x^2)^2 - (\mathrm{d}x^3)^2 \tag{2.266}$$

と置く．これによって

$$(\boldsymbol{u}, \boldsymbol{u})_\eta = (\mathrm{d}s)^2(\boldsymbol{u})$$

と書くことができる（2.3.3 項参照）．$(\mathrm{d}s)^2$ は正の値をもつとは限らないことに注意しよう．M^4 の接ベクトル（4元ベクトルという）$\boldsymbol{u}$ に対して

- $(\mathrm{d}s)^2(\boldsymbol{u}) > 0$ であるとき，$\boldsymbol{u}$ は時間的 (timelike) であるという．
- $(\mathrm{d}s)^2(\boldsymbol{u}) < 0$ であるとき，$\boldsymbol{u}$ は空間的 (spacelike) であるという．

両者の境界 $(\mathrm{d}s)^2(\boldsymbol{u}) = 0$ を光円錐 (light cone) という（図 2.11 参照）．これらの言葉の意味を説明しよう．時空 M^4 の「時間座標」を $x^0 = ct$ と書く（c は光速）．すなわち

$$(x^\mu) = (ct, x^1, x^2, x^3) \tag{2.267}$$

とする．t をパラメタとして定義される接ベクトルを $u^\mu = \mathrm{d}x^\mu/\mathrm{d}t = (c, v^1, v^2, v^3)$ と書こう（2.2 節で述べたように，接ベクトルとは運動を時間微分したものとして自然に導入される概念である）．$\mathrm{d}x^0 = c\,\mathrm{d}t, \mathrm{d}x^j = v^j\,\mathrm{d}t$ を (2.266) に用いると

$$(\mathrm{d}s)^2 = (c^2 - |\boldsymbol{v}|^2)(\mathrm{d}t)^2 \tag{2.268}$$

と書くことができる．$|\boldsymbol{v}| < c$ のとき運動 $\boldsymbol{u}$ は時間的，$|\boldsymbol{v}| > c$ のときは空間的ということになる．物の運動は時間的でなくてはならない．c は時空の幾何学によって与えられる「速度の限界値」を表す．それは次のような意味である．

---

[49] リーマン計量における対称2次形式 (g_{jk}) の役割を思い出そう（2.1.3 項参照）．なおここでも反変成分には上つきのインデックス，共変成分には下つきのインデックスをつけるという約束を遵守している．

[50] したがって $(\boldsymbol{u}, \boldsymbol{w})_\eta$ はリーマン計量ではなく，$\|\boldsymbol{u}\| = (\boldsymbol{u}, \boldsymbol{u})_\eta^{1/2}$ などと置いてノルムを定義することはできない（2.1.2 項の例 2.7 参照）．

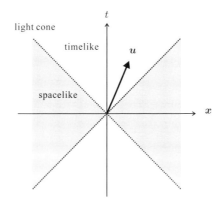

図 2.11 ミンコフスキー時空の時間的 (timelike) 領域と空間的 (spacelike) 領域．両者は光円錐 (light cone) すなわち $(ct)^2 - \boldsymbol{x}\cdot\boldsymbol{x} = 0$ によって分けられる．物理的事象（物の運動）は時間的領域において生起する．

時空 M^4 に生起する運動は，t ではなくて s を時間的パラメタとして表現されるものだとする．したがって M^4 の接ベクトルは s をパラメタとして

$$\mathcal{U}^\mu = \frac{\mathrm{d}x^\mu}{\mathrm{d}s} \tag{2.269}$$

と与えられる．これを t で表現した接ベクトル $u^\mu = \mathrm{d}x^\mu/\mathrm{d}t$ に書き直すことができるだろうか？ つまり，基準となる座標系 (x^μ) の時間 t で運動 $\mathcal{U}^\mu$ を表現できるかという問である．(2.268) より $\mathrm{d}t/\mathrm{d}s = 1/\sqrt{c^2 - |\boldsymbol{v}|^2}$ であるから，

$$\mathcal{U}^\mu = \frac{\mathrm{d}x^\mu}{\mathrm{d}t}\frac{\mathrm{d}t}{\mathrm{d}s} = \frac{\gamma}{c}u^\mu \tag{2.270}$$

と書くことができる．γ は (1.53) で定義したローレンツ因子，$\mathcal{U}^\mu$ は (1.100) で定義した4元速度である．この変数変換が可能なのは γ が定義可能であるとき，すなわち時空 M^4 の接ベクトル空間のうち時間的な領域だけである．逆に，空間的な部分は時間 t でパラメタ化できない（時間的順序を与えることができない）領域なのである．

2.6.2 ローレンツ変換

ローレンツ計量 $(\mathrm{d}s)^2$ を不変とする M^4 の変換群の一つがローレンツ変換で

ある（補足 1.8 参照）．1.4.5 項では時間 1 次元＋空間 1 次元の時空で，電磁波の座標変換則からローレンツ変換 (1.54) を導いた．これを 4 次元時空に拡張して（x^1 が電磁波の伝播方向だとして）

$$
\Lambda = \begin{pmatrix} \gamma & -\beta\gamma & 0 & 0 \\ -\beta\gamma & \gamma & 0 & 0 \\ 0 & 0 & 1 & 0 \\ 0 & 0 & 0 & 1 \end{pmatrix} \tag{2.271}
$$

による変換

$$
(x^0, x^1, x^2, x^3)^{\mathrm{T}} \mapsto (x'^0, x'^1, x'^2, x'^3)^{\mathrm{T}} = \Lambda(x^0, x^1, x^2, x^3)^{\mathrm{T}}
$$

を考えよう．容易に確かめられるように

$$
\Lambda^{\mathrm{T}}(\eta_{\mu\nu})\Lambda = (\eta_{\mu\nu}). \tag{2.272}
$$

これはローレンツ変換 Λ がローレンツ計量を不変にする変換であることを意味する．実際ローレンツ計量は $(\mathrm{d}s)^2(\boldsymbol{u}) = \langle \boldsymbol{u}, (\eta_{\mu\nu})\boldsymbol{u} \rangle$ と書くことができるが，$\boldsymbol{u} \mapsto \Lambda\boldsymbol{u}$ と変換すると

$$
(\mathrm{d}s)^2(\Lambda\boldsymbol{u}) = \langle \Lambda\boldsymbol{u}, (\eta_{\mu\nu})\Lambda\boldsymbol{u} \rangle = \langle \boldsymbol{u}, \Lambda^{\mathrm{T}}(\eta_{\mu\nu})\Lambda\boldsymbol{u} \rangle.
$$

したがって (2.272) が成り立つならば $(\mathrm{d}s)^2(\Lambda\boldsymbol{u}) = (\mathrm{d}s)^2(\boldsymbol{u})$．数学的には (2.272) がローレンツ変換の定義である[51]．

ローレンツ変換のもとで 4 次元体積は不変である．実際に x^1 方向へ運動する座標系（慣性座標系）への変換 (2.271) をおこなった場合，

$$
\begin{cases} \mathrm{d}x'^0 = \gamma\mathrm{d}x^0 - \beta\gamma\mathrm{d}x^1, \\ \mathrm{d}x'^1 = -\beta\gamma\mathrm{d}x^0 + \gamma\mathrm{d}x^1. \end{cases} \tag{2.273}
$$

これを用いて

$$
\mathrm{vol}^4 = \mathrm{d}x^0 \wedge \mathrm{d}x^1 \wedge \mathrm{d}x^2 \wedge \mathrm{d}x^3 = \mathrm{d}x'^0 \wedge \mathrm{d}x'^1 \wedge \mathrm{d}x'^2 \wedge \mathrm{d}x'^3 \tag{2.274}
$$

---

[51] このような Λ の全体はローレンツ群を定義する．似たものとして，例えば単位行列 I について $A^{\mathrm{T}}IA = I$ を満たす実行列 A の全体集合が直交群，シンプレクティック行列 J について $A^{\mathrm{T}}JA = J$ を満たす実行列 A の全体集合がシンプレクティック群である．

176   第 2 章　電磁気の幾何学

が成り立つことが容易に確かめられる．しかし，空間成分の 3 次元体積 $\mathrm{d}x^1 \wedge$ $\mathrm{d}x^2 \wedge \mathrm{d}x^3$ だけを考えると，これは不変ではない．時間の間隔 $\mathrm{d}x^0$ も不変ではない．いわゆる「ローレンツ収縮」がおこるのである（1.4.5 項参照）．

　ローレンツ変換は座標変換の一つであるから，既に導いた接ベクトルや余接ベクトルの変換法則に従えば，様々な場のローレンツ変換を導くことができる．ここでは電場と磁場の変換則を示しておこう．1-形式である電磁場の 4 元ポテンシャル $(\mathcal{A}_\mu) = (\phi/c, -A_1, -A_2, -A_3)^{\mathrm{T}}$ から導く．これの外微分として与えられるファラデーテンソルの成分から電場と磁場が読みとれるのである．

　座標を $(x^\mu) \mapsto (y^\mu)$ と変換したとき，1-形式（余接ベクトル）の成分および微分作用素（接ベクトルの基）はいずれも行列 $(\partial x^\mu / \partial y^\nu)$ によって変換されるのであった（付録の表 a 参照）．今の場合これは

$$\Lambda^{-1} = \begin{pmatrix} \gamma & \beta\gamma & 0 & 0 \\ \beta\gamma & \gamma & 0 & 0 \\ 0 & 0 & 1 & 0 \\ 0 & 0 & 0 & 1 \end{pmatrix} \tag{2.275}$$

である．ただし座標 x^1 方向へ速度 v で運動する慣性系へのブーストを考えている．これによって

$$\begin{pmatrix} \mathcal{A}_0 \\ \mathcal{A}_1 \\ \mathcal{A}_2 \\ \mathcal{A}_3 \end{pmatrix} \mapsto \begin{pmatrix} \mathcal{A}'_0 \\ \mathcal{A}'_1 \\ \mathcal{A}'_2 \\ \mathcal{A}'_3 \end{pmatrix} = \begin{pmatrix} \gamma\mathcal{A}_0 + \beta\gamma\mathcal{A}_1 \\ \gamma\mathcal{A}_1 + \beta\gamma\mathcal{A}_0 \\ \mathcal{A}_2 \\ \mathcal{A}_3 \end{pmatrix} \tag{2.276}$$

と変換される（慣性系における変数に ′ をつける）．また微分作用素の変換は

$$\begin{pmatrix} \partial_{x^0} \\ \partial_{x^1} \\ \partial_{x^2} \\ \partial_{x^3} \end{pmatrix} \mapsto \begin{pmatrix} \partial_{x'^0} \\ \partial_{x'^1} \\ \partial_{x'^2} \\ \partial_{x'^3} \end{pmatrix} = \begin{pmatrix} \gamma\partial_{x^0} + \beta\gamma\partial_{x^1} \\ \gamma\partial_{x^1} + \beta\gamma\partial_{x^0} \\ \partial_{x^2} \\ \partial_{x^3} \end{pmatrix}.$$

これらを用いて電磁場の 4 元ポテンシャルの外微分を慣性系で計算すると

$$\begin{cases} E'_1 = E_1, \\ E'_2 = \gamma(E_2 - vB_3), \\ E'_3 = \gamma(E_3 + vB_2), \end{cases} \qquad \begin{cases} B'_1 = B_1, \\ B'_2 = \gamma\left(B_2 + \dfrac{v}{c^2}E_3\right), \\ B'_3 = \gamma\left(B_3 - \dfrac{v}{c^2}E_2\right) \end{cases} \tag{2.277}$$

を得る．電磁力のガリレイ変換から導いた (1.75) と比較しよう．そこで指摘した「非対称性」が解消され，電場と磁場の双方が相似な変換を受けるように修正されたことがわかる．

2.6.3 ローレンツ変換に関する共変成分と反変成分

ローレンツ計量（定義 2.46）に現れた $\eta = (\eta_{\mu\nu})$ は反変ベクトル（接ベクトル）を共変ベクトル（余接ベクトル）に変換する同型写像である．これを用いて二つの反変ベクトル $\boldsymbol{u}$ と $\boldsymbol{w}$ の組を反変ベクトル $\boldsymbol{u}$ と共変ベクトル $\eta\boldsymbol{w}$ の双対な組に変換して計量 $(\boldsymbol{u}, \boldsymbol{w})_\eta = \langle \boldsymbol{u}, \eta\boldsymbol{w} \rangle$ が定義されるのであった．ここで反変とは座標変換において座標変数と同じように変換されるもの，共変とはその逆行列で変換されるものを意味するのであった（付録の表 a 参照）．この双対関係を「膨らませて」ローレンツ変換について反変（Λ で変換する）と共変（Λ^{-1} で変換する）の変数を導入する．膨らませると言ったのは，具体的には (1.84) で定義した 2 種類の座標 (x^μ) と (x_μ) を用い，それらの間でローレンツ変換に関する双対関係を表現するのである．接ベクトルと余接ベクトルの反変・共変関係の上に，さらにローレンツ変換に関する反変・共変関係を重ねて定義することになる．反変変数にはインデックスを上につけ，共変変数にはインデックスを下につけるという約束は，ここではローレンツ変換に関する反変・共変を表現するために用いる．その際に，接ベクトル・余接ベクトルの区別と混乱が生じる可能性があるので注意しよう．例えば余接ベクトルの成分に上つきインデックスを与えることもある．ミンコフスキー時空におけるこの「ローカルルール」は，上下インデックスの縮約を使ってローレンツ計量を計算するときに極めて有用である．

ローレンツ変換の反変・共変成分に関する基本的な関係

まず 2 種類の座標を確認しておこう：

$$x^\mu = (ct, x^1, x^2, x^3), \quad x_\mu = (ct, -x^1, -x^2, -x^3). \tag{2.278}$$

これらを用いて $\mathrm{d}x^\mu$ と $\mathrm{d}x_\mu$ を定義すると，両者は双対関係を満たす：

$$\mathrm{d}x_\mu = \eta_{\mu\nu}\,\mathrm{d}x^\nu, \quad \mathrm{d}x^\mu = \eta^{\mu\nu}\,\mathrm{d}x_\nu. \tag{2.279}$$

同時にこれらは (1.87) で定義した接ベクトルの基たち ∂^μ および ∂_μ と共役な

関係にある：

$$\langle \partial_\mu, \mathrm{d}x^\nu \rangle = \delta_{\mu\nu}, \quad \langle \partial^\mu, \mathrm{d}x_\nu \rangle = \delta_{\mu\nu}. \tag{2.280}$$

$\mathcal{A} = \mathcal{A}_\mu \mathrm{d}x^\mu$ なる 1-形式（余接ベクトル）を考えよう．この共変成分 $\mathcal{A}_\mu$ は $\mathcal{A}^\mu = \eta^{\mu\nu}\mathcal{A}_\nu$ によって反変成分に変換される．$\mathcal{A}_\mu \mathrm{d}x^\mu$ と $\mathcal{A}^\mu \mathrm{d}x_\nu$ は同じ $\mathcal{A}$ の二つの表現を与えている：

$$\mathcal{A} = \mathcal{A}_\mu \mathrm{d}x^\mu = \mathcal{A}^\mu \mathrm{d}x_\nu.$$

重要なポイントは $\mathcal{A}_\mu \mathrm{d}x^\mu$ はローレンツ変換に関して「共変」，$\mathcal{A}^\mu \mathrm{d}x_\mu$ は「反変」だということである．実際，共変成分 $\mathcal{A}_\mu$ が変換

$$\begin{pmatrix} \mathcal{A}'_0 \\ \vdots \\ \mathcal{A}'_3 \end{pmatrix} = \Lambda^{-1} \begin{pmatrix} \mathcal{A}_0 \\ \vdots \\ \mathcal{A}_3 \end{pmatrix}$$

を受けるとき（(2.276) 参照），$\mathcal{A}^\mu = \eta^{\mu\nu}\mathcal{A}_\nu$ は

$$\begin{pmatrix} \mathcal{A}'^0 \\ \vdots \\ \mathcal{A}'^3 \end{pmatrix} = (\eta^{\mu\nu}) \, \Lambda^{-1} \, (\eta_{\mu\nu}) \begin{pmatrix} \mathcal{A}^0 \\ \vdots \\ \mathcal{A}^3 \end{pmatrix} = \Lambda \begin{pmatrix} \mathcal{A}^0 \\ \vdots \\ \mathcal{A}^3 \end{pmatrix}$$

のごとく変換される．ここで

$$\eta^{-1} \, \Lambda^{-1} \, \eta = \Lambda \tag{2.281}$$

の関係を用いた．行列表現を用いて確認されたい．

ローレンツ計量は

$$(\mathrm{d}s)^2 = \mathrm{d}x^\mu \mathrm{d}x_\mu \tag{2.282}$$

と書ける．縮約によってスカラーを作るとローレンツ変換に対して不変な量となる（ローレンツ不変 (Lorentz invariant) という）．反変成分と共変成分が互いに反対の変換を受けて打ち消しあうからである．

双対な微分作用素 ∂_μ と ∂^μ を縮約してローレンツ不変な微分作用素

$$\partial_\mu \partial^\mu = \frac{1}{c^2}\partial_t^2 - \Delta = \square \tag{2.283}$$

を得る．(1.47) で定義したダランベルシャンである．これについては 2.6.5 項で再考する．

2.6 ミンコフスキー時空（特殊相対論）

(2.269) で定義した 4 元速度 $\mathcal{U}^\mu$ に対して双対 $\mathcal{U}_\mu = \eta_{\mu\nu}\mathcal{U}^\nu$ を定義すると

$$(\mathcal{U}_\mu) = \left(\frac{\mathrm{d}x_\mu}{\mathrm{d}s}\right) = (\gamma, -\gamma\boldsymbol{v}/c)^\mathrm{T}. \tag{2.284}$$

両者を縮約すると

$$\mathcal{U}^\mu\mathcal{U}_\mu = 1. \tag{2.285}$$

つまり相対論的な 4 元速度はローレンツ計量で見て「単位ベクトル」である.

ホッジ・ミンコフスキー双対

ホッジ双対をミンコフスキー時空で定義するとき，通常のリーマン計量（内積）をローレンツ計量に置き換える．ミンコフスキー時空のローカルルールに従うので「ホッジ・ミンコフスキー双対」と呼ぶことにしよう.

p-形式のホッジ・ミンコフスキー双対（$*$ で表す）は通常のホッジ双対（$\star$ で表す）にローレンツ共変・反変変換を組み合わせたものである．すなわち

$$\star(\mathrm{d}x^{\mu_1} \wedge \cdots \wedge \mathrm{d}x^{\mu_p}) = \mathrm{d}x^{\nu_1} \wedge \cdots \wedge \mathrm{d}x^{\nu_{p^\star}} \tag{2.286}$$

であるとき，

$$*(\mathrm{d}x^{\mu_1} \wedge \cdots \wedge \mathrm{d}x^{\mu_p}) = \mathrm{d}x_{\nu_1} \wedge \cdots \wedge \mathrm{d}x_{\nu_{p^\star}} \tag{2.287}$$

と定義する（具体的な対応関係を付録の表 c にまとめる）．(2.287) の両辺で共変・反変変換をおこなうと

$$*(\mathrm{d}x_{\mu_1} \wedge \cdots \wedge \mathrm{d}x_{\mu_p}) = -\mathrm{d}x^{\nu_1} \wedge \cdots \wedge \mathrm{d}x^{\nu_{p^\star}} \tag{2.288}$$

を得る．符号が反転するのは $\mathrm{vol}^4 = \mathrm{d}x^0 \wedge \mathrm{d}x^1 \wedge \mathrm{d}x^2 \wedge \mathrm{d}x^3 = -\mathrm{d}x_0 \wedge \mathrm{d}x_1 \wedge \mathrm{d}x_2 \wedge \mathrm{d}x_3$ だからである.

この符号反転のために $*$ を 2 度作用させると，$\star$ を 2 度作用させたときと比べて符号が反転する．したがって，$\star$ に関する関係式 (2.173) の代わりに $*$ に関しては

$$*(*\omega) = -(-1)^{pp^\star}\omega \tag{2.289}$$

が成り立つ．同じ事情によって，共役微分 δ（2.4.4 項参照）を定義するときにも符号を反転する必要がある．すまわち，ミンコフスキー時空では，(2.176) の代わりに

$$\delta\omega = (-1)^{n(p+1)} * \mathrm{d} * \omega \tag{2.290}$$

と定義する.

2.6.4 ミンコフスキー時空における電磁気学

ミンコフスキー時空はそもそも電磁気学を正しく描写するために定式化された時空である。4次元時空で定義されたファラデーテンソルの中に電場と磁場が自然に包摂されることは，既に見た通りである。電荷密度と電流密度もカレントとして4次元時空で統一された。ここでは相対論的に正しい電磁気学の定式化を完成しよう。

4元ポテンシャルとファラデーテンソル

ミンコフスキー時空のルールに従って電磁気の基本的な物理量を書いてみよう。4元ポテンシャルの共変成分，反変成分はそれぞれ

$$
\begin{cases}
(\mathcal{A}_\mu) = (\phi/c, \ -A_1, \ -A_2, \ -A_3)^{\mathrm{T}}, \\
(\mathcal{A}^\mu) = (\phi/c, \quad A_1, \quad A_2, \quad A_3)^{\mathrm{T}}
\end{cases}
\tag{2.291}
$$

と与えられる（言うまでもなく両者は同じものの2通りの表現である：$\mathcal{A} = \mathcal{A}_\mu \mathrm{d}x^\mu = \mathcal{A}^\mu \mathrm{d}x_\mu$）。1-形式 $\mathcal{A} = \mathcal{A}_\mu \mathrm{d}x^\mu$ の外微分 $F = \mathrm{d}\mathcal{A} = \frac{1}{2}F_{\mu\nu}\mathrm{d}x^\mu \wedge \mathrm{d}x^\nu$ を計算すると

$$
(F_{\mu\nu}) = \begin{pmatrix}
0 & E_1/c & E_2/c & E_3/c \\
-E_1/c & 0 & -B_3 & B_2 \\
-E_2/c & B_3 & 0 & -B_1 \\
-E_3/c & -B_2 & B_1 & 0
\end{pmatrix}
\tag{2.292}
$$

を得る。これは前出のファラデーテンソルである（1.5.4項参照）。E_j, B_j は電場と磁場であり4元ポテンシャルとの関係は (1.38)–(1.39) で与えられるのであった。同様に反変成分 $(\mathcal{A}^\mu)$ を1-形式として外微分を計算すると

$$
(F^{\mu\nu}) = \begin{pmatrix}
0 & -E_1/c & -E_2/c & -E_3/c \\
E_1/c & 0 & -B_3 & B_2 \\
E_2/c & B_3 & 0 & -B_1 \\
E_3/c & -B_2 & B_1 & 0
\end{pmatrix}
\tag{2.293}
$$

を得る。この2-形式の基は $\mathrm{d}x_\mu \wedge \mathrm{d}x_\nu$ であることに注意しよう。$F_{\mu\nu}$ と $F^{\mu\nu}$ の縮約によって

$$
F_{\mu\nu}F^{\mu\nu} = 2\left(|\boldsymbol{B}|^2 - \frac{1}{c^2}|\boldsymbol{E}|^2\right)
\tag{2.294}
$$

2.6 ミンコフスキー時空（特殊相対論） 181

を得る．このローレンツ不変なスカラーを積分して

$$S = -\frac{1}{4} \int F_{\mu\nu} F^{\mu\nu} \, \text{vol}^4 \tag{2.295}$$

と置き，これを真空電磁場の作用 (action) という（3.3.5項でこの役割を議論する）．(2.273) で見たように，体積要素 vol^4 もローレンツ不変であるから，S は慣性座標のとり方によらない汎関数である．

(2.294) でおこなった縮約は 2-形式 $F = \frac{1}{2} F_{\mu\nu} \, dx^\mu \wedge dx^\nu$ と自身との「内積」をとる計算である．つまり作用 (2.295) はホッジ・ミンコフスキー双対作用素 $*$ を用いて

$$S = \frac{1}{2} \int F \wedge *F \tag{2.296}$$

と書くことができる．実際，$*F = \frac{1}{2} * F^{\mu\nu} \, dx_\mu \wedge dx_\nu$ と置いてテンソル形式で具体的に書くと

$$(*F^{\mu\nu}) = \begin{pmatrix} 0 & -B_1 & -B_2 & -B_3 \\ B_1 & 0 & E_3/c & -E_2/c \\ B_2 & -E_3/c & 0 & E_1/c \\ B_3 & E_2/c & -E_1/c & 0 \end{pmatrix}. \tag{2.297}$$

ただし $dx_\mu \wedge dx_\nu$ を基にとって反変成分を書いていることに注意しよう（付録の表c参照）．反対称テンソル $\epsilon^{\mu\nu\alpha\beta}$ を用いて $*F^{\mu\nu} = \frac{1}{2} \epsilon^{\mu\nu\alpha\beta} F_{\alpha\beta}$ と書くことができる．(2.297) を用いて $\frac{1}{2} F \wedge *F = -\frac{1}{4} F_{\mu\nu} F^{\mu\nu} \, \text{vol}^4$ であることを検証されたい．

$F_{\mu\nu}$ と $*F^{\mu\nu}$ の縮約からもローレンツ不変なスカラーを定義できる：

$$\frac{1}{4} F_{\mu\nu} * F^{\mu\nu} = -\frac{1}{c} \boldsymbol{E} \cdot \boldsymbol{B}. \tag{2.298}$$

この縮約は

$$-F \wedge *(*F) = F \wedge F = -\frac{1}{c} \boldsymbol{E} \cdot \boldsymbol{B} \, \text{vol}^4 \tag{2.299}$$

を意味する．

マックスウェルの方程式

以上で準備した電磁気学の諸量を用いて，マックスウェルの方程式をミンコフスキー時空の場の方程式として定式化しよう．

ファラデーテンソル $F = \frac{1}{2}F_{\mu\nu}\,\mathrm{d}x^\mu \mathrm{d}x^\nu$ は 4 元ポテンシャル $\mathcal{A} = \mathcal{A}_\mu\,\mathrm{d}x^\mu$ の外微分によって与えられる完全微分形式であるから閉微分形式である $(\mathrm{d}F = 0)$；定理 2.36 参照．付録の表 c のように 3-形式の基をとって共変成分を具体的に表現すると

$$\mathrm{d}F = \begin{pmatrix} -\nabla \cdot \boldsymbol{B} \\ \frac{1}{c}(\partial_t \boldsymbol{B} + \nabla \times \boldsymbol{E}) \end{pmatrix} = 0. \tag{2.300}$$

すなわち，マックスウェルの方程式の前半 2 式 (1.23)–(1.24) である．

前節までは，電場 $\boldsymbol{E}$ は 1-形式，磁場 $\boldsymbol{B}$ は 2-形式であることを強調してきた．それは電磁場を空間 M の物理量＝微分形式として見たときの話である．時空 M^4 で見ると，電場と磁場は統一されて完全 2-形式 F の中に包摂される．ただし，磁場 $\boldsymbol{B} \Leftrightarrow \frac{1}{2}F_{jk}\,\mathrm{d}x^j \wedge \mathrm{d}x^k$ は空間成分だけで構成される 2-形式であるから，M に制限しても閉 2-形式である．それを (1.24) が表現している．他方，電場 $\boldsymbol{E}$ は $\mathrm{d}x^0$ を含めて考えることで閉 2-形式となる．時間を分離して M の 1-形式として見ると閉微分形式ではない．しかし，静電場である場合に限ると $(\partial_t F = 0)$，時空 M^4 から時間軸を分離でき，$\boldsymbol{E}$ は M の 1-形式として閉微分形式である $(\nabla \times \boldsymbol{E} = 0)$．(1.23) は電場と磁場が時間軸を通じて結合していることを表現している．

マックスウェルの方程式の後半 2 式 (1.25)–(1.26) にはカレント（2.5.3 項参照）が現れる．これらは F の共役微分（2.4.4 項参照）にかかわる方程式である．3-形式 $\mathrm{d}*F$ を具体的に書くと（基は付録の表 c 参照）

$$\mathrm{d}*F = \begin{pmatrix} \frac{1}{c}\nabla \cdot \boldsymbol{E} \\ -\frac{1}{c^2}\partial_t \boldsymbol{E} + \nabla \times \boldsymbol{B} \end{pmatrix} \tag{2.301}$$

と計算される．これが (1.25)–(1.26) を満たすためには $\mu_0(c\rho, \boldsymbol{J})^\mathrm{T}$ と等しくなくてはならない．(2.246) で見たように，$(c\rho, \boldsymbol{J})^\mathrm{T}$ は 4 元カレント（反変成分）である．ただしミンコフスキー時空のルールに従うために，4 元速度を $c\mathcal{U}$ にとる：

$$\mathcal{J} = ci_{\mathcal{U}}\varrho = (\gamma\rho c, \gamma\rho\boldsymbol{v})^\mathrm{T}. \tag{2.302}$$

ただし $\varrho = \rho\,\mathrm{vol}^4$，$\rho$ は静止系（粒子たちと一緒に動き，$\boldsymbol{v} = 0$ となる局所座標を静止系という）で計った電荷密度である（静止系の数密度 n を用いて書く

2.6 ミンコフスキー時空（特殊相対論）

と $\rho = qn$, q は電荷である）．これを用いて，マックスウェルの方程式の後半2式は

$$\mathrm{d} * F = \mu_0 c\, i_u \varrho \tag{2.303}$$

と表すことができる．

2.6.5 ダランベルシャン

マックスウェルの方程式は4元ポテンシャルを用いて書くと2階の微分方程式 (1.41) とローレンツ・ゲージ条件 (1.42) に書き換えることができるのであった．そうすることでローレンツ不変性はより明示的になる．(2.283) で示したように，ダランベルシャン $\Box = \partial_\mu \partial^\mu$ はローレンツ不変だからである．本項ではダランベルシャン (1.47) がローレンツ計量のもとでのラプラス・ベルトラミ作用素であることを示し，ローレンツゲージ条件の意味を検討する．

(2.303) に $F = \mathrm{d}\mathcal{A}$ を代入すると $\mathrm{d} * \mathrm{d}\mathcal{A} = \mu_0 \mathcal{J}$．共役微分 δ の定義 (2.290) により，これは

$$\delta \mathrm{d}\mathcal{A} = \mu_0 * \mathcal{J} \tag{2.304}$$

を意味する[52]．これは $\mathcal{A}$ に関する2階の微分方程式であるが，ダランベルシャンを用いて (1.41) の形にするには，さらにゲージ条件 (1.42) が介入する必要がある．この関係を詳しく見よう．

(2.304) の左辺を共変成分で書くと

$$\delta \mathrm{d}\mathcal{A} \Leftrightarrow \begin{pmatrix} \Box \dfrac{1}{c}\phi \\ -\Box \boldsymbol{A} \end{pmatrix} - \begin{pmatrix} \dfrac{1}{c}\partial_t \left(\dfrac{1}{c^2}\partial_t\phi + \nabla \cdot \boldsymbol{A} \right) \\ \nabla \left(\dfrac{1}{c^2}\partial_t\phi + \nabla \cdot \boldsymbol{A} \right) \end{pmatrix}. \tag{2.305}$$

他方

$$\mathrm{d} * \mathcal{A} = -(\partial^\mu \mathcal{A}_\mu)\, \mathrm{vol}^4 \tag{2.306}$$

と計算できるから，

$$\mathrm{d}\delta\mathcal{A} = \mathrm{d}(\partial^\mu \mathcal{A}_\mu) = \partial_\mu \left(\frac{1}{c^2}\partial_t\phi + \nabla \cdot \boldsymbol{A} \right) \mathrm{d}x^\mu. \tag{2.307}$$

---

[52] 1-形式 $*\mathcal{J}$ を具体的に書くと $(c\rho, -\boldsymbol{J})$，すなわち (1.46) で与えた4元カレントの共変成分である．

したがって，ミンコフスキー時空においてラプラス・ベルトラミ作用素 はダランベルシャンである：

$$\mathscr{L} = \delta\mathrm{d} + \mathrm{d}\delta = \Box. \tag{2.308}$$

ゲージ条件 (1.42) と (2.306) を比べると，ローレンツゲージを選ぶとは $\delta\mathcal{A} = 0$ とすることであり，したがって $\delta\mathrm{d}\mathcal{A} = \Box\mathcal{A}$ となる場合を考えるということである．これが常に可能な選択であることを確認しておく．仮に $\delta\mathcal{A} = g \neq 0$ であったとしよう（g は 0-形式）．このとき

$$\Box\mathcal{A} = \delta\mathrm{d}\mathcal{A} + \mathrm{d}g \tag{2.309}$$

である．余計な項 $\mathrm{d}g$ を消すために，次のような変換をおこなう．まず

$$\Box\varphi = g \tag{2.310}$$

を解いて φ を決める．φ は 0-形式であるから $\Box\varphi = \delta\mathrm{d}\varphi$ と書くこともできる．この φ（ゲージ場という）を用いて

$$\mathcal{A}_L = \mathcal{A} - \mathrm{d}\varphi \tag{2.311}$$

と置く．

$$\delta\mathcal{A}_L = \delta\mathcal{A} - \delta\mathrm{d}\varphi = g - \Box\varphi = 0, \tag{2.312}$$

したがって $\mathcal{A}_L$ はローレンツゲージ条件を満たす．$\mathrm{d}\varphi$ は完全 1-形式であるから

$$F = \mathrm{d}\mathcal{A} = \mathrm{d}\mathcal{A}_L. \tag{2.313}$$

したがって，$\mathcal{A}$ を $\mathcal{A}_L$ で置き換えても電磁場 2-形式 F（したがって電場 $\boldsymbol{E}$ と磁場 $\boldsymbol{B}$）は不変である．このように物理的な場を変えない変換のことをゲージ変換 (gauge transformation) という（補足 1.7 参照）．さて (2.311) を (2.309) に代入すると

$$\Box\mathcal{A}_L = \Box\mathcal{A} - \Box\mathrm{d}\varphi = \delta\mathrm{d}\mathcal{A} + \mathrm{d}\delta\mathcal{A} - \mathrm{d}\Box\varphi = \delta\mathrm{d}\mathcal{A} = \delta\mathrm{d}\mathcal{A}_L. \tag{2.314}$$

したがって，ゲージ変換 (2.311) によって常にローレンツゲージ条件を満たす $\mathcal{A}_L$ をみつけてマックスウェルの方程式をダランベルシャン（ミンコフスキー空間におけるラプラス・ベルトラミ作用素 $\mathscr{L}$）による 2 階の微分方程式に書く

2.6 ミンコフスキー時空（特殊相対論）

ことができるのである．1.4.4項で与えた定式化を相対論的に正しい形で書くと

$$
\begin{cases}
\mathscr{L}\mathcal{A} = \mu_0 c * i_{\mathcal{U}}\varrho, \\
\delta\mathcal{A} = 0.
\end{cases}
\tag{2.315}
$$

2.6.6 ミンコフスキー時空における運動

物理量＝微分形式の階層（ド＝ラーム複体）に対して2種類の微分作用素が「場」と「運動」の構造を決めている．一つはラプラス・ベルトラミ作用素（ダランベルシャン）$\mathscr{L} = \square = \delta\mathrm{d} + \mathrm{d}\delta$ であり，もう一つはリー微分 $\mathcal{L}_{\mathcal{U}} = i_{\mathcal{U}}\mathrm{d} + \mathrm{d}i_{\mathcal{U}}$ である．いずれも p-形式を p-形式へ写像する微分作用素である．外微分 d が微分形式の次数を一つ上げるのに対して，δ は次数を一つ下げる．両者を交代的に組み合わせたのがラプラス・ベルトラミ作用素である．リー微分では $i_{\mathcal{U}}$ が次数を下げる働きをする．

前項で見たように，ラプラス・ベルトラミ作用素は「場の方程式」を与える．他方，2.5節で述べたようにリー微分は「物の運動」を記述する．時空における運動の幾何学的表現については，2.5.3節で学んだ通りである．ただし，相対論の世界では時間 t を s（ローレンツ計量のパラメタ）に置き換える必要がある．4元速度ベクトル $u^\mu = \mathrm{d}x^\mu/\mathrm{d}t$ は相対論的な4元ベクトル $\mathcal{U}^\mu = \mathrm{d}x^\mu/\mathrm{d}s = (\gamma/c)u^\mu$ で置き換えられる[53]．それぞれの次数の微分形式で表される物理量たちの運動の法則は，2.5.3節でおこなった計算についてリー微分 $L_{\boldsymbol{u}}$ を $\mathcal{L}_{\mathcal{U}}$ に置き換えて実行すればよい．それを再度書き下すことは省略する．

ただし，物理量の「定義」は根本から見直す必要がある．ガリレイ時空の物理では，物理量は空間上の微分形式だと考えるのだが，相対論では時空上の微分形式として定義しなくてはならない．例えば「電荷密度」は時空の3-形式である4元カレントの時間成分であり，空間成分の「電流密度」と一体のものとして定義しなくてはならない．このことは2.5.3項で述べた通りであるが，相

---

[53] s は長さの次元をもつので，これを c で割って $\tau = s/c$ と置き，これを固有時間 (proper time) と呼ぶ．$\mathcal{U}$ も速度の次元に合わせたければ c を掛けて $\mathrm{d}x^\mu/\mathrm{d}\tau = c\mathcal{U}^\mu = \gamma u^\mu$ を使えばよい．しかし，ユニタリ性 $\mathcal{U}^\mu\mathcal{U}_\mu = 1$ を尊重する立場から，ここでは $\mathcal{U}$ を4元ベクトルとして用いる．

対論の世界では慣性座標系に移るとローレンツ収縮がおきて電荷密度も電流密度も γ 倍になる．空間だけの 3-形式として定義した「電荷密度」は意味をなさないのである．

相対論の美しさの一端が見てとれるのは 4 元運動量（1-形式）の定義である．ガリレイ時空の定式化では運動量は 3 次元ベクトル（3 次元空間の 1-形式）であり，これを 4 元にするためには時間成分にエネルギーを「手」でいれる必要があった．しかし，相対論では最初から 4 元が一体のものであり，正準運動量は極めて自然に

$$\wp = mc\mathcal{U} + q\mathcal{A} \tag{2.316}$$

とすればよい．ここで m は粒子の静止質量 (rest mass) を表す定数である．共変成分で書くと

$$(\wp_\mu) = m(\gamma c, -\gamma \boldsymbol{v})^{\mathrm{T}} + q(\phi/c, -\boldsymbol{A})^{\mathrm{T}} \tag{2.317}$$

である．$\beta = |\boldsymbol{v}/c| \ll 1$ のとき

$$\gamma mc^2 = \frac{mc^2}{\sqrt{1 - |\boldsymbol{v}/c|^2}} \approx mc^2 + \frac{1}{2}m|\boldsymbol{v}|^2 \tag{2.318}$$

と近似できる．したがって，$\wp_0 = H/c$ と書くと

$$H \approx mc^2 + \frac{1}{2}m|\boldsymbol{v}|^2 + q\phi \tag{2.319}$$

であり，古典力学のハミルトニアン (1.78) に定数 mc^2 を加えたものになる．エネルギーに含まれる定数は運動方程式に影響を与えないから，$\beta \ll 1$ のときは非相対論の定式化に一致することがわかる．

第3章
電磁気の解析学

　これまで現象の定式化という側面に重心をおいて考えてきたが，本章では方程式を「解く」という目的に重心をおいて議論する．物理の基礎方程式が定式化されると，それを解くことによって現象を予測したり利用したりすることができるようになる．電磁気学に現れる方程式たちは微分方程式であるから，それらを解くためには解析学の知識が必要となる．同時に，電磁現象の様々なモデルは，数学者にいろいろなインスピレーションを与えてきた．例えば，点電荷のモデルは超関数の基本的なイメージを与える．導体表面が帯電する現象は，ポテンシャル方程式に対する境界条件の数学的表現と完全に符合する．真空中の電磁波は，波動方程式の基礎理論にとって完璧な実例であるし，物質中の電磁波は，分散や特性方程式といった概念を説明する格好の題材である．本章では，「場」という概念を中心に置きながら，解析学の中でも幾何学と密接なつながりがある理論の基礎を学ぶ．

3.1　力線（流線）の構造

　近代的な物理の理論では，電場・磁場という概念より4元ポテンシャルの方が主役を演じることが多い．このことは既に多くの事例で学んだ通りである．ポテンシャルの4成分が時空の4次元と対応しているというのが根本的な理由なのだが，ここではむしろ技術的な観点からポテンシャル表現の利点について考える．ベクトル場をポテンシャルによって表現することは，理論のいろいろな局面で重要な役割を果たす．とくにベクトル場の力線（流線）の構造を解析するとき，力線方程式（例えば磁力線方程式）を「積分」するための道具となる．本節では一般的な視点からベクトル場をポテンシャルで表現することの可

188　　　　　　　　　第3章　電磁気の解析学

能性と，その応用について議論する．

3.1.1　ベクトル場のポテンシャル表現

　ポテンシャルが根源的な存在であって，その派生物 (derivative) として電場や磁場があるという立場をとれば，ポテンシャルの存在は理論の出発点ということになるだろう．しかし，電磁気学の伝統的な立場では，電磁現象をモデル化するために電場と磁場が先に措定され，それらを表現する道具としてポテンシャル場（文字通り潜在な場）を考える．公理的にはどちらの立場をとってもよいことが確立しているのだが，ここではより一般的な数学的関心から後者の立場をとり，任意に（マックスウェルの方程式を満たす電場・磁場という条件にとらわれないで）与えられたベクトル場に対して，それを表現するポテンシャルをどのように求めることができるのかについて問い直してみる．

　まずこれまでに学んだことを復習しよう．

電磁場の4元ポテンシャル（1.4.4項）

　電場 $\boldsymbol{E}$ と磁場 $\boldsymbol{B}$ に対するポテンシャルとは，スカラー場 ϕ と3次元ベクトル場 $\boldsymbol{A}$ で構成される4元ポテンシャルであって，これらを用いて $\boldsymbol{E}$ と $\boldsymbol{B}$ が

$$\boldsymbol{E} = -\partial_t \boldsymbol{A} - \nabla\phi, \tag{3.1}$$

$$\boldsymbol{B} = \nabla \times \boldsymbol{A} \tag{3.2}$$

と表されるというものであった：(1.38)–(1.39) 参照．ここで問うのは，$\boldsymbol{E}$ と $\boldsymbol{B}$ が任意に与えられたとき，微分方程式 (3.1)–(3.2) を解いて ϕ と $\boldsymbol{A}$ を求めることができるか，という問題である．解が一意的でないことはすぐにわかる：補足 1.7 参照．同時に，これがどのような $\boldsymbol{E}$ と $\boldsymbol{B}$ に対しても解けるわけではないことも明らかである：(1.15)–(1.16) 参照．定理 2.36 の言葉で言うと，$\nabla\phi$ は完全微分1-形式であるから，$\boldsymbol{E}+\partial_t\boldsymbol{A}$ は閉微分1-形式（つまり $\nabla\times(\boldsymbol{E}+\partial_t\boldsymbol{A})=0$）である必要がある．また，$\nabla\times\boldsymbol{A}$ は完全微分2-形式であるから，$\boldsymbol{B}$ は閉微分2-形式（つまり $\nabla\cdot\boldsymbol{B}=0$）である必要がある．マックスウェルの方程式のうち前半の2式 (1.23)–(1.24) はこれらの必要条件を述べていることになる．さらに，マックスウェルの方程式は全空間で成り立つと考えるので，定理 2.39 によって閉微分形式は完全微分形式である．したがって (1.23)–(1.24) は可解

性（ポテンシャルの存在）の必要十分条件を与えているのである．電磁場を 4 次元時空で定式化すると E と B は 2-形式 F（ファラデーテンソル）に包摂され，(1.23)–(1.24) は F が完全微分 2-形式だということの帰結になるのだった：2.6.4 項参照．

このように全世界を見渡す理論では，電磁気学を電場・磁場で表現しても 4 元ポテンシャルで表現しても基本的に等価なのだが[1]，具体的な問題では世界全体を解析することは不可能なので，ある部分領域を考え，境界条件を置き，その切断された空間の中で電磁場を考えることが多い．そのような場合に，はたしてポテンシャル表現は可能かどうか問い直す必要がある．さらに数学的な立場からは，「全世界」という無際限な空間ではなく，2.4 節でも議論したような，自明でないトポロジーをもつ空間（多様体）と場の関係に興味がある．そこで，一旦は電磁気学をはなれて，一般の 3 次元ベクトル場を考えてみよう．

非回転流と非圧縮流のポテンシャル表現

流体の流速ベクトル場 u がイメージしやすいだろう．上記のように，ポテンシャル表現には二つの「基本形」がある．第 1 はスカラーポテンシャルによって $\nabla\phi$ と表現できるベクトル場（完全微分 1-形式），第 2 はベクトルポテンシャルによって $\nabla\times A$ と表現できるベクトル場（完全微分 2-形式）である．前者は curl をとると 0 であるから**非回転流** (irrotational flow) あるいは**渦なし流** (vorticity-free flow)，後者は div をとると 0 であるから**非圧縮流** (incompressible flow) という．

ここでは，この関係を逆方向に考える．つまり，非回転流 u $(\nabla\times u = 0)$ が与えられたとき，これを $u = \nabla\phi$ と表す ϕ が存在するか，あるいは非圧縮流 u $(\nabla\cdot u = 0)$ が与えられたとき，これを $u = \nabla\times A$ と表す A が存在するかとい

---

[1] ただし，荷電粒子の運動に関して言うと，4 元ポテンシャルは 4 元運動量（エネルギーと運動量）にかかわる基本的な場であり，その微分で与えられる電場や磁場がなくても荷電粒子の運動に直接影響する可能性がある．もっとも，2.5.3 項で示したように，古典力学の範囲では運動方程式に現れるのは微分量である E と B だけであり，電磁場が荷電粒子の運動に与える効果は E と B だけで表現される．しかし量子論の世界では，4 元ポテンシャルが波動関数の位相にかかわるゲージ変換と関係していることから，$B = 0$ の空間でも A が波動関数の位相に影響する．つまり，4 元ポテンシャルでしか表せない効果がある．これをアハラノフ・ボーム効果 (Aharonov-Bohm effect) という．

う問題である．定理 2.39 の言葉で言うと，閉微分形式は完全微分形式かという問題であり，答えは「限定的には正しい」ということであった．「限定」は微分形式が閉である領域と完全である領域との関係から生じる．全空間ではなく部分領域を考える場合が難しい＝面白いのである．

この問題の可解条件を「積分形式」で表現すると，問題の核心がみえてくる．$\mathbb{R}^3$ で定義された 3 次元ベクトル場 $\boldsymbol{u}$ が，領域 $\Omega \subset \mathbb{R}^3$ で非回転条件 $\nabla \times \boldsymbol{u} = 0$ を満たすとする．これが Ω 内で $\boldsymbol{u} = \nabla\phi$ と書けると仮定しよう．任意の曲面 Σ をとり，その境界 $\partial\Sigma$ が Ω に含まれるとしよう．$\partial\Sigma$ は境界（端点）をもたない閉曲線であるから

$$\int_{\partial\Sigma} \boldsymbol{t} \cdot \boldsymbol{u}\, \mathrm{d}x = \int_{\partial\Sigma} \boldsymbol{t} \cdot \nabla\phi\, \mathrm{d}x = 0. \tag{3.3}$$

ストークスの公式 (1.22) を用いて左辺を書き直すと $\int_{\Sigma} \boldsymbol{n} \cdot (\nabla \times \boldsymbol{u})\, \mathrm{d}^2 x$．$\Sigma \subset \Omega$ であれば Σ 上で $\nabla \times \boldsymbol{u} = 0$ であるから問題ない．しかし Ω が「ハンドル」をもつとき，$\partial\Sigma \subset \Omega$ であっても $\Sigma \not\subset \Omega$ となる閉曲線 $\partial\Sigma$ を選ぶことができる（図 2.9 参照）．すると Σ 上で $\nabla \times \boldsymbol{u} = 0$ が保障されないので (3.3) は矛盾となりえるのである．

この問題を電磁気学で引き取ってみよう．磁場変化がない空間の電場は $\nabla \times \boldsymbol{E} = 0$ を満たすから，これを $\boldsymbol{E} = -\nabla\phi$ のように表現できるかと考えてみる．電場は静電場とは限らず，どこかよそにある磁場の変動が作る誘導電場が含まれている可能性がある．図 1.1 (b) のような配置になっているとき，磁場変化がおこる軸の近傍を除外した領域を Ω にとるとハンドルができる．Ω の中では $\nabla \times \boldsymbol{E} = 0$ であるが，軸を中心に電場は確かに「回転」している[2]．回転の原因が領域の外にあるとき，非回転条件 $\nabla \times \boldsymbol{u} = 0$ は大域的な回転を見落とす．微分作用素 $\nabla \times$ はベクトル場の局所的な構造しか見ていないのである．

同じように，領域 $\Omega \subset \mathbb{R}^3$ で非圧縮条件 $\nabla \cdot \boldsymbol{u} = 0$ を満たすベクトル場を考え，これが $\boldsymbol{u} = \nabla \times \boldsymbol{A}$ と書けるかどうか検討しよう．例えば，電荷がない領域で静電場は非圧縮 ($\nabla \cdot \boldsymbol{E} = 0$) であるが，これをベクトルポテンシャルで表

---

[2] そのような電場をあたかも静電場のごとく $\boldsymbol{E} = -\nabla\phi$ と書いて，軸を周回する積分路で 1 周積分すると $\phi(0) - \phi(2\pi) = \dot{\Psi} = \int_{\Sigma} \boldsymbol{n} \cdot (\partial_t \boldsymbol{B})\, \mathrm{d}^2 x$ を得る（積分路上の周回角を θ として $\phi(\theta)$ と表した）．つまり電位 ϕ は多価関数となる．N 回周回する積分路で積分すると $N \times \dot{\Psi}$ の「電圧」が得られる．実際「トランス」はこの原理によって電圧を変換するのである．

3.1 力線（流線）の構造 *191*

現できるかという問いである．任意の 3 次元体積 W をとり，その境界として
定義される曲面 ∂W が Ω に含まれるとしよう．ストークスの公式 (1.22) とホ
モロジーの関係 $\partial\partial = \emptyset$（系 2.37 参照）を用いて計算すると

$$\int_{\partial W} \boldsymbol{n} \cdot \boldsymbol{u} \, \mathrm{d}^2 x = \int_{\partial W} \boldsymbol{n} \cdot (\nabla \times \boldsymbol{A}) \, \mathrm{d}^2 x = \int_{\partial\partial W} \boldsymbol{t} \cdot \boldsymbol{A} \, \mathrm{d}^1 x = 0.$$

ガウスの公式 (1.20) を用いて左辺を書き直すと $\int_W \nabla \cdot \boldsymbol{u} \, \mathrm{d}^3 x$．$W \subset \Omega$ であれ
ば W 内で $\nabla \cdot \boldsymbol{u} = 0$ であるから問題ない．しかし，Ω の中に空隙 V があると
（図 2.8 参照），これを含む W をとることができる．すると $\partial W \subset \Omega$ であって
も $W \not\subset \Omega$，したがって W 内で $\nabla \cdot \boldsymbol{u} = 0$ が保障されず，矛盾が生じるので
ある．

調和ベクトル場（2.4.6 項）

完全微分形式と閉微分形式の「ギャップ」を作っているのが調和微分形式
（コホモロジー）であった．これは非回転 $(\nabla \times \boldsymbol{u} = 0)$ かつ非圧縮 $(\nabla \cdot \boldsymbol{u} = 0)$
でありながら 0 でないベクトル場である．仮にこれが $\boldsymbol{u} = \nabla\phi$ と書けるとする
と，さらに非圧縮であるためには $\nabla \cdot \boldsymbol{u} = \Delta\phi = 0$（ラプラス方程式 (Laplace's
equation)）を満たさなくてはならない．境界で $\boldsymbol{u}$ の法線成分が 0 という境界
条件を置こう．領域 Ω が球であるとき，この方程式の解は 0（あるいは定数）
しかない．しかし，領域 Ω が自明でないトポロジーをもつとき 0 ではない非回
転・非圧縮ベクトル場 $\boldsymbol{u}$ が存在する．そのような $\boldsymbol{u}$ は $\nabla\phi$ とは書けないものだ
という結論になるのである．

しかし，ポテンシャル ϕ を多価関数にまで拡張すれば，ポテンシャル表現の
可能性が広がる．例えば，円筒座標系 (r, θ, z) で

$$\boldsymbol{u} = \frac{1}{r}\boldsymbol{e}_\theta$$

と与えられるベクトル場を考えよう．$\boldsymbol{e}_\theta$ は θ 方向の単位ベクトルを表す．中
心軸 $r = 0$ で $\boldsymbol{u}$ は発散するので，中心軸を除いた領域 $\Omega = \{(r, \theta, z);\ r > R\}$
（R は正の定数）で $\boldsymbol{u}$ が定義されているとする．容易にわかるように，Ω にお
いて $\nabla \times \boldsymbol{u} = 0$ かつ $\nabla \cdot \boldsymbol{u} = 0$ である．実はこの $\boldsymbol{u}$ は $\nabla\theta$ に他ならない．つ
まりスカラーポテンシャルは角変数 θ なのである．この例が調和ベクトル場の
「ポテンシャル」の典型を与えている（3.4.5 項で一般化する）．

3.1.2 2次元の調和ベクトル場，複素関数の応用

電荷と電流が限られた領域に局在化しているとし，それを除いた真空領域 Ω に定常的な電磁場があるとしよう．そこでは電場も磁場も調和ベクトル場（curl も div も 0）である．ただし Ω には穴が開いていたり，ハンドルがあったりして，複雑なトポロジーをもっている．前項で述べたように，そのような調和ベクトル場の構造を表現しようとすると多価関数のポテンシャルが必要になる．「多価関数」ということからリーマン面上の複素関数が想起できるだろう．補足 2.40 で述べたように，2次元空間における調和微分形式の理論は正則関数の理論と平行関係にある．ここでは，2次元の調和ベクトル場の問題を複素関数論を使って解析する．

$\mathbb{R}^2$ にデカルト座標 x-y を置く．$\Omega \subset \mathbb{R}^2$ において $\boldsymbol{u}$ は調和ベクトル場であるとしよう．すなわち $\boldsymbol{u} \Leftrightarrow u$（1-形式）が $\delta u = 0$ かつ $\mathrm{d}u = 0$ を満たすとする．0-形式 ϕ と 2-形式 ψ を用いて，

$$u = \mathrm{d}\phi, \quad u = \delta\psi \tag{3.4}$$

という二つの表現を考える．ϕ はスカラーポテンシャルであるが，ψ の方は「ベクトルポテンシャル」に相当する．このことを見るために，Ω を3次元空間に埋め込んで，x-y 平面の単位ベクトル $\boldsymbol{e}_x$ および $\boldsymbol{e}_y$ と直交する「法線ベクトル」$\boldsymbol{e}_\perp = \boldsymbol{e}_x \times \boldsymbol{e}_y$ を定義しよう．$\boldsymbol{A} = \psi\boldsymbol{e}_\perp$ と置くと，3次元空間で

$$\nabla \times \boldsymbol{A} = \nabla\psi \times \boldsymbol{e}_\perp = (\delta\psi, 0)^\mathrm{T} \tag{3.5}$$

と書ける．したがって ψ はベクトルポテンシャル $\boldsymbol{A}$ の「法線成分」だと解釈できるのである．$\boldsymbol{u} = \nabla \times \boldsymbol{A}$ に (3.5) を使うと

$$\boldsymbol{u} \cdot \nabla\psi = 0 \tag{3.6}$$

であることがわかる．つまり関数 ψ の等高線はベクトル $\boldsymbol{u}$ の流線（力線）を与える（1.2.2項参照）．$\boldsymbol{u}$ が電場だとすると，ϕ の等高線は「等電位線」，ψ の等高線は「電気力線」を描出するのである．さらに (3.6) に $\boldsymbol{u} = \nabla\phi$ を代入すると

$$\nabla\phi \cdot \nabla\psi = 0 \tag{3.7}$$

を得る．つまり ϕ の等高線（等ポテンシャル線）と ψ の等高線（力線）は常に直交している．

3.1 力線（流線）の構造

さて，u が調和微分形式であるという条件 $\delta u = 0$ および $du = 0$ にポテンシャル表現 (3.4) を代入すると

$$\Delta\phi = 0, \quad \Delta\psi = 0. \tag{3.8}$$

すなわち ϕ と ψ は調和関数でなくてはならない．

$z = x + iy$ と置いて 2 次元空間を複素平面と同一視しよう．複素平面の領域 Ω で，ψ と ϕ を実部と虚部にもつ複素関数 $\omega(z) = \psi + i\phi$ を考える．これが正則関数であるとき，ϕ と ψ は調和関数である．実際，コーシー・リーマンの微分方程式

$$\partial_x\psi - \partial_y\phi = 0, \quad \partial_y\psi + \partial_x\phi = 0$$

を x あるいは y で微分して合成すると (3.8) を得る．したがって，なにか正則関数を選ぶと，その実部と虚部から，調和ベクトル場を 2 通りに表現する二つのポテンシャル ψ と ϕ が得られる．2 次元調和ベクトル場の著しい特徴は，その力線と等ポテンシャル線が同時に一つの正則関数によって「決定」されるということである．次項で述べる「流線（力線）の積分」という観点で見ると，完全に積分可能なベクトル場だと位置づけられる．

簡単な正則関数を用いて代表的な調和ベクトル場の形態（等ポテンシャル線と力線）を可視化してみよう．

〈例 3.1〉（正則な変形：等角写像）　最も単純な正則関数 $f(z) = z$ を考えよう．z の虚部がポテンシャル ϕ を与えるとする．実軸に平行な境界で挟まれた領域を考える（図 3.1 参照）．これは平行平板電極で挟まれた空間（真空）だとすると，ϕ は電極が生じる静電場を表す．正則関数は複素平面（あるいはリーマン球面）の単連結領域 D から D' への等角写像 (conformal map) を与える．正則関数の合成 $(g \circ f)(z) = g(f(z))$ は調和ベクトル場の「変形」を数学的に表すものだと考えることができる．$f(z) = z$ からスタートし，ある正則関数 $g(z)$ によってこれを変形するということは，領域の内部には電荷をもちこまないで（すなわち $\Delta\phi = 0$ のままで）電場を変化させるという意味である．変化の原因は領域外部に置いた電荷，あるいは境界＝電極の「変形」だと解釈できる．この二つの原因は正則関数の側から見れば等価である．ある曲線を境界にするということは，その曲線が ϕ の等高線となるような正則関数を見つけるという

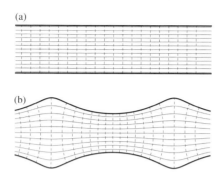

図 3.1 (a) $z = x + iy$ の実部 x（破線）と虚部 y（実線）. 太線で示した「境界」を平面電極とし, 境界に挟まれた帯状の領域に静電場があるとする. 破線は電気力線, 実線は等電位（ポテンシャル）線を与える. (b) $g(z) = z + 0.2\sin z$ の実部（破線）と虚部（実線）. 境界=電極の変形によって領域内の電場が変化したと解釈できる.

ことであり, その正則関数の特異点が「電荷」だからである（自明でない正則関数はリーマン球面上のどこかに必ず特異点をもつ）. このことを「鏡像原理」という. 図 3.1 (b) には $g = z + 0.2\sin z$ によって変形された電場の等ポテンシャル線と力線を示す. (3.7) で見たように, 調和ベクトル場の等ポテンシャル線と力線は常に直交する. これは調和性を保った変換=等角写像において不変な性質なのである.

⟨例 3.2⟩（対数関数） 正則関数の特異点がベクトル場の発生源となる. 領域内に特異点がある場合は, ポテンシャルは多価関数となる. 偏角 (argument) が多価関数ポテンシャルの基本形であることは前項で述べた通りである. これを与えるのが対数関数 $\log z$ である（補足 2.40 参照）. 図 3.2 には, 二つの対数関数を足し合わせた場合のポテンシャル ϕ と ψ をプロットした.

3.1.3 力線（流線）方程式の積分可能性

3 次元以上になるとベクトル場の構造は一挙に複雑になる. 力線（流線）の「カオス」がおこるのである. ここではベクトル場を速度ベクトル場と解釈し, そのポテンシャル表現が流線の構造とどのような関係にあるのかを議論する.

3.1 力線（流線）の構造

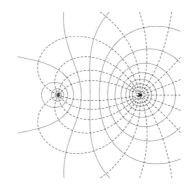

図 3.2 対数関数の和で表される調和ベクトル場．$2\log(z-a)-\log(z+a)$ ($a=1$) の実部と虚部の等高線をそれぞれ実線と破線でプロットした．対数関数の極に場の発生源（点源）がある．図中の右側の極には $+2$ の，左側の極には -1 の点源が置かれている．「電荷」が作る電場だと解釈すると，破線が電気力線を表す．「電流」が作る磁場だと解釈すると，実線が磁力線を表す．図 1.4 参照．

流線の一般的な定義から始めよう．任意の次元 n の空間で定義されたベクトル場 $\boldsymbol{V}(\boldsymbol{x})$ を考える[3]．これを右辺にもつ常微分方程式

$$\frac{\mathrm{d}}{\mathrm{d}\tau}\boldsymbol{x} = \boldsymbol{V}(\boldsymbol{x}) \tag{3.9}$$

を $\tau \in T(\subset \mathbb{R})$ について積分して与えられる曲線 $\{\boldsymbol{x}(\tau);\ \tau \in T\}$ を流線（力線）という（1.2.2 項参照）．τ は時間のような役割を担う変数であり，流線に沿った位置を指定するパラメタになる．実際，粒子の運動方程式も (3.9) の形に帰着できて，その場合は τ は時間を表すパラメタである．そこで τ を「時間」と呼び，$\{\boldsymbol{x}(\tau)\}$ を「運動」ということにする[4]．

$\tau = 0$ における位置（初期値）$\boldsymbol{x}(0)$ を決めるごとに一つの流線（運動）が決まるのだが，私たちの関心は，そうした個別的な流線ではなく，流線たちがも

---

[3] 常微分方程式 (3.9) の初期値問題が一意的な解をもつためには $\boldsymbol{V}(\boldsymbol{x})$ がリプシッツ連続な関数である必要がある．常微分方程式の数学的理論は，例えば E. A. Coddington and N. Levinson（吉田節三 訳）:『常微分方程式論（上，下）』，吉岡書店，1968 参照．

[4] 2.2.1 項で述べたように，運動（リー群によって表される）を微分して接ベクトル場（リー環によって表される）が得られる：(2.44) 参照．ここでは，この関係を反転して，ベクトル場を積分して運動（流線の束）を生成しようというのが目的である．

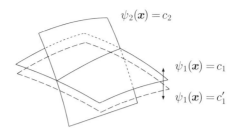

図 3.3 流線（曲線）は超曲面の交線として表される．各超曲面を規定する定数 c_j を変化させると，流線は超曲面を定義する関数（保存量を表す）の規則に従って変化する．

つ秩序あるいは幾何学的な構造である．

空間 $\mathbb{R}^n$ 内の滑らかな曲線である $\{\boldsymbol{x}(\tau)\}$ は，$n-1$ 枚の超曲面の交差によって表すことができる（図 3.3 参照）．つまり，曲線上の点 $\boldsymbol{p}$ の近傍で定義された $n-1$ 個の滑らかな実関数 $\psi_j(\boldsymbol{x})$ と実定数 c_j を用いて

$$\psi_j(\boldsymbol{x}) = c_j \quad (j = 1, \ldots, n-1) \tag{3.10}$$

を満たす点の集合として特徴づけることができる．各超曲面を与える $n-1$ 個の関数 ψ_j は運動の**保存量**（constant of motion あるいは invariant）を表す．実際，流線は $\psi_j(\boldsymbol{x}) = c_j$（定数）により定められる超平面（関数 ψ_j のレベルセット）に含まれるので，流線上を点 $\boldsymbol{x}(\tau)$ が運動しても $\psi_j(\boldsymbol{x}(\tau))$ は一定の値 c_j を保つ．

もし $n-1$ 個の保存量 $\psi_j(\boldsymbol{x})$ $(j = 1, \ldots, n-1)$ が「先験的（a priori）」に知られていて，それらによって定義されるレベルセット（$\psi_j(\boldsymbol{x}) =$ 定数を満たす点 $\boldsymbol{x}$ の集合）が互いに平行でないという意味で「独立」であるならば，これら $n-1$ 枚のレベルセットの交線として流線が与えられる．このような場合，流線は**可積分** (integrable) であるという（補足 2.44 参照）．

可積分という言葉は，運動方程式を「積分」して，運動を表す「関数」を定義できるということを意味している．具体的には次のようなことを考える．保存量を表す関数を用いて

$$\psi_j(x_1, \ldots, x_n) = c_j \quad (j = 1, \ldots, n-1)$$

3.1 力線（流線）の構造

を $x_1, \ldots, x_{n-1}$ について解くと，$x_j(\tau) = \xi_j(x_n(\tau); c_1, \ldots, c_{n-1})$ と表すことができる（ξ_j は t を陽に含まない関数である）．これを用いて (3.9) の右辺 $\boldsymbol{V}$ に含まれる $x_1, \ldots, x_{n-1}$ を消去する．(3.9) の第 n 成分は 1 次元の微分方程式

$$\frac{\mathrm{d}}{\mathrm{d}\tau} x_n = V_n(x_n) \tag{3.11}$$

の形に書くことができる．これは変数分離型であるから

$$\int \frac{\mathrm{d}x_n}{V_n(x_n)} = t - t_0 \tag{3.12}$$

と置いて「積分」し，左辺が定義する関数の逆関数として $x_n(\tau)$ が求められる（t_0 は初期時刻を表す積分定数である）．得られた $x_n(\tau)$ を ξ_j （$j = 1, \ldots, n-1$）に代入して他の変数が決定され，運動が求められる．

この手続きを幾何学的に言うと，保存量を新しい座標であると考えて座標変換し，運動を「直線運動」に帰着して解くということである．

保存量の不変性は，偶然に選ばれたひとつの流線について成り立つのではなく，あらゆる初期条件から始まる流線について保証されなくてはならない．つまり，個別的な運動から導かれるものではなく，方程式 (3.9) に内在する構造（対称性）によって生まれるものである．「保存量が先験的 (a priori) に知られていて」と述べたのはこのことである．初期条件を変えることは，保存則 (3.10) に現れる定数 c_j を変えることに対応する．これによって (3.10) が規定する超曲面が移動し（図 3.3 参照），異なる初期条件から出発する流線が得られる．可積分とは，単に微分方程式 (3.9) が初期値ごとに個別的な解をもつということではなく，「流線の集合」が保存量によってパラメタ化されることで「運動の秩序」が描出されることをいう．

非可積分な軌道：カオス

保存量は，流線（n 次元の状態空間にはめこまれた曲線）を含む超曲面を定義する関数である（(3.10) 参照）．流線が与えられれば，その曲線を含む $n-1$ 枚の独立な超曲面が存在するはずである．原理的には各超曲面を与える関数が定義できるだろうから，すべての運動は可積分ということになるではないか？しかし，「非可積分」ということがおこる．実際，常微分方程式 (3.9) が可積分であるのは稀である．

198　　　　　　　　　第3章　電磁気の解析学

　問題の根源は，曲線を含む超曲面を与える表式 (3.10) において「ある点の近傍で」と但し書きをつけなくてはならないことにある．上記のような幾何学的直観は，流線上の「有限な長さの部分」を想定したものでしかない．流線が無限に長い場合，その全体を含むような超曲面の表現可能性が危うくなるのだ．ある領域内を無限に巡回しながら，他の流線と複雑に入り組んでいく流線の群を考えるときである．各超曲面を定義する保存量が，一つの流線に沿って一定の値をもつ．したがって，各レベルセットは空間的に入り組んだ複雑な構造をもつことになる．さらに，異なる流線に沿って異なる値のレベルセットが入り組んでくる．このような複雑な構造は，滑らかな一価関数のレベルセットとして表すことはできなくなる．この状況をカオス (chaos) という．

3.1.4　磁力線方程式のハミルトン形式

　磁場は発散をもたないベクトル場である（完全2-形式であるから）．この「発散をもたない」という特徴は，ハミルトンベクトル場（補足 1.10 参照）と共通であり，その流線（力線）の幾何学は一つの特別な分野をなす．力学の問題では，ハミルトン力学はしばしば「理想化」されたモデル（摩擦力のようなエネルギー散逸メカニズムが無視できる場合）であるが，磁場は厳密に発散をもたないので，理想的にハミルトン力学の特徴を実現しているということができる．ここでは磁力線方程式をハミルトン形式（正準形式 (canonical form)）に帰着する方法を示す．

　磁力線は3次元空間の中の曲線である：

$$\frac{\mathrm{d}}{\mathrm{d}\tau}\boldsymbol{x} = \boldsymbol{B}(\boldsymbol{x}). \tag{3.13}$$

これが二つの保存量 ψ_1 と ψ_2 によって積分されるとは

$$\boldsymbol{B} = \nabla\psi_1 \times \nabla\psi_2 \tag{3.14}$$

と書けるということである（図 3.3 参照）．実際，$\boldsymbol{B}\cdot\nabla\psi_1 = \boldsymbol{B}\cdot\nabla\psi_2 = 0$ であるから，磁力線 $\boldsymbol{x}(\tau)$ すなわち (3.13) の解曲線の上で

$$\frac{\mathrm{d}}{\mathrm{d}\tau}\psi_j(\boldsymbol{x}(\tau)) = \boldsymbol{B}\cdot\nabla\psi_j = 0 \quad (j = 1, 2). \tag{3.15}$$

つまり，$\boldsymbol{B}$ が (3.14) のように書くことができるベクトル場であるならば，磁力

3.1 力線（流線）の構造

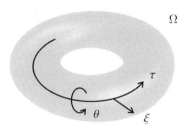

図 3.4 ドーナツ状の領域 Ω と，トロイダル曲線座標 (ξ, θ, τ)．ξ は径方向の座標を表す．τ をトロイダル (toroidal) 角といい，ドーナツを周回する方向をトロイダル方向という．θ をポロイダル (poloidal) 角と呼ぶ．

線方程式 (3.13) は直ちに積分でき，磁力線は二つの関数 ψ_1 と ψ_2 のレベルセットの交線として与えられるのである．

2 次元調和ベクトル場の議論で用いた表現 (3.7) に目配せしておこう．$\nabla \psi_2 = \boldsymbol{e}_\perp$ ととれば，ψ_1 は「ベクトルポテンシャル」ψ に相当する．その等高線が磁力線を与えるのであった．ψ_2 の方は，そのレベルセットが x-y 平面を与える役をしているのである．

一般の 3 次元ベクトル場 $\boldsymbol{B}$ は非可積分であるから，大域的には $\boldsymbol{B}$ を (3.14) のごとくに表現することはできない．しかしその拡張として，次のような**クレブシュポテンシャル** (Clebsch potential) で表現することができる．表現可能性の証明は 3.1.5 項で与えることとし，ここでは磁力線方程式がクレブシュポテンシャルを用いることでハミルトン形式に書けることを示す．

まず，領域の形状と座標系を定める．領域 $\Omega (\subset \mathbb{R}^3)$ が有界であり，その境界 $\partial \Omega$ は滑らかな単純トーラスとする．境界上の単位法線ベクトルを $\boldsymbol{n}$ と表す．次の条件を満たす曲線座標 (ξ, ϑ, τ) を用いる（図 3.4 参照）．τ はトロイダル角，ϑ はポロイダル角，ξ は径座標であり，

$$J = |\nabla \xi \cdot (\nabla \vartheta \times \nabla \tau)|^{-1} < +\infty, \tag{3.16}$$

$$\boldsymbol{n} \times \nabla \xi = 0 \quad (\text{on } \partial \Omega) \tag{3.17}$$

と仮定する．J は，この座標系のヤコビアンである．(3.17) により，境界 $\partial \Omega$

は径座標 ξ の一つのレベルセットとして与えられる．3次元非圧縮ベクトル場 $\boldsymbol{B}$ は，これらの座標と二つのスカラー関数 Ψ と χ（これらをクレブシュポテンシャルという）を用いて

$$\boldsymbol{B} = \nabla\Psi \times \nabla\tau - \nabla\chi \times \nabla\theta \tag{3.18}$$

と表現することができる（後述の定理 3.3）．(3.14) の拡張になっていることがわかるであろう．これをクレブシュ表現という．ベクトル公式を用いて書き換えると

$$\boldsymbol{B} = \nabla \times (\Psi\nabla\tau - \chi\nabla\theta) \tag{3.19}$$

と表すこともできる．したがってクレブシュポテンシャル Ψ と χ は「ベクトルポテンシャル」の一種だと解釈してもよい（共変ベクトルを基にとったものになっている）．

クレブシュ表現をどのように磁力線方程式に応用するのかをみよう．トロイダル角 τ を「時間のパラメタ」に見立てる．径方向の座標として ξ の代わりに χ を用い，$\Psi = \Psi(\chi, \theta, \tau)$ と考える．ただし，

$$\frac{D(\chi, \theta, \tau)}{D(x, y, z)} = \nabla\chi \cdot (\nabla\theta \times \nabla\tau) \neq 0$$

と仮定する．これは流線が後戻りすることなくドーナツ領域を周回することを意味する条件である．磁力線方程式 (3.13) は

$$\begin{cases} \dfrac{d\theta}{d\tau} = \dfrac{\boldsymbol{B} \cdot \nabla\theta}{\boldsymbol{B} \cdot \nabla\tau}, \\[2mm] \dfrac{d\chi}{d\tau} = \dfrac{\boldsymbol{B} \cdot \nabla\chi}{\boldsymbol{B} \cdot \nabla\tau}. \end{cases} \tag{3.20}$$

表式 (3.19) を用いて計算すると

$$\nabla\theta \cdot \boldsymbol{B} = \nabla\theta \cdot (\nabla\Psi \times \nabla\tau) = -\nabla\chi \cdot (\nabla\theta \times \nabla\tau)(\partial\Psi/\partial\chi),$$

$$\nabla\chi \cdot \boldsymbol{B} = \nabla\chi \cdot (\nabla\Psi \times \nabla\tau) = \nabla\chi \cdot (\nabla\theta \times \nabla\tau)(\partial\Psi/\partial\theta),$$

$$\nabla\tau \cdot \boldsymbol{B} = -\nabla\chi \cdot (\nabla\theta \times \nabla\tau).$$

以上を (3.20) に代入すると，ハミルトン正準方程式（補足 1.10 参照）

$$\begin{cases} \dfrac{d\theta}{d\tau} = \dfrac{\partial\Psi}{\partial\chi}, \\[2mm] \dfrac{d\chi}{d\tau} = -\dfrac{\partial\Psi}{\partial\theta} \end{cases} \tag{3.21}$$

3.1 力線（流線）の構造

が得られる．Ψ はハミルトニアン，θ は位置，χ は運動量に相当する．

もしハミルトニアン Ψ が τ を独立変数として含まないならば，つまりトロイダル方向（図 3.4 参照）に対して磁場が対称性をもつならば，(3.21) は可積分である．実際，Ψ 自身が保存量である：

$$\frac{\mathrm{d}}{\mathrm{d}\tau}\Psi = \frac{\partial\Psi}{\partial\theta}\frac{\mathrm{d}\theta}{\mathrm{d}\tau} + \frac{\partial\Psi}{\partial\chi}\frac{\mathrm{d}\chi}{\mathrm{d}\tau} = 0. \tag{3.22}$$

これは磁力線に沿って Ψ が一定であることを意味する．逆に言うと，磁力線は Ψ の等高面（レベルセット (level set)）の上を動く．3 次元空間における Ψ の等高面を**磁気面** (magnetic surface) という．

これに対し，対称性をもたない磁場の非可積分な磁力線は，磁気面をなすことなく，3 次元空間に複雑に埋め込まれている．これは時間依存性をもつハミルトン力学系 (3.21) の「カオス」として理解することができる．

3.1.5 クレブシュ表現

前項の宿題として，クレブシュ表現の存在を証明する．

ユークリッド空間 $\mathbb{R}^n$ に正規直交基 $\{e^1, \ldots, e^n\}$ を置く．これに対応するデカルト座標を $\{x^1, \ldots, x^n\}$ とする．つまり $e^j = \mathrm{d}x^j$ と書くことができる，有界な領域 $\Omega \subset \mathbb{R}^n$ を考える．

まず簡単のために Ω は n 次元の球であるとし，その中心を $\boldsymbol{x} = 0$，半径を R とする．Ω で定義された 1-形式 u を考える：

$$u = \sum_{j=1}^n u_j\,\mathrm{d}x^j. \tag{3.23}$$

ただし，$u_j(x^1, \ldots, x^n) \in C^1(\Omega)$．一つの座標（$u_n \not\equiv 0$ と仮定して x^n としよう）を選び，スカラーポテンシャル $\varphi(x^1, \ldots, x^n)$ を

$$\varphi(x^1, \ldots, x^n) = \int_0^{x^n} u_n(x^1, \ldots, x^{n-1}, y)\,\mathrm{d}y \tag{3.24}$$

により定義する．すべての点 $(x^1, \ldots, x^n) \in \Omega$ に対して右辺の積分経路は常に Ω の中に含まれるので，$\varphi(x^1, \ldots, x^n)$ は Ω 上で一意的に定義される．

$$u_j' = u_j - \partial_{x^j}\varphi, \quad (j = 1, \ldots, n-1)$$

202　　　　　　第 3 章　電磁気の解析学

と置いて (3.23) を

$$u = \sum_{j=1}^{n-1} u'_j \, \mathrm{d}x^j + \mathrm{d}\varphi \tag{3.25}$$

と書き換えることができる. n 個の成分のうち一つだけ完全微分形式 $\mathrm{d}\varphi$ の形に書かれていることに注目しよう. 球の領域で定義された任意のベクトル場 (C^1 級) は, 1-形式 (3.25) の形に書くことができる. これをクレブシュ 1-形式と呼ぶ. (3.25) の外微分を計算して完全 2-形式を作ると,

$$\omega = \mathrm{d}u = \sum_{j=1}^{n-1} \mathrm{d}u'_j \wedge \mathrm{d}x^j. \tag{3.26}$$

このことから, n 次元空間の完全 2-形式は $n-1$ 個の関数 $u'_1, \ldots, u'_{n-1}$ で表現できることがわかる.

　領域 Ω を星形 (定理 2.39 参照) に拡張できることは明らかである. さらに一般の領域に拡張するためには, 次のような手続きを踏む. Ω は C^1 級の境界をもつ有界領域とし, $u_j \in C^1(\overline{\Omega})$ $(j = 1, \ldots, n)$ と仮定する. $\overline{\Omega}$ を含む球 $\mathbb{S}^n$ へ u_j を拡張して, $\tilde{u}_j \in C^1(\mathbb{S}^n)$ かつ Ω 内で $\tilde{u}_j = u_j$ となる $\tilde{u}_j$ をとることができる[5]. $\mathbb{S}^n$ において (3.24) により $\tilde{\varphi}$ を定義し, $\tilde{u}'_j = \tilde{u}_j - \partial_{x^j}\tilde{\varphi}$ と置く. これらを Ω に制限してクレブシュ 1-形式を得る.

　ここではデカルト座標を用いてクレブシュ形式を構築したが, $x^1, \ldots, x^{n-1}$ は任意の座標へ変換してもかまわない. したがって, 次の定理を得る.

定理 3.3 （クレブシュ表現）　$\Omega \subset \mathbb{R}^n$ は C^1 級の境界をもつ有界領域とする. 任意の基 $\{\mathrm{d}x^1, \ldots, \mathrm{d}x^n\}$ から $n-1$ 個を選んで $\{\mathrm{d}x^1, \ldots, \mathrm{d}x^{n-1}\}$ なる系を作る.

(1)　任意の 1-形式 $u \in C^1(\overline{\Omega})$ はクレブシュ 1-形式

$$u = \sum_{j=1}^{n-1} u'_j \, \mathrm{d}x^j + \mathrm{d}\varphi \tag{3.27}$$

---

[5] 数学的には, そのような拡張 (extension) が可能であることを証明しなくてはならない. 境界 $\partial\Omega$ が C^k 級であるとは, 境界の各近傍で $\partial\Omega$ が C^k 級関数のレベルセットとして表現できるという意味である. C^k 級の境界上で定義された C^k 級の境界値 $g(\boldsymbol{x})$ $(\boldsymbol{x} \in \partial\Omega)$ に対して (3.37) を満たす C^k 級の関数 f が存在することが知られている：D. Gilbarg and N. S. Trudinger: *Elliptic Partial Differential Equations of Second Order*, Springer, 2001, Chap. 6 参照.

の形で表現することができる.

(2) 任意の完全 2-形式 $\omega\,(=\mathrm{d}u)\in C^1(\overline{\Omega})$ はクレブシュ 2-形式

$$\omega = \sum_{j=1}^{n-1} \mathrm{d}u'_j \wedge \mathrm{d}x^j \tag{3.28}$$

の形で表現することができる.

3.2 ポテンシャル論

　本節ではポテンシャルを決定する方程式について考える. 電場 $\boldsymbol{E}$ と磁場 $\boldsymbol{B}$ によって電磁場を表現したマックスウェルの方程式 (1.23)–(1.26) よりも, 4 元ポテンシャル $(\mathcal{A}_\mu)$ を用いたポテンシャル方程式 (1.41)–(1.42) の方が数学的に扱いやすい. ここで議論するのは定常的な電磁場のポテンシャルである. その場合, ポテンシャルの生成項は電荷と電流（カレント）である. それに加えて「境界条件」もポテンシャルの生成にかかわる. その物理的メカニズムと数学的な定式化との関係についても考える.

3.2.1 定常電磁場のポテンシャル

　定常電磁場の 4 元ポテンシャルについて, その支配方程式を確認しておこう[6]. ここでは簡単のために定数 ϵ_0 と μ_0 は 1 とする. (1.41) で $\partial_t = 0$ と置くと

$$-\Delta\phi = \rho, \tag{3.29}$$

$$-\Delta\boldsymbol{A} = \boldsymbol{J}. \tag{3.30}$$

ゲージ条件 (1.42) は

$$\nabla \cdot \boldsymbol{A} = 0 \tag{3.31}$$

となる. これをクーロンゲージ (Coulomb gauge) の条件という[7]. 以上をポテンシャル方程式 (potential equation) と呼ぶ. もう一つ電荷保存則 (1.27) にお

---

[6] 自然現象として真に「定常」ということはありえないのであって, 定常な云々というのは理論的な理想化である. これに定量的な正当性を与えるためには「時間スケール」についての検討が必要である（1.6 節参照）.

[7] クーロンゲージはローレンツゲージの定常状態として自然に導かれるのだが, 非定常問

いて $\partial_t = 0$ と置いた関係式

$$\nabla \cdot \boldsymbol{J} = 0 \tag{3.32}$$

も必要となる.

ポアッソン方程式の境界値問題

(3.29)–(3.30) は右辺のカレント $(\rho, \boldsymbol{J})^{\mathrm{T}}$ を与えてポテンシャル $(\phi, \boldsymbol{A})^{\mathrm{T}}$ を決定する方程式だと解釈するとき, これをポアッソン方程式 (Poisson's equation) と呼ぶ. 領域 Ω に境界 $\partial\Omega$ があると, 境界の影響を受けて ϕ や $\boldsymbol{A}$ が変形される (これについては図 3.2 で 2 次元の調和ベクトル場について可視化した). 3.2.4 項および 3.2.6 項で述べるように, 境界の影響は, 界面に生じる電荷密度や電流密度の薄い層によって生じるものである. しかし境界上での電荷密度や電流密度を具体的に表現するのではなく, ポテンシャルに対する境界条件 (boundary condition) という形で定式化する. 電磁場が「境界」という物体と相互作用して変形を受ける「結果」を境界条件として表現し, その原因である境界上の電荷密度や電流密度は電磁場に対して受動的なものであると考えるのである.

電磁気学で用いられる典型的な境界条件を示しておこう. スカラーポテンシャルに対しては

$$\phi = g \quad (\text{on } \partial\Omega) \tag{3.33}$$

を要求する (g は境界上で与えられた十分滑らかな関数). これを**ディリクレ型 (Dirichlet type) の境界条件**という. 境界上で「電位」が与えられているという意味である. 最も簡単な (そして応用上も重要な) 境界条件は $g = 0$ の場合であり, そのとき (3.33) を斉次ディリクレ境界条件という.

ベクトルポテンシャルに対しては

$$\boldsymbol{n} \cdot \nabla \times \boldsymbol{A} = g \quad (\text{on } \partial\Omega) \tag{3.34}$$

を要求する (g は境界上で与えられた十分滑らかな関数). これは磁場 $\boldsymbol{B} = \nabla \times \boldsymbol{A}$ の法線成分を束縛するという意味である. さらに Ω がハンドルをもつ

題でもクーロンゲージを選んでかまわない. とくに変位電流の項 $c^{-2}\partial_t \boldsymbol{E}$ を無視する場合 (例えば導電性が高い空間において, もっぱら電流 $\boldsymbol{J}$ によって磁場が生成される場合) クーロンゲージが便利なことが多い.

（すなわち第1ベッティ数 $\nu \geq 1$ である）場合は，ハンドルの各断面 Σ_j で

$$\int_{\Sigma_j} \boldsymbol{n} \cdot \nabla \times \boldsymbol{A} \, \mathrm{d}^2 x = \Psi_j \quad (j = 1, \dots, \nu) \tag{3.35}$$

を要求する（Ψ_j は定数）．磁束を指定するのである．なぜこのような条件が物理的に妥当なのかは3.2.6項で説明する．最も簡単な場合は $g = 0$, $\Psi_j = 0$ $(j = 1, \dots, \nu)$ であり，そのとき (3.34) は

$$\boldsymbol{n} \times \boldsymbol{A} = 0 \quad (\text{on } \partial\Omega) \tag{3.36}$$

で置き換えることができる（厳密には3.4.5項で議論する）．(3.36) が成り立つとき $\boldsymbol{n} \cdot \nabla \times \boldsymbol{A} = 0$ となることは次のようにして導かれる．境界上に任意の面素 S をとろう．(3.36) は $\boldsymbol{A}$ の境界に接する成分が0であることを意味するから，

$$\int_S \boldsymbol{n} \cdot (\nabla \times \boldsymbol{A}) \, \mathrm{d}^2 x = \int_{\partial S} \boldsymbol{t} \cdot \boldsymbol{A} \, \mathrm{d}x = 0.$$

これは任意の $S \subset \partial\Omega$ に対して成り立つので $\boldsymbol{n} \cdot \nabla \times \boldsymbol{A} = 0$ でなくてはならない．またハンドルの断面 Σ_j について同じような計算をすると

$$\int_{\Sigma_j} \boldsymbol{n} \cdot \nabla \times \boldsymbol{A} \, \mathrm{d}^2 x = 0$$

を得るから $\Psi_j = 0$ でなくてはならない．逆も真である．境界上で $\boldsymbol{A}$ の接線成分（$\boldsymbol{A}_t$ と書こう）を1-形式だと考えると，$\boldsymbol{n} \cdot \nabla \times \boldsymbol{A} = 0$ はこれが閉微分形式であることをいう．さらに $\Psi_j = 0$ であるとき $\boldsymbol{A}_t$ は完全形式と同一視でき $\boldsymbol{A}_t = \nabla\varphi$ と書ける調和関数 φ が Ω を含む領域で定義できる．これを用いて $\boldsymbol{A} \mapsto \boldsymbol{A}' = \boldsymbol{A} - \nabla\varphi$ とゲージ変換してもポアッソン方程式 (3.30) は不変である．境界値は $\boldsymbol{n} \times \boldsymbol{A}' = 0$ を満たす．したがって，$g = 0$, $\Psi_j = 0$ $(j = 1, \dots, \nu)$ である場合は，(3.36) を境界条件とすればよい．

斉次化

ポテンシャル論は (i) 空間内部の生成源 ρ あるいは $\boldsymbol{J}$ によって作られるポテンシャルを計算することと，(ii) 境界条件のために生じるポテンシャルを計算すること，という二つの問題で構成される．数学的には，境界値を与えることと領域内に電荷密度を与えることは相対的な関係にあり，ポアッソン方程式

(3.29) の ρ か，あるいは境界条件 (3.33) の g のいずれかを 0 に変換することができる．ベクトルポテンシャルの場合も，ポアッソン方程式 (3.30) の $\boldsymbol{J}$ か，あるいは境界条件 (3.34) の g と磁束条件 (3.35) の Ψ_j の組のいずれかを 0 にした問題に帰着することができる．これを斉次化という．

まずスカラーポテンシャルの問題において境界条件を斉次化してみよう．境界条件 (3.33) が与えられたとき，境界値 g を領域の内部へ拡張して関数 $\breve{g}$ を定義する．すなわち

$$\breve{g}(\boldsymbol{x}) = g(\boldsymbol{x}) \quad (\text{on } \partial\Omega) \tag{3.37}$$

を満たす関数 $\breve{g}$ を一つ選ぶ．$u = \phi - \breve{g}$, $f = \Delta\breve{g}$ と定義すると，境界条件 (3.33) は斉次化されて

$$u(\boldsymbol{x}) = 0 \quad (\text{on } \partial\Omega) \tag{3.38}$$

となる．これを斉次 (homogeneous) ディリクレ境界条件という．他方，電荷密度には新しい項 f が加わって $\rho' = \rho + f$ となり，ポアッソン方程式 (3.54) は

$$-\Delta u = \rho' \quad (\text{in } \Omega) \tag{3.39}$$

と変換される．

逆に (3.54) において ρ を消去するには，

$$-\Delta\phi_0 = \rho \quad (\text{in } \Omega) \tag{3.40}$$

を満たす ϕ_0 をみつけて，$u = \phi - \phi_0$ と置く．(3.40) を解くとき，なにも境界条件を置かないのがポイントである．そのため ϕ_0 を見つけるのは比較的簡単である．次項で述べるニュートンポテンシャルを使ってもよいし，フーリエ変換を使う手もある．ρ を $\mathbb{R}^n$ へ適当に拡張し，そのフーリエ変換を $\hat{\rho}(\boldsymbol{k})$ とする．$\hat{\phi_0} = |\boldsymbol{k}|^{-2}\hat{\rho}(\boldsymbol{k})$ と置いてこれを逆フーリエ変換し，さらに Ω に制限すれば $\phi_0(\boldsymbol{x})$ が求まる．ϕ_0 の境界値によって g を $g'(\boldsymbol{x}) = g(\boldsymbol{x}) - \phi_0(\boldsymbol{x})$ $(\boldsymbol{x} \in \partial\Omega)$ と修正する．以上の定義より u の支配方程式は

$$-\Delta u = 0 \quad (\text{in } \Omega), \tag{3.41}$$

$$u = g' \quad (\text{on } \partial\Omega). \tag{3.42}$$

すなわちポアッソン方程式は斉次化されて**ラプラス方程式**に帰着された．

手続きの記述は省略するが，同じような変換はベクトルポテンシャルについても可能である．

3.2 ポテンシャル論

3.2.2 変分原理

ポテンシャルと生成項との関係を「場のエネルギー」という観点から考える．直観的に言うと，ポテンシャルはその「エネルギー」が最小となる状態をとろうとする．電磁場の場合，エネルギーとは 1.4.3 項で議論したエネルギー (1.35) に他ならない．それは $\boldsymbol{E}$ と $\boldsymbol{B}$ それぞれの 2 次形式であるから，絶対的な最小エネルギーは $\boldsymbol{E} = 0$ と $\boldsymbol{B} = 0$ によって達成される．しかし，電磁場が物体（カレントおよび境界）と相互作用することによって，この自明な最小エネルギー状態には届くことができない．つまり物体がポテンシャルの生成項として働いて，$\boldsymbol{E} \neq 0$ あるいは $\boldsymbol{B} \neq 0$ の状態が作られる．それでも，ポテンシャルはできるだけエネルギーが小さい状態をとろうとする．生成項があるという「制限」のもとでエネルギー最小状態を与えるのが，上記のポアッソン方程式と境界条件である．これは電磁気に限らず様々なポテンシャル論で共通の原理である．

スカラーポテンシャルの変分原理

まずスカラーポテンシャルについて考える．ϕ のエネルギーとは

$$W_E(\phi) = \frac{1}{2} \int_\Omega |\nabla \phi|^2 \, \mathrm{d}^3 x \tag{3.43}$$

と定義される汎関数である．具体的に ϕ が静電ポテンシャルの場合，$\epsilon_0 W_E(\phi)$ は静電場 $\boldsymbol{E} = -\nabla \phi$ のエネルギーに他ならない：(1.35) 参照．ただし，本節では簡単のために ϵ_0 を 1 としている．$\Omega \subset \mathbb{R}^n$ は滑らかな境界 $\partial\Omega$ をもつ有界な領域だと仮定する．

なにも制約なく $W_E(\phi)$ を最小化すれば，$\phi = c$（定数）したがって $\boldsymbol{E} = 0$ が最小エネルギー $W_E = 0$ を与える．自明でないポテンシャルが形成されるメカニズムとして，まず境界条件を検討しよう．

関数空間における勾配とラプラス方程式

最初に 1 次元空間の場合を考える．$\Omega = (0, 1)$ とし，境界で

$$\phi(0) = a, \quad \phi(1) = b, \quad (a \neq b) \tag{3.44}$$

と束縛しよう．この条件下で $W_E(\phi)$ を最小にする ϕ を求める．境界条件のために，もはや $\phi = c$（定数）という解は許されない．

汎関数 $W_E(\phi)$ の極値を与える ϕ（それを ϕ_e と書く）は，次のようにして求められる．関数 $f(x)$ の場合だと，その極値は1次の微分係数 $\mathrm{d}f(x)/\mathrm{d}x$ が0となるところに現れる．多変数関数 $f(x^1,\dots,x^n)$ の場合だと勾配 ∇f が0となる点で f は極値をとる．ユークリッド空間 $\mathbb{R}^n$ においてスカラー関数 $f(\boldsymbol{x})$ の勾配とは，ベクトル $\boldsymbol{x}$ を $\boldsymbol{x}' = \boldsymbol{x} + \epsilon\tilde{\boldsymbol{x}}$ ($|\epsilon| \ll 1$) のごとく摂動したとき，$f(\boldsymbol{x})$ の変動（変分 (variation) という）が

$$\delta f(\boldsymbol{x}) = f(\boldsymbol{x} + \epsilon\tilde{\boldsymbol{x}}) - f(\boldsymbol{x}) = \epsilon(\nabla f, \tilde{\boldsymbol{x}}) + O(\epsilon^2) \quad (\forall \tilde{\boldsymbol{x}} \in \mathbb{R}^n) \qquad (3.45)$$

と与えられるようなベクトル ∇f のことであった：(1.12) 参照．ただし (,) はユークリッド空間 $\mathbb{R}^n$ の内積である．

これと同じ原理を使うために，汎関数の勾配に相当するものを計算する．ポテンシャル ϕ は関数であるから「無限」の自由度をもっている（正確な意味は3.4節で議論する）．したがって，無限次元ベクトル空間における勾配を計算して，それが0になる点を探すことになる．

関数 ϕ は空間 $L^2(0,1)$ の「ベクトル」だと考える（例2.8参照）．これに摂動を加えて $\phi \mapsto \phi + \epsilon\tilde{\phi}$ ($|\epsilon| \ll 1$) としたとき $W_E(\phi)$ がどれだけ変化するかを計算する．その変分が $L^2(0,1)$ の内積 (2.13) を用いて

$$\delta W_E(\phi) = W_E(\phi + \epsilon\tilde{\phi}) - W_E(\phi) = \epsilon(v, \tilde{\phi})_{L^2} + O(\epsilon^2) \qquad (3.46)$$

と表すことができたとき，$v = \partial_\phi W_E(\phi)$ と書いて，これを $W_E(\phi)$ の勾配と呼ぶ．L^2 空間はユークリッド空間の無限次元拡張であるから，これが (3.45) の自然な一般化であることがわかるであろう．摂動 $\tilde{\phi}$ は任意の関数であるが，$\phi + \epsilon\tilde{\phi}$ が境界条件 (3.44) を破らないように

$$\tilde{\phi}(0) = 0, \quad \tilde{\phi}(1) = 0 \qquad (3.47)$$

を満たす必要がある．この条件に注意して変分を計算すると

$$\delta W_E(\phi) = \epsilon \int_0^1 (\partial_x\phi)(\partial_x\tilde{\phi})\,\mathrm{d}x + \epsilon^2 \frac{1}{2}\int_0^1 (\partial_x\tilde{\phi})(\partial_x\tilde{\phi})\,\mathrm{d}x$$
$$= \epsilon \int_0^1 (-\partial_x^2\phi)\tilde{\phi}\,\mathrm{d}x + O(\epsilon^2). \qquad (3.48)$$

(3.46) と (3.48) を比べて $\partial_\phi W_E(\phi) = -\partial_x^2\phi$ を得る．$W_E(\phi)$ の最小値を与える ϕ_e は $\partial_\phi W_E(\phi) = 0$ となる点 ($\in L^2(0,1)$) として微分方程式

$$-\partial_x^2\phi = 0 \quad (\text{in } \Omega) \qquad (3.49)$$

を境界条件 (3.44) のもとで解くことで求められる．2 階微分が 0 ということは
グラフが直線ということだ．すなわち

$$\phi_e = a + (b - a)x. \tag{3.50}$$

エネルギー $W_E(\phi)$ は ϕ の「変動の総量」を意味するので，それを最小にする
ϕ_e は「真直ぐ」なグラフを与えるのである．このとき

$$\min W_E = \frac{1}{2}(b - a)^2. \tag{3.51}$$

これに誘電率を掛けたものは平行平板電極のコンデンサーに蓄えられるエネル
ギーに相当する（補足 1.9 参照）．

　空間次元が 2 以上の場合も同様の計算をおこなえばよい．境界条件 (3.33)
を課して，(3.43) で定義したエネルギー $W_E(\phi)$ を最小にするポテンシャル ϕ
を求める．(3.48) と同様の計算をおこなうと $\partial_\phi W_E(\phi) = -\Delta\phi$ を得る．した
がってエネルギーを最小にするポテンシャルはラプラス方程式

$$-\Delta\phi = 0 \quad (\text{in } \Omega) \tag{3.52}$$

を境界条件 (3.33) のもとで解いて得られる．1 次元の場合の「真直ぐ」とはグ
ラフが直線という意味であったが，2 次元以上になると「調和関数」がその意
味を引き継ぐのである．

ポアッソン方程式

　境界値を束縛することで自明でない（エネルギーが 0 でない）ポテンシャル
が作られることを見たが，もう一つのポテンシャルの生成源である空間内部の
電荷密度 ρ の効果を考えよう．電荷に与えられる全ポテンシャルエネルギーは
$V_\rho(\phi) = \int_\Omega \rho(\boldsymbol{x})\phi(\boldsymbol{x})\,\mathrm{d}^3 x$ と計算される．電場から見ると，そのエネルギーか
らこの分を差し引かなくてはならない．

$$F_\rho(\phi) = W_E(\phi) - V_\rho(\phi) = \frac{1}{2}\int_\Omega |\nabla\phi|^2\,\mathrm{d}^3 x - \int_\Omega \rho\,\phi\,\mathrm{d}^3 x \tag{3.53}$$

が最小化されるべき汎関数である．境界条件 (3.33) のもとで ϕ の摂動に関する
勾配を計算すると $\partial_\phi F_\rho(\phi) = -\Delta\phi - \rho$ を得る．したがって，$F_\rho(\phi)$ を最小に
するポテンシャルはポアッソン方程式

$$-\Delta\phi = \rho \quad (\text{in } \Omega) \tag{3.54}$$

を境界条件 (3.33) のもとで解いて得られる.

ベクトルポテンシャルに関する変分原理

ベクトルポテンシャル $\boldsymbol{A}$ に関する変分原理では磁気エネルギーの最小化を考える:

$$W_M(\boldsymbol{A}) = \frac{1}{2} \int_\Omega |\nabla \times \boldsymbol{A}|^2 \, \mathrm{d}^3 x. \qquad (3.55)$$

これは電磁場エネルギー（1.35）の磁場成分である. $\boldsymbol{A}$ にはクーロンゲージ (3.31) が仮定されていることを覚えておこう. 境界条件 (3.34) のもとで, これを最小化することを考えよう. 変分を計算するための摂動 $\boldsymbol{A} \mapsto \boldsymbol{A} + \epsilon \tilde{\boldsymbol{A}}$ に境界条件を課すと, $\tilde{\boldsymbol{A}}$ は斉次の境界条件 (3.36) をみなさなくてはならない. このことに注意して変分を計算すると

$$\begin{aligned} \delta W_M(\boldsymbol{A}) &= \epsilon \int_\Omega (\nabla \times \boldsymbol{A})(\nabla \times \tilde{\boldsymbol{A}}) \, \mathrm{d}^3 x + O(\epsilon^2) \\ &= \epsilon \int_\Omega (-\Delta \boldsymbol{A}) \cdot \tilde{\boldsymbol{A}} \, \mathrm{d}^3 x + O(\epsilon^2). \end{aligned} \qquad (3.56)$$

右辺の第1項は $\epsilon(-\Delta \boldsymbol{A}, \tilde{\boldsymbol{A}})_{L^2}$ であるから, $\partial_{\boldsymbol{A}} W_M(\boldsymbol{A}) = -\Delta \boldsymbol{A}$ を得る. ただし, $\nabla \cdot \boldsymbol{A} = 0$ であるから $-\Delta \boldsymbol{A} = \nabla \times (\nabla \times \boldsymbol{A})$ と置いた. $W_M(\boldsymbol{A})$ の最小値を与える $\boldsymbol{A}$ はベクトルのラプラス方程式

$$-\Delta \boldsymbol{A} = 0 \quad (\text{in } \Omega) \qquad (3.57)$$

を境界条件 (3.33) のもとで解いて得られる.

電流密度 $\boldsymbol{J}$ があるときは, $V_{\boldsymbol{J}}(\boldsymbol{A}) = \int_\Omega \boldsymbol{J} \cdot \boldsymbol{A} \, \mathrm{d}^3 x$ と置き, 最小化する汎関数を

$$F_{\boldsymbol{J}}(\boldsymbol{A}) = W_M(\boldsymbol{A}) - V_{\boldsymbol{J}}(\boldsymbol{A}) = \frac{1}{2} \int_\Omega |\nabla \times \boldsymbol{A}|^2 \, \mathrm{d}^3 x - \int_\Omega \boldsymbol{J} \cdot \boldsymbol{A} \, \mathrm{d}^3 x \qquad (3.58)$$

とする. $\partial_{\boldsymbol{A}} F_{\boldsymbol{J}}(\boldsymbol{A}) = -\Delta \boldsymbol{A} - \boldsymbol{J}$ となるので, 汎関数 $F_{\boldsymbol{J}}(\boldsymbol{A})$ を最小とする $\boldsymbol{A}$ はポアッソン方程式 (3.30) と境界条件 (3.33) の解として与えられる.

スカラーポテンシャルの場合とは違って, 汎関数 (3.58) に加えた $V_{\boldsymbol{J}}(\boldsymbol{A})$ の意味を解釈するのは難しい. 磁力は荷電粒子に対して仕事をしない力であるから, ポテンシャルエネルギーのような効果として表現することはできない. なぜ電流の存在が磁場のエネルギーに変化をもたらすのかを理解するためにはエ

3.2 ポテンシャル論

ネルギーの総体を正確に理解する必要がある．これについては 3.3.5 項の議論を待つことにしよう．

3.2.3 ニュートンポテンシャル

本項の目標は 3.1.2 項で学んだ 2 次元空間のポテンシャル論を一般次元の空間（電磁気学の文脈ではまず 3 次元空間）へ拡張することである．2 次元空間を複素平面（あるいは無限遠を加えたリーマン球面）と同一視すると，自明でないポテンシャル場すなわち定数でない正則関数はどこかにある（無限遠も含めて）特異点によって生成される（複素解析のリウヴィルの定理）．特異点に相当するのが電荷や電流である．同じように，一般の n 次元空間に自明でないポテンシャル場を作るのは電荷や電流（カレント）である．まず，もっとも単純化された電荷のモデルを導入しよう．

超関数（点電荷のモデル）

空間 $\mathbb{R}^n$ の中の「1 点」に電荷があるという単純化したモデルを定式化するために「δ 関数」という概念を導入する．$\mathbb{R}^n$ で定義された滑らかな実数値関数 $\varphi(\boldsymbol{x})$ について，ある点 $\boldsymbol{\xi} \in \mathbb{R}^n$ における値を読み出す写像 $\mu_{\boldsymbol{\xi}} : \varphi \mapsto \varphi(\boldsymbol{\xi})$ を形式的に

$$\varphi(\boldsymbol{\xi}) = \int \varphi(\boldsymbol{x}) \delta(\boldsymbol{x} - \boldsymbol{\xi}) \, \mathrm{d}^n x \tag{3.59}$$

と書く．$\delta(\boldsymbol{x} - \boldsymbol{\xi})$ のことを点 $\boldsymbol{\xi}$ を台（support）とする δ（デルタ）関数という．数学的にはいろいろな定義の仕方があるのだが，本書ではシュワルツ超関数（Schwartz distribution）として解釈することにする．

一般にシュワルツ超関数とは，滑らかな関数 φ に作用する汎関数（関数から実数への線形写像）$\mu(\varphi)$ のことである．これを

$$\mu(\varphi) = \int_{\Omega} \varphi(\boldsymbol{x}) f(\boldsymbol{x}) \, \mathrm{d}^n x \tag{3.60}$$

のごとく積分の形で書く（$\Omega \subset \mathbb{R}^n$ は滑らかな境界をもつ領域とし，φ の台は Ω 内のコンパクトな集合とする）．f は「重み関数」の意味をもつ．μ の代わりにこの f の方を超関数と呼んでもよい．f の極端なものとして一つの点 $\boldsymbol{\xi}$ に集中した重みを考えることができ，それを

$$\mu_{\boldsymbol{\xi}}(\varphi) = \varphi(\boldsymbol{\xi}) = \int_\Omega \varphi(\boldsymbol{x})\delta(\boldsymbol{x} - \boldsymbol{\xi})\,\mathrm{d}^n x \tag{3.61}$$

と書くのである．$\delta(\boldsymbol{x} - \boldsymbol{\xi})$ は点 $\boldsymbol{\xi}$ 以外では 0 であり（なぜなら左辺は $\boldsymbol{\xi}$ 以外の点における $\varphi(\boldsymbol{x})$ の値に全く影響されないから），点 $\boldsymbol{\xi}$ で無限大の大きさをもつ「関数」だと解釈すればよい（なぜなら Ω は点 $\boldsymbol{\xi}$ を含む限り，いくら小さくとっても同じ積分値を与えるから）．これはあくまで形式的な表現であって，$\delta(\boldsymbol{x} - \boldsymbol{\xi})$ はルベーグ可測な関数などではない（$\delta(\boldsymbol{x} - \boldsymbol{\xi})\,\mathrm{d}^n x$ がある種の測度を定義していると解釈する）．

　物理的には次のように理解すればよい．電荷は，現実的にはなにか有限な大きさをもった物体が担っている．したがって，電荷密度 ρ（3-形式）を 3 次元の体積で積分して電荷になる．これに対して「点電荷」というモデルでは体積をもたない「点」が電荷を担うことになる．そのような仮想的な電荷を $\delta(\boldsymbol{x} - \boldsymbol{\xi})$ と表現するのである（電荷量は 1 とする）．$\varphi(\boldsymbol{x})$ は点電荷をある物理量として評価するための計測器だと解釈しよう．$\varphi(\boldsymbol{x})$ の台（計測器のスコープだと思おう）が点 $\boldsymbol{\xi}$ を外れているかぎり電荷は発見できない．つまり (3.59) の積分は 0 になる．$\varphi(\boldsymbol{x})$ の台が点 $\boldsymbol{\xi}$ を捉えたとき観測値 $\varphi(\boldsymbol{\xi})$ を得るのである．

　超関数の定義 (3.60) は，それが φ（試験関数という）にどのように働くのかによって与えられるのだが，見方を裏返すと，超関数とは関数 φ の情報を読み出す装置だと考えることができる．これを発展させ，φ の微分情報を読み出す装置を作ることができる．基本的なアイデアは部分積分である．任意の $\varphi(\boldsymbol{x})$（ただし，境界あるいは無限遠で 0）に対して

$$\int_\Omega \varphi(\boldsymbol{x})[\partial_{x^j} f(\boldsymbol{x})]\,\mathrm{d}^n x = -\int_\Omega [\partial_{x^j}\varphi(\boldsymbol{x})]\, f(\boldsymbol{x})\,\mathrm{d}^n x. \tag{3.62}$$

これは $f \in C^1(\Omega)$ であれば自明な関係であるが，f が超関数である場合に拡張する．$\mu(\varphi) = \int \varphi f\,\mathrm{d}^n x$ が定義されると，$-\mu(\partial_{x^j}\varphi)$ を計算することができる．これが (3.62) の右辺である．この右辺で左辺を定義するのである．左辺を $\partial_{x^j}\mu(\varphi)$ と書いて，超関数 $\mu(\varphi)$ の導関数とする．μ の代わりに f を超関数と呼ぶのであれば，まさしく $\partial_{x^j} f$ が f の導関数である．例えばデルタ関数の場合，$\partial_{x^j}\mu_{\boldsymbol{\xi}}(\varphi) = \int_\Omega \varphi(\boldsymbol{x})\partial_{x^j}\delta(\boldsymbol{x} - \boldsymbol{\xi})\,\mathrm{d}^n x = -\partial_{x^j}\varphi(\boldsymbol{\xi})$．つまり，$\varphi$ の導関数の局所値を読み出す汎関数である．

　高階の導関数も同様である．形式的な部分積分によって試験関数 φ に作用す

3.2 ポテンシャル論

る微分を超関数 f へ移したものが f の導関数だと定義するのだ. もちろん f が連続微分可能な関数であるとき, その超関数としての導関数は普通の導関数と同じものである.

素解

$\mathbb{R}^3$ の原点 $\boldsymbol{x} = 0$ に電荷 1 をもつ点電荷が置かれたときの静電ポテンシャルを計算しよう:

$$-\Delta K(\boldsymbol{x}) = \delta(\boldsymbol{x}) \tag{3.63}$$

を考える. この解 $K(\boldsymbol{x})$ を素解 (elementary solution) という.

定理 3.4 (ニュートンポテンシャル) ポテンシャル方程式 (3.63) の素解であって, 無限遠方で 0 に収束するものは

$$K(\boldsymbol{x}) = \frac{1}{4\pi|\boldsymbol{x}|} \tag{3.64}$$

と与えられる. これをニュートンポテンシャル (Newtonian potential) という.

証明 ガウスの公式による. (3.64) の K は $\boldsymbol{x} = 0$ を特異点とする超関数であるから, $-\Delta K$ は超関数としての導関数として計算する. すなわち

$$\int \varphi(-\Delta K)\,\mathrm{d}^3 x = \int (-\Delta\varphi)K\,\mathrm{d}^3 x \tag{3.65}$$

と置いて右辺によって左辺の $-\Delta K$ を定義するのである (積分は全空間 $\mathbb{R}^3$ でとる). この右辺が $\varphi(0)$ を与えることが示されれば (3.63) が証明されたことになる. $\boldsymbol{x} = 0$ に K の特異点があるので, (3.65) 右辺の積分を次のように工夫する:

$$\int (-\Delta\varphi)K\,\mathrm{d}^3 x = \lim_{\epsilon\to 0}\int_{|\boldsymbol{x}|\geq\epsilon} (-\Delta\varphi)K\,\mathrm{d}^3 x. \tag{3.66}$$

特異点を除いた領域の積分にはガウスの公式を用いることができ,

$$\int_{|\boldsymbol{x}|\geq\epsilon} (-\Delta\varphi)\,K\,\mathrm{d}^3 x = \int_{|\boldsymbol{x}|\geq\epsilon} \varphi(-\Delta K)\,\mathrm{d}^3 x$$
$$+ \int_{|\boldsymbol{x}|=\epsilon} (\partial_r\varphi)\,K\,\mathrm{d}^2 x - \int_{|\boldsymbol{x}|=\epsilon} \varphi\,(\partial_r K)\,\mathrm{d}^2 x$$

と計算できる (r は原点からの動径). 右辺の第 1 項は 0 である (K は特異点を除いて調和関数である). 第 2 項の大きさは $\epsilon\max|\partial_r\varphi|$ で抑えられるから,

$\epsilon \to 0$ の極限で 0 になる．第 3 項は，$\partial_r K = -1/(4\pi r^2)$ を代入すると，$\epsilon \to 0$ の極限で $\varphi(0)$ を与える．以上を (3.66) の右辺に用いて $\int \varphi(-\Delta K)\,\mathrm{d}^3 x = \varphi(0)$，すなわち $-\Delta K = \delta(\boldsymbol{x})$ が証明された． □

この結果を任意の次元 $n \geq 2$ に拡張することは容易である．(3.63) を $\mathbb{R}^n$ で考えたときの素解は

$$K(\boldsymbol{x}) = \begin{cases} -\dfrac{1}{2\pi} \log |\boldsymbol{x}| & (n=2), \\ \dfrac{1}{(n-2)N_n} |\boldsymbol{x}|^{2-n} & (n \geq 3). \end{cases} \tag{3.67}$$

ただし $N_n = 2\pi^{n/2}/\Gamma(n/2)$ は $\mathbb{R}^n$ における半径 1 の球面の面積である．2 次元の場合のニュートンポテンシャルは例 3.2 で見た対数関数に他ならない．

畳み込み積分

素解 $K(\boldsymbol{x})$ が与えられると，任意の電荷分布 $\rho(\boldsymbol{x})$ に対するポテンシャル方程式

$$-\Delta \phi = \rho \tag{3.68}$$

の解を畳み込み積分 (convolution)

$$\phi(\boldsymbol{x}) = \int K(\boldsymbol{x} - \boldsymbol{x}')\rho(\boldsymbol{x}')\,\mathrm{d}^n \boldsymbol{x}' \tag{3.69}$$

によって構築できる．実際，Δ は $K(\boldsymbol{x} - \boldsymbol{x}')$ を $\boldsymbol{x}$ の関数として微分することに注意して計算すると，

$$-\Delta \phi(\boldsymbol{x}) = \int -\Delta K(\boldsymbol{x} - \boldsymbol{x}')\rho(\boldsymbol{x}')\,\mathrm{d}^n \boldsymbol{x}' = \int \delta(\boldsymbol{x} - \boldsymbol{x}')\rho(\boldsymbol{x}')\,\mathrm{d}^n \boldsymbol{x}' = \rho(\boldsymbol{x}).$$

3.2.4 境界の影響，グリーン関数

滑らかな境界 $\partial\Omega$ をもつ有界領域 $\Omega \subset \mathbb{R}^n$ でポテンシャルを計算する：

$$-\Delta \phi = \rho \quad (\text{in } \Omega), \tag{3.70}$$

$$\phi(\boldsymbol{x}) = 0 \quad (\text{on } \partial\Omega). \tag{3.71}$$

ディリクレ型境界条件 (3.71) は，領域が導体で覆われていることを意味する（定義 3.8 参照）．この条件を満たすように素解 $K(\boldsymbol{x})$ を補正する．点電荷を置

3.2 ポテンシャル論

く位置 $\boldsymbol{x}' \in \Omega$ ごとに素解の境界値

$$g(\boldsymbol{x}) = K(\boldsymbol{x} - \boldsymbol{x}') \quad (\boldsymbol{x} \in \partial\Omega) \tag{3.72}$$

を定め，これを境界値とする調和関数 u をラプラス方程式

$$\begin{cases} -\Delta u = 0 & (\text{in } \Omega), \\ \quad u = g & (\text{on } \partial\Omega) \end{cases} \tag{3.73}$$

を解いて求める（3.2.2 項参照）．調和関数 $u(\boldsymbol{x})$ は点電荷の位置 $\boldsymbol{x}'$ をパラメタとして含むので，これを $u(\boldsymbol{x}, \boldsymbol{x}')$ と書くことにする．素解 $K(\boldsymbol{x} - \boldsymbol{x}')$ を調和関数 $u(\boldsymbol{x}, \boldsymbol{x}')$ で補正して

$$G(\boldsymbol{x}, \boldsymbol{x}') = K(\boldsymbol{x}, \boldsymbol{x}') - u(\boldsymbol{x}, \boldsymbol{x}') \tag{3.74}$$

と置く．定義から明らかに

$$G(\boldsymbol{x}, \boldsymbol{x}') = 0 \quad (\boldsymbol{x} \in \partial\Omega, \ \boldsymbol{x}' \in \Omega). \tag{3.75}$$

また

$$-\Delta G(\boldsymbol{x}, \boldsymbol{x}') = -\Delta K(\boldsymbol{x} - \boldsymbol{x}') = \delta(\boldsymbol{x} - \boldsymbol{x}'). \tag{3.76}$$

素解の境界値を修正する調和関数 $u(\boldsymbol{x}, \boldsymbol{x}')$ を**補正関数** (compensating function) と呼ぶ．また補正された素解 $G(\boldsymbol{x}, \boldsymbol{x}')$ を**グリーン関数** (Green function) と呼ぶ．

$G(\boldsymbol{x}, \boldsymbol{x}')$ を密度 ρ と畳み込んで

$$\phi(\boldsymbol{x}) = \int_\Omega G(\boldsymbol{x}, \boldsymbol{x}')\rho(\boldsymbol{x}')\, \mathrm{d}^n\boldsymbol{x}' \tag{3.77}$$

と置く．(3.75) よりこの ϕ がディリクレ型境界条件 (3.71) を満たすことがわかる．また (3.76) より

$$-\Delta\phi(\boldsymbol{x}) = \int_\Omega -\Delta G(\boldsymbol{x}, \boldsymbol{x}')\rho(\boldsymbol{x}')\, \mathrm{d}^n\boldsymbol{x}' = \int_\Omega \delta(\boldsymbol{x} - \boldsymbol{x}')\rho(\boldsymbol{x}')\, \mathrm{d}^n\boldsymbol{x}' = \rho(\boldsymbol{x}), \tag{3.78}$$

すなわちポアッソン方程式 (3.70) の解であることがわかる．

具体的な例をみよう．

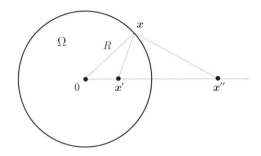

図 **3.5** 鏡像原理．点 x' に置かれた点電荷が作るニュートンポテンシャル $K(x-x')$ に対して，これを「補正」して境界 $\partial\Omega$ 上のポテンシャルを 0 とする補正関数 $u(x,x')$ は点 x' の「鏡像」の位置 x'' に置かれた「鏡像電荷」が作るニュートンポテンシャルに相当する．

〈例 3.5〉（鏡像電荷） n 次元空間で原点を中心とする半径 R の球を領域 Ω とし，球の表面で境界条件 (3.71) を与える．素解（ニュートンポテンシャル）は (3.67) に与えた通りである．このときの補正関数を具体的に求めよう．点電荷の位置 x' が原点 **0** にあるときは $K(x)$ は境界上で定数 $c=1/[(n-2)N_n R^{n-2}]$ （$n=2$ の場合は $c=-(1/2\pi)\log R$）であるから，$u=c$ とすればよい．原点 **0** 以外に x' があるとき，**0** と x' を結ぶ直線上の $|x'|\cdot|x''|=R^2$ となる点 x'' をとる（図 3.5 参照）．すなわち「鏡像点」である．球面 $\partial\Omega$ 上に任意の点 x をとると，**0**-x-x' を結ぶ三角形と，**0**-x-x'' を結ぶ三角形は相似である．このとき，$|x-x''|/|x-x'|=R/|x'|$ が成り立つ．したがって

$$|x-x'|=\frac{|x'|}{R}|x-x''|. \tag{3.79}$$

Ω 外部の点 x'' に点電荷を置いたとき，それが与えるニュートンポテンシャルは Ω 内では調和関数であるから

$$u(x,x')=K((|x'|/R)(x-x'')) \tag{3.80}$$

と置けばよい．

上記の例では，補正関数 $u(x,x')$ は「鏡像電荷」が作るポテンシャルのように見えるのだが，実際に鏡像の位置に電荷が生じるのではない．境界のさらに外の空間が何であり，そこで何がおこるのかなど，領域内の物理にとっては無

3.2 ポテンシャル論　　217

関係なことである．では何がこのポテンシャルを生み出しているのだろうか？
補正関数の物理的な生成メカニズムを考えよう．ストークスの定理（グリーン
の公式）を使って

$$
\int_\Omega [v(\boldsymbol{x}')\Delta w(\boldsymbol{x}') - w(\boldsymbol{x}')\Delta v(\boldsymbol{x}')]\,\mathrm{d}^n\boldsymbol{x}'
$$
$$
= \int_{\partial\Omega} [w(\boldsymbol{x}')\partial_n v(\boldsymbol{x}') - v(\boldsymbol{x}')\partial_n w(\boldsymbol{x}')]\,\mathrm{d}^{n-1}\boldsymbol{x}' \tag{3.81}
$$

が成り立つ．ただし $\partial_n = \boldsymbol{n}\cdot\nabla$ は境界 $\partial\Omega$ に対して法線方向の微分を表す．w
に ϕ，v に K を代入して

$$
\phi(\boldsymbol{x}) = \int_\Omega K(\boldsymbol{x}-\boldsymbol{x}')\rho(\boldsymbol{x}')\,\mathrm{d}^n\boldsymbol{x}'
$$
$$
- \int_{\partial\Omega} K(\boldsymbol{x}-\boldsymbol{x}')\partial_n\phi(\boldsymbol{x}')\,\mathrm{d}^{n-1}\boldsymbol{x}' + \int_{\partial\Omega} [\partial_n K(\boldsymbol{x}-\boldsymbol{x}')]\phi(\boldsymbol{x}')\,\mathrm{d}^{n-1}\boldsymbol{x}'.
\tag{3.82}
$$

ϕ の定義 (3.77) は

$$
\phi(\boldsymbol{x}) = \int_\Omega K(\boldsymbol{x}-\boldsymbol{x}')\rho(\boldsymbol{x}')\,\mathrm{d}^n\boldsymbol{x}' - \int_\Omega u(\boldsymbol{x},\boldsymbol{x}')\rho(\boldsymbol{x}')\,\mathrm{d}^n\boldsymbol{x}' \tag{3.83}
$$

であるから，これと (3.82) を比べると

$$
-\int_\Omega u(\boldsymbol{x},\boldsymbol{x}')\rho(\boldsymbol{x}')\,\mathrm{d}^n\boldsymbol{x}' = -\int_{\partial\Omega} K(\boldsymbol{x}-\boldsymbol{x}')\partial_n\phi(\boldsymbol{x}')\,\mathrm{d}^{n-1}\boldsymbol{x}'
$$
$$
+ \int_{\partial\Omega} [\partial_n K(\boldsymbol{x}-\boldsymbol{x}')]\phi(\boldsymbol{x}')\,\mathrm{d}^{n-1}\boldsymbol{x}'. \tag{3.84}
$$

ここで二つの境界積分の項は境界面に現れた表面電荷が作るポテンシャル
$\int_{\partial\Omega} K(\boldsymbol{x}-\boldsymbol{x}')\rho_s\,\mathrm{d}^{n-1}\boldsymbol{x}'$（$\rho_s$ は表面電荷密度）と表面電気双極子が作るポテン
シャル $\int_{\partial\Omega} \partial_n K(\boldsymbol{x}-\boldsymbol{x}')\rho_d\,\mathrm{d}^{n-1}\boldsymbol{x}'$（$\rho_d$ は表面電気双極子密度）を表す．前者
を一重層ポテンシャル，後者を二重層ポテンシャルという．一重層ポテンシャ
ルとは，境界面に現れる電荷の薄い（数学的には厚さ 0）の層（表面電荷）が
作るポテンシャルである（3.2.6 項参照）．二重層ポテンシャルとは，正負の電
荷が対になって二重の層（電気双極子）をなし，その狭い間隔（数学的には厚
さ 0）に生じるポテンシャル差である．図 1.10(a) に示した「コンデンサー」の
電極間隔を無限に小さくした状況をイメージするとよい．

218   第 3 章　電磁気の解析学

3.2.5　ベクトルポテンシャルとビオ・サヴァールの法則

　ここまでスカラーポテンシャルについて議論してきたが，次にベクトルポ
テンシャルについて考える．全空間でベクトルのポアッソン方程式 (3.30) を
解く：

$$-\Delta \boldsymbol{A} = \boldsymbol{J} \quad (\text{in } \mathbb{R}^3). \tag{3.85}$$

デカルト座標を置くと，成分ごとにスカラーのポアッソン方程式と見ることが
できる．したがって，ニュートンポテンシャル (3.64) を用いて解を構築でき
る．生成項 $\boldsymbol{J}$ はコンパクトな台をもつと仮定して

$$\boldsymbol{A}(\boldsymbol{x}) = \int K(\boldsymbol{x} - \boldsymbol{x}') \, \boldsymbol{J}(\boldsymbol{x}') \, \mathrm{d}^3 x' = \int \frac{1}{4\pi|\boldsymbol{x} - \boldsymbol{x}'|} \, \boldsymbol{J}(\boldsymbol{x}') \, \mathrm{d}^3 x' \tag{3.86}$$

と置く．これが (3.85) を満たすことは容易に検証できる．ただし，この $\boldsymbol{A}$ が
クーロンゲージ条件 (3.31) を満たすことを確認しておく必要がある．実際に計
算してみよう．

$$\partial_{x^j} K(\boldsymbol{x} - \boldsymbol{x}') = -\partial_{x'^j} K(\boldsymbol{x} - \boldsymbol{x}') \quad (j = 1, 2, 3)$$

が成り立つことを使って

$$\nabla \cdot \boldsymbol{A} = \int \sum_j \partial_{x^j} K(\boldsymbol{x} - \boldsymbol{x}') \, J_j(\boldsymbol{x}') \, \mathrm{d}^3 x'$$

$$= -\int \nabla' K(\boldsymbol{x} - \boldsymbol{x}') \cdot \boldsymbol{J}(\boldsymbol{x}') \, \mathrm{d}^3 x' = \int K(\boldsymbol{x} - \boldsymbol{x}') \, \nabla' \cdot \boldsymbol{J}(\boldsymbol{x}') \, \mathrm{d}^3 x' \tag{3.87}$$

と計算できる（変数 $\boldsymbol{x}'$ に関する勾配微分を ∇' と書いた）．定常状態の電荷保
存則 (3.32) のために $\nabla' \cdot \boldsymbol{J}(\boldsymbol{x}') = 0$．したがって，確かに (3.86) はクーロン
ゲージ条件を満たす $\boldsymbol{A}$ を与えている．

ビオ・サヴァールの法則

　磁場 $\boldsymbol{B} = \nabla \times \boldsymbol{A}$ を計算しよう．(3.86) の両辺の curl を計算すると

$$\nabla \times \boldsymbol{A} = \int \nabla K(\boldsymbol{x} - \boldsymbol{x}') \times \boldsymbol{J}(\boldsymbol{x}') \, \mathrm{d}^3 x' = \int \boldsymbol{J}(\boldsymbol{x}') \times \frac{\boldsymbol{x} - \boldsymbol{x}'}{4\pi|\boldsymbol{x} - \boldsymbol{x}'|^3} \, \mathrm{d}^3 x'.$$

いわゆるビオ・サヴァールの法則 (Biot-Savart's law) である．ここに現れたベ
クトル値の積分核

$$\mathscr{B}(\boldsymbol{x}, \boldsymbol{x}') = \frac{1}{4\pi} \frac{\boldsymbol{x} - \boldsymbol{x}'}{|\boldsymbol{x} - \boldsymbol{x}'|^3} \tag{3.88}$$

3.2 ポテンシャル論 219

をビオ・サヴァール積分核と呼ぶ[8].

ビオ・サヴァールの法則は与えられた電流から磁場を計算する方法として広く応用されている. 具体的な計算例を示そう.

〈例3.6〉（円環電流が作る磁場） 半径 a の円周上に線電流 I が流れているときの磁場を計算しよう. 円周の中心軸を z 軸とする. 電流路は無限に細いとして, 曲線 $\boldsymbol{x}'(\tau) = (a\cos\tau, a\sin\tau, 0)^{\mathrm{T}}$ $(0 \le \tau < 2\pi)$ で表す. 電流ベクトルは

$$\boldsymbol{J}(\boldsymbol{x}') = I\frac{\mathrm{d}\boldsymbol{x}'(\tau)}{\mathrm{d}\tau} \tag{3.89}$$

と表される. (3.86) において $\boldsymbol{J}(\boldsymbol{x}')\mathrm{d}^3 x' = I(\mathrm{d}\boldsymbol{x}'(\tau)/\mathrm{d}\tau)\mathrm{d}\tau$ として計算すればよい. これは楕円積分となる. 円柱座標系 (r, θ, z) を置く. 軸対称なので, ベクトルポテンシャルは θ 成分 A_θ だけをとれば十分である. 便利のために $\psi(r, z) = rA_\theta(r, z)$ と置くと

$$\psi(r, z) = \frac{\mu_0 I}{\pi}\frac{\sqrt{ar}}{k}\left[\left(1 - \frac{1}{2}k^2\right)K(k) - E(k)\right].$$

ただし

$$k = \sqrt{\frac{4ar}{(a+r)^2 + z^2}},$$

また

$$K(k) = \int_0^{\pi/2}\frac{1}{\sqrt{1 - k^2\sin\theta}}\mathrm{d}\theta, \quad E(k) = \int_0^{\pi/2}\sqrt{1 - k^2\sin\theta}\mathrm{d}\theta$$

はそれぞれ第1種, 第2種完全楕円積分である. 磁場は

$$B_r = \frac{\mu_0 I}{2\pi}\frac{z}{r\sqrt{(a+r)^2 + z^2}}\left(\frac{a^2 + r^2 + z^2}{(a-r)^2 + z^2}E(k) - K(k)\right),$$

$$B_z = \frac{\mu_0 I}{2\pi}\frac{1}{\sqrt{(a+r)^2 + z^2}}\left(\frac{a^2 - r^2 - z^2}{(a-r)^2 + z^2}E(k) + K(k)\right)$$

と与えられる. 一般の電流密度 $J(r', z')$ が生じる ψ あるいは B_r, B_z を計算するためには, 上記の線電流に対する表式を $I = 1$, $a = r'$, そして $z \mapsto z - z'$ と置き直し, $J(r', z')$ と畳み込めばよい.

---

[8] 本節の冒頭でことわったように, ここでは $\mu_0 = 1$ としている. 電磁気学に応用するとき, ビオ・サヴァール積分核は（SI単位系で書いたとき）(3.88) の右辺に $\mu_0 = 4\pi \times 10^{-7}$ を乗じたものである. 次の例では, これを用いる.

220   第3章　電磁気の解析学

絡み数

上記の例 3.6 で「線電流」という概念をもちだしたが，これはスカラーポテンシャルの生成項として働く点電荷を拡張して，1 次元の図形である曲線を台とする超関数のベクトル場を考えたものである[9]．曲線は空間の中の位置だけでなく，「トポロジー」を担うオブジェクトである．ここではビオ・サヴァール積分核を使って曲線の「絡み数」が計算できることを示そう．

3 次元空間の中の滑らかな曲線を $C = \{\boldsymbol{x}(\tau);\ \tau \in T \subset \mathbb{R}\}$ とする．τ は曲線上の位置を示すパラメタである．$\mathrm{d}\boldsymbol{x}/\mathrm{d}\tau$ は曲線に対する接ベクトルを与えるのであった．二つの滑らかな曲線 C_1, C_2 を考えよう．C_j をパラメタ τ_j によって $\boldsymbol{x}_j(\tau_j)$ と表す（$j = 1, 2$）．$C_1 \cap C_2 = \emptyset$ とし，

$$\ell(C_1, C_2) = \int_{C_1} \int_{C_2} \frac{\mathrm{d}\boldsymbol{x}_1}{\mathrm{d}\tau_1} \cdot \frac{\mathrm{d}\boldsymbol{x}_2}{\mathrm{d}\tau_2} \times \mathscr{B}(\boldsymbol{x}_1, \boldsymbol{x}_2)\, \mathrm{d}\tau_2 \mathrm{d}\tau_1 \tag{3.90}$$

と定義する．$\mathscr{B}(\boldsymbol{x}_1, \boldsymbol{x}_2)$ は (3.88) で定義したビオ・サヴァール積分核である．以下に示すように，C_1, C_2 がそれぞれ閉曲線であるとき，$\ell(C_1, C_2)$ は整数値をとり，その値は C_1, C_2 の位相幾何学的な絡み具合のみによって決まる．$\ell(C_1, C_2)$ を，C_1 と C_2 とのガウスの絡み数 (Gauss' linking number) と呼ぶ．

簡単な場合から計算してみよう．半径 R の円環 C とその中心軸 L を考える（図 3.6 (a) 参照）．それぞれパラメタ τ_1, τ_2 を用いて $\boldsymbol{x}_1(\tau_1), \boldsymbol{x}_2(\tau_2)$ と表し，デカルト座標で

$$\boldsymbol{x}_1(\tau_1) = \begin{pmatrix} R\cos\tau_1 \\ R\sin\tau_1 \\ 0 \end{pmatrix}\ (0 \leq \tau_1 < 2\pi), \quad \boldsymbol{x}_2(\tau_2) = \begin{pmatrix} 0 \\ 0 \\ \tau_2 \end{pmatrix}\ (\tau_2 \in \mathbb{R})$$

と定義する．L の接ベクトル $\mathrm{d}\boldsymbol{x}_2/\mathrm{d}\tau_2$ は z 軸上を＋の方向に流れる大きさ 1 の「線電流」を表す．

$$\boldsymbol{B}_L(\boldsymbol{x}) = \int_L \frac{\mathrm{d}\boldsymbol{x}_2}{\mathrm{d}\tau_2} \times \mathscr{B}(\boldsymbol{x}, \boldsymbol{x}_2)\, \mathrm{d}\tau_2 \tag{3.91}$$

---

[9] スカラーのポアッソン方程式 (3.29) において生成項は 0-形式 $\star\rho$ であるから，それと双対な図形は「点」である（2.4 節参照，補足 2.41 参照）．ベクトルのポアッソン方程式 (3.30) の場合，生成項は 1-形式 $\star J$ であるから，双対な図形は「曲線」となる．(3.89) では，カレントをさらに接ベクトル場に読み替えたわけである．

3.2 ポテンシャル論

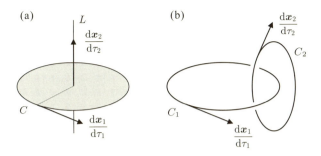

図 3.6 (a) ループ C を貫通する直線 L. (b) リンクする二つの閉曲線 C_1 と C_2.

なる積分は，この線電流が作る磁場を与える．軸からの半径を r，方位ベクトルを e_θ と表すと，

$$B_L = \frac{1}{2\pi r} e_\theta.$$

他方，$d\bm{x}_1/d\tau_1 = Re_\theta$ であるから，

$$\ell(C, L) = \int_C \frac{d\bm{x}_1}{d\tau_1} \cdot \bm{B}_L d\tau_1 = 1 \tag{3.92}$$

を得る．

一般的な曲線のペア C_1, C_2 について議論を進めよう．まず閉曲線 C_1 と滑らかなベクトル場 $\bm{B}$ に関する積分についてストークスの公式

$$\int_{C_1} \frac{d\bm{x}_1}{d\tau_1} \cdot \bm{B} \, d\tau_1 = \int_{\Sigma_1} \bm{n} \cdot \nabla \times \bm{B} \, d^2 x$$

を思い出そう ($C_1 = \partial\Sigma_1$)．$\bm{B}$ として曲線 C_2 上の線電流（電流値 1）が作る磁場をとると，左辺の積分は $\ell(C_1, C_2)$ になる．右辺を見ると，C_1 が張る曲面 Σ_1 上で電流 $\nabla \times \bm{B} = 0$ であるかぎり，この積分は 0 である．つまり線電流 C_2 が C_1 とリンクしなければ $\ell(C_1, C_2) = 0$ となる．上記の $\ell(C, L)$ の場合，電流 L が C を貫通したので $\ell(C, L) = 1$ を得たのだが，$\nabla \times \bm{B} \neq 0$ となるのは L の上だけである．したがって，曲線 C は半径 R の円に限る必要はなく，L と交差しない限り，どのように変形しても $\ell(C, L)$ の値は変わらない（ホモトピー不変性）．同様に，線電流 L の方も C と交差しない範囲で変形しても $\ell(C, L)$ の値は変わらない．もちろん L を図 3.6 (b) のような閉曲線に置き換えてもよい．

222　　　　　　　第3章　電磁気の解析学

　ガウスの絡み数 $\ell(C_1, C_2)$ は複素関数論における留数 (residue) を3次元空間へ拡張したものである．上記の C と L の例で，ループ C を2次元平面上の曲線とし，その平面と線電流 L との交点を「点電流」と考えると，点電流が作る磁場は複素平面上の複素関数 $1/z$（ポテンシャル $\log z$ の微分），点電流はその極であり（3.1.2項参照），$\ell(C, L)$ は極を回る積分路 C をとったときの留数に他ならないのである．

　互いにリンクする閉曲線 C_1 と C_2 を考えよう．C_2 をホモトピー変換して，それぞれ C_1 と1回だけリンクする閉曲線の集合 $\{C'_j\}$ に分割することができる（複素積分における積分経路の変形を思い出そう）．曲線の向きに注意してつなぎ変えをおこなえば，C_1 と1回だけリンクする非常に小さな円環 $\{C'_j\}$ を用い

$$\ell(C_1, C_2) = \sum_j \ell(C_1, C'_j), \quad \ell(C, C'_j) = \pm 1 \tag{3.93}$$

と表すことができる．$\ell(C, C'_j)$ の符号は C と C'_j の相対的な向きによって決まる．

ヘリシティー

　ビオ・サヴァール積分核 $\mathscr{B}(\boldsymbol{x}, \boldsymbol{x}')$ は微分作用素 curl の逆写像を与えるものであるから，磁場 $\boldsymbol{B}$ に対してベクトルポテンシャル $\boldsymbol{A}$ を計算するために使うこともできる．すなわち

$$\boldsymbol{A}(\boldsymbol{x}) = \int \boldsymbol{B}(\boldsymbol{x}') \times \mathscr{B}(\boldsymbol{x}, \boldsymbol{x}') \, \mathrm{d}^3 \boldsymbol{x}'$$

と置けば，$\nabla \times \boldsymbol{A} = \boldsymbol{B}$．線電流の代りに「線磁場」すなわち円環 C_1 と C_2 に閉じ込められたそれぞれ大きさ1の磁束を考えると，積分 (3.90) は

$$\ell(C_1, C_2) = \int_{\mathbb{R}^3} \boldsymbol{A} \cdot \boldsymbol{B} \, \mathrm{d}^3 x \tag{3.94}$$

を計算したことになる．1-形式 $\boldsymbol{A}$ に対して $\boldsymbol{A} \cdot \boldsymbol{B}$ は，(2.260) で定義したヘリシティーの第0成分に他ならない．電磁流体モデルでは，(2.252) で示したように $\mathcal{L}_{\boldsymbol{u}} \mathcal{A} = 0$，このためにヘリシティーの空間積分は保存量となるのだった；(2.263) 参照．したがって，電磁流体中では磁力線のつなぎ変えはおこらず，磁場が変化しても閉じた磁力線どうしの絡み数は不変である[10]．

───────────

[10] これは理想的な電磁流体のモデル $\mathcal{L}_{\boldsymbol{u}} \mathcal{A} = 0$ を仮定した場合である．現実には，この右

3.2 ポテンシャル論　　　*223*

3.2.6 境界条件の物理的意味

ポテンシャル論で重要な役割を担う境界条件について，その数理的な特徴づけと物理的な意味との対応を見ておく．境界とは，異なる特性をもつ空間の「界面」である．数理モデルにおける境界とは，その内部を外部から切り離し，内部と境界条件とで「閉じたモデル」を構築するための道具概念である．切り離しのために「界面」には極限操作がおこなわれる．

界面のモデル化

異なる特性をもつ二つの領域の界面で，物理量がどのように接続されるのかを考える．問題は局所的であるから，界面（C^1 級の曲面とする）の近傍にデカルト座標 x, y, z を置き，$z = 0$ の平面を界面として $z > 0$ を領域 A，$z < 0$ を領域 B と呼ぶ．

電磁場 $\boldsymbol{E}$ および $\boldsymbol{B}$ はどこでも有限な値をもつ関数と仮定してよいが，電荷密度 ρ や電流密度 $\boldsymbol{J}$ は界面で発散する値をもつことを許す．これは数理モデルとしての便利のためであって，現実に電荷密度や電流密度といった物理量が無限の値をもつことはない．どのような状態をどのようにモデル化しているのかを検証しておこう．

ここでは，関数 $f(x, y, z)$ に対して

$$[f]_{(x,y)} = \lim_{\epsilon \downarrow 0}(f(x, y, 0 + \epsilon) - f(x, y, 0 - \epsilon))$$

と書く．$[f] \neq 0$ となるのは f が界面で不連続な関数であるときである．また，空間密度を表す関数 $g(x, y, z)$ に対して

$$\langle g \rangle_{(x,y)} = \lim_{\epsilon \downarrow 0} \frac{1}{2} \int_{-\epsilon}^{\epsilon} g(x, y, z)\,\mathrm{d}z$$

と書く．g が有界であれば $\langle g \rangle = 0$ であるが，$z = 0$ で発散するとき，$\langle g \rangle$ は 0 でない値をもつ．$\langle g \rangle$ は面密度の次元をもつことに注意しよう．また界面上の単位法線ベクトルを $\boldsymbol{n}$，界面に対する単位接ベクトル（接平面上任意の方向でよい）を $\boldsymbol{t}$ と書く．

辺に有限な電気抵抗 η による磁場の拡散項 $\eta \Delta \boldsymbol{A}$ が加わるために，磁力線のつなぎ変え (reconnection) がおこる．

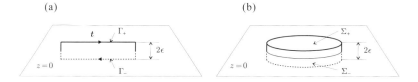

図 3.7 (a) 界面 ($z=0$) の上下で 1 周する周回積分路. (b) 界面を挟む上面 Σ_+ と下面 Σ_- を底面とする円柱状（ツナ缶型）の閉曲面.

定理 3.7 （界面における接続条件） $\boldsymbol{E}$ および $\boldsymbol{B}$ は界面を除いて C^1 級のベクトル場だとする．これらがマックスウェル方程式の前半 2 式 (1.23) および (1.24) に従うとき

$$[\boldsymbol{t}\cdot\boldsymbol{E}] = 0, \tag{3.95}$$

$$[\boldsymbol{n}\cdot\boldsymbol{B}] = 0 \tag{3.96}$$

が成り立つ．また，マックスウェル方程式の後半 2 式 (1.25) および (1.26) に従うとき

$$[\boldsymbol{t}\cdot\boldsymbol{B}] = \mu_0 \langle (\boldsymbol{n}\times\boldsymbol{t})\cdot\boldsymbol{J}\rangle, \tag{3.97}$$

$$[\boldsymbol{n}\cdot\boldsymbol{E}] = \epsilon_0^{-1}\langle\rho\rangle \tag{3.98}$$

が成り立つ．

証明 図 3.7 (a) のような周回積分路をとって $\boldsymbol{E}$ を積分すると

$$\int_{\Gamma_\epsilon}\boldsymbol{t}\cdot\boldsymbol{E}\,\mathrm{d}x = \int_{\Gamma_+}[\boldsymbol{t}\cdot\boldsymbol{E}]\,\mathrm{d}x + O(\epsilon). \tag{3.99}$$

ストークスの公式と (1.23) を用いて左辺を書き直すと

$$\int_{\Gamma_\epsilon}\boldsymbol{t}\cdot\boldsymbol{E}\,\mathrm{d}x = \int_{\Sigma_\epsilon}\boldsymbol{s}\cdot\nabla\times\boldsymbol{E}\,\mathrm{d}^2x = \int_{\Sigma_\epsilon}\boldsymbol{s}\cdot(\partial_t\boldsymbol{B})\,\mathrm{d}^2x. \tag{3.100}$$

Σ_ϵ は Γ_ϵ を境界とする面，$\boldsymbol{s}=\boldsymbol{n}\times\boldsymbol{t}$ は Σ_ϵ に対する法線ベクトルである．仮定より $(\partial_t\boldsymbol{B})$ は連続関数であるから，右辺の積分値は $\epsilon\to 0$ の極限で 0 となる．したがって (3.95) を得る．

同様の積分を $\boldsymbol{B}$ に関しておこない，(3.95) を用いると (3.97) を得る．この場合は $\boldsymbol{s}\cdot\boldsymbol{J}$ に非有界性を許しているので面積分から有限な項 $\mu_0\langle\boldsymbol{s}\cdot\boldsymbol{J}\rangle$ が生じる．

次に図 3.7 (b) のような「ツナ缶」の表面で $\boldsymbol{B}$ を積分すると

$$\int_{\Sigma_\epsilon} \boldsymbol{n} \cdot \boldsymbol{B}\, \mathrm{d}^2 x = \int_{\Sigma_+} [\boldsymbol{n} \cdot \boldsymbol{B}]\mathrm{d}^2 x + O(\epsilon). \tag{3.101}$$

ガウスの公式と (1.25) を用いて左辺を書き直すと

$$\int_{\Sigma_\epsilon} \boldsymbol{n} \cdot \boldsymbol{B}\, \mathrm{d}^2 x = \int_{\Omega_\epsilon} \nabla \cdot \boldsymbol{B}\, \mathrm{d}^3 x = 0. \tag{3.102}$$

Ω_ϵ は Σ_ϵ を境界とする 3 次元領域である．したがって (3.96) を得る．

同様の積分を $\boldsymbol{E}$ に対して行い，(1.26) を用いると (3.98) を得る． $\square$

完全導体壁の境界条件

ある領域を「閉じた系」として扱うためには，その領域は境界によって外部から切り離されている必要がある．電磁気の場合，それを可能とするのが完全導体壁 (perfectly conducting boundary) の境界条件である．完全導体とは，その内部で $\boldsymbol{E} = 0$ となるような仮想的物体のことである．導電性が高いと容易に電流が流れて電場を中和するからである[11]．(1.23) より，完全導体の内部では $\partial_t \boldsymbol{B} = 0$.

真空の領域 Ω を完全導体が覆っている場合，その境界で電磁場が満たすべき境界条件を定式化しよう．完全導体壁の「内部」で $\boldsymbol{E} = 0$ であるから，(3.95) より次の条件が導かれる．

|| 定義 3.8 || （完全導体境界条件） 3 次元空間の領域 Ω は十分滑らかな境界 $\partial\Omega$ をもつとする．$\partial\Omega$ 上の単位法線ベクトルを $\boldsymbol{n}$ と表す．電場 $\boldsymbol{E}$ に対して

$$\boldsymbol{n} \times \boldsymbol{E} = 0 \quad (\text{on } \partial\Omega) \tag{3.103}$$

を完全導体境界条件という．

電磁場を扱う数理モデルにおいて，領域 Ω を外部から遮断するために必要な境界条件は，通常の場合 (3.103) で十分である．電磁場のエネルギー流束を表

---

[11] 物理的には，これはある種の近似であって，現象を見る時間スケールが，導体内部で可能な電磁場変動の時間スケール（導電性が高いほど電磁場変動はゆっくり進行する）よりも十分短ければ完全導体だとみなしてよいことになる（3.3.2 項参照）．なお量子効果でおこる超伝導では電気抵抗は完全に 0 であるが，さらに導体内部で $\boldsymbol{B} = 0$ となる．すなわち完全反磁性（磁場を吐き出す性質）をもつ．

226   第 3 章　電磁気の解析学

すポインティングベクトル $\boldsymbol{S} = \boldsymbol{E} \times \boldsymbol{B}/\mu_0$ が境界を横切れない ($\boldsymbol{n} \cdot \boldsymbol{S} = 0$) か
らである.

本節で議論してきた静電場 $\boldsymbol{E} = -\nabla\phi$ について (3.103) を翻訳すると

$$\phi = c \quad (\text{on } \partial\Omega). \tag{3.104}$$

c は境界面の電位を表す定数である（つまり境界上で電位は一定値をもつ）.
$\partial\Omega$ が連結集合である場合は $c = 0$ と選んでよい（$\phi \mapsto \phi - c$ の変換で $\boldsymbol{E}$ は不
変であるから）. 3.2.1 項で議論したディリクレ型境界条件である. $\partial\Omega$ が複数
の連結集合 $\Gamma_1, \ldots, \Gamma_\nu$ に分かれている場合は, 各 Γ_j ごとに異なる電位 c_j を与
えることができる:

$$\phi = c_j \quad (\text{on } \Gamma_j). \tag{3.105}$$

マックスウェルの方程式を満たす磁場 $\boldsymbol{B}$ に関する境界条件も (3.103) から導
かれる. 境界上の任意の面 Σ で (1.23) の法線成分を積分すると

$$\int_\Sigma \partial_t (\boldsymbol{n} \cdot \boldsymbol{B}) \, \mathrm{d}^2 x = \int_\Sigma \boldsymbol{n} \cdot \nabla \times \boldsymbol{E} \, \mathrm{d}^2 x = \int_{\partial\Sigma} \boldsymbol{t} \cdot \boldsymbol{E} \, \mathrm{d}x. \tag{3.106}$$

ただし, $\partial\Sigma$ は Σ の境界, $\boldsymbol{t}$ は $\partial\Sigma$ に対する単位接ベクトルであり, 境界 $\partial\Omega$ に
接する. したがって (3.103) によって (3.106) の右辺は 0. Σ は任意にとれるか
ら, 境界条件

$$\partial_t (\boldsymbol{n} \cdot \boldsymbol{B}) = 0 \tag{3.107}$$

が導かれる. 完全導体の中では $\partial_t \boldsymbol{B} = 0$ であるが, これと Ω 内の $\boldsymbol{B}$ を条件
(3.96) のもとで接続しようとすると境界条件 (3.107) が生じると理解すればよ
い. 初期条件として完全導体内で $\boldsymbol{B} = 0$ と仮定する場合は

$$\boldsymbol{n} \cdot \boldsymbol{B} = 0 \tag{3.108}$$

を境界条件とすることができる.

(3.103) から磁束保存の条件も導かれる. Ω が多重連結である場合（図 2.8 参
照）, それぞれのハンドルの断面を通過する磁束は時間変化できない. 上記の
面 Σ をハンドルの切断面にとれば磁束保存則が得られる. 例 2.34 で議論した
通りである.

完全導体の境界条件のもとでは $\boldsymbol{E}$ の接線成分と $\boldsymbol{B}$ の法線成分が束縛される
のだが, $\boldsymbol{E}$ の法線成分と $\boldsymbol{B}$ の接線成分は自由である. (3.98) に示したように,

界面電荷 $\langle\rho\rangle$ が誘起されることで $\boldsymbol{n}\cdot\boldsymbol{E}$ は自由な値をもつ.また (3.97) に示したように,界面電流 $\langle\boldsymbol{J}\rangle$ が誘起されることで $\partial_t(\boldsymbol{n}\times\boldsymbol{B})$ も自由な値をもつことができるのである.

3.3 波動論

マックスウェル方程式が波動方程式であることは既に述べた通りである (1.4.5 項参照).本節では,数学的な観点から「波動方程式」とはどのような特徴をもつ偏微分方程式であるのかについて学ぶ.

ポテンシャル方程式と波動方程式の構造的な違いは,前者を支配するラプラシアンと後者を支配するダランベルシャンの違いに集約される.2.6.5 項で学んだように,これらの 2 階微分作用素は,いずれもラプラス・ベルトラミ作用素として統一されるのだが,本質的な違いが空間のメトリックから生じる.リーマン計量のもとでのラプラス・ベルトラミ作用素がラプラシアンであるのに対し,擬リーマン計量(ローレンツ計量)にするとダランベルシャンになるのである.定常的な電磁場の基本構造がラプラシアンによって支配されるのに対して,時間軸が加わって時空の中に置かれた電磁場はダランベルシャンによって支配される.これによって 4 次元時空に生起する現象は極めて豊かになる.仮に 4 次元空間にリーマン計量が与えられたとすると,電磁場の構造は 3 次元空間のポテンシャル理論で見たようなものと本質的な違いはない.時間軸の特殊性が「運動」という現象を生み出すのである.まず波の伝播とは何かについて,最も簡単な真空中の電磁波を例に議論を始める.

3.3.1 真空中の電磁波

マックスウェルの方程式 (1.23)–(1.26) を用いても,4 元ポテンシャルの方程式 (1.41) を用いても同じなのだが,ここではポテンシャル論(3.2 節)との比較を明確にするために,後者を用いて議論しよう(補足 3.9 参照).もう一度書くと,

$$\left(\frac{1}{c^2}\partial_t^2 - \Delta\right)\mathcal{A}_\mu = 0 \quad (\mu = 0,\ldots,3), \tag{3.109}$$

$$\partial^{\mu}\mathcal{A}_{\mu} = 0. \tag{3.110}$$

ただし，$(\mathcal{A}_{\mu}) = (c^{-1}\phi, -A_x, -A_y, -A_z)$, $(\partial^{\mu}) = (c^{-1}\partial_t, -\partial_x, -\partial_y, -\partial_z)$ であった．ここでは空間に置くデカルト座標 (x^j) を (x, y, z) で表す．

平面波

この偏微分方程式系がもつ「波動解」の最も単純なものとして平面波 (plane wave) を導こう．それは次のような関数で表される．すべての物理量が

$$f(t, \boldsymbol{x}) = f_0 \exp[\mathrm{i}\mathscr{S}(t, \boldsymbol{x})] \tag{3.111}$$

の形で変動すると仮定する．f_0 は複素定数とする．$f(t, \boldsymbol{x})$ は複素数値の関数であるが，実際の物理量はこの実部だと解釈する．振動の位相を表す関数 $\mathscr{S}(t, \boldsymbol{x})$ を**アイコナール** (eikonal) と呼ぶ．これが実定数 ω および実定数ベクトル $\boldsymbol{k}$ によって

$$\mathscr{S}(t, \boldsymbol{x}) = \boldsymbol{k} \cdot \boldsymbol{x} - \omega t \tag{3.112}$$

と与えられるとき，波動関数 $f(t, \boldsymbol{x})$ を平面波という．ω は角周波数であり（この符号は正とする），$\boldsymbol{k} = (k_x, k_y, k_z)^{\mathrm{T}}$ は**波数ベクトル** (wave-number vector) を表す．$\mathscr{S}(t, \boldsymbol{x})$ は時空の中の直線グラフ

$$\boldsymbol{k} \cdot \boldsymbol{x} - \omega t = s \tag{3.113}$$

（s は任意の実定数）の上で一定である．平面波の位相はこの直線（**光線** (ray) という）に沿って伝播するといえる．$\omega/\boldsymbol{k}$ は位相の伝播速度（**位相速度** (phase velocity)）を表す．実は後で議論するように，位相の伝播だけで波という現象を十分に理解することはできない．波の伝播速度とは言わず「位相速度」と呼ぶのはそのためである．

真空中の電磁波方程式 (3.109) に平面波の関数 $\mathcal{A}_{\mu} = a_{\mu} \exp[\mathrm{i}(\boldsymbol{k} \cdot \boldsymbol{x} - \omega t)]$ を代入すると，方程式中の偏微分作用素を

$$\partial_t \Rightarrow -\mathrm{i}\omega, \quad \partial_j \Rightarrow \mathrm{i}k_j \tag{3.114}$$

と置き直した代数方程式系が得られる[12]：

---

[12] 方程式系 (3.109) をまるごとフーリエ変換したと思ってもよい．

$$\begin{pmatrix} \hat{P}(\omega, \boldsymbol{k}) & 0 & 0 & 0 \\ 0 & \hat{P}(\omega, \boldsymbol{k}) & 0 & 0 \\ 0 & 0 & \hat{P}(\omega, \boldsymbol{k}) & 0 \\ 0 & 0 & 0 & \hat{P}(\omega, \boldsymbol{k}) \end{pmatrix} \begin{pmatrix} a_0 \\ a_1 \\ a_2 \\ a_3 \end{pmatrix} = 0. \tag{3.115}$$

ただし

$$\hat{P}(\omega, \boldsymbol{k}) = \frac{\omega^2}{c^2} - |\boldsymbol{k}|^2 \tag{3.116}$$

と定義した．代数方程式 (3.115) が自明でない $(a_\mu \neq 0)$ 解をもつためには左辺の行列の行列式が 0 でなくてはならない．すなわち

$$D(\omega, \boldsymbol{k}) = \hat{P}(\omega, \boldsymbol{k})^4 = 0. \tag{3.117}$$

ω と $\boldsymbol{k}$ の関係（**分散関係** (dispersion relation) という）がこの式によって決定される．

(3.117) の解は

$$\omega = c|\boldsymbol{k}| \tag{3.118}$$

と与えられる．伝播速度の形に書くと $\omega/|\boldsymbol{k}| = c$．したがって光線は光円錐に沿った直線である（2.6.1 項参照）．以下，波数ベクトル $\boldsymbol{k}$ を z 軸の方向にとり，$\boldsymbol{k} = k\boldsymbol{e}_z$ と書く（k の符号が光の進行方向を与える）．

ゲージ条件の式 (3.110) はベクトル場の構造に制限を与える：

$$\frac{\omega}{c}a_0 + ka_3 = 0. \tag{3.119}$$

a_1 と a_2（光線に垂直なベクトル成分）は自由である．(3.118) により $a_0 = a_3$ を得る．電場の定義 (1.38) を見ると，4 元ポテンシャルのこれら 2 成分（スカラーポテンシャルと光線に平行なベクトル成分）の組は電場を作らない：

$$E_z = -\partial_t \mathcal{A}_z - c\partial_z \mathcal{A}_0 = 0. \tag{3.120}$$

さらに $B_z = \partial_x \mathcal{A}_y - \partial_y \mathcal{A}_x = 0$．電場も磁場も波数ベクトル $\boldsymbol{k}$ に垂直な成分だけをもつのである．このような波を**横波** (transverse wave) という．

偏波

自由なパラメタ a_1, a_2 の選択によって波の構造にバリエーションが生まれる．z 軸に沿って $+$ 方向へ伝播する波を考える：$\mathcal{S}(\omega, \boldsymbol{k}) = kz - \omega t$ $(k > 0)$．

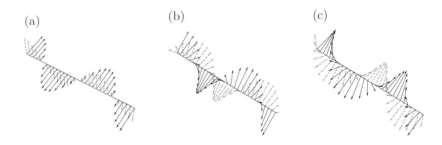

図 3.8 電磁波の偏波．z 軸（直線）に沿って左から右へ（これを＋方向とする）伝播する電磁波．実線矢印は電場ベクトル，破線矢印は磁場ベクトルを表す．(a) 直線偏波の波，(b) 右偏波の波，(c) 左偏波の波．

まず $a_1 = a \in \mathbb{R}, a_2 = 0$ と選んでみよう．電場と磁場を具体的に書くと（複素関数の実部をとる）

$$\boldsymbol{E} = \begin{pmatrix} \omega a \sin \mathscr{S} \\ 0 \\ 0 \end{pmatrix}, \quad \boldsymbol{B} = \begin{pmatrix} 0 \\ ka \sin \mathscr{S} \\ 0 \end{pmatrix}. \tag{3.121}$$

図 3.8 (a) に構造を示す．電場と磁場は互いに直交する平面内で振動する．振動は同期している．このような波を**直線偏波** (linearly polarized) の波という．

$a_1 = \mathrm{i}a, a_2 = -a \in \mathbb{R}$ と選ぶと（いささか技巧的な選び方をするのは，これから導く電磁場の表現を見やすくするためである）

$$\boldsymbol{E} = \begin{pmatrix} \omega a \cos \mathscr{S} \\ -\omega a \sin \mathscr{S} \\ 0 \end{pmatrix}, \quad \boldsymbol{B} = \begin{pmatrix} ka \sin \mathscr{S} \\ ka \cos \mathscr{S} \\ 0 \end{pmatrix}. \tag{3.122}$$

図 3.8 (b) に構造を示す．この波動関数のように，x-y 平面で $\boldsymbol{E}$ および $\boldsymbol{B}$ のベクトルが時間 t とともに反時計回りに回転する場合（z の進行方向へ時計回りに回転する場合），右偏波という．

今度は $a_1 = \mathrm{i}a, a_2 = a \in \mathbb{R}$ とすると

$$\boldsymbol{E} = \begin{pmatrix} \omega a \cos \mathscr{S} \\ \omega a \sin \mathscr{S} \\ 0 \end{pmatrix}, \quad \boldsymbol{B} = \begin{pmatrix} -ka \sin \mathscr{S} \\ ka \cos \mathscr{S} \\ 0 \end{pmatrix}. \tag{3.123}$$

図 3.8 (c) に構造を示す．この波動関数のように，x-y 平面で $\boldsymbol{E}$ および $\boldsymbol{B}$ のベクトルが時間 t とともに時計回りに回転する場合（z の進行方向へ反時計回りに回転する場合），左偏波という．

直線偏波は右偏波と左偏波を合成したものであることがわかる．ここでは簡単のために $|a_1| = |a_2|$ と選んだが，これら二つのパラメタは自由に選んでよく，$|a_1| \neq |a_2|$ の場合は $\boldsymbol{E}$ および $\boldsymbol{B}$ は楕円を描きながら $\boldsymbol{k}$ ベクトルの周りを回転する．

分散関係 (3.118) によれば，平面波はいかなる波数であろうと，いかなる偏波であろうと同じ速度 c で直進する．(3.111) では波形として三角関数で表される「正弦波」を仮定したのだが，任意の滑らかな関数 g を用いて $\mathcal{A}_\mu(t, \boldsymbol{x}) = g(\mathscr{S}(t, \boldsymbol{x}))$ と置いても $\mathscr{S}(t, \boldsymbol{x})$ が分散関係 (3.118) を満たせば (3.109) の解となる．つまり，どのような波形の平面波も，形を保ちながら一定の速度 c で伝播するのである．このことを無分散という．真空中の電磁波の著しい特徴である．

電磁波のハミルトン構造

波動関数の基本形（モード (mode) と呼ぶ）を次のように定義する：

$$\boldsymbol{u}_\lambda(z) = \begin{pmatrix} \cos \lambda z \\ -\sin \lambda z \\ 0 \end{pmatrix}, \quad (\lambda \in \mathbb{R}). \tag{3.124}$$

これは微分作用素 curl の「固有関数」である[13]：

$$\nabla \times \boldsymbol{u}_\lambda = \lambda \boldsymbol{u}_\lambda. \tag{3.125}$$

$|\boldsymbol{u}_\lambda(z)|^2 \equiv 1$ であることにも注意しておく．右偏波の電磁波 (3.122) は $\lambda = k > 0$ と置き，

$$\boldsymbol{E}_k = \omega a \boldsymbol{u}_k(z - ct), \quad \boldsymbol{B}_k = -a \partial_z \boldsymbol{u}_k(z - ct)$$

---

[13] カッコつきで「固有関数」と書いたのは，厳密な意味で固有関数というには問題があるからである．$\boldsymbol{u}_\lambda$ のエネルギー積分 $\int_{\mathbb{R}^3} |\boldsymbol{u}_\lambda|^2 \, \mathrm{d}^3 x$ が有限の値をもたないからである．物理的に言うと，このような波動関数を現実に存在せしめることはできない．そのために λ は厳密には固有値ではなく「連続スペクトル」であり，$\boldsymbol{u}_\lambda$ は「一般化された固有関数」という概念でとらえる．

232 第3章 電磁気の解析学

によって表される（以下，平面波の波動関数にパラメタ k をインデックスとして
つける）．$\lambda = -k$ と置けば左偏波の電磁波 (3.123) となる．これら右偏波ある
いは左偏波の平面電磁波において，電場と磁場がハミルトン系の正準共役変
数を構成していることがわかる．真空中のマックスウェルの方程式に (3.125)
を用いると

$$\begin{cases} \partial_t \boldsymbol{E}_k = c^2 k \boldsymbol{B}_k, \\ \partial_t \boldsymbol{B}_k = -k \boldsymbol{E}_k \end{cases} \tag{3.126}$$

を得る．curl $\Rightarrow k$ と置き換えられたのである[14]．形式を整えるために

$$\boldsymbol{Q}_k = \sqrt{\epsilon_0}\, \boldsymbol{E}_k, \quad \boldsymbol{P}_k = \frac{1}{\sqrt{\mu_0}} \boldsymbol{B}_k \tag{3.127}$$

と置いて (3.126) の係数を整理するとハミルトン形式

$$\partial_t \begin{pmatrix} \boldsymbol{Q}_k \\ \boldsymbol{P}_k \end{pmatrix} = \begin{pmatrix} 0 & I \\ -I & 0 \end{pmatrix} \begin{pmatrix} \partial_{\boldsymbol{Q}_k} \mathcal{H} \\ \partial_{\boldsymbol{P}_k} \mathcal{H} \end{pmatrix} \tag{3.128}$$

が得られる．ただし正準変数 $\boldsymbol{Q}_k, \boldsymbol{P}_k$ は「場」（$\boldsymbol{x}$ の関数）であり，ハミルトニ
アンは汎関数

$$\mathcal{H} = \omega \int_\Omega \frac{1}{2} \left(|\boldsymbol{Q}_k|^2 + |\boldsymbol{P}_k|^2 \right) \mathrm{d}^3 x \tag{3.129}$$

である（ただし $\omega = ck$)[15]．ここで

$$\Omega = (0,1) \times (0,1) \times (0, 2\pi/k)$$

とする．つまり伝播方向に 1 波長分，それに垂直な方向には単位面積の正方形
の領域である．被積分関数 $\frac{1}{2}(|\boldsymbol{Q}_k|^2 + |\boldsymbol{P}_k|^2)$ は (1.35) で与えた電磁場のエネル
ギー密度に他ならない．上記のように，これは時間・空間について一定値を
もつ．したがって積分領域 Ω はコンパクトな集合であれば任意に選んでよく，
とくに平面波の伝播方向に垂直な x-y 面上では現象は完全に一様であるから，
どこで波を観測してもかまわない．ただし z 軸の方向については，1 波長にわ
たって積分したということが物理的には重要な意味をもつ．エネルギーを振

---

[14] フーリエ変換の流儀で $E_j = a_j \exp^{\mathrm{i}(kz-\omega t)}$, $B_j = b_j \exp^{\mathrm{i}(kz-\omega t)}$ $(j = 1,2,3)$ と置
くと，curl $\Rightarrow \mathrm{i}\boldsymbol{k}\times$ と置き換えることになる．ただし $\boldsymbol{k} = k\boldsymbol{e}_z$ は波数ベクトル．

[15] ハミルトン形式 (3.128) の右辺に現れる $\partial_{\boldsymbol{Q}_k}\mathcal{H}$ および $\partial_{\boldsymbol{P}_k}\mathcal{H}$ は，関数空間 $L^2(\Omega)$ にお
ける汎関数 $\mathcal{H}$ の勾配微分である：3.2.2 項参照．

動の1周期について積分したものを周期運動の作用 (action) と呼ぶ. したがって, $\mathcal{H}$ は Ω 上の電磁場の作用に角周波数 ω を掛けたものに相当する. これをハミルトニアンとして, 電磁場は調和振動子のごとく振る舞うのである[16].

補足 3.9（電場を用いた定式化）　本項では4元ポテンシャルを用いた定式化を使って電磁波を解析したが, 電場 $\boldsymbol{E}$ あるいは磁場 $\boldsymbol{B}$ を用いた定式化でも同じ結論が得られる. ここでは $\boldsymbol{E}$ に関する2階の偏微分方程式を導き, それが (3.109) と同型の方程式になることを見ておく. 真空中で考える（したがって $\rho = 0$, $\boldsymbol{J} = 0$ と置く）. マックスウェルの方程式から $\boldsymbol{B}$ を消去するために, (1.25) を t で微分し, $\partial_t \boldsymbol{B}$ に (1.23) を使うと

$$\frac{1}{c^2}\partial_t^2 \boldsymbol{E} + \nabla \times \nabla \times \boldsymbol{E} = 0 \tag{3.130}$$

を得る. $\rho = 0$ であるから, (1.26) により

$$\nabla \cdot \boldsymbol{E} = 0. \tag{3.131}$$

したがって (3.130) において $\nabla \times \nabla \times = -\Delta$ である. 4元ポテンシャルによる方程式と比べると, (3.109) と (3.130) は数学的に等価であるが, ローレンツゲージ条件の式 (3.110) は (3.131) に置き換わっている. あたかも「クーロンゲージ」でポテンシャルを求めているかのようであるが, $\boldsymbol{E}$ はポテンシャルではないので注意しよう. いうまでもなく (3.109)–(3.110) の解 ϕ, $\boldsymbol{A}$ に対して $\boldsymbol{E} = -\partial_t \boldsymbol{A} - \nabla\phi$ と置けば (3.130)–(3.131) を満たす. しかし, 逆は必ずしも真ではないことを注意しておく. マックスウェルの方程式の (1.23) と (1.25) から2階の微分方程式 (3.130) を導出した過程は同値変形ではないからである.

3.3.2 物質中の電磁波

　真空中の電磁波は, 支配方程式が簡単（定数係数の線形偏微分方程式）であるため, 容易に具体的な解が得られた. 電磁波が物質中に入ると, 解析は一挙に複雑になる. 電磁波の電場 $\boldsymbol{E}$ や磁場 $\boldsymbol{B}$ が物質に働きかけて電荷や電流の変動を生じ, 翻ってそれが電磁波に影響を与えるという循環関係が生まれるからである. 電荷密度 ρ と電流密度 $\boldsymbol{J}$ は所与の量ではなく, $\boldsymbol{E}$ および $\boldsymbol{B}$ によって決まるというモデルを定式化する必要がある. 物質の特性に応じて多様な関係式が現れる. その詳細はプラズマ物理の領域に分け入ることになり, 本書のスコープを超える. ここでは最も簡単なモデルに限って紹介し, 次項では抽象化

---

[16] 量子論では $\hbar\omega$ が一つの量子＝光子のエネルギーに相当し, これに光子の数を掛けたものがマクロなエネルギーだと考える. したがって, 作用$/\hbar$ は光子の数を表す.

234　　　第3章　電磁気の解析学

したモデルについて数学的な扱い方に重点を置いて学ぶことにする.

電場に対する応答のモデル

電場 $\boldsymbol{E}$ に対して電流密度 $\boldsymbol{J}$ が以下の方程式で決まるとする. 電流は電荷 $-e$, 質量 m をもつ電子が担うとし, 電子の密度を n とする. 電場 $\boldsymbol{E}$ によって生じる電子の移動速度を $\boldsymbol{v}$ とすると

$$\boldsymbol{J} = -en_0\boldsymbol{v}$$

と与えられる. n_0 は平均電子密度を表す定数である. 電子の運動方程式を

$$m\partial_t\boldsymbol{v} = -e\boldsymbol{E} \tag{3.132}$$

とする. 1.5.5 項で導いたプラズマの運動方程式 (1.113) を簡略化したものである. 磁力, 圧力は無視して, 電気力のみをとっている. また $\boldsymbol{v}$ は微小量であるとして, 非線形項 $(\boldsymbol{v}\cdot\nabla)\boldsymbol{v}$ は無視している. $\boldsymbol{J}$ の式に書き直すと

$$\partial_t\boldsymbol{J} = \frac{n_0e^2}{m}\boldsymbol{E}.$$

これによって電場に反応して生じる電流密度を計算する. (1.25) の両辺を t で微分し, (1.23) および上記の $\partial_t\boldsymbol{J}$ を代入すると

$$\frac{1}{c^2}\partial_t^2\boldsymbol{E} + \nabla\times\nabla\times\boldsymbol{E} = -\left(\frac{\omega_p}{c}\right)^2\boldsymbol{E} \tag{3.133}$$

を得る. ただし

$$\omega_p = \sqrt{\frac{n_0e^2}{\epsilon_0 m}} \tag{3.134}$$

と定義した. これを**プラズマ周波数** (plasma frequency) という,

簡単な場合について (3.133) の解を求めてみよう. 補足 3.9 で見た電場の波動方程式 (3.130) と比較すると, 物質に流れる電流の効果が右辺に現れている. 平面波の波動関数 (3.111)–(3.112) を $\boldsymbol{E}$ に代入すると, $\boldsymbol{E}\neq 0$ の解を与える条件は

$$\frac{\omega^2 - \omega_p^2}{c^2} - |\boldsymbol{k}|^2 = 0 \tag{3.135}$$

となる. ω と $\boldsymbol{k}$ の関係（分散関係）に書くと

$$\omega = \sqrt{c^2k^2 + \omega_p^2}. \tag{3.136}$$

$k = 0$ のとき $\omega = \omega_p$（プラズマ周波数）となる．$k = 0$ ということは，空間のすべての点が同じ位相で変動するという意味だ．このような運動を「振動」といって「波動」と区別する．波動は，その位相の変動が時間と空間の関数，すなわちアイコナール $\mathscr{S}(t, \boldsymbol{x})$ によって与えられるものであり，振動はそれが時間だけの関数 $\mathscr{S}(t)$ に縮退したもののことである．今の場合 $k = 0$ でおこる振動をプラズマ振動という．真空中では，このような振動は存在しない：(3.118) より $|\boldsymbol{k}| \to 0$ で $\omega \to 0$.

電磁波の反射

真空領域と物質が置かれた領域が界面で接しているとき，電磁波がどのように振る舞うのかを計算してみよう．この計算から，3.2.6 項で述べた「完全導体境界条件」が，実際にどのような現象の理想化（極限化）であるのかが明らかになる．

$z > 0$ の領域を Ω_+，$z < 0$ の領域を Ω_- と書き，Ω_+ は導電性をもつ物体で占められているとする．Ω_- は真空とする．簡単のために z 軸に沿って伝播する直線偏波の電磁波を考える．真空領域 Ω_- の電磁場は（ここでは複素関数のまま計算する）

$$\boldsymbol{E} = \omega \left[a_1 \mathrm{e}^{i(kz - \omega t)} + a_2 \mathrm{e}^{i(-kz - \omega t)} \right] \boldsymbol{e}_x,$$

$$\boldsymbol{B} = k \left[a_1 \mathrm{e}^{i(kz - \omega t)} - a_2 \mathrm{e}^{i(kz - \omega t)} \right] \boldsymbol{e}_y$$

と表される：(3.121) 参照．ω は実定数，$k = \omega/c$，a_1 と a_2 は複素定数である．z 軸の＋の方向へ伝播する a_1 の成分が「入射波」だと考え，a_1 は与えられた定数とする．－の方向へ伝播する a_2 の成分は「反射波」を表す．a_2 は未知数であり，Ω_+ 内の電磁場を決めると同時に反射波が決まり，a_2 の値が定まる．

界面 $z = 0$ 上の電磁場は

$$\boldsymbol{E} = \omega(a_1 + a_2)\mathrm{e}^{-i\omega t}\boldsymbol{e}_x, \quad \boldsymbol{B} = k(a_1 - a_2)\mathrm{e}^{-i\omega t}\boldsymbol{e}_y$$

と与えられる．上記の $\boldsymbol{E}$ を Ω_+ へ連続に延長して

$$\boldsymbol{E} = E_x(z)\mathrm{e}^{-i\omega t}\boldsymbol{e}_x, \quad E_x(0) = E_0 = \omega(a_1 + a_2)$$

と置く．$\nabla \cdot \boldsymbol{E} = 0$ であり，$\nabla \times \nabla \times \boldsymbol{E} = -\partial_z^2 \boldsymbol{E}$ と計算できる．したがって (3.133) を書き下すと

$$-\partial_z^2 E_x = \frac{1}{c^2}\left(\omega^2 - \omega_p^2\right) E_x. \tag{3.137}$$

これを解いて領域 Ω_+ の電場

$$\boldsymbol{E} = E_0 e^{i(\kappa z - \omega t)}\boldsymbol{e}_x, \quad \kappa = \pm k\sqrt{1 - (\omega_p/\omega)^2} \tag{3.138}$$

を得る．ただし，

(1) $\omega > \omega_p$ の場合は $\kappa \in \mathbb{R}$ であるから波動解が得られる．正負二つの根のうち，z 軸＋の方向へ伝播する $\kappa > 0$ をとる．Ω_- から入射する波が与えられ，それが Ω_+ へ浸入する成分と，界面で反射する成分を計算するという設定で考えているからである．

(2) $\omega < \omega_p$ の場合，κ は純虚数となる．有限解を与える $i\kappa = -\sqrt{\omega_p^2 - \omega^2}/c$ をとる．

領域 Ω_+ の磁場を計算すると

$$\boldsymbol{B} = \kappa(a_1 + a_2)e^{i(\kappa z - \omega t)}\boldsymbol{e}_y.$$

境界値を比較して

$$k(a_1 - a_2) = \kappa(a_1 + a_2).$$

これを a_2 について解いて

$$a_2 = \frac{k - \kappa}{k + \kappa}a_1.$$

$\omega_p \gg \omega$ のとき，$|\kappa| \gg k$ であり，$a_2 \to -a_1$ となる．すなわち「全反射」．この極限で $\boldsymbol{n} \times \boldsymbol{E} = 0$．領域 Ω_- の側から見ると，これは完全導体壁のモデルに対応する：(3.103) 参照．実際，伝導電子の密度 n_0 に比例して ω_p は大きくなる：(3.134) 参照．そのような物体の内部には電場は存在できないので Ω_+ 内で $\boldsymbol{E} \to 0$．定理 3.7 で示したように，電場の接線成分は連続に接続されなくてはならない：(3.95) 参照．したがって界面で $\boldsymbol{n} \times \boldsymbol{E} = 0$ となるのである．磁場の方は，界面の Ω_- 側では有限な極限値 $\boldsymbol{B} \to 2ka_1e^{-i\omega t}\boldsymbol{e}_y$ をもち，Ω_+ 側では 0 に近づく．磁場の接線成分には不連続性が生じるのである．もちろんこれは $\omega_p/\omega \to \infty$ の極限であり，現実的な物体 Ω_+ の中で $\boldsymbol{B}$ は，界面から有限な特性長 $|\kappa|^{-1} \approx c/\omega_p$（これをスキン長 (skin depth) という）をもって指

3.3 波動論

数関数的に減衰する．典型的な金属の伝導電子密度は $10^{28}\,\mathrm{m}^{-3}$ 程度であり，$\omega_p \sim 6 \times 10^{15}\,\mathrm{rad/sec}$（紫外線の角周波数程度）に対して $c/\omega_p \sim 5 \times 10^{-8}\,\mathrm{m}$ と見積もられる．

3.3.3　波動方程式と特性常微分方程式

　伝導電子と相互作用する電磁波の分散関係を (3.136) で求めたのだが，ここで奇妙なことがおきている．位相速度を計算すると

$$\frac{\omega}{k} = \pm c\sqrt{1 + (\omega_p/ck)^2}. \tag{3.139}$$

これは光速 c より大きく，$|k| \to 0$ の極限で無限大になる．位相が一定の曲線はミンコフスキー時空の中で空間的領域に属しているのだ（2.6.1 項参照）．この事例は次のことを暴いている．実は位相速度なるものは，波の伝播という現象の単なる「見え方」を表現しているだけであって，因果関係，すなわちある地点の変動がそこから離れた地点へ影響を生じるというプロセスを正しく表現するものではないのである．波の伝播，その位相とはそもそも何なのか？これまで私たちは，適当な波動関数を仮定して，それで解を発見できれば結構という態度で計算してきたのだが，波動関数はどのように構築されるものなのかに立ち返って考え直す必要がある．

変数係数の微分方程式の幾何光学近似

　ここでは一旦，具体的な電磁波のモデルを離れ，一般的な偏微分方程式が「波動解」をもつ条件とは何かという基本的な問いから始める．まず，これまで「平面波」の解を探してきたことを一般化する．平面波とはアイコナールが独立変数 $(t, \boldsymbol{x})$ の線形関数として $\mathscr{S}(t, \boldsymbol{x}) = \boldsymbol{k} \cdot \boldsymbol{x} - \omega t$ のごとく与えられるもののことであった：(3.112) 参照．この場合，波動関数 $f_0\,\mathrm{e}^{\mathrm{i}\mathscr{S}}$ を線形偏微分方程式に代入すると，微分作用素は (3.114) の対応関係によって実数パラメタ ω と $\boldsymbol{k}$ に置き換えられ，偏微分方程式は代数方程式に変換される．それが自明でない解をもつ条件が分散関係 $D(\omega, \boldsymbol{k}) = 0$ であり，その分散関係を満たす実数パラメタが $\omega = H(\boldsymbol{k})$ の形で求まるとき，実際に平面波の解が存在するという論理であった．

　対応関係 (3.114) についての脚注で述べたように，定数係数の線形偏微分方

程式に対しては，対応関係によって微分方程式を代数方程式に書き換えること
は，微分方程式をフーリエ変換することに他ならない．したがって，代数方程
式は微分方程式と等価であり，それを解くことで厳密解が得られるのである．
しかし変数係数の微分方程式（係数が従属変数にも依存する非線形方程式の場
合も含めて）をフーリエ変換しようとすると，従属変数の分解と係数の分解が
干渉しあうために上手くいかない．対応関係で書き換えられた代数方程式は，
係数が一定だと「近似」してフーリエ変換したものという後退した意味のもの
となる．その解はもちろん厳密解ではなくなる．しかし，係数の変化が波動関
数の変動と比べて時間的・空間的にゆっくりしたものであれば，局所的には係
数を一定だと近似して解くことが許される．これは「幾何光学の近似」と呼ば
れるものである．ここでは，変数係数の線形偏微分方程式について，「近似解」
を $f_0\,\mathrm{e}^{\mathrm{i}\mathscr{S}}$ の形に求めることを目標として，(3.112) より一般化したアイコナー
ル $\mathscr{S}(t, \boldsymbol{x})$ を構築することを考える．

特性常微分方程式

時間 $\mathbb{R}$ と空間 $M^n \cong \mathbb{R}^n$ を一緒にした時空 $M^{n+1} \cong \mathbb{R}^{n+1}$ で考える．便利の
ために $t = x^0$ と置く（ここでは光速を表す定数 c は 1 とする）．数学の一般論
では，x^0 は必ずしも「時間」を表す変数だとは限らない．

抽象的な偏微分方程式

$$P(x^0, \dots, x^n, \partial_0, \dots, \partial_n)u = 0 \tag{3.140}$$

を考えよう．P は $x^0, \dots, x^n, \partial_0, \dots, \partial_n$ たちの多項式であり，以下簡略化して
$P(\boldsymbol{x}, \boldsymbol{\partial})$ と書こう．これに含まれる微分作用素の最大次数を p とする．u が m
次元ベクトル値の従属変数であるとき，$P(\boldsymbol{x}, \boldsymbol{\partial})$ は $m \times m$ の成分をもつ行列の
形をしている．

対応関係 (3.114) は今の場合

$$\partial_\mu \Rightarrow \mathrm{i}\kappa_\mu \tag{3.141}$$

と一般化される．これを純粋な置き換えだと考える．微分作用素 ∂_μ を数値パ
ラメタ κ_μ で置き換えることで生じる最大の変化は，微分作用素と空間座標と
の非可換性（$[\partial_\mu, x^\nu] = \delta_{\mu\nu}$）が消失すること（$[\kappa_\mu, x^\nu] = 0$）である（補足 3.10 参

照).その後に残る「可換な構造」だけを汲みとるというのが幾何光学近似の数学的な意味である.

$P(\boldsymbol{x}, \boldsymbol{\partial})$ に対して (3.141) をおこなうと

$$P(\boldsymbol{x}, \boldsymbol{\partial}) \Rightarrow \widehat{P}(\boldsymbol{x}, \boldsymbol{\kappa}). \tag{3.142}$$

$\widehat{P}$ のことを微分作用素 P のシンボル (symbol) という.代数方程式

$$\widehat{P}(\boldsymbol{x}, \boldsymbol{\kappa})u = 0 \tag{3.143}$$

が自明でない解 $(u \neq 0)$ をもつための必要十分条件は

$$D(\boldsymbol{x}, \boldsymbol{\kappa}) = \det \widehat{P}(\boldsymbol{x}, \boldsymbol{\kappa}) = 0. \tag{3.144}$$

自明でない実ベクトル $\boldsymbol{\kappa}$ について (3.144) が成り立つとき,微分方程式 (3.140) のことをしばしば「波動方程式」という[17] [18].(3.144) が $\omega = -\kappa_0$ について解けて

$$\omega = H(\boldsymbol{x}, \boldsymbol{k}) \tag{3.145}$$

と置けるとする.$\boldsymbol{k} = (k_1, \ldots, k_n)$ は $\boldsymbol{\kappa}$ の空間成分である ($\boldsymbol{x}$ は第 0 成分として t を含むことに注意).(3.145) は分散関係に他ならない.真空中の電磁波の分散関係 (3.118) や伝導電子と結合した電磁波の分散関係 (3.136) を思い出そう.$\widehat{P}$ が $\boldsymbol{x}$ を含まないとき(すなわち P が定数係数偏微分作用素である場合)D は(したがって H も)$\boldsymbol{x}$ を含まない.変数係数の微分作用素になると D あるいは H は $\boldsymbol{x}$ に依存するようになる.

次の課題はアイコナール $\mathscr{S}(\boldsymbol{x})$ を構築することである.波動関数 $\mathrm{e}^{\mathrm{i}\mathscr{S}(\boldsymbol{x})}$ が微分方程式 (3.140) の局所近似解となるためには,分散関係 (3.145) と同時に

$$\partial_\mu \mathscr{S}(\boldsymbol{x}) = \kappa_\mu \tag{3.146}$$

---

[17] 例えばポテンシャル方程式 $-\Delta u = 0$(3.2項参照)にこの議論を適応すると,$\widehat{P} = \sum \kappa_j^2$. したがって (3.144) は自明な解 $|\boldsymbol{\kappa}| = 0$ しかもたない.ポテンシャル方程式(楕円型偏微分方程式という)は波動解をもたないのである.

[18] (3.144) を満たす実ベクトル $\boldsymbol{\kappa}$ が存在すると,そのベクトル(余接ベクトル)の方向に「微分が働かない」ことを意味している.これから計算するように,この特別な方向が波の伝播にかかわっている.波の伝播ベクトルは余接ベクトル束 T^*M^{n+1} 上のベクトル場 $\in T(T^*M^{n+1})$ によって表現される:補足 3.10 参照.

が成り立たなくてはならない．これを積分して $\mathscr{S}(\boldsymbol{x})$ を求める．$k_0 = -H(\boldsymbol{x}, \boldsymbol{k})$ が $\boldsymbol{x}$ に依存しないときは，すべての κ_μ を定数として，簡単に $\mathscr{S}(\boldsymbol{x}) = \sum_\mu \kappa_\mu x^\mu$ を得る．(3.112) がこの場合である．そうでない一般の場合には

$$\mathscr{S}(\boldsymbol{x}) = \int_{\xi^\mu}^{x^\mu} \kappa_\mu \, \mathrm{d}x'^\mu \tag{3.147}$$

と置く．右辺は時空 $\{\boldsymbol{x}\} = M^{n+1}$ における曲線に沿った積分であり，積分の起点 (ξ^μ) は適当に固定した点である．積分の終点 (x^μ) の関数として左辺の $\mathscr{S}(\boldsymbol{x})$ を定義しようというのである．もしこれが一意的に定義できるなら，$\mathrm{d}\mathscr{S} = (\partial_\mu \mathscr{S}) \, \mathrm{d}x^\mu$ であるから (3.146) が成り立つ．しかし，(3.147) の積分が積分経路に依存しないで一意的に定まるためには，1-形式 $\kappa_\mu \, \mathrm{d}x^\mu$ が完全微分形式でなくてはならない．(3.147) の定義が成立するか否かは，パラメタ κ_μ を積分経路に応じてどのように選ぶかにかかっている．

$\{\boldsymbol{x}\} = M^{n+1}$ と $\{\boldsymbol{\kappa}\} = M^{n+1}$ の直積空間で一つの積分経路 $(x^\mu(s), \kappa_\mu(s))$ を考える．$s \in (0,1)$ は積分経路上の点を指定する実数パラメタである．ただし，$\kappa_\mu(s)$ は全く自由に選べるわけではなく，分散関係 (3.144) を満たすようにしなくてはならない．このことを陽 (explicit) に表現しようとするならば，(3.145) のように k_0 を $k_1, \ldots, k_n$ （および $x^0, \ldots, x^n$）の関数として書いて，自由な変数を $k_1, \ldots, k_n$ に制限すればよい．しかしここでは (3.144) を陽に表現する必要はない．$k_0, \ldots, x^n$ の間に一つの陰 (inplicit) な関係が束縛 (3.144) によって与えられていることを覚えておいて計算を進める．この積分経路で (3.147) 右辺の積分は

$$S = \int_{\xi^\mu}^{x^\mu} \kappa_\mu \, \mathrm{d}x'^\mu = \int_0^1 \kappa_\mu \frac{\mathrm{d}x^\mu}{\mathrm{d}s} \, \mathrm{d}s \tag{3.148}$$

と書くことができる．

ここで経路を摂動したとき，(3.148) の積分値がどのように変動するかを調べる．欲しいのは，その変動が積分経路の「終点」だけによるものとなる条件である．そうであれば，アイコナールを与える積分 (3.148) は終点だけの関数として値が定まることになる．

上記の経路に対して，その起点 $\xi^\mu = x^\mu(0)$ だけは固定して摂動した経路

$$(x^\mu(s), \kappa_\mu(s)) \mapsto (x^\mu(s) + \epsilon\tilde{x}^\mu(s), \kappa_\mu(s) + \epsilon\tilde{\kappa}_\mu(s))$$

を考える（$|\epsilon| \ll 1$）．この経路の摂動でも分散関係 (3.145) の束縛を考慮しなくてはならないのだが，条件つき変分原理に対するラグランジュ未定乗数法（補足 3.11 参照）を使って，$k_0, \ldots, x^n$ の間の関係を保留する．すなわち，摂動 $\tilde{k}_\mu$ は自由に選べるとして，S の代わりに

$$F = \int_0^1 \left[\kappa_\mu \frac{\mathrm{d}x^\mu}{\mathrm{d}s} - \lambda D(\boldsymbol{x}, \boldsymbol{\kappa}) \right] \mathrm{d}s \tag{3.149}$$

について変分を計算する．λ はラグランジュ未定乗数である（束縛条件 $D(\boldsymbol{x}, \boldsymbol{\kappa}) = 0$ は積分系路上の各点で成り立たなくてはならないので，λ は s の関数である）．すべての $\tilde{k}_\mu$ が自由に選べるとして F の変分を計算し，後で束縛条件が満たされるように λ を調整するという戦略である．上記の摂動に対する変動 δF を ϵ の 1 次の項まで書くと[19]

$$\begin{aligned}
\delta F &= \epsilon \int_0^1 \left(\tilde{\kappa}_\mu \frac{\mathrm{d}x^\mu}{\mathrm{d}s} + \kappa_\mu \frac{\mathrm{d}\tilde{x}^\mu}{\mathrm{d}s} - \lambda \frac{\partial D}{\partial x^\mu} \tilde{x}^\mu - \lambda \frac{\partial D}{\partial \kappa_\mu} \tilde{\kappa}_\mu \right) \mathrm{d}s \\
&= \epsilon \int_0^1 \left[\left(\frac{\mathrm{d}x^\mu}{\mathrm{d}s} - \lambda \frac{\partial D}{\partial \kappa_\mu} \right) \tilde{\kappa}_\mu - \left(\frac{\mathrm{d}\kappa_\mu}{\mathrm{d}s} + \lambda \frac{\partial D}{\partial x^\mu} \right) \tilde{x}^\mu \right] \mathrm{d}s + \epsilon \kappa_\mu \tilde{x}^\mu \big|_{s=1}.
\end{aligned} \tag{3.150}$$

最後の項 $\epsilon \kappa_\mu \tilde{x}^\mu \big|_{s=1}$ だけが残るとき，F は終点の座標 x^μ のみに依存する関数となり，$\mathrm{d}F = \kappa_\mu \mathrm{d}x^\mu$ と書くことができる．さらに，λ をうまく選んで $D = 0$ とできれば $\mathrm{d}F = \mathrm{d}S = \kappa_\mu \mathrm{d}x^\mu$ を得る．任意の摂動 $\tilde{x}^\mu(s)$, $\tilde{\kappa}_\mu(s)$ に対して (3.150) の積分項が消えるためには

$$\begin{cases} \dfrac{\mathrm{d}x^\mu}{\mathrm{d}\tau} = \dfrac{\partial D}{\partial \kappa_\mu}, \\[2mm] \dfrac{\mathrm{d}\kappa_\mu}{\mathrm{d}\tau} = -\dfrac{\partial D}{\partial x^\mu} \end{cases} \tag{3.151}$$

が成り立つ必要がある．ただし λ を定数だと仮定して $\tau = s/\lambda$ と置いた．

$$\frac{\mathrm{d}D}{\mathrm{d}\tau} = \frac{\partial D}{\partial x^\mu} \frac{\mathrm{d}x^\mu}{\mathrm{d}\tau} + \frac{\partial D}{\partial \kappa_\mu} \frac{\mathrm{d}\kappa_\mu}{\mathrm{d}\tau}$$

に (3.151) を代入すると $\mathrm{d}D/\mathrm{d}\tau = 0$ を得る．したがって，分散関係を満たす起点 $x^\mu(0) = \xi^\mu$ から出発すると，(3.151) を満たす経路の上で確かに $D = 0$ となる（つまりラグランジュ未定乗数 λ は任意の実定数であればよい）．

---

[19] ここで δ は変動を表す記号であって，共役微分作用素ではない．

242   第3章　電磁気の解析学

(3.151) を特性常微分方程式という．抽象的な変数 τ と D を物理的な変数に書き直しておこう．$x^0 = t$, $\kappa_0 = -\omega$ と書くと，(3.151) の時間成分は

$$
\begin{cases}
\dfrac{\mathrm{d}t}{\mathrm{d}\tau} = -\dfrac{\partial D}{\partial \omega}, \\[2mm]
\dfrac{\mathrm{d}\omega}{\mathrm{d}\tau} = \dfrac{\partial D}{\partial t}
\end{cases}
\tag{3.152}
$$

と書ける．この第1式を使って，(3.151) の空間成分について $\mathrm{d}/\mathrm{d}\tau$ を $\mathrm{d}/\mathrm{d}t$ に置き換えると

$$
\begin{cases}
\dfrac{\mathrm{d}x^j}{\mathrm{d}t} = \dfrac{\partial \omega}{\partial k_j}, \\[2mm]
\dfrac{\mathrm{d}k_j}{\mathrm{d}t} = -\dfrac{\partial \omega}{\partial x^j}.
\end{cases}
\tag{3.153}
$$

波数ベクトル $\boldsymbol{k}$ を運動量，波の角周波数 $\omega = H(\boldsymbol{x}, \boldsymbol{k})$ をハミルトニアンと読み替えると，これはハミルトン形式で書いた運動方程式に他ならない（補足 3.10 参照）．

3.3.4　波の伝播

特性常微分方程式 (3.153) は $x^\mu(t)$ および $\kappa_\mu(t)$ を支配することで「波の運動」を記述する．第1式は「波の伝播速度」$\mathrm{d}\boldsymbol{x}/\mathrm{d}t$ が $\partial\omega/\partial\boldsymbol{k}$ によって与えられることを示している．これは位相速度 $\omega/\boldsymbol{k}$ とは異なるものであり，**群速度** (group velocity) という名称で呼ばれる．両者の違いを理解するためには，そもそも波の伝播とは何なのかを考える必要がある．

前項の例 (3.136) で計算してみよう．位相速度は光速を超えており，$|k| \to 0$ で無限大になる．これに対して群速度の方は

$$
\frac{\partial \omega}{\partial k} = \pm \frac{c}{\sqrt{1 + (\omega_p/ck)^2}}.
\tag{3.154}
$$

これは光速より小さく，$|k| \to 0$ で 0，$|k| \to \infty$ で c となる[20]．実は後で示すように，位相速度は波動と振動を分離できていないために変な結果を与える．波動とは何かを定義することから始めなくてはならない．

---

[20] 物質中で伝播速度が遅くなるのは，電磁場が荷電粒子にまとわりつかれ，あたかも質量をもつかのようになるからである．これは「質量の起源」と考えられるヒッグス機構 (Higgs mechanism) のアイデアにつながっている．

3.3 波動論

波動とは，空間の中で「もの」が伝播 (propagate) する現象を表す概念である．ここで「もの」は空間にある何らかの存在であって，物質とは限らない．しかし伝播は物質の運動と同質のものだと考える．伝播を生じる作用という概念を担うのが「波」という表象である．波そのものを存在だと考えるならば，その「エネルギー」が伝播を生じる能力であると同時に伝播される対象でもあるということになる．

抽象的に「もの」を関数 $f(\boldsymbol{x})$ で表し，これに波 $\Psi(t)$ が作用して伝播が生じることを $\Psi(t): f(\boldsymbol{x}) \mapsto g(t, \boldsymbol{x})$ と表そう．この作用（伝播作用素 (propagator) という）を波動関数 $\mathrm{e}^{\mathrm{i}\mathscr{S}(t,\boldsymbol{x};\omega,\boldsymbol{k})}$ を用いて

$$f(\boldsymbol{x}) \mapsto g(t, \boldsymbol{x}) = \frac{1}{(2\pi)^{n/2}} \int_{\mathbb{R}^n} \hat{f}(\boldsymbol{k}) \, \mathrm{e}^{\mathrm{i}\mathscr{S}(t,\boldsymbol{x};\omega,\boldsymbol{k})} \, \mathrm{d}^n k \tag{3.155}$$

と書く．ここではアイコナールに含まれるパラメタ $(\kappa_\mu) = (-\omega, \boldsymbol{k})$ を明示して $\mathscr{S}(t, \boldsymbol{x}; \omega, \boldsymbol{k})$ と表現する．$\hat{f}(\boldsymbol{k})$ は $f(\boldsymbol{x})$ のフーリエ変換である：

$$\hat{f}(\boldsymbol{k}) = \frac{1}{(2\pi)^{n/2}} \int_{\mathbb{R}^n} f(\boldsymbol{x}) \, \mathrm{e}^{-\mathrm{i}\boldsymbol{k}\cdot\boldsymbol{x}} \, \mathrm{d}^n x. \tag{3.156}$$

仮に $\mathscr{S} = \boldsymbol{k}\cdot\boldsymbol{x}$ の場合を考えると (3.155) はフーリエ逆変換であり，$g(t, \boldsymbol{x}) = f(\boldsymbol{x})$，つまり伝播作用素 $\Psi(t)$ は恒等写像となる．$f(\boldsymbol{x})$ に伝播を生じ得るのは t を含むアイコナール $\mathscr{S}(t, \boldsymbol{x}; \omega, \boldsymbol{k})$ をもつ波動関数である．その作用を計算してみよう．

簡単のために 1 次元空間での波動を考える．またアイコナールは

$$\mathscr{S}(t, x; \omega, k) = kx - \omega(k)t$$

と与えられるとする：例として (3.136) 参照．

$\hat{f}(k)$ は k 空間で局所的な関数だとしよう．すると $f(x)$ は x 空間で広い分布をもつ関数となる．ガウス分布のフーリエ変換はガウス分布であるから，構造の特徴をとらえるのに便利である．$\hat{f}(k)$ として k_0 を中心とするガウス分布

$$\hat{f}(k) = \mathrm{e}^{-\beta(k-k_0)^2}$$

を考えると，この逆変換は

$$f(x) = \mathrm{e}^{\mathrm{i}k_0 x} \frac{\mathrm{e}^{-x^2/(4\beta)}}{\sqrt{2\beta}}$$

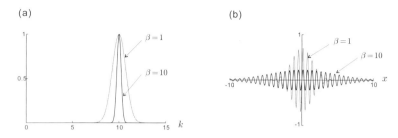

図 3.9 波動関数の k 空間構造と x 空間構造.両者はフーリエ変換で関係づけられる.(a) $\hat{f}(k) = e^{-\beta(k-k_0)^2}$,(b) $f(x) = e^{ik_0 x} e^{-x^2/(4\beta)}/\sqrt{2\beta}$ ($k_0 = 10$).β を大きくすると,k 空間の分布は局在化し,x 空間の分布は広がる.

となる(図 3.9 参照).β を十分大きくとれば,$\hat{f}(k)$ は k_0 の近傍に局在化した関数となり,(3.155) の積分において k_0 の近傍だけを見ればよい.$\omega(k)$ を k_0 の周りでテイラー展開し

$$\omega(k) \approx \omega(k_0) + \left.\frac{\partial \omega}{\partial k}\right|_{k_0} (k - k_0)$$

と近似すると,波動関数のアイコナールは

$$\mathscr{S}(t, x; \omega, k) = kx - \omega(k)t \approx k(x - v_g t) - \omega_0 t$$

と書くことができる.ただし

$$v_g = \left.\frac{\partial \omega}{\partial k}\right|_{k_0}, \quad \omega_0 = \omega(k_0) - v_g k_0 \tag{3.157}$$

と置いた.v_g は群速度である.これを (3.155) に用いると

$$g(t,x) = e^{-i\omega_0 t} \frac{1}{2\pi} \int e^{-\beta(k-k_0)^2} e^{ik(x-v_g t)} \, dk \approx e^{-i\omega_0 t} f(x - v_g t) \tag{3.158}$$

を得る.$f(x)$ に対して $f(x - v_g t)$ は群速度 v_g で移動する伝播を与える.ファクター $e^{-i\omega_0 t}$ は「振動」を表す.この振動成分が位相に含まれるために,位相が一定の点の移動速度すなわち位相速度 ω/k は波の伝播速度を表さないのである.

3.3 波動論

補足 3.10（対応原理） 波数ベクトル $\boldsymbol{k}$ を運動量，波の角周波数 ω をハミルトニアンと読み替えると，(3.153) はハミルトンの運動方程式に他ならない．アイコナール $\mathscr{S}(t, \boldsymbol{x})$ は作用 (action) と呼ばれる力学の基本的な関数であり，運動は作用が極小値をとる曲線で表されるのである（ハミルトンの原理あるいは最小作用の原理：3.3.5 項参照）．座標変数 x^k が棲む配位空間 M に対して，その余接ベクトル束 $X = T^*M$ のことを位相空間という．その座標を $(\xi^k) = (x^1, \ldots, x^n, k_1, \ldots, k_n)$ と書く．$k_j \, \mathrm{d}x^j$ を位相空間 X の 1-形式（$\in T^*X$）と解釈するとき，これを正準 1-形式という．位相空間の一般的な 1-形式は $\alpha^j \mathrm{d}k_j$ の成分ももつのだが，それがないのが特徴である．正準 1-形式の外微分 $\Omega = \mathrm{d}k_j \wedge \mathrm{d}x^j$ をシンプレクティック 2-形式という．$\Omega = \frac{1}{2}\Omega_{ij}\,\mathrm{d}\xi^i \wedge \mathrm{d}\xi^j$ と置くと

$$(\Omega_{ij}) = \begin{pmatrix} 0 & -I \\ I & 0 \end{pmatrix}. \tag{3.159}$$

これをシンプレクティック行列という．この逆行列 (J^{ij}) が (1.77) で与えたコシンプレクティック行列である．位相空間 X 上のスカラー関数（0-形式）をオブザーバブルという．二つのオブザーバブルの間に交換積 $\{a, b\} = \langle \mathrm{d}a, (j^{ij})\mathrm{d}b \rangle = (\partial_{k_j}a)(\partial_{x^j}b) - (\partial_{k_j}b)(\partial_{x^j}a)$ を定義し，これをポアッソン括弧という．微分作用素と座標の非可換性 $[\partial_i, x^j] = \delta_{ij}$ は k_i と x^j のポアッソン括弧に関する非可換性 $\{k_i, x^j\} = \delta_{ij}$ に置き換わっている．これを対応関係 (correspondence principle) という．

補足 3.11（ラグランジュ未定乗数法） 変分原理でしばしば用いられるラグランジュ未定乗数法は極めて強力な技術であると同時に，様々な数学的文脈につながる重要な意味をもつことから，少し長い補足をしておく．

n 次元空間 X の上で定義された実数値関数 $f(\boldsymbol{x})$ と $g(\boldsymbol{x})$ を考える（X は無限次元でもよい）．$g(\boldsymbol{x}) = c$ という条件のもとで $f(\boldsymbol{x})$ が極値をとる点を求める問題を「条件つき変分問題」という．条件式 $g(\boldsymbol{x}) = c$ は，変数 $x_1, x_2, \ldots, x_n$ の間に一つの関数関係を定め，その関係は c をパラメタとして含むと考えればよい．

最も簡単な例は，$g(\boldsymbol{x}) = x_n$ という場合である．この条件下で f は

$$f(x_1, \ldots, x_{n-1}, c)$$

と書くことができ，この極値点は $n - 1$ 本の連立方程式

$$\partial_{x_1}f = 0, \ldots, \partial_{x_{n-1}}f = 0 \tag{3.160}$$

を解いて求められる．条件 $x_n = c$ が課されないときは $\partial_{x_n}f = 0$ も要求されるのだが，これが除かれる代わりに，c というパラメタが $f(x_1, \ldots, x_{n-1}, c)$ を通じて (3.160) に挿入されていることに注意しよう．

条件式 $g(\boldsymbol{x}) = c$ を一つの x_j について陽な形に解いて，x_j を c （とその他の変数）で置き換えるというのが，上記の例でとった手順である．しかし，$g(\boldsymbol{x})$ が複雑な関数だと，これは一般的には容易でない．そのために，直接 c（g の値）をパラメタにするのではなく，別のパラメタ μ を導入し，最終的に μ と c を関係づけるようにする．この μ をラグランジュ未定乗数という．実は後で見るように，$g \mapsto \mu$ はルジャンドル (Legendre) 変換の一種である．

基本的なアイデアを明らかにするために，$n = 3$ として計算しよう．束縛条件 $g(x, y, z) = c$ のもとで関数 $f(x, y, z)$ を最大化する条件つき変分問題を考える．束縛条件を二段構えで考える：

(1) まず，束縛条件の幾何学的制限「$g(x, y, z) =$ 定数」を考慮する．
(2) 次に，その定数が c という値となるように調整する．

(1) 第一段階では，束縛条件は極値近傍で「線形化」して（つまり微分に関する条件として）考慮しておけば十分である．すなわち，極値点の近傍で

$$\mathrm{d}g = (\partial_x g)\,\mathrm{d}x + (\partial_y g)\,\mathrm{d}y + (\partial_z g)\,\mathrm{d}z = 0 \tag{3.161}$$

を満たすことを要求する．この条件下で，f の極値点を探す：

$$\mathrm{d}f = (\partial_x f)\,\mathrm{d}x + (\partial_y f)\,\mathrm{d}y + (\partial_z f)\,\mathrm{d}z = 0. \tag{3.162}$$

これらは単純な「連立方程式」ではなく，(3.161) が成り立つ条件下で (3.162) が成り立つ点 x, y, z を探すことが求められている．(3.161) と (3.162) は同じような形をしているが，それぞれ異なる「意味」をもつことに注意が必要である（同じ形をしていることは偶然ではなく深い意味がある；それについては後で考察する）．g に関する式 (3.161) は変動 $\mathrm{d}x, \mathrm{d}y, \mathrm{d}z$ に制限を与える式であり，他方 f に関する式 (3.162) は f の変動が消える点 x, y, z を探すための式である．これらの「意味」に配慮して，まず g による束縛条件式 (3.161) を変動について解く（$g(x, y, z) = c$ を z について解くのは一般に難しいことだが，束縛条件を線形化した (3.161) を扱うのは簡単である）．例えば $\mathrm{d}z$ について解くと

$$\mathrm{d}z = -\frac{(\partial_x g)}{(\partial_z g)}\,\mathrm{d}x - \frac{(\partial_y g)}{(\partial_z g)}\,\mathrm{d}y.$$

これを $\mathrm{d}f$ に代入して f の変分を計算する：

$$\begin{aligned}
\mathrm{d}f &= \left[(\partial_x f) - \frac{(\partial_x g)}{(\partial_z g)}(\partial_z f)\right]\mathrm{d}x + \left[(\partial_y f) - \frac{(\partial_y g)}{(\partial_z g)}(\partial_z f)\right]\mathrm{d}y \\
&= [(\partial_x f) - \mu(\partial_x g)]\,\mathrm{d}x + [(\partial_y f) - \mu(\partial_y g)]\,\mathrm{d}y.
\end{aligned}$$

ただし，$\mu = (\partial_z f)/(\partial_z g)$ と置いた．書き直すと，

$$\partial_z f - \mu\,\partial_z g = 0. \tag{3.163}$$

上記の変分 $\mathrm{d}f = 0$ とするためには,

$$(\partial_x f) - \mu(\partial_x g) = 0, \quad (\partial_y f) - \mu(\partial_y g) = 0 \tag{3.164}$$

でなくてはならない. (3.163)–(3.164) をまとめて解くために, $h_\mu = f - \mu g$ と置いて

$$\mathrm{d}h_\mu = (\partial_x h_\mu)\,\mathrm{d}x + (\partial_y h_\mu)\,\mathrm{d}y + (\partial_z h_\mu)\,\mathrm{d}z = 0 \tag{3.165}$$

とすればよい. これを x, y, z について解けば (3.161) のもとで (3.162) を満たす解が求められる. それを $u_\mu = (x^\dagger, y^\dagger, z^\dagger)$ と書こう. マーク $\dagger$ は h_μ が極値をとる $x, y,$ z の値という意味である. μ はパラメタとして未定である.

(2) 上記の第一段階では, 束縛条件を線形化したために g がとるべき値 c が条件式から消えてしまった. 代わりに未定のパラメタ μ (ラグランジュ未定乗数) が解 u_μ に含まれている. これを調整して $g(u_\mu) = c$ となるようにすれば条件つき変分問題が完全に解けたことになる.

以上がラグランジュ未定乗数法の原理と手順である. これに関連して, いくつか興味深い点を指摘しておく:

(A) f を $h_\mu = f - \mu g$ へ変換する手続きは, c (すなわち変数 g) を μ に置き換える**ルジャンドル変換** (Legendre transform) だと考えてよい. ルジャンドル変換とは, 例えば $f(x_1, \ldots, x_n)$ に対して

$$h(x_1, \ldots, x_{n-1}, \mu) = \min_{x_n}[f(x_1, \ldots, x_n) - \mu x_n]$$

と置く変換である (ここでは f が凸関数だと仮定して min をとるが, 凹関数のときは max をとる). x_n について min をとったことから $\partial_{x_n} h = \partial_{x_n} f - \mu = 0$. つまり $\mu = \partial_{x_n} f$. また定義から $x_n = -\partial_\mu h$. これらによって

$$\mathrm{d}h = (\partial_{x_1} f)\,\mathrm{d}x_1 + \cdots + (\partial_{x_{n-1}} f)\,\mathrm{d}x_{n-1} - x_n\,\mathrm{d}\mu.$$

この例では陽な変数 x_n を μ へ変換したが, $g(\boldsymbol{x})$ を空間 X の一つの変数だと思って, これを μ へ変換するならば,

$$h_\mu = \min[f - \mu g] \tag{3.166}$$

と置けばよい. ただし, (3.166) の "min" は何についてとるかである. 形式的には g についてとるのだが, 具体的にはすべての $x_1, \ldots, x_n$ について min になるようにすればよい. すると一気に (3.165) まで解いたことになる. このとき

$$\mu = \frac{\partial f}{\partial g} = \frac{\partial_{x_j} f}{\partial_{x_j} g} \quad (j = 1, \ldots, n).$$

248 　第3章　電磁気の解析学

これらは上記の第一段階で見た関係式に他ならない. ただし, $\partial_{x_j} f / \partial_{x_j} g$ がどの変数 x_j についても同じ値をとる (すなわち完全微分である) のは h_μ の極値において計算したときに限られることに注意しよう.

(B) (3.161) と (3.162) は, 数学的には同じ形をしている. このことの深い意味を考察しよう. 上記第一段階の説明では, これらは異なる「意味」をもつものたちとして扱われた. 変動の間の束縛条件を記述する方程式 (3.161) は1本の方程式として読まれた. これは, もともと (線形化する前) $g(\boldsymbol{x}) = c$ という式だったことを思い出せば, 確かにそうである. 一方, f が極値をとる点を決める方程式 (3.162) は, $n = 3$ 個の変数 x, y, z を決めるための n 本の連立方程式である. (3.161) を使って変数を一つ減らすと (パラメタ μ に置き換えると), (3.162) は実質 $n - 1$ 本の方程式になるという次第であった. しかし, このような非対称な「解釈」と「手続き」は数学的には不自然である. そこで, (3.161) と (3.162) を対等に扱うことから始めてみよう. これらが「連立方程式」であるという意味を, 次のように考える. (3.161) と (3.162) は, それぞれ $\boldsymbol{x}$ に関する方程式としては n 本の連立方程式である. したがって過剰系 (over determined). これらが同時に成り立つ点とは, これら二つの式が「縮退」する点である. すなわち, $\mathrm{d}f = \mu\,\mathrm{d}g$ $(\exists\mu)$ となる点を探すのである. 幾何学的に言うと, $\mathrm{d}f$ というベクトル (1-形式) と $\mathrm{d}g$ というベクトルが平行であること, すなわち f のレベルセットと g のレベルセットが接触する点を探す問題である. そのような接触点で $g = c$ と束縛すると, f も変化できない. つまり, g のレベルセット上で見ると, 接触点において f は極値をとっている. 双対的に f のレベルセット上で見ると, g が極値をとっているということもできる.

3.3.5　変分原理 (最小作用の原理)

ポテンシャル論に変分原理があったように, 波動論にも変分原理がある. 前者が「エネルギー」の極値を問題とするのに対して, 後者は作用 (action) の極値を考える. 標語的に言うと「静的な構造」はエネルギーの極値, 「運動の構造」は作用の極値によって特徴づけられる.

前項では波動関数のアイコナールが作用の役割を担っていることを見た. これは幾何光学近似したときの波の運動を記述するものである. ここでは厳密な電磁場に対する作用を定式化し, その変分原理 (最小作用の原理あるいはハミルトンの原理) から電磁気学の基礎方程式が導かれることを示す.

電磁場の作用

真空中の電磁場の作用は (2.296) で定式化してある. ただし, ローレンツ変

換に対して不変なスカラーの一つとして紹介しただけで，その役割については保留したままになっている．まず，その変分から何が得られるのかをみよう．定義をもう一度書くと

$$S_{\text{em}} = -\frac{1}{4\mu_0} \int F_{\mu\nu} F^{\mu\nu} \, \text{vol}^4 = \frac{1}{2\mu_0} \int F \wedge *F. \tag{3.167}$$

ただし (2.296) で与えた S を真空透磁率 μ_0 で割った．これは，後で物体の運動と関係づけるとき次元をそろえるための準備である．(2.294) で示したように，S_{em} は $(|\boldsymbol{E}|^2/c^2 - |\boldsymbol{B}|^2)/4_0$ を時空で積分したものである．ファラデーテンソル F は 4 元ポテンシャル $\mathcal{A}$（1-形式）を用いて $F = \mathrm{d}\mathcal{A}$ と与えられる．$\mathcal{A}$ はローレンツゲージ条件 $\delta\mathcal{A} = 0$ を満たすものとする（2.6.5 項参照）．

S_{em} を $\mathcal{A}$ の汎関数として変分を計算する．$\mathcal{A} \mapsto \mathcal{A} + \epsilon\tilde{\mathcal{A}}$（$|\epsilon| \ll 1$）と摂動する．$\tilde{\mathcal{A}}$ は時空でコンパクトな台をもつとする．ϵ の 1 次の項までを書くと

$$\begin{aligned}
S_{\text{em}}(\mathcal{A} + \epsilon\tilde{\mathcal{A}}) - S_{\text{em}}(\mathcal{A}) &= \epsilon\frac{1}{2\mu_0} \int \mathrm{d}\tilde{\mathcal{A}} \wedge *\mathrm{d}\mathcal{A} + \mathrm{d}\mathcal{A} \wedge *\mathrm{d}\tilde{\mathcal{A}} \\
&= \epsilon\frac{1}{\mu_0} \int \tilde{\mathcal{A}} \wedge *\delta\mathrm{d}\mathcal{A} = \epsilon\frac{1}{\mu_0} \int \tilde{\mathcal{A}} \wedge * \,\Box\, \mathcal{A}.
\end{aligned}$$

したがって，作用 (3.167) を最小とする 4 元ベクトル $\mathcal{A}$ は真空中のマックスウェルの方程式 $\Box\mathcal{A} = 0$ を満たす．

電磁場と物体の結合

カレント $\mathcal{J}$ を導入するためには，作用を

$$S_{\text{emc}} = \frac{1}{2\mu_0} \int F \wedge *F - \int \mathcal{A} \wedge \mathcal{J} \tag{3.168}$$

と拡張する．これを $\mathcal{A}$ の汎関数として考えて変分を計算するとマックスウェルの方程式 $\delta\mathrm{d}\mathcal{A} = \mu_0 * \mathcal{J}$ を得る：(2.304) 参照．ローレンツゲージ $\delta\mathcal{A} = 0$ を仮定するので，$\delta\mathrm{d}\mathcal{A} = \Box\mathcal{A}$ と置き換えてよい．

(3.168) でつけ加えた項 $-\int \mathcal{A} \wedge \mathcal{J}$ は電磁場と物体（電荷）との相互作用を「仲介」する役割を担う．カレントを 4 元速度 $\mathcal{U}$ で表現すると $\mathcal{J} = cqi_{\mathcal{U}}n$（$q$ は粒子の電荷，$n = n \, \text{vol}^4$ は静止系で計った粒子数密度を表す 4-形式）：(2.302) 参照．この $\mathcal{U}$ や n を（したがってカレントを）所与の量だとは考えず，電磁場の影響のもとで運動方程式を解いて決められるべきものだと考える．つまり電磁場と物体の運動が連結した大きな物理モデルを考えるのである．このような「連結」は作用を足し合わせることで定式化される．

250　　　　　　　　第3章　電磁気の解析学

質点の運動

物体運動の作用は相対論の枠組みで究極的にシンプルになる（歴史的に「非相対論」の段階で知られていたものは，$|\boldsymbol{v}|/c \ll 1$ の場合の近似として相対論に包摂される）．まず準備として粒子の運動を考えよう．作用はローレンツ不変な量でなくてはならない．その最も根本的なものはローレンツ計量（すなわち固有時間 ds）そのものである．ローレンツ計量を極値とするものとして（実は最小ではなく最大にする）最も単純な運動，すなわち自由運動が与えられる．作用を

$$S_{\mathrm{p}} = -mc \int \mathrm{d}s = -mc^2 \int \gamma^{-1}\, \mathrm{d}t \tag{3.169}$$

とする．4次元時空で粒子の軌道を $x^\mu(t)$，速度を $u^\mu = \mathrm{d}x^\mu/\mathrm{d}t = (c, \boldsymbol{v})$ と書く．$\mathcal{U}^\mu = \mathrm{d}x^\mu/\mathrm{d}s = (\gamma/c)u^\mu = (\gamma, \gamma\boldsymbol{v}/c)$, $\mathrm{d}s = \mathcal{U}^\mu\, \mathrm{d}x_\mu$ などの関係を思い出そう（2.6節参照）．

$$\frac{c}{\gamma} = \sqrt{\eta_{\mu\nu}u^\mu u^\nu} = \frac{\eta_{\mu\nu}u^\mu u^\nu}{\sqrt{\eta_{\mu\nu}u^\mu u^\nu}} = \frac{\gamma}{c}\eta_{\mu\nu}u^\mu u^\nu$$

に $\eta_{\mu\nu}\mathcal{U}^\mu = \mathcal{U}_\nu$ を用いると，

$$S_{\mathrm{p}} = -mc \int \mathcal{U}_\nu u^\nu\, \mathrm{d}t = -mc \int \mathcal{U}_\nu\, \mathrm{d}x^\nu \tag{3.170}$$

と書くことができる．

$$p_\mu = -\frac{\partial S_{\mathrm{p}}}{\partial x^\mu} = mc\mathcal{U}_\mu \tag{3.171}$$

が4元運動量を与える．第0成分 p_0 は（エネルギー $/c$）を表すのであった．(3.171) を**ハミルトン・ヤコビ (Hamilton-Jacobi) の関係式**という[21]．

S_{p} を軌道 $x^\nu(t)$ の汎関数と考え，$x^\nu \mapsto x^\nu + \epsilon\tilde{x}^\nu$ と摂動したとき（ただし，軌道の始点 $x^\nu(a)$ と終点 $x^\nu(b)$ は固定する）[22] S_{p} の変動を ϵ の1次まで計算すると，

---

[21] $|\boldsymbol{v}|/c \ll 1$ のときは，$(p_\mu) \approx \left((mc^2 + m|\boldsymbol{v}|^2/2)/c, -m\boldsymbol{v}\right)^{\mathrm{T}}$ と近似できる．エネルギー cp_0 に含まれる定数項 mc^2 は粒子の静止エネルギーを表す．(1.103) で既に見た通りである．

[22] ハミルトンの原理は，作用を軌道の関数として変分を計算するとき，軌道の始点と終点を固定して，それをつなぐ経路を変化させて作用の変動を計算する．今の場合，時空の2点を固定し，その間を結ぶ経路を通過するために要した「固有時間」$\int \mathrm{d}s$ を比べるのである．

$$S_{\mathrm{p}}(u^\nu + \epsilon\tilde{u}^\nu) - S_{\mathrm{p}}(u^\nu)$$

$$= -m \int \left(\sqrt{\eta_{\mu\nu}u^\mu u^\nu + 2\epsilon\eta_{\mu\nu}u^\mu\tilde{u}^\nu} - \sqrt{\eta_{\mu\nu}u^\mu u^\nu} \right) \mathrm{d}t$$

$$= -\epsilon m \int \frac{\eta_{\mu\nu}u^\mu\tilde{u}^\nu}{\sqrt{\eta_{\mu\nu}u^\mu u^\nu}}\,\mathrm{d}t = -\epsilon mc \int \mathcal{U}_\nu \frac{\mathrm{d}\tilde{x}^\nu}{\mathrm{d}t}\,\mathrm{d}t.$$

この右辺を部分積分すると

$$S_{\mathrm{p}}(u^\nu + \epsilon\tilde{u}^\nu) - S_{\mathrm{p}}(u^\nu) = \epsilon mc \int \frac{\mathrm{d}\mathcal{U}_\nu}{\mathrm{d}t}\tilde{x}^\nu\,\mathrm{d}t. \tag{3.172}$$

したがって，S_{p} を極値（最小値）にする運動は

$$\frac{\mathrm{d}\mathcal{U}_\nu}{\mathrm{d}t} = 0 \tag{3.173}$$

を満たす.

　自由運動する荷電粒子はローレンツ計量を極値（最大値）にするが，電磁場の中に置かれると「束縛」を受けることで，この極値からずれる．この効果を表現するために，電磁場との結合を表す項

$$S_{\mathrm{c}} = -q \int \mathcal{A}_\mu \frac{\mathrm{d}x^\mu}{\mathrm{d}t}\,\mathrm{d}t = -q \int \mathcal{A}_\mu\,\mathrm{d}x^\mu \tag{3.174}$$

を作用 (3.170) に加えなくてはならない．つまり電磁場中を運動する荷電粒子の作用は

$$S_{\mathrm{pc}} = S_{\mathrm{p}} + S_{\mathrm{c}} = -\int (mc\mathcal{U}_\mu + q\mathcal{A}_\mu)\,\mathrm{d}x^\mu \tag{3.175}$$

と与えられる．ハミルトン・ヤコビの関係式 (3.171) は変更されて

$$P_\mu = -\frac{\partial S_{\mathrm{pc}}}{\partial x^\mu} = mc\mathcal{U}_\mu + q\mathcal{A}_\mu = \gamma m u_\mu + q\mathcal{A}_\mu \tag{3.176}$$

となる．これが荷電粒子の 4 元正準運動量である.

　軌道の摂動 $x^\nu \mapsto x^\nu + \epsilon\tilde{x}^\nu$ に対する S_{pc} の変動を ϵ の 1 次まで計算すると（簡単のために P_μ を使って書く），

$$S_{\mathrm{pc}}(u^\nu + \epsilon\tilde{u}^\nu) - S_{\mathrm{pc}}(u^\nu) = -\epsilon \int \left(P_\mu \frac{\mathrm{d}\tilde{x}^\mu}{\mathrm{d}t} + \frac{\partial(P_\mu u^\mu)}{\partial x^\nu}\tilde{x}^\nu \right) \mathrm{d}t$$

$$= -\epsilon \int \left(-\frac{\mathrm{d}P_\mu}{\mathrm{d}t} + \frac{\partial(P_\nu u^\nu)}{\partial x^\mu} \right) \tilde{x}^\mu\,\mathrm{d}t.$$

したがって，S_{pc} を極値（最小値）にする運動は

$$\frac{\mathrm{d}P_\mu}{\mathrm{d}t} - \frac{\partial(P_\nu u^\nu)}{\partial x^\mu} = 0 \tag{3.177}$$

252 第3章 電磁気の解析学

を満たす．この時間成分（第 0 成分）を変形すると

$$\frac{\mathrm{d}\gamma mc^2}{\mathrm{d}t} = q\boldsymbol{E} \cdot \boldsymbol{v} \tag{3.178}$$

と書ける ($\boldsymbol{E} = -\nabla\phi - \partial_t\boldsymbol{A}$)．すなわち，エネルギー保存則．また，空間成分は運動方程式を与える．これまで荷電粒子の相対論的な運動方程式を書き下す機会がなかったので，ここで具体的に書いておこう．$P_j = -(\gamma mv_j + qA_j)$, $P_\nu u^\nu = mc^2/\gamma + q\phi - q\boldsymbol{A} \cdot \boldsymbol{v}$ を用いて

$$\frac{\mathrm{d}(\gamma m\boldsymbol{v} + q\boldsymbol{A})}{\mathrm{d}t} = -\nabla(q\phi - q\boldsymbol{v} \cdot \boldsymbol{A}). \tag{3.179}$$

ここで左辺に現れた $\mathrm{d}\boldsymbol{A}/\mathrm{d}t$ は時空において粒子の軌道に沿った 1-形式のリー微分である：

$$\frac{\mathrm{d}\boldsymbol{A}}{\mathrm{d}t} = \partial_t\boldsymbol{A} + L_{\boldsymbol{v}}\boldsymbol{A} = \partial_t\boldsymbol{A} + \mathrm{d}(i_{\boldsymbol{v}}\boldsymbol{A}) + i_{\boldsymbol{v}}\mathrm{d}\boldsymbol{A}.$$

また，右辺に現れた $\nabla(\boldsymbol{v} \cdot \boldsymbol{A})$ は $\mathrm{d}(i_{\boldsymbol{v}}\boldsymbol{A})$ のことである．付録の表 d を参照しつつベクトルの記号に翻訳すると

$$\frac{\mathrm{d}}{\mathrm{d}t}\gamma m\boldsymbol{v} = q(\boldsymbol{E} + \boldsymbol{v} \times \boldsymbol{B}). \tag{3.180}$$

$\gamma = 1$ と近似すると，非相対論の運動方程式 (1.72) を得る．

プラズマ：物体と電磁場の結合体

　荷電粒子の集団運動をカレントとして扱うことで，電荷をもつ流体の運動と電磁場が結合した系＝プラズマの作用を定式化する．一つの荷電粒子の作用 S_{pc} に密度を乗じて積分することで，粒子集団の作用が得られる．作用は「加算」できるスカラーだからである．

　まず「粒子の軌道」という概念を拡張して，連続体の運動を表現する写像

$$\Xi(t) : (\xi^\mu) \mapsto (x^\mu(t)) \tag{3.181}$$

を考える．$(\xi^\mu) = (x^\mu(0)) \in M^4$ は運動する流体上の各点の初期位置を表し，それらが移動して時刻 t において占める位置が $(x^\mu(t))$ となることを写像 $\Xi(t)$ で表すのである．$\Xi(t)$ はリー群として時空 M^4 に作用している (2.2.1 項, 2.5.3 項参照)．これを**ラグランジュ写像** (Lagrangian map) という．また，初期位置

3.3 波動論

(ξ^μ) をラグランジュラベル (Lagrangian label) という．$\Xi(t)$ を t で微分して接ベクトル場が得られる（2.5.1 項も参照）：

$$\frac{\mathrm{d}}{\mathrm{d}t}\Xi(t) = u = u^\mu \partial_{x^\mu} \quad (\in TM^4). \tag{3.182}$$

粒子の 4 元速度ベクトルと同じ記号 u^μ を用いているが，ここでは u^μ は時空の座標 $x^\mu = (ct, \boldsymbol{x})$ の関数であり，時刻 t において空間の点 $\boldsymbol{x}$ に位置する流体の 4 元速度を与える．粒子の場合と同じように，

$$\mathcal{U}^\mu = \frac{\gamma}{c}u^\mu, \tag{3.183}$$

そのローレンツ共役を $\mathcal{U}_\mu = \eta_{\mu\nu}\mathcal{U}^\nu$ と定義する．$\mathcal{U}_\mu$ は 1-形式と解釈できる．γ は各点 (x^μ) で評価されるローレンツ因子である．

流体の数密度を表す 4-形式を $n = n\,\mathrm{vol}^4$ と書く．n は静止系（$u = 0$ となる座標系）で評価した数密度を表し，保存則を満たす：

$$\mathcal{L}_u n = \mathrm{d}(i_u n) = 0. \tag{3.184}$$

任意の慣性座標系で評価した密度は

$$n_\gamma = \gamma n \tag{3.185}$$

と与えられ，これは

$$\mathcal{L}_u n_\gamma = \mathrm{d}(i_u n_\gamma) = 0. \tag{3.186}$$

を満たす．

粒子に対して定義した作用 $S_{\mathrm{pc}} = S_{\mathrm{p}} + S_{\mathrm{c}}$ に密度 $n_\gamma\,\mathrm{vol}^4$ を乗じて流体の作用を定義する：

$$
\begin{aligned}
S_{\mathrm{mc}} &= -\int \left(mc\sqrt{\eta_{\mu\nu}u^\mu u^\nu} + q\mathcal{A}_\mu u^\mu\right) n_\gamma\,\mathrm{vol}^4 \\
&= -\int (mc\mathcal{U}_\mu + q\mathcal{A}_\mu)u^\mu n_\gamma\,\mathrm{vol}^4.
\end{aligned}
\tag{3.187}
$$

$u^\mu = (c/\gamma)\mathcal{U}^\mu$, $n_\gamma = \gamma n$ であるから，「数値」としては

$$S_{\mathrm{mc}} = \int (mc^2 + cq\mathcal{A}_\mu\mathcal{U}^\mu)\,n\,\mathrm{vol}^4$$

と計算でき，これがローレンツ変換に対して不変であることがわかる．

S_{mc} に現れた結合項は

$$- \int q\mathcal{A}_\mu u^\mu n_\gamma \, \mathrm{vol}^4 = - \int cq\mathcal{A} \wedge (i_u n \, \mathrm{vol}^4)$$

と書くことができるから，(3.168) で定義した S_{emc} の結合項 $-\int \mathcal{A} \wedge \mathcal{J}$ と同じものだということがわかる．つまり，これが媒介項として電磁場の作用 S_{em} と物体運動の作用 S_{mc} を結びつける：

$$S_{\mathrm{plas}} = S_{\mathrm{mc}} + S_{\mathrm{em}} = - \int \left[(mc\mathcal{U}_\mu + q\mathcal{A}_\mu)u^\mu n_\gamma + \frac{1}{4\mu_0} F_{\mu\nu} F^{\mu\nu} \right] \mathrm{vol}^4$$

$$= - \int i_u(mc\mathcal{U} + q\mathcal{A})n_\gamma - \frac{1}{2\mu_0} \mathrm{d}\mathcal{A} \wedge {*}\mathrm{d}\mathcal{A}. \qquad (3.188)$$

これがプラズマ＝物体と電磁場の結合体の運動を支配する作用である．

プラズマの運動方程式

S_{plas} の変分からプラズマの運動方程式，すなわちカレントと電磁場の相互作用を記述する方程式を導こう．S_{plas} は物体運動の写像 $\Xi(t)$ と 4 元ポテンシャル $\mathcal{A}$ の汎関数である．$\mathcal{A}$ の摂動に関する変分からマックスウェルの方程式が得られることは既に証明した通りである（S_{plas} と S_{emc} を比べると，ここで新たに加わった項 $-\int mc\mathcal{U}_\mu u^\mu n_\gamma \, \mathrm{vol}^4$ は $\mathcal{A}$ を含まないから）．$\Xi(t)$ の摂動を計算しよう．そのために摂動パラメタ ϵ を加えた $\Xi(t, \epsilon)$ を定義する．

$$\Xi(t, 0) = \Xi(t), \quad \Xi(a, \epsilon) = \Xi(a, 0), \quad \Xi(b, \epsilon) = \Xi(b, 0) \quad (\forall \epsilon) \qquad (3.189)$$

とする．あとの 2 式は運動の始点と終点を固定するという意味である（初期時刻を $t = a$，終時刻を $t = b$ と書いた）．軌道の変位を表すベクトルが

$$\frac{\partial}{\partial \epsilon} \Xi(t, \epsilon) = w = w^\mu \partial_\mu \quad (\in TM^4) \qquad (3.190)$$

により与えられる[23]．軌道の摂動 ϵw によって誘導される u および n_γ の摂動を計算するとき，次のことに注意しなくてはならない．求めたいのは，同じ始点 (ξ^μ) から出発する異なる軌道で u や n_γ を評価したときの値だ．運動 $\Xi(t, 0)$ で評価したものと摂動した運動 $\Xi(t, \epsilon)$ で評価したものについて，時空の共通点

---

[23] 慣性座標系で時間の進み方は $x^0 = ct$ と固定されているので，今の場合 $w^0 = 0$ である．しかし理論の対称性を保って計算を簡単にするために $w^0 = 0$ を含む 4 次元の接ベクトル場としておく．

(x^μ) で局所値 $u(x^\mu)$ や $n_\gamma(x^\mu)$ を比較すると,異なる出発点から来た軌道上の値を比較していることになる.ラグランジュラベル (ξ^μ) がずれたことを計算に入れなくてはならないのである.

具体的に計算してみよう.時空の座標 (x^μ) が与えられたとき,その位置にある流体上の点を初期位置すなわちラグランジュラベル (ξ^μ) へ引き戻す写像を

$$\Xi(t)^{-1} : (x^\mu) \mapsto (\xi^\mu) \tag{3.191}$$

と書く.すなわち $(x^\mu(t)) = \Xi(t)(\Xi^{-1}(t)(x^\mu))$ $(\forall (x^\mu) \in M^4)$ である.比較の基準とする運動 $\Xi(t, 0)$ に対して評価した関数 f に対して,摂動した運動 $\Xi(t, \epsilon)$ について評価した関数を f' と書くことにする.

$$
\begin{aligned}
\epsilon \tilde{u}(x^\mu) = (u' - u)\big|_{x^\mu} &= \partial_t \Xi'(\Xi'^{-1}(x^\mu)) - \partial_t \Xi(\Xi^{-1}(x^\mu)) \\
&= \left[\partial_t \Xi'(\Xi'^{-1}(x^{\mu\prime})) - \partial_t \Xi(\Xi^{-1}(x^\mu)) \right] \\
&\quad - \left[\partial_t \Xi'(\Xi'^{-1}(x^{\mu\prime})) - \partial_t \Xi'(\Xi'^{-1}(x^\mu)) \right].
\end{aligned}
$$

右辺の第 1 項は $\partial_t(\Xi' - \Xi)$ であるから,

$$\partial_t(\epsilon \partial_\epsilon \Xi) = \epsilon u w = \epsilon(u^\mu \partial_\mu) w^\nu \partial_\nu$$

と書くことができる.他方,第 2 項は $(x^\mu) \mapsto (x^\mu)'$ によって変位した位置で観測したことによる u の変動であるから,$\epsilon w^\mu \partial_\mu$ の作用によって

$$\epsilon w u = \epsilon(w^\mu \partial_\mu) u^\nu \partial_\nu$$

と書くことができる.したがって,微分作用素として働く接ベクトル場の交換として

$$\tilde{u}(x^\mu) = [u, w] \tag{3.192}$$

と書くことができる.$[w, u]$ を $\mathcal{L}_w u$ とも書いて,接ベクトル場のリー微分と呼ぶ[24].ベクトル解析の記号で書くと,「方向微分」の交換によって

$$[u, w] = (\boldsymbol{u} \cdot \nabla)\boldsymbol{w} - (\boldsymbol{w} \cdot \nabla)\boldsymbol{u} \tag{3.193}$$

---

[24] 余接ベクトル場,微分形式のリー微分は 2.5.1 項で議論した通り,運動によって引きおこされる変動を計算するためのものであった.接ベクトル場に対しても同様で,運動によって引きおこされる変動を計算するものとしてリー微分が定義されるのである.

のごとく書くことができる（ここで ∇ は 4 次元の微分）.

密度 n_γ の摂動 $\tilde{n}_\gamma$ も同じようにリー微分によって計算される.

$$\epsilon \tilde{n}_\gamma(x^\mu) = (n'_\gamma - n_\gamma)\big|_{x^\mu} = [n'_\gamma(x^{\mu\prime}) - n_\gamma(x^\mu)] - [n'_\gamma(x^{\mu\prime}) - n'_\gamma(x^\mu)] \quad (3.194)$$

を計算する. 保存則 (3.186) により

$$n_\gamma(x^\mu) = \frac{D(\xi^\mu)}{D(x^\mu)} n_{\gamma 0}(\xi^\mu) \tag{3.195}$$

と与えられる. ただし $n_{\gamma 0}(\xi^\mu) = n_\gamma\big|_{t=0}$, $D(\xi^\mu)/D(x^\mu)$ は「座標変換」Ξ^{-1} のヤコビアンである. これを用いて (3.194) 右辺の第 1 項を計算すると

$$\begin{aligned}
n'_\gamma(x^{\mu\prime}) - n_\gamma(x^\mu) &= \frac{D(\xi^\mu)}{D(x^{\mu\prime})} n_{\gamma 0}(\xi^\mu) - n_\gamma(x^\mu) \\
&= [1 - \epsilon \mathrm{d}(i_w \mathrm{vol}^4)] n_\gamma(x^\mu) - n_\gamma(x^\mu) \\
&= -\epsilon n_\gamma(x^\mu)\, \mathrm{d}(i_w \mathrm{vol}^4).
\end{aligned}$$

(3.194) 右辺の第 2 項は $\epsilon i_w \mathrm{d} n_\gamma$ である. したがって

$$\tilde{n}_\gamma(x^\mu) = -\mathrm{d}(i_w n_\gamma) = -\mathcal{L}_w n_\gamma \tag{3.196}$$

と置けばよい.

以上を用いて S_{plas} の ϵw に対する変分を計算する. S_{em} には運動の項がないので S_{mc} の部分を計算すればよい. ϵ の 1 次の項まで書くと

$$S_{\mathrm{mc}}(\Xi(t,\epsilon)) - S_{\mathrm{mc}}(\Xi(t,0)) = -\epsilon \int \wp_\mu u^\mu \tilde{n}_\gamma - \epsilon \int \wp_\mu \tilde{u}^\mu n_\gamma. \tag{3.197}$$

ここで $\wp$ は粒子の 4 元正準運動量 (3.176) を流体へ拡張した 1-形式である：

$$\wp = mc\mathcal{U} + q\mathcal{A} = \gamma m u + q\mathcal{A}. \tag{3.198}$$

$\tilde{u} = -\mathcal{L}_w u$, $\tilde{n}_\gamma = -\mathcal{L}_w n_\gamma$ を代入して (3.197) を計算しよう. 右辺の第 1 項は

$$\epsilon \int \wp_\mu u^\mu \mathcal{L}_w n_\gamma = \epsilon \int \wp_\mu u^\mu \mathrm{d}(i_w n_\gamma) = -\epsilon \int n_\gamma i_w \mathrm{d}(\wp_\mu u^\mu) \tag{3.199}$$

と計算できる. また第 2 項は

$$\begin{aligned}
\epsilon \int \wp_\mu(\mathcal{L}_w u^\mu) n_\gamma &= \epsilon \int \mathcal{L}_w(\wp_\mu u^\mu n_\gamma) - \epsilon \int u^\mu(\mathcal{L}_w \wp_\mu n_\gamma) \\
&= \epsilon \int n_\gamma \mathcal{L}_w(\wp_\mu u^\mu) - \epsilon \int n_\gamma u^\mu(\mathcal{L}_w \wp_\mu) \\
&= \epsilon \int n_\gamma i_w \mathrm{d}(\wp_\mu u^\mu) - \epsilon \int cn i_w(i_{\mathcal{U}} \mathrm{d}\wp) \tag{3.200}
\end{aligned}$$

と書くことができる．ここで保存則 (3.186) を用いた．これらを (3.197) に代入すると

$$S_{\mathrm{mc}}(\Xi(t,\epsilon)) - S_{\mathrm{mc}}(\Xi(t,0)) = -\epsilon \int cn i_w (i_\mathcal{U} \mathrm{d}\wp). \tag{3.201}$$

したがって運動方程式

$$i_\mathcal{U} \mathrm{d}\wp = 0 \tag{3.202}$$

を得る[25]．

3.3.6 遅延ポテンシャル

ポテンシャル理論では「点電荷」が作るニュートンポテンシャルがポテンシャル場の基本形となることを見た（3.2.3 項）．数学的に言うと，超関数を用いて構成される「素解」である．素解と電荷密度との畳み込みによって，全空間におけるポテンシャル場を求めることができた．ここでは，ラプラシアン Δ をダランベルシャン $\Box$ で置き換えたとき，素解がどのようになるのかを考える．すなわち

$$\Box Z = \delta \tag{3.203}$$

を満たす超関数 Z を求める．右辺は原点を除いて 0 であるから，Z は原点を除いて $\Box Z = 0$ を満たす関数であり，かつ原点を特異点とする（原点での超関数微分がデルタ関数 δ となる）ようなものである．

ミンコフスキー距離

ニュートンポテンシャルがユークリッド距離 $r = \sqrt{\boldsymbol{x} \cdot \boldsymbol{x}}$ を用いて与えられたように，Z はミンコフスキー距離（双曲距離ともいう）

$$s = \sqrt{x^\mu x_\mu} = \sqrt{x_0^2 - (x_1^2 + \cdots + x_n^2)} \tag{3.204}$$

を用いて与えられる．ここでは $n = 3$ の場合を考え，4 次元時空の座標 (x^μ) のうち空間成分を $\boldsymbol{x} = (x_1, x_2, x_3)$ と書く．また，$r^2 = \boldsymbol{x} \cdot \boldsymbol{x} = x_1^2 + x_2^2 + x_3^2$ と

---

[25] 1.5.5 項では，熱エネルギー（内部エネルギー）をもつプラズマの運動方程式 (1.112) をエネルギー（熱エネルギーを含む）・運動量の保存則から導いた．それに対し，ここで変分原理から導いた運動方程式 (3.202) は熱エネルギーを 0 としたときの運動方程式である．すなわち (1.110) で定義した流体エレメントの有効質量 $m_{\mathrm{f}} = h/c^2$（h はモルあたりのエンタルピー）を粒子の静止質量 m で置き換え，熱変化の項 $T\mathrm{d}\sigma$ を 0 と置くと，(1.112) は (3.202) に帰着する．

書く．規格化のための定数を C とし（後で定める），

$$Z = \frac{C}{s^2} = \frac{C}{x_0^2 - r^2} \tag{3.205}$$

と置く．容易に確かめられるように，$s = 0$ となる特異点を除いて $\Box Z = 0$ が成り立つ．しかし厄介なことに，特異点は原点のみならず「光円錐」の全体にわたって広がっている．この点がポテンシャル方程式（楕円型偏微分方程式）の場合との決定的な違いである．定理 3.4 の証明では，特異点 $\boldsymbol{x} = 0$ の ϵ 近傍を取り除いた領域でガウスの公式（部分積分）を用い，しかる後に $\epsilon \to 0$ の極限をとることでニュートンポテンシャル $K = 1/(4\pi r)$ が素解であることを示せた．しかし今の場合は，特異点が原点から光円錐に沿って無限に延びているから，原点（点電荷）だけを除いた領域で部分成分をおこなうことができない．そこで，変数を複素数化して特異点を解消し，解析接続によって超関数を定義する[26]．

まず，

$$\zeta = x_0 + \mathrm{i}\eta \quad (x_0, \eta \in \mathbb{R}) \tag{3.206}$$

と置いて「時間」を複素数化する．これを用いて (3.205) を複素関数

$$Z = \frac{C}{s^2} = \frac{C}{\zeta^2 - r^2} \tag{3.207}$$

に拡張する（$|\zeta|^2$ ではなく ζ^2 であることに注意しよう），$\eta \neq 0$ であるかぎり Z は正則関数であり，$\Box Z = 0$ を満たす．この Z を ζ 平面で実軸を超えて解析接続し，実軸（$\zeta = x_0$）への制限として素解を構築する．(3.207) を次のように書き直そう：

$$Z = \frac{C}{(\zeta - r)(\zeta + r)}. \tag{3.208}$$

実軸 x_0 の上に特異点 $x_0 = r$ と $x_0 = -r$ がある．$r > 0$ のとき特異点が二つなので，Z の解析接続のしかたは 2 通りある．コーシーの積分公式 $\oint f(z)\frac{1}{z}\,\mathrm{d}z =$

[26) シュワルツの超関数理論では，アダマール (Hadamard) のアイデアをいれて，積分 (3.60) において「有限部分」（すなわち特異点に近接するとき発散する項を除いた部分）だけを用いて超関数を定義する．このように定義された超関数を「擬関数」と呼ぶこともある．特異点はいずれかのパラメタを複素数化することで回避できることが多い．そうして定義した超関数を解析接続したものとして擬関数を特徴づけることができる．

$2\pi \mathrm{i} f(0)$ $(z = x + \mathrm{i}y)$ を

$$\left[\frac{1}{x + \mathrm{i}y}\right] = \frac{1}{x + \mathrm{i}0} - \frac{1}{x - \mathrm{i}0} = -2\pi \mathrm{i}\delta(x) \tag{3.209}$$

と解釈することができる. [ ] は複素平面の上半面と下半面の値の差を表す. 実軸上のみに特異点がある複素関数を下半面から上半面へ解析接続したとき, 特異点を迂回したことで生じる差を計算したことになる. この差が, 複素関数を実軸上への制限したものの「本質的な部分」を与えている（本質的でない部分とは実軸上でも正則な関数である）[27]. これを (3.208) の二つの特異点それぞれに用いると, 実軸上で Z の一般形は

$$Z = C_1 \frac{\delta(x_0 - r)}{4\pi r} + C_2 \frac{\delta(x_0 + r)}{4\pi r} \tag{3.210}$$

と書くことができる. C_1 と C_2 は, Z の解析接続のしかたで決まる定数である. $-\Delta(1/4\pi r) = \delta(\boldsymbol{x})$ を用い, 直接計算して確かめられるように

$$\Box Z = (C_1 + C_2)\delta(x^\mu). \tag{3.211}$$

ただし $\delta(x_0 \pm r)\delta(\boldsymbol{x}) = \delta(x_0)\delta(\boldsymbol{x}) = \delta(x^\mu)$ の関係を用いた. Z に含まれる二つの項は, それぞれ独立に $\Box$ の素解を与える. ただし「点電荷」を規格化するために (3.211) の右辺は $\delta(x^\mu)$ でなくてはならない. つまり $C_1 + C_2 = 1$ とする.

「因果律」と遅延ポテンシャル

素解 (3.210) と電荷密度 $\rho(x^\mu)$ との畳み込みをとると

$$\phi(x^\mu) = \int Z(x^\mu - x'^\mu)\rho(x'^\mu)\,\mathrm{d}^4 x' = \int \frac{C_1 \rho(ct_-, \boldsymbol{x}') + C_2 \rho(ct_+, \boldsymbol{x}')}{4\pi|\boldsymbol{x} - \boldsymbol{x}'|}\,\mathrm{d}^3 x' \tag{3.212}$$

を得る. ただし

$$t_\pm = \frac{x_0 \pm |\boldsymbol{x} - \boldsymbol{x}'|}{c} \tag{3.213}$$

---

[27] ここで「本質的な部分」といったのは 2.4.6 項で論じたコホモロジーに他ならない. 今の場合, 本質的でないとして捨象される（同値関係で無視される）部分は正則関数で表されるもの（すなわち調和微分形式）である. 実軸を複素平面の上半面と下半面の「境界」だと考え, 境界を除いて正則な関数の「境界値」が超関数だと定義するのが佐藤超関数の理論である. (3.209) はこの理論にもとづくデルタ関数の定義である.

と定義した. t_- を遅延時間 (retarded time), t_+ を前進時間 (advanced time) と呼ぶ. これは空間の点 $\boldsymbol{x}'$ を「観測点」$\boldsymbol{x}$ に光円錐に沿って引き戻したときの時間を表す. Z が素解であることから $\Box\phi = \rho$ を満たす.

私たちが「時間」という概念に過去と未来の非対称性を認めるならば, (3.212) に含まれる C_2 の項は奇妙な意味をまとう. t_+ は「未来」の時間だからだ. 時刻 t におけるポテンシャル ϕ が未来の電荷密度 $\rho(ct_+, \boldsymbol{x})$ に影響されるというと, 「因果律」に反しているように思われる. しかし, 私たちが解こうとしている方程式 $\Box\phi = \rho$ は時間座標の反転に関して対称であるから, 法則の上で過去と未来は対称であり, (3.212) に与えた解は数学的には正しい. 問題は「物理的解釈」である. 過去によって現在の状態が決まるというように方程式を解きたいのであれば, (3.212) において $C_1 = 1$, $C_2 = 0$ と選ぶ:

$$\phi(x^\mu) = \int \frac{\rho(ct_-, \boldsymbol{x}')}{4\pi|\boldsymbol{x} - \boldsymbol{x}'|}\, \mathrm{d}^3 x'. \tag{3.214}$$

これを遅延ポテンシャル (retarded potential) と呼ぶ. ポテンシャル問題の解 (3.69) と比較しよう. 波動方程式の場合, ϕ の観測時刻 t に影響を与える電荷密度は, その観測点 $\boldsymbol{x}$ まで光が届く時間だけ過去の $\rho(ct_-, \boldsymbol{x}')$ となる.

ベクトルポテンシャルの計算も同様であり, カレントと観測地点との時間差を考慮するように (3.86) を修正した式が得られる.

3.4　関数空間

本節の目標は, 場の理論を関数空間の構造に結びつけて考える視点をひらくことである. 本書の導入部で図 1.1 に示したように, ベクトル場は発散するものと回転する(渦巻く)ものとに分類される. この分類にもとづいて関数空間は分解され, それぞれの部分空間ごとに異なる表現(パラメタ化)が可能となる. さまざまなパラメタ化はベクトル場の力線構造を分類する基礎となり (3.1 節), さらにポテンシャル場 (3.2 節), 波動場 (3.3 節) を表現するときに役立つ. 本節では, これら場たちの集合=関数空間の解析学的な特徴づけを学ぶ. 2.1 節で述べたように, 関数は無限次元のベクトルだと考えることができる. 場の方程式を無限次元ベクトルに関する理論として解析するためには, 無限次元性にかかわる特有の問題を考慮する必要がある. まず関数とは何かとい

3.4 関数空間

う問いから始めよう.

3.4.1 無限次元ベクトル空間

無限あるいは極限は理念であって現実に到達することはできない. 私たちができることは, 無限へ至る「手続き」を具体的に示し, その極限について理論的に考察することである.

例えば, 指数関数 e^x なるものは次のような極限として定義される:

$$e^x = \lim_{N \to \infty} \sum_{n=0}^{N} \frac{x^n}{n!}. \tag{3.215}$$

右辺はこの関数を定義するための手続きを示している. $N \to \infty$ の極限が存在すること, 右辺を項別に微分してもよいことなどを丁寧に証明することで, e^x の定義が有効なものとなり, いろいろな関係式 ($e^{ix} = \cos x + i \sin x$ や $\frac{d}{dx}e^x = e^x$ など) が構築される. しかし「具体的」に e^x を数値化して示そうとすると, 各 x ごとに右辺の和を無限にとり続けなくてはならず, 実際に正確な値を求めることは不可能である. それにもかかわらず, e^x なるものを私たちはよく知っており, 例えば波動現象を記述するために使う. これを可能にするのが解析学の理論なのである.

上記の例 (3.215) を見ると, 「ベキ関数」x^n ($n = 0, 1, 2, \dots$) たちの和が左辺の関数を定義している. これを (1.1) と比べると, $\{1, x^1, x^2, \dots\}$ を基とした無限次元のベクトルだと見ることができる. ベキ関数たちはベクトル空間から選んだ代表元であり, それらが関数たちのベクトル空間すなわち関数空間 (function space) を張っていると考えるのである.

しかし, 2.1 節で強調したことを思い出そう. (1.1) や (3.215) のように特定の基によって分解されたベクトルは, ベクトルの「表現」であって「定義」ではない. ベクトルそのものは表現を待たずして存在している. 私たちはこの立場をとって, 関数をベクトルだと考えることの正確な意味を見直そう[28].

---

[28] 関数論における「ワイエルシュトラス (Weierstrass) の立場」では, $1, x^1, x^2, \dots$ を基とする多項式のベクトル空間を理論の出発点として, 収束ベキ級数が関数だと「定義」する. (3.215) が指数関数の定義だというのはまさにこの立場である. 正則関数の空間という「狭い空間」を考える理論では, このように表現を定義とする理論構成も可能である. H. Cartan (髙橋禮司 訳):『複素函数論』, 岩波書店, 1965 参照.

262 第3章 電磁気の解析学

　ベクトルとはベクトル算法によって分解・合成ができるものであり，その全体集合がベクトル空間である（2.1.1 項参照）．ある一つのベクトル＝関数にアイデンティティーを与えるのは何らかの関係式である．例えば指数関数は「指数法則 $\frac{d}{dx}f(x) = f(x)$ を満たすもの」として存在している．テイラー展開できると仮定して $f(x) = \sum_n a_n x^n$ と置き，方程式に代入して係数を比較すると $na_n = a_{n-1}$ なる漸化式が得られる．この漸化式が指数関数を表現するための「手続き」であり，級数の収束を証明することによって (3.215) なる表現が成立するのである．

空間の位相

　ベクトルをその「表現」に帰属させず，その「性質」によって定義することが決定的な意味をもつのは「無限次元」を扱う関数空間の理論においてである．もしベクトル空間が有限な次元 N をもつならば，その空間の「大きさ」は N で計られ，独立な N 個のベクトルをその空間の中から代表として選べば基となる．どのような基を選んでも，表現の違いが生じるだけで，ベクトルそのものの定義は変わらない．しかし「無限次元」となると，基ベクトルの「数」を勘定することなどできない（補足 3.13 参照）．表現の完全性を決めているのは基ベクトルの数やその選択ではなく，無限の項で表現する級数の収束性である．後で述べるように，これは空間に与える位相によって決まる．空間の大きさを決めているのは基ベクトルの数ではなく収束判定条件＝位相なのである[29]．例えば，同じ（無限個の）基を選んでも，位相の強弱によって空間が小さくなったり大きくなったりする．強い位相を与えるということは収束条件が厳しいという意味であり，そうすると空間は小さくなる．相対的に弱い位相で見ると，強い位相では「関数」とは認められないものまで含めて存在できることになり，空間が大きくなるのである．

[29) 解析学における位相 (topology) とは，集合の要素どうしが近いか遠いか（同グループに属すか否か）を判定する基準である．これは，極限や連続の概念を定義するために空間に与えておくべき約束である．抽象的には，近傍系，開集合系，あるいは閉集合系のいずれかを定義して，集合の要素の包含関係を公理化することによって位相が導入される（松坂和夫：『集合・位相入門』，岩波書店，1968 参照）．空間に距離が定義されていれば，要素どうしが近いかどうかは距離を測定することによって直接的に評価できる（定義 2.3 参照）．

3.4 関数空間

ここではノルムによって位相が定義された空間，すなわちバナッハ空間を考える（2.1.2項参照）．無限次元のバナッハ空間は次に述べる完備性を備えている必要がある．

完備性

収束を議論しようとするとき，その空間は完備 (complete) でなくては困る．ノルムが定義された空間 X が完備であるとは，X に属する点列 $\{x_\ell\}$ がコーシーの収束条件

$$\lim_{k,\ell\to\infty} \|x_k - x_\ell\| = 0 \tag{3.216}$$

を満たすとき，常に X の中に収束点 x が存在すること，すなわち

$$\lim_{\ell\to\infty} \|x_\ell - x\| = 0 \quad (\exists x \in X) \tag{3.217}$$

をいう．完備なノルム空間を**バナッハ空間**という（定義 2.4 参照）．内積によってノルムが定義されているバナッハ空間をヒルベルト空間というのであった（定義 2.6 参照）．

実際の問題では，ある点列 $\{x_\ell\}$ が与えられたとき，これが収束するか否かを知ることが課題である．したがって，未知の極限（収束点）x を含む収束の表現 (3.217) では役に立たない．コーシーの条件 (3.216) は，実際に与えられた点列について計算可能な表式であるから，これによって収束判定ができるとありがたい．このためには，空間が完備であることをあらかじめ保証しておく必要があるのだ．

〈例 3.12〉$(C(K))$ $[\alpha, \beta]$ を $\mathbb{R}$ 上の有限な区間とする．そこで定義された連続な関数の全体を $C[\alpha, \beta]$ と表す．これにノルム

$$\|f\|_C = \max_{x\in[\alpha,\beta]} |f(x)|$$

を与える．列 $f_1, f_2, \ldots \in C[\alpha, \beta]$ の $f_\infty \in C[\alpha, \beta]$ への収束は連続関数の列 $f_1(x), f_2(x), \ldots$ の極限関数 $f_\infty(x)$ への区間 $[\alpha, \beta]$ 上での一様収束を意味する．したがって，一様収束に関するコーシーの判定法から $C[\alpha, \beta]$ が完備であることがわかる．これは $\mathbb{R}^n$ のコンパクト集合 K 上の連続関数の空間 $C(K)$ についても同様である．開集合 $\Omega \subset \mathbb{R}^n$ を考えるときは，少し注意が必要であ

る．$x \in \Omega$ が境界 $\partial\Omega$ に近づいたときの $f(x)$ の振る舞いには制限がないので，$f \in C(\Omega)$ は有界とは限らないからである．そこで，ノルム

$$\|f\|_{\sup} = \sup_{x \in \Omega} |f|$$

が有限な $f \in C(\Omega)$ の全体，すなわち Ω で連続かつ有界な関数の全体を考え，それを $C(\overline{\Omega})$ あるいは $B(\Omega)$ と書くことにしよう．これも同様に完備である．

完備でないノルム空間が与えられたときは，それを積極的に**完備化** (completion) することによってバナッハ空間を定義することができる．完備化とは，直感的には次のような操作のことである．

完備でない集合の簡単な例は，開集合 $\Omega = (\alpha, \beta) \subset \mathbb{R}$ である．$\mathbb{R}$ における点列が Ω の内部から境界 $x = \alpha$ あるいは β へ向かって収束する場合，収束点は Ω に含まれない．そこで Ω の閉包 (closure) をとって，すなわち Ω にその境界をつけ足して $\overline{\Omega}$ とすると完備化される．このように，コーシー列の収束点をつけ加えることで集合を完備化するというのが基本的なアイデアである．

ただし，私たちが考えているのは「ベクトル空間」であるから「境界」があるわけではない．ベクトル空間 X の元 $\boldsymbol{x}$ に対して $\alpha\boldsymbol{x} \in X$ ($\forall \alpha \in \mathbb{K}$) であるから，コーシー列の収束点が「空間をはみ出す」というのは，領域からはみ出すという意味ではなく，関数を観察する目の「精度」の限界を超えるといったような意味である．次項で具体的な例（ソボレフ空間の完備化）を見る．

補足 3.13（関数空間の次元）　無限数の大きさをはかる概念に濃度 (potency) がある．「最も小さな無限」は，自然数で番号づけできる無限である．自然数の全体集合 $\mathbb{N}$ と同じ大きさ（濃度という）の無限集合（すなわち，各要素に自然数で番号づけできるような無限集合）を可算 (countable) 集合といい，その濃度を $\aleph_0$ と表す（$\aleph$ はヘブライ語のアルファベットで「アレフ」と読む）．整数の全体集合 $\mathbb{Z}$ や有理数の全体集合 $\mathbb{Q}$ は可算集合である．しかし実数の全体集合 $\mathbb{R}$ は $\aleph_0$ より高い濃度をもつ（カントール (Cantor) の定理）．これを $\aleph$ と書く．複素数の全体集合 $\mathbb{C}$ は，$\mathbb{R} \times \mathbb{R}$ と同等であるが，この濃度は $\aleph$ に等しい．

普通の（正確に言うと分離公理を満たす）関数空間の次元（自由に値を決めることができる変数の数，すなわち自由度）はすべて可算無限 $\aleph_0$ である．これは少し不思議かもしれない．例えば実軸 $\mathbb{R}$ の上で定義された関数を考えてみよう．各 $x \in \mathbb{R}$ に対して関数の値を自由に指定できると考えると，関数は実数の濃度 $\aleph$ の自由度をもつように思われる．だが，私たちが関数と考えるものは点 x とその周辺との関係性を表

現するものであり（これを芽 (germ) という），$\mathbb{R}$ の各点に勝手な値をばら撒いたものではない．例えば連続関数 $f(x)$ を考えてみよう．これは有理数の集合 $\mathbb{Q} = \{x_n\}$ に対して値を与えれば一意に決まる．実際，任意の実数 x に対して，これにいくらでも近い有理数があるから，$x_m \to x$ となる数列 $\{x_m\} \subset \mathbb{Q}$ をとることができ，$f(x)$ が連続であるという前提によって，

$$f(x) = \lim_{m \to \infty} f(x_m)$$

でなくてはならない．つまり $\mathbb{Q}$ の上で $f(x)$ の値を決めてしまうと，既に任意の実数 x について $f(x)$ の値を決めたことになる．このことから，連続関数の自由度は可算無限でしかないことがわかる．次に議論する L^2 関数の自由度も可算無限である．可積分な可測関数は，連続関数でいくらでも近似できるからである．

したがって，関数空間に基があるとすると，それは代表元となる関数たちの可算無限集合 $\{\varphi_1, \varphi_2, \ldots\}$ である．ちなみに有限次元ベクトル空間の場合は，この番号づけは任意でよいのだが，無限次元の場合は番号づけに従って極限をとるので，基ベクトルの順番を勝手に変えてはならない．

3.4.2 L^2 空間，ソボレフ空間

物理でとりわけ重要な L^2 空間（例 2.8 参照）とその仲間を紹介する．関数空間を無限次元のユークリッド空間だと見るのが L^2 空間である．この空間が物理のいろいろなところで使われるのは，異なる関数の隔たりを「エネルギー」で計るという意味づけができるからである．一般化した定義から始める．

‖ **定義 3.14** ‖ （L^p ノルム） Ω を $\mathbb{R}^n$ の開集合とする．Ω でルベーグ (Lebesgue) 可測な実数値（あるいは複素数値）関数 $f(x)$ で $|f(x)|^p$ $(1 \le p < \infty)$ が Ω で可積分であるようなものの全体集合を $L^p(\Omega)$ と書く．$L^p(\Omega)$ のノルムを

$$\|f\|_{L^p} = \left(\int_\Omega |f(x)|^p \,\mathrm{d}^n x \right)^{1/p} \tag{3.218}$$

と定義する（これを L^p ノルムと呼ぶ）．

定理 3.15 （ルベーグ空間） $L^p(\Omega)$ はバナッハ空間である（これをルベーグ空間と呼ぶ）．すなわち $L^p(\Omega)$ は完備である．$L^p(\Omega)$ において，列 $\{f_\ell\}$ が L^p ノルムで測って f_∞ に収束するならば，適当な部分列 $\{f_{\ell_m}(x)\}$ はほとんどすべての $x \in \Omega$ で $f_\infty(x)$ に収束する．

証明 1次元の領域 $(\alpha, \beta) \subset \mathbb{R}$ で定義されたルベーグ空間 $L^p(\alpha, \beta)$ $(1 \le p <$

266   第3章　電磁気の解析学

$\infty)$ の完備性を示そう．(2.14) で定義したノルム $\|\cdot\|_{L^p}$ を，ここでは簡単に $\|\cdot\|$ と書く．列 $\{f_\ell(x)\}$ が

$$\lim_{k,\ell\to\infty}\|f_k-f_\ell\|=0$$

を満たすならば，任意の正の数 M に対して，適当な部分列 $\{u_m=f_{\ell_m}\}$ を選んで

$$\sum_{m=1}^{\infty}\|u_{m+1}-u_m\|<M$$

とすることができる．ほとんどすべての点 $x\in(\alpha,\beta)$ において（これを a.e. $x\in(\alpha,\beta)$ と書く）

$$w_n(x)=|u_1(x)|+\sum_{m=1}^{n-1}|u_{m+1}(x)-u_m(x)| \tag{3.219}$$

と定義すると，$w_n(x)\geq 0$, 各点で $w_n(x)$ は増加数列である（このことは $w_n(x)^p$ についても同様である）．したがって，無限大を許せば極限

$$w_\infty(x)=\lim_{n\to\infty}w_n(x),\quad 0\leq w_\infty(x)\leq\infty$$

が存在する．他方,

$$\|w_n\|\leq\|u_1\|+\sum_{m=1}^{n-1}\|u_{m+1}-u_m\|<\|u_1\|+M$$

が言えるので，ルベーグ・ファトゥー (Lebesgue-Fatou) の定理により，

$$\|w_\infty\|\leq\|u_1\|+M<\infty. \tag{3.220}$$

したがって，$w_\infty(x)$ は a.e. $x\in(\alpha,\beta)$ で有限．$w_n(x)$ が収束することは $u_m(x)$ の階差が絶対収束することを意味する．ゆえに

$$f_\infty(x)=\lim_{m\to\infty}u_m(x)=\lim_{\ell\to\infty}f_{\ell_m}(x)\quad(\text{a.e. }x\in(\alpha,\beta))$$

が存在する．定義 (3.219) より $|u_n(x)|\leq w_n(x)$ であるから $|f_\infty(x)|\leq w_\infty(x)$ (a.e. $x\in(\alpha,\beta)$). (3.220) より $f_\infty\in L^p(\alpha,\beta)$ であることがわかる．最後に

$$\lim_{\ell\to\infty}\|f_\infty-f_\ell\|=0 \tag{3.221}$$

を示す. 任意の正の数 ϵ に対して N_ϵ があり,

$$\|f_\ell - u_m\| = \|f_\ell - f_{\ell_m}\| \le \epsilon \quad (\forall \ell, \ell_m > N_\epsilon)$$

とすることができる.

$$\|f_\infty - f_\ell\| \le \|f_\infty - u_m\| + \|f_\ell - u_m\|$$

であり, この右辺は $\ell, m \to \infty$ の極限で 0 となるので (3.221) を得る. 以上で $L^p(\alpha, \beta)$ が完備であることが示された. $\Omega \subset \mathbb{R}^n$ へ拡張できることは自明である. $\qquad \square$

物理の理論では, L^p 空間の中でも特に $p = 2$ とした場合が重要である. そのノルムはエネルギーを与える汎関数であり, **エネルギーノルム** と呼ばれる.

‖ 定義3.16 ‖ (L^2 空間) $\quad L^2(\Omega)$ に内積を

$$(f, g) = \int_\Omega f(x)\,\overline{g(x)}\,\mathrm{d}^n x \tag{3.222}$$

により定義し, ノルムを $\|f\| = (f, f)^{1/2}$ とする. これにより $L^2(\Omega)$ はヒルベルト空間である.

以下では実数値関数のみを扱うので

$$(f, g) = \int_\Omega f(x)\,g(x)\,\mathrm{d}^n x \tag{3.223}$$

とする. $\boldsymbol{f}$ と $\boldsymbol{g}$ がベクトル値関数であるとき, (3.223) 右辺において fg を $\boldsymbol{f} \cdot \boldsymbol{g}$ とする. また, f と g が r-形式であるときは $fg\,\mathrm{d}^n x$ を $f \wedge \star g$ とする.

電場と磁場を合わせて 6 成分のベクトル $\boldsymbol{f} = (\boldsymbol{E}, c\boldsymbol{B})^{\mathrm{T}}$ を定義し, その L^2 空間を考えると,

$$\frac{\epsilon_0}{2} \|\boldsymbol{f}\|^2 = \int_\Omega \left(\frac{\epsilon_0 |\boldsymbol{E}|^2}{2} + \frac{|\boldsymbol{B}|^2}{2\mu_0} \right) \mathrm{d}^3 x. \tag{3.224}$$

右辺は電磁場のエネルギー (1.35) である. 物理のいろいろなモデルで使われる「エネルギー」という概念は, 多くの場合 2 次形式で表される. 場の理論では, エネルギーは L^2 ノルムと対応し, したがって場は L^2 空間の住人だという定義が自然なものとして受け入れられるのである.

268   第 3 章　電磁気の解析学

ソボレフ空間

　前項で述べたように関数空間の定義はノルム（収束を監視する基準）の置き
方によって変わる．微分も含めたノルムを導入しよう．これはポテンシャル論
（3.2 節）や境界条件（3.4.3 項）を論ずるとき重要な役割を担う．

　高階の偏微分の記法を定めておく．n 個の実変数 $x^1, x^2, \ldots, x^n$ に関する偏
微分を

$$D^\alpha = (\partial_{x^1})^{\alpha_1}(\partial_{x^2})^{\alpha_2}\cdots(\partial_{x^n})^{\alpha_n}$$

のように書く．ここに $\alpha_1, \alpha_2, \ldots, \alpha_n$ は 0 以上の整数であり，

$$\alpha = (\alpha_1, \alpha_2, \ldots, \alpha_n)$$

を多重指数，

$$|\alpha| = \alpha_1 + \alpha_2 + \cdots + \alpha_n$$

を α の長さという．

　Ω は $\mathbb{R}^n$ の開集合とする．Ω において k 回連続微分可能な関数の全体集合を
$C^k(\Omega)$ と書く．$C^\infty(\Omega)$ の元は無限回連続微分可能な関数である．$C^k(\Omega)$ の元
であり，Ω に含まれるコンパクト集合に台 (support) をもつ関数の全体集合を
$C_0^k(\Omega)$ と書く．

　$C^k(\Omega)$（k は有限な自然数とする）の元 f に対して，ノルム

$$\|f\|_{H^k} = \left(\sum_{|\alpha| \le k} \int_\Omega |D^\alpha f(x)|^2 \, \mathrm{d}^n x\right)^{1/2} \tag{3.225}$$

を定義し[30]，これが有限となる $f \in C^k(\Omega)$ の全体集合 $\tilde{H}^k(\Omega)$ を考える．しか
し，これは完備ではなくて，ノルム (3.225) について完備化する必要がある．
$\{f_\ell\}$ が $C^k(\Omega)$ に属する点列であり，ノルム $\|\cdot\|_{H^k}$ に関してコーシー列である
とする．$L^2(\Omega)$ の完備性（定理 3.15 参照）により，ある関数 $f^{(\alpha)} \in L^2(\Omega)$ が
存在して

$$\lim_{\ell\to\infty} \int_\Omega |f^{(\alpha)}(x) - D^\alpha f_\ell(x)|^2 \, \mathrm{d}^n x = 0 \quad (|\alpha| \le k)$$

とすることができる．この極限 $f^{(\alpha)}$ をつけ加えることで空間を完備化する．

────────────────────
[30] ノルムの定義 (3.225) においてすべての項は係数 1 で足し合わされているが，任意の正の
　　係数を掛けて足してもかまわない．後の議論で明らかなように同等な位相が定義される．

$f^{(\alpha)}$ がどのような関数であるかを調べておく必要がある（そうしないと完備化した空間の元とは具体的に何なのかわからないので，単に形式的な議論になってしまう）．そのために試験関数 (test function) という概念を用いる（これはシュワルツ超関数の理論の基本的なアイデアである；3.2.3 項参照）．任意の試験関数 $\varphi(x) \in C_0^\infty(\Omega)$ に対して，部分積分を用いて次のように計算できる．

$$\int_\Omega f^{(\alpha)}(x)\varphi(x)\,\mathrm{d}^n x = \lim_{\ell \to \infty} \int_\Omega [D^\alpha f_\ell(x)]\varphi(x)\,\mathrm{d}^n x \qquad (3.226)$$

$$= (-1)^{|\alpha|} \lim_{\ell \to \infty} \int_\Omega f_\ell(x)[D^\alpha \varphi(x)]\,\mathrm{d}^n x \qquad (3.227)$$

$$= (-1)^{|\alpha|} \int_\Omega f^{(0)}(x)[D^\alpha \varphi(x)]\,\mathrm{d}^n x. \qquad (3.228)$$

ただし (3.226) と (3.228) では，それぞれ φ および $D^\alpha \varphi$ を掛けた積分（双 1 次形式）の連続性を用いている．(3.226) と (3.228) の関係は，$f^{(\alpha)} \in L^2(\Omega)$ が $f^{(0)}$ の「超関数の意味での微分 (distributional derivative)」であることを意味する（3.2.3 項参照）．

以上から次の定義が可能になる：

定義 3.17 （ソボレフ空間）　$\check{H}^k(\Omega)$ をノルム $\|\cdot\|_{H^K}$ に関して完備化したバナッハ空間を $H^k(\Omega)$ と書くと，$H^k(\Omega)$ の元 $f(x)$ の超関数の意味での偏導関数 $D^\alpha f(x)$ $(|\alpha| \leq k)$ はすべて $L^2(\Omega)$ に属する．$H^k(\Omega)$ をソボレフ (Sobolev) 空間という[31]．内積を

$$(f, g)_{H^k} = \sum_{|\alpha| \leq k} (D^\alpha f, D^\alpha g) \qquad (3.229)$$

と定義することで $H^k(\Omega)$ はヒルベルト空間となる．ただし右辺の (,) は $L^2(\Omega)$ の内積である．

$H^0(\Omega) = L^2(\Omega)$ である．$H^1(\Omega)$ の内積は

$$(f, g)_{H^1} = (f, g) + (\nabla f, \nabla g) \qquad (3.230)$$

---

[31] ほとんど自明な一般化によって，$\|f\|_{W_p^k} = \left(\sum_{|\alpha| \leq k} \|D^\alpha f\|_{L^p}^p\right)^{1/p}$ をノルムとしてバナッハ空間 $W_p^k(\Omega) = \{f;\ D^\alpha f \in L^p(\Omega)\ (\forall \alpha,\ |\alpha| \leq k)\}$ を定義することができる．これらすべてをソボレフ空間と呼ぶ．$W_2^k(\Omega)$ が $H^k(\Omega)$ である．

と書くことができる. f と g が r-形式であるときは,

$$(f, g)_{H^1} = (f, g) + (\mathrm{d}f, \mathrm{d}g) + (\delta f, \delta g). \tag{3.231}$$

例えば3次元空間の1-形式である場合は3次元ベクトル $\boldsymbol{f}, \boldsymbol{g}$ と同一視して

$$(\boldsymbol{f}, \boldsymbol{g})_{H^1} = (\boldsymbol{f}, \boldsymbol{g}) + (\nabla \times \boldsymbol{f}, \nabla \times \boldsymbol{g}) + (\nabla \cdot \boldsymbol{f}, \nabla \cdot \boldsymbol{g}) \tag{3.232}$$

である.

定義から明らかに $H^k(\Omega)$ は $H^j(\Omega)$ $(k > j \geq 0)$ よりも小さな空間である. 前者の位相は後者の位相より高次の導関数まで監視しているからである. ただし, 前者は後者の「稠密」な部分空間である:

╟ **定義 3.18** ╟ (稠密部分集合) ノルム空間 X の二つの部分集合 A, Y $(\subset A)$ を考える. Y が A において稠密 (dense) であるとは, Y の閉包 (closure) $\overline{Y}$ が A を含むことをいう. つまり, A の任意の点に対する任意の近傍が, Y の点を必ず含むことを意味する.

とくに, Y が X において稠密であるとは, $\overline{Y} = X$ であることをいう. このとき, 任意の $u \in X$ に対して, Y に含まれる列 $\{v_\ell\}$ が存在し,

$$\lim_{\ell \to \infty} \|u - v_\ell\| = 0 \tag{3.233}$$

とすることができる ($\|\cdot\|$ は X のノルムである). すなわち, X の任意の元は Y の列によって (3.233) の意味で「近似」できる.

$C^j(\overline{\Omega})$ は $C^k(\overline{\Omega})$ $(j > k \geq 0)$ の稠密な部分空間である. ただし, $C^k(\overline{\Omega})$ は $D^\alpha f(x)$ $(|\alpha| \leq k)$ が有界かつ一様連続な関数 $f(x)$ の全体集合であり,

$$\|f\|_{C^k} = \sup_{x \in \Omega, \, |\alpha| \leq k} |D^\alpha f(x)|$$

をノルムとするバナッハ空間である (例 3.12 参照). 同様に, $H^j(\Omega)$ は $H^k(\Omega)$ $(j > k \geq 0)$ の稠密な部分空間である. また, $C(\overline{\Omega})$ および $C_0(\Omega)$ は $L^p(\Omega)$ $(1 \leq p < \infty)$ の稠密な部分空間である. 実際, ルベーグ積分の基本的な性質により, $u \in L^p(\Omega)$ に対して, 任意の $\epsilon > 0$ について, $v_\epsilon \in C(\overline{\Omega})$ を選んで $\|u - v_\epsilon\|_{L^p} < \epsilon$ とすることができる. また, $v \in C(\overline{\Omega})$ に対して, 任意の $\epsilon > 0$ について, $w_\epsilon \in C_0(\Omega)$ を選んで $\|v - w_\epsilon\|_{L^p} < \epsilon$ とすることができる.

3.4 関数空間

フーリエ変換によるソボレフ空間の特徴づけ，実数の次数への拡張

$\Omega = \mathbb{R}^n$ すなわち全空間で定義された関数 $f(x^1, \ldots, x^n)$ のフーリエ変換を $\hat{f}(k_1, \ldots, k_n)$ と書く．$|k|^2 = k_1^2 + \cdots + k_n^2$ と表すことにする．

$$\mathcal{H}^s(\mathbb{R}^n) = \left\{ f; \ (1 + |k|^2)^{s/2} \hat{f} \in L^2(\mathbb{R}^n) \right\} \tag{3.234}$$

と置くと，これは定義 3.17 によるソボレフ空間 $H^s(\mathbb{R}^n)$ と同じものになる．$\mathcal{H}^s(\mathbb{R}^n)$ のノルムを

$$\|f\|_{\mathcal{H}^s} = \left(\int_{\mathbb{R}^n} (1 + |k|^2)^s |\hat{f}|^2 \, \mathrm{d}^n k \right)^{1/2} \tag{3.235}$$

と定義すると，$\|f\|_{\mathcal{H}^s}$ は (3.225) で定義したノルム $\|f\|_{H^s}$ と等価である．実際，

$$\|f\|_{H^s}^2 = \int \left(\sum_{|\alpha| \leq s} k^{2\alpha} \right) |\hat{f}|^2 \, \mathrm{d}^n k$$

と書けるが，定数 $c > 0$ があって

$$c \left(1 + |k|^2 \right)^s \leq \sum_{|\alpha| \leq s} k^{2\alpha} \leq \left(1 + |k|^2 \right)^s$$

とできるからである．

フーリエ変換を使った定義 (3.234), (3.235) においては，次数 s は整数である必要はなく，これを（非負の）実数へ拡張することができる．$s \in \mathbb{R}$ に対して $(\mathrm{i}k_j)^s \hat{f}$ は s 階の微分 $\partial_{x^j}^s f$ を意味すると考えてよい．$\mathcal{H}^s(\mathbb{R}^n)$ は，このような意味で s 回微分可能な関数の空間と解釈できる．以下 $\mathcal{H}^s(\mathbb{R}^n)$ を $H^s(\mathbb{R}^n)$ と書いて次数 s を実数へ拡張する．

3.4.3 境界値：トレース

L^2 空間は，例えばステップ関数なども含み，広く一般化された「関数」を扱える理論の枠組みになるのだが，同時に注意が必要である．L^2 空間の位相は個別の点における関数値を十分に「監視」していないことは既に述べた通りである．特に「境界」における関数の値，すなわち「境界条件」についてこの関数空間は不用意である．まず，このことを確認しておこう．

272 第3章 電磁気の解析学

関数空間の位相と境界値

有界区間 $[0,1] \subset \mathbb{R}$ 上で定義された実数値連続関数 $f(x)$ に対し，エネルギーを

$$W(f) = \int_0^1 f(x)^2 \, \mathrm{d}x \tag{3.236}$$

と定義する．もちろん最小エネルギー状態は $f(x) \equiv 0$ である．f に境界条件 $f(0) = a$, $f(1) = b$ を与えたとしよう．それでも $\inf W(f) = 0$ となる．境界の内側で速やかに $f(x) \to 0$ とすれば $W(f)$ をいくらでも 0 に近づけることができるからである．したがって，この「エネルギー変分問題」において，境界条件は有効な束縛条件として働かない．このことは，L^2 ノルム $W(f) = \|f\|^2$ では境界値の違いは評価できないことを意味する．つまり，二つの元 $u, v \in L^2(0,1)$ の境界値をそれぞれ異なるようにとっておいても，関数空間 $L^2(0,1)$ のノルムで測ったお互いの距離は，いくらでも小さくできるのである $(\inf \|u - v\| = 0)$.

次に，

$$V(f) = \int_0^1 f^2(x) \, \mathrm{d}x + \int_0^1 \left(\frac{\mathrm{d}f}{\mathrm{d}x} \right)^2 \mathrm{d}x \tag{3.237}$$

について，これを最小にする f を同じ境界条件のもとで求めようとすると，どうなるだろうか？境界条件を満たす範囲で $f \to f + \epsilon\tilde{f}$ と摂動を加えたときの $V(f)$ の変分は

$$\delta V(f) = V(f + \epsilon\tilde{f}) - V(f) = 2\epsilon \int_0^1 \left(f - \frac{\mathrm{d}^2}{\mathrm{d}x^2} f \right) \tilde{f} \, \mathrm{d}x + O(\epsilon^2)$$

と計算されるので，V の最小値を与える f はオイラー・ラグランジュ方程式

$$\frac{\mathrm{d}^2}{\mathrm{d}x^2} f - f = 0, \quad f(0) = a, \ f(1) = b \tag{3.238}$$

を満たす必要がある．(3.238) を解いて最小化元と最小値は

$$f(x) = c_+ \mathrm{e}^x + c_- \mathrm{e}^{-x},$$
$$\min V(f) = c_+^2 (\mathrm{e}^2 - 1) + c_-^2 (1 - \mathrm{e}^{-2})$$

により与えられる．ただし

$$c_+ = (-a\mathrm{e}^{-1} + b)/(\mathrm{e} - \mathrm{e}^{-1}), \quad c_- = (a\mathrm{e} - b)/(\mathrm{e} - \mathrm{e}^{-1}).$$

3.4 関数空間

$a = b = 0$ でない限り $\min V(f) > 0$. つまり，汎関数 $V(f)$ は，$f(x)$ の境界値にセンシティヴである．$V(f) = \|f\|_{H^1}^2$ であることに気づいた読者は，L^2 空間の位相と H^1 空間の位相の違いがわかったはずだ．ソボレフ空間 H^1 の位相においては境界値が意味をもつ．

このことを一般化するために次のような定式化をおこなう．

$H^k(\Omega)$ は $C^k(\Omega)$ をノルム (3.225) に関して完備化したバナッハ空間であった．$C^k(\Omega)$ の代わりに $C_0^k(\Omega)$ をとって，これを同じノルムについて完備化したものを $H_0^k(\Omega)$ と書こう．ただし，$\Omega \subset \mathbb{R}^n$ は，十分滑らかな境界 $\partial\Omega$ をもつ領域とする．$C_0^k(\Omega)$ の元は，k 階の導関数まで含めて $\partial\Omega$ 上で 0 であるから，$C_0^k(\Omega) \subset C^k(\Omega)$ であり，この包含は稠密でない．したがって，$H_0^k(\Omega) \subset H^k(\Omega)$ であること，$H_0^k(\Omega)$ の元には境界条件がついていることが予測される．

$H^k(\Omega)$ の元を特徴づけるために，(3.226) から (3.228) の計算をおこなって，その微分係数を観測した．この観測に用いた試験関数 φ は $C_0^\infty(\Omega)$ からもってきたので，境界値に関する情報が得られなかった．そこで，$C^\infty(\overline{\Omega})$（すなわち $\partial\Omega$ を含むように拡張した領域で C^∞ 級の関数を $\overline{\Omega}$ に制限したもの）から試験関数 ψ をもってくる．この場合，(3.226) から (3.227) にいたる部分積分において，境界値の項を考慮する必要がある．すなわち (3.227) の右辺に，形式的には

$$(-1)^{|\nu|+1} \lim_{\ell \to \infty} \int_{\partial\Omega} [D^\nu f_\ell(x)][D^\mu \psi(x)] \, \mathrm{d}^{n-1}x \tag{3.239}$$

なる形の項たちが現れる（$\mathrm{d}^{n-1}x$ は $\partial\Omega$ 上の面積分の測度）．ただし，ν, μ は α から部分積分を通じてできる多重指数であり，$|\nu + \mu| = |\alpha| - 1$ の関係を満たす．$f \in H_0^k(\Omega)$ のときには，これらの境界積分の項は，$f_\ell(x) \in C_0^k(\Omega)$ であるために，すべての f_ℓ に対して 0 である．したがって，$\ell \to \infty$ の極限でも 0 でなくてはならない．このことは

$$D^\nu f(x) = 0 \quad (x \in \partial\Omega, \; |\nu| \le k-1) \tag{3.240}$$

を意味する．すなわち，$f \in H_0^k(\Omega)$ は，境界上で f およびその $k-1$ 階までの微分 $(\boldsymbol{n} \cdot \nabla)^j f$（境界に対して法線方向の微分；$j = 1, \ldots, k-1$）が 0 となる関数である（接線方向の微分は境界上で $f(x) \equiv 0$ であることから 0 である）．したがって次の定義が成立する：

第3章　電磁気の解析学

定義3.19 （境界条件つきのソボレフ空間）　$C_0^k(\Omega)$ $(k \geq 1)$ をノルム $\|\cdot\|_{H^k}$ に関して完備化したバナッハ空間を $H_0^k(\Omega)$ と書く．これは $H^k(\Omega)$ の閉部分空間であり，その元 $f(x)$ は境界 $\partial\Omega$ において

$$(\boldsymbol{n} \cdot \nabla)^j f\big|_{\partial\Omega} = 0 \quad (j = 0, \ldots, k-1) \tag{3.241}$$

を満たす（ただし $(\boldsymbol{n} \cdot \nabla)^0 f = f$ とする）．内積 (3.229) を与えて $H_0^k(\Omega)$ はヒルベルト空間となる．

トレース

$H^k(\Omega)$ の元 f については，その $k-1$ 階微分までの導関数について「境界値」が定義可能だが，その意味は連続関数の境界値とは異なり超関数として定義されるものである．全空間 $\mathbb{R}^n$ で定義された $H^k(\mathbb{R}^n)$ について $\mathbb{R}^n$ の断面 $\Gamma_0 = \{(x^1, \ldots, x^n) \in \mathbb{R}^n;\ x^n = 0\}$ における「境界値」がどのように定義されるのかを説明しよう．$x^n = t \in \mathbb{R}$ と置き，$\mathbb{R}^n = \Gamma \times \{t\}$ と書く（$\Gamma = \mathbb{R}^{n-1}$）．$t$ をパラメタとする関数 $f(t) \in H^k(\Gamma)$ を考える．

$$L^2(\mathbb{R}; H^k(\Gamma)) = \left\{ f(t) \in H^k(\Gamma);\ \int_{-\infty}^{+\infty} \|f(t)\|_{H^k(\Gamma)}^2 \, dt < \infty \right\}$$

はベクトル空間 $H^k(\Gamma)$ に値をもつ $t \in \mathbb{R}$ の関数の L^2 空間という意味である．この記号を用いて

$$H^k(\mathbb{R}^n) = \{f;\ f \in L^2(\mathbb{R}; H^k(\Gamma)), \partial_t f \in L^2(\mathbb{R}; H^{k-1}(\Gamma)),$$
$$\ldots, \partial_t^k f \in L^2(\mathbb{R}; H^0(\Gamma))\} \tag{3.242}$$

と書くことができる．つまり，$t \in \mathbb{R}$ の L^2 関数として $\partial_t^j f$ $(j = 0, \ldots, k)$ は $H^{k-j}(\Gamma)$ に値をもつと考えることができる．

L^2 関数について特定の点 $t = 0$（すなわち境界 Γ_0）での「値」は定義できないのであった．したがって $\partial_t^j f$ の「境界値」が $H^{k-j}(\Gamma)$ の元として定まるなどということはできない．しかし (3.242) を見ると，導関数 $\partial_t^j f$ も L^2 関数だというのだから望みがもてる（導関数を含めたエネルギー (3.237) の議論を思い出そう）．ただし注意を要するのは，それぞれの微分階数 ∂_t^j に応じて導関数が異なる空間に属すということである．$\partial_t^j f \in H^{k-j}(\Gamma)$ と比べて $\partial_t^{j+1} f$ は 1 階だけ次数が低い $H^{k-j-1}(\Gamma)$ に属している．これは $\partial_t = \partial_{x^n}$ が 1 階分多く f

に作用しているためである．そこで $\partial_t^j f$ も $H^{k-j-1}(\Gamma)$ の元だと考えれば $\partial_t^j f$ は t の関数として「H^1 級」だということになり，$t = 0$ の値すなわち境界値 $\partial_t^j f\big|_{t=0}$ を求めることができる[32]．

以上の議論を一般化した次の「トレース定理」が知られている[33]．

$\boxed{\text{定理 3.20}}$（トレース定理）　$\Omega \subset \mathbb{R}^n$ は滑らかな境界 $\partial\Omega$ をもつとする．

(1)（トレース作用素）$H^m(\Omega)$（ただし $m \geq 1$）から $L^2(\partial\Omega)$ の中への連続線形作用素 $\gamma_0, \ldots, \gamma_{m-1}$ で，$u \in C^m(\overline{\Omega})$ に対して

$$\gamma_0 u = u\big|_{\partial\Omega},$$
$$\gamma_j u = (\boldsymbol{n} \cdot \nabla)^j u\big|_{\partial\Omega} \quad (j = 1, 2, \ldots, m-1)$$

を満たすものが存在する．γ_j の値域は $H^{m-j-1/2}(\partial\Omega)$ の全体である（$0 \leq j \leq m-1$）．非整数次数のソボレフ空間については (3.234) 参照．

(2)（$H_0^m(\Omega)$ の特徴づけ）γ_j の核 (kernel) を $\mathrm{Ker}(\gamma_j)$ と表す（すなわち，$u \in \mathrm{Ker}(\gamma_j) \Leftrightarrow \gamma_j u = 0$）．この記号を用いると，

$$H_0^m(\Omega) = \mathrm{Ker}(\gamma_0 \times \gamma_1 \times \cdots \times \gamma_{m-1})$$

と書くことができる．

(3)（一般化されたガウスの公式）$\partial\Omega$ 上の L^2 関数の空間を $L^2(\partial\Omega)$，その内積を

$$\langle \phi, \psi \rangle = \int_{\partial\Omega} \phi \cdot \psi \, \mathrm{d}^{n-1}x \quad (\phi, \psi \in L^2(\partial\Omega))$$

と書くことにする．$u, v \in H^2(\Omega)$ に対して，

$$(\nabla u, \nabla v)_{L^2} = (-\Delta u, v)_{L^2} + \langle \gamma_1 u, \gamma_0 v \rangle \tag{3.243}$$

が成り立つ．さらに一般化して，$u \in H^1(\Omega)$ かつ $\Delta u \in L^2(\Omega)$ であるとき，$\gamma_1 u \in H^{-1/2}(\partial\Omega)$（$H^{1/2}(\partial\Omega)$ の共役空間）として定義し，$\langle \cdot, \cdot \rangle$ は $H^{-1/2}(\partial\Omega)$ と $H^{1/2}(\partial\Omega)$ の元の双線形形式と解釈することができる．

---

[32] より精密に評価すると $\partial_t^j f \in H^{k-j-1/2}(\Gamma)$ とすれば十分であることが示される（非整数次数のソボレフ空間については (3.235) で定義した）．

[33] 詳細は J. L. Lions and E. Magenes: *Non-Homogeneous Boundary Value Problems and Applications*, Vol. I, Springer-Verlag, 1972 参照．

276　第3章　電磁気の解析学

3.4.4　ベクトル値関数の境界値

ベクトル場の理論では，ベクトル場を非圧縮なもの，非回転なもの，あるいは調和ベクトル場というようにカテゴリーに分けて考えることが多い．その場合にスカラー場の理論にはない面白い数学的構造が現れる．次項で議論するベクトル場の「分類学」の準備として，ここではベクトル値の境界値とは何かを考え，L^2 関数に拡張されたストークスの定理を準備する．

ベクトル値関数の L^2 空間

関数空間の理論（とくに境界値問題との関連）において，スカラー場とベクトル場の違いに関して気をつけなくてはならないことのポイントを再びエネルギー（L^2 ノルム）の議論で説明しよう．

$\Omega \subset \mathbb{R}^3$ は滑らかな境界をもつ有界な領域とする．$\overline{\Omega}$ 上で定義された3次元実ベクトル場 $\boldsymbol{u}(\boldsymbol{x}) = (u_1(\boldsymbol{x}), u_2(\boldsymbol{x}), u_3(\boldsymbol{x}))^\mathrm{T}$ に対してエネルギー積分

$$W(\boldsymbol{u}) = \int_\Omega |\boldsymbol{u}(x)|^2 \, \mathrm{d}^3 x \tag{3.244}$$

の最小化問題を考える．ベクトルの各成分 u_j が独立に扱える場合には，直交座標表示で成分ごとに計算すればよい．各項の最小化は (3.236) の場合と本質的に同じである．したがって，どのような境界条件を課そうとも，$\inf W(\boldsymbol{u}) = 0$，最小化元は $\boldsymbol{u}(\boldsymbol{x}) = 0$ (a.e. $\boldsymbol{x} \in \Omega$) である．

しかし，例えば非圧縮条件

$$\nabla \cdot \boldsymbol{u} = 0 \tag{3.245}$$

を課すと，ベクトルの各成分を独立に扱うことはできない．この場合には，$\inf W(\boldsymbol{u}) > 0$ を与える0でない最小化元が現れる．スカラー関数の場合には，あり得ないことである．以下このことを直観的な計算で示そう．

$\Omega \subset \mathbb{R}^3$ は滑らかな境界 $\partial\Omega$ をもつ有界領域とする．$\overline{\Omega}$ 上で定義された滑らかなベクトル場 $\boldsymbol{u}$ が，非圧縮条件 (3.245) を満足すると仮定する．境界条件

$$\boldsymbol{n} \cdot \boldsymbol{u} = g(\boldsymbol{x}) \quad (\boldsymbol{x} \in \partial\Omega) \tag{3.246}$$

を課す．ただし，ストークス定理（ガウスの公式）により

$$\int_{\partial\Omega} \boldsymbol{n} \cdot \boldsymbol{u} \, \mathrm{d}^2 x = \int_\Omega \nabla \cdot \boldsymbol{u} \, \mathrm{d}^3 x = 0$$

3.4 関数空間

であるから，$\int_{\partial\Omega} g(x)\,\mathrm{d}^2 x = 0$ を要することを注意しておく．

もちろん $g \equiv 0$ であれば，$\boldsymbol{u} \equiv 0$ がエネルギー W の最小化元である．$g \not\equiv 0$ の場合にはどうであろうか？

非圧縮条件 (3.245) をうまく計算にとり入れるための方法は，ベクトルポテンシャル $\boldsymbol{A}$ を用いて $\boldsymbol{u} = \nabla \times \boldsymbol{A}$ と表示することである．3.1.1 項で述べたように，一般の領域 Ω において，任意の非圧縮ベクトル場が，このように表されるとは限らない．この問題は 3.4.5 項で詳しく議論するが，ここでは一般論が目的ではないので，簡単のために Ω は球であるとしよう．この場合，任意の滑らかな非圧縮ベクトル場に対してベクトルポテンシャルが存在する（定理 2.39）．

境界条件 (3.246) は，ベクトルポテンシャル $\boldsymbol{A}$ の境界値を束縛する．$\boldsymbol{u}$ の摂動（変分を計算するため）を $\epsilon\tilde{\boldsymbol{u}}$ と表そう．$\nabla \cdot \boldsymbol{u}$ は非圧縮条件 (3.245) によって，また $\boldsymbol{n} \cdot \boldsymbol{u}$ は境界条件 (3.246) によって束縛されているので，摂動に対して $\nabla \cdot \tilde{\boldsymbol{u}} = 0$，$\boldsymbol{n} \cdot \tilde{\boldsymbol{u}} = 0$ を要する．$\tilde{\boldsymbol{u}}$ のベクトルポテンシャルを $\tilde{\boldsymbol{A}}$ と表そう．境界条件は

$$\boldsymbol{n} \cdot (\nabla \times \tilde{\boldsymbol{A}}) = 0 \quad (\text{on } \partial\Omega) \tag{3.247}$$

と表される．このことから，境界上で，$\tilde{\boldsymbol{A}}$ の接線成分（$\tilde{\boldsymbol{A}}_t$ と書く）は，あるスカラー関数の勾配として表されることが次のようにして示される．

境界 $\partial\Omega$ の一部をなす単連結曲面 S を考える．S の境界を ∂S，その単位接線ベクトルを $\boldsymbol{t}$ と表そう．(3.247) とストークス定理を用いると

$$0 = \int_S \boldsymbol{n} \cdot (\nabla \times \tilde{\boldsymbol{A}})\,\mathrm{d}^2 x = \oint_{\partial S} \boldsymbol{t} \cdot \tilde{\boldsymbol{A}}_t\,\mathrm{d}^1 x.$$

ここで S は任意にとれる．したがって，$\tilde{\boldsymbol{A}}_t$ は，あらゆる閉ループ ∂S に沿って周回積分したとき 0 になるベクトルである．これは $\tilde{\boldsymbol{A}}_t$ が，ある 1 価関数の勾配ベクトルであることを意味する．すなわち，$\tilde{\boldsymbol{A}}_t = \nabla\phi$ $(\exists\phi)$．さらにこれを

$$\tilde{\boldsymbol{A}}_t = 0 \quad (\text{on } \partial\Omega) \tag{3.248}$$

と制限してもかまわない．なぜなら，$\partial\Omega$ 上の関数 ϕ を適当に Ω 内へ拡張して $\check{\phi}$ とし，$\tilde{\boldsymbol{A}}' = \tilde{\boldsymbol{A}} - \nabla\check{\phi}$ と置くと，$\nabla \times \tilde{\boldsymbol{A}}' = \nabla \times \tilde{\boldsymbol{A}} \ (= \tilde{\boldsymbol{u}})$，かつ $\boldsymbol{n} \times \tilde{\boldsymbol{A}}' = 0$ とできるからだ．

$W(\boldsymbol{u})$ の変分は，(3.248) に注意して計算すると（ϵ の 1 次まで書く）

$$\delta W(\boldsymbol{u}) = 2\epsilon \int_\Omega \boldsymbol{u} \cdot \nabla \times \tilde{\boldsymbol{A}}\,\mathrm{d}^3 x = 2\epsilon \int_\Omega \nabla \times \boldsymbol{u} \cdot \tilde{\boldsymbol{A}}\,\mathrm{d}^3 x. \tag{3.249}$$

したがって，この変分問題のオイラー・ラグランジュ方程式は $\nabla \times \boldsymbol{u} = 0$ である．非圧縮性条件 $\nabla \cdot \boldsymbol{u} = 0$ とあわせて，エネルギー最小の非圧縮ベクトル場は

$$\nabla \times \boldsymbol{u} = 0, \quad \nabla \cdot \boldsymbol{u} = 0 \tag{3.250}$$

を満たす調和ベクトル場となる．

非同次の境界条件 (3.246) のもとで，調和ベクトル場は 0 でない．実際，(3.250), (3.246) を解いてみよう．$\nabla \times \boldsymbol{u} = 0$ により，$\boldsymbol{u} = \nabla \phi$ と置くことができる（定理 2.39）．$\nabla \cdot \boldsymbol{u} = 0$ と (3.246) にこれを代入して，**ノイマン (Neumann) 型の境界条件**が与えられたラプラス方程式（3.2 節参照）に帰着される：

$$\Delta \phi = 0 \quad (\text{in } \Omega), \quad \boldsymbol{n} \cdot \nabla \phi = g \quad (\text{on } \partial\Omega).$$

これを解いて，境界条件 (3.246) に支配される非自明な最小化元 $\boldsymbol{u} = \nabla \phi$ が得られる．非圧縮ベクトル場については，L^2 の位相でも法線方向の境界条件が効いているのである．

ベクトル場のトレース，拡張されたストークスの定理

これまでの議論で明らかになったように，滑らかでない関数を扱う関数解析の理論では，境界値を考える場合に特別な注意が必要になる．ガウスの公式とストークスの公式を関数空間論の枠組みで再検討する．

$\boxed{\text{定理 3.21}}$（拡張されたガウスの公式）　Ω $(\subset \mathbb{R}^n)$ は C^2 級の境界 $\partial\Omega$ をもつ有界領域とする．

$$E(\Omega) = \{\boldsymbol{u} \in L^2(\Omega); \ \nabla \cdot \boldsymbol{u} \in L^2(\Omega)\}$$

と定義する．$\boldsymbol{u} \in C^\infty(\overline{\Omega})$ に対して，境界 $\partial\Omega$ 上で

$$\gamma_n \boldsymbol{u} = \boldsymbol{n} \cdot \boldsymbol{u} \tag{3.251}$$

を満たすトレース作用素 γ_n を，$E(\Omega) \to H^{-1/2}(\partial\Omega)$ の連続線形作用素として定義できる[34]．また，任意の $\boldsymbol{u} \in E(\Omega)$, $f \in H^1(\Omega)$ について拡張されたガウ

---

[34] 定理 3.20 でも現れた $H^{-1/2}(\partial\Omega)$ は $H^{1/2}(\partial\Omega)$ の共役空間という意味である．ここで L^2 級のベクトル場 $\boldsymbol{u}$ について，法線成分のトレース作用素が負の次数をもつソボレフ空間 $H^{-1/2}(\partial\Omega)$ への連続作用素として定義できるのは，$\nabla \cdot \boldsymbol{u} \in L^2(\Omega)$ と制限しているためであることに注意しよう．

3.4 関数空間

スの公式（ストークスの定理）[35]

$$(\boldsymbol{u}, \nabla f) + (\nabla \cdot \boldsymbol{u}, f) = \langle \gamma_n \boldsymbol{u}, \gamma_0 f \rangle \tag{3.252}$$

が成り立つ．ただし，$L^2(\Omega)$ の内積を $(\cdot, \cdot)$，$L^2(\partial\Omega)$ の内積を $\langle \cdot, \cdot \rangle$ と書いた．

証明 概要を示す[36]．$\varphi \in H^{1/2}(\partial\Omega)$ とする．境界値 φ を Ω 内の関数 f へ拡張することを考える．トレースの逆写像 ℓ_Ω（$\gamma_0 \cdot \ell_\Omega = I$）で $H^{1/2}(\partial\Omega)$ から $H^1(\Omega)$ への連続線形写像となるものが存在する．$f = \ell_\Omega \varphi$ と置き，$\boldsymbol{u} \in E(\Omega)$ に対して

$$\mathcal{F}(\boldsymbol{u}; \varphi) = (\boldsymbol{u}, \nabla f) + (\nabla \cdot \boldsymbol{u}, f) \tag{3.253}$$

と定義する．$\boldsymbol{u} \in E(\Omega)$ を固定すると，$\mathcal{F}(\boldsymbol{u}; \varphi)$ は $H^{1/2}(\partial\Omega)$ 上の連続線形汎関数である．したがって $\psi \in H^{-1/2}(\partial\Omega)$ を用いて

$$\mathcal{F}(\boldsymbol{u}; \varphi) = \langle \psi, \varphi \rangle$$

と表すことができる．次に，$\mathcal{F}(\boldsymbol{u}; \varphi)$ を $\boldsymbol{u} \in E(\Omega)$ の関数と考えて，$\psi(\boldsymbol{u}) = \gamma_n \boldsymbol{u}$ と書く．γ_n は $E(\Omega)$ から $H^{-1/2}(\partial\Omega)$ への連続線形写像である．滑らかな $\boldsymbol{u}, f$ に関しては古典的なガウスの公式 (1.20) が成り立ち，$\gamma_n \boldsymbol{u} = \boldsymbol{n} \cdot \boldsymbol{u}$ とすれば (3.252) に矛盾しない．$\gamma_0 f$ は $H^{1/2}(\partial\Omega)$ で稠密にとれるので，(3.251) を得る．最後に (3.253) で，f は $\gamma_0 f = \varphi$ を満たす一般の $H^1(\Omega)$ 関数とする．$\mathcal{F}(\boldsymbol{u}; \varphi)$ の値は f のとり方に依存しないことが示される．よって (3.252) を得る．$\qquad \square$

　ここで $\gamma_n \boldsymbol{u}$ は一般化された意味での境界値の法線成分である．非圧縮性の条件 $\nabla \cdot \boldsymbol{u} = 0$ を $L^2(\Omega)$ の位相で保証すると，$\boldsymbol{u} \in E(\Omega)$ である．したがって，非圧縮ベクトル場については，L^2 の位相で境界値の法線成分が意味をもつ．このことは，前項で計算したエネルギー（L^2 ノルム）の変分原理で境界値の法線成分が最小化元を決定したことと符合する．他方，接線方向への写像は L^2 の位相では不連続である．

　上記の定理は，div が $L^2(\Omega)$ で定義される場合の結果であるが，今度は curl が $L^2(\Omega)$ で定義できると仮定すると，接線成分の境界値が定義できるように

---

[35] 「拡張された」というのは，微分を超関数の意味でとり，境界値をトレース作用素によって定義するという意味である．

[36] 詳しくは R. Temam: *Navier-Stokes Equations*, North-Holland, 1984, Chap. 1 参照．

なる．すなわち，ストークスの公式 (1.22) を拡張した次の定理が同様の議論によって導かれる．

定理 3.22 （拡張されたストークスの公式）Ω ($\subset \mathbb{R}^3$) は C^2 級の境界 $\partial\Omega$ をもつ有界領域とし，

$$G(\Omega) = \{\boldsymbol{u} \in L^2(\Omega); \nabla \times \boldsymbol{u} \in L^2(\Omega)\}$$

と定義する．$\boldsymbol{u} \in C^\infty(\overline{\Omega})$ に対して，境界 $\partial\Omega$ 上で

$$\gamma_t \boldsymbol{u} = \boldsymbol{n} \times \boldsymbol{u} \tag{3.254}$$

を満たすトレース作用素 γ_t を，$G(\Omega) \to H^{-1/2}(\partial\Omega)$ の連続線形作用素として定義できる．また，任意の $\boldsymbol{u} \in G(\Omega)$, $\boldsymbol{v} \in H^1(\Omega)$ について

$$-(\boldsymbol{u}, \nabla \times \boldsymbol{v}) + (\nabla \times \boldsymbol{u}, \boldsymbol{v}) = \langle \gamma_t \boldsymbol{u}, \gamma_0 \boldsymbol{v} \rangle \tag{3.255}$$

が成り立つ．

　この定理によると，渦なし ($\nabla \times \boldsymbol{u} = 0$) 条件が L^2 の位相で課されたベクトル場は，接線成分のトレースが L^2 の位相で意味をもつ．

　これらの理論は定理 3.7 で述べた電磁場の境界条件を L^2 空間の位相で正当化する．以下，便利のために

$$\begin{cases} \gamma_n = \boldsymbol{n}\cdot \\ \gamma_t = \boldsymbol{n}\times \end{cases}$$

と書いて，$\boldsymbol{n}$ をトレース作用素として解釈する．

3.4.5　ベクトル場の直和分解

　本項の目標は，ベクトル場をスカラーポテンシャルで表現されるもの，ベクトルポテンシャルで表現されるもの，そして調和ベクトル場に分類できること，そしてこれらの部分空間ですべてのベクトル場の L^2 空間が「直和分解」されることを示すことである．物理的に言うと，任意のベクトル場が非圧縮成分，非回転成分と調和成分（真空成分；2.4.5 項参照）に一意的に分解できることを意味する．この理論の有用性は 3.1 節の議論からも明らかであろう．

3.4 関数空間

以下，空間次元は 3 とする．$\Omega \subset \mathbb{R}^3$ は有界な領域とし，一般に多重連結の領域を考える．領域のトポロジー（連結性）が重要な役割を演じる．Ω の境界 $\partial\Omega$ は滑らか（C^2 級）であり，縁がない連結曲面に分解されて $\partial\Omega = \partial\Omega_1 \cup \cdots \cup \partial\Omega_m$ ($1 \leq m < \infty$) と書けるとする．滑らかな曲面 $\Sigma_1, \ldots, \Sigma_\nu$ ($\Sigma_j \cap \Sigma_k = \emptyset; j \neq k$) を用いて Ω のハンドルを切断し，

$$\check{\Omega} = \Omega \setminus \left(\bigcup_{i=1}^{\nu} \Sigma_i \right) \tag{3.256}$$

が単連結になるようにする（ν は Ω の第 1 ベッティ数である；補足 2.41 参照）．例えば図 2.9 のごとく切断すればよい．Σ_j の両面を Σ_j^+, Σ_j^- と表す．Σ_j 上の単位法線ベクトル $\boldsymbol{n}$ は Σ_j^+ では面を出る向き，Σ_j^- では面に入る向きとする．

ベクトル場の関数空間 $L^2(\Omega)$ を次の定理によって直和分解する．それぞれの部分空間は，スカラーポテンシャルあるいはベクトルポテンシャルによって表現されるベクトル場の全体集合を与える．

| 定理 3.23 | （直和分解） Ω 上の 3 次元ベクトル場の空間 $L^2(\Omega)$ について，その部分空間

$$L_\Sigma^2(\Omega) = \{\nabla \times \boldsymbol{w};\ \boldsymbol{w} \in H^1(\Omega),\ \nabla \cdot \boldsymbol{w} = 0,\ \boldsymbol{n} \times \boldsymbol{w} = 0\},$$
$$L_H^2(\Omega) = \{\boldsymbol{h} \in L^2(\Omega);\ \nabla \cdot \boldsymbol{h} = 0,\ \nabla \times \boldsymbol{h} = 0,\ \boldsymbol{n} \cdot \boldsymbol{h} = 0\},$$
$$L_G^2(\Omega) = \{\nabla \phi;\ \phi \in H^1(\Omega),\ \Delta\phi = 0\},$$
$$L_F^2(\Omega) = \{\nabla \psi;\ \psi \in H_0^1(\Omega)\}$$

を考える[37]．

(1) これらの部分空間によって，

$$L^2(\Omega) = L_\Sigma^2(\Omega) \oplus L_H^2(\Omega) \oplus L_G^2(\Omega) \oplus L_F^2(\Omega)$$

と直和分解される．

---

[37] $L_\Sigma^2(\Omega)$ の定義において，条件 $\nabla \cdot \boldsymbol{w} = 0$ は，ベクトルポテンシャル $\boldsymbol{w}$ のゲージを規定することを意味する．このクーロンゲージに限らず，ほかの適当な条件に置き換えてもよい．

282 第3章　電磁気の解析学

表3.1　3次元ベクトル場の空間 $L^2(\Omega)$ の直和分解.

部分空間	ベクトル場の表現	$\nabla \cdot \boldsymbol{u}$	$\nabla \times \boldsymbol{u}$	$\boldsymbol{n} \cdot \boldsymbol{u}$	流束
$L^2_\Sigma(\Omega)$	$\boldsymbol{u} = \nabla \times \boldsymbol{w}\ [\boldsymbol{n} \times \boldsymbol{w} = 0 \text{ on } \partial\Omega]$	0	有限	0	0
$L^2_H(\Omega)$	$\boldsymbol{u} = $ harmonic field	0	0	0	有限
$L^2_G(\Omega)$	$\boldsymbol{u} = \nabla\phi\ [\Delta\phi = 0 \text{ in } \Omega]$	0	0	有限	有限
$L^2_F(\Omega)$	$\boldsymbol{u} = \nabla\phi\ [\phi = 0 \text{ on } \partial\Omega]$	有限	0	有限	有限

(2)　切断面 Σ_j に対する流束 (flux) を

$$\Phi_j(\boldsymbol{u}) = \int_{\Sigma_j} \boldsymbol{n} \cdot \boldsymbol{u}\, \mathrm{d}^2 x \quad (j = 1, \ldots, \nu)$$

と定義する．これを用いて

$$L^2_S(\Omega) = \{\boldsymbol{u} \in L^2(\Omega);\ \nabla \cdot \boldsymbol{u} = 0,\ \boldsymbol{n} \cdot \boldsymbol{u} = 0,\ \Phi_j(\boldsymbol{u}) = 0\ (j = 1, \ldots, \nu)\}$$

と置くと，$L^2_\Sigma(\Omega) = L^2_S(\Omega)$ である．

$\boxed{\text{系 3.24}}$　定義から明らかに

$$\mathrm{Ker}(\mathrm{div}) = L^2_\Sigma(\Omega) \oplus L^2_H(\Omega) \oplus L^2_G(\Omega),$$

$$\mathrm{Ker}(\mathrm{curl}) = L^2_H(\Omega) \oplus L^2_G(\Omega) \oplus L^2_F(\Omega)$$

が成り立つ．$L^2(\Omega)$ を直和分解する部分空間を整理して表3.1に示す．

$\boxed{\text{系 3.25}}$　ベクトル場 $\boldsymbol{u} \in L^2(\Omega)$ は

$$\boldsymbol{u} = \nabla \times \boldsymbol{w} + \boldsymbol{h} + \nabla\phi, \tag{3.257}$$

$$(\nabla \times \boldsymbol{w} \in L^2_\Sigma(\Omega),\ \boldsymbol{h} \in L^2_H(\Omega),\ \nabla\phi \in L^2_G(\Omega) \oplus L^2_F(\Omega))$$

の形に直和分解される[38]．

---

[38] ポアンカレの補題（定理2.39）を一般化した表現である．ここでは，境界条件が与えられ，さらに領域 Ω に任意のトポロジーが許されている．その代わりに，多重連結領域を考える場合は調和ベクトル場 $\boldsymbol{h}$ を付加する．これをスカラーポテンシャルの勾配で表すと，多価関数になる．K. O. Friedrichs: Differential Forms on Riemannian Maniforlds, *Comm. Pure Appl. Math.* **VIII** (1955), 551–590 参照.

3.4 関数空間

ここでは証明の主要な部分について概要を述べる[39]. 滑らかな非圧縮ベクトル場の空間

$$\mathscr{D}_\sigma(\Omega) = \{ \boldsymbol{u} \in C_0^\infty(\Omega);\ \nabla \cdot \boldsymbol{u} = 0 \}$$

を定義しておく.

補題 3.26 ベクトル場 $\boldsymbol{f} \in L^2(\Omega)$ が, あるスカラーポテンシャル $\phi \in H^1(\Omega)$ を用いて $\boldsymbol{f} = \nabla\phi$ と表されるための必要十分条件は

$$(\boldsymbol{f}, \boldsymbol{u}) = 0 \quad (\forall \boldsymbol{u} \in \mathscr{D}_\sigma(\Omega)) \tag{3.258}$$

である.

証明 必要条件であることは自明である. 一般に線形作用素 $\mathscr{A}$ とその共役作用素 $\mathscr{A}^*$ に対して, $\mathrm{Ker}(\mathscr{A})^\perp = \overline{\mathrm{R}(\mathscr{A}^*)}$ が成り立つ (検証せよ). $\mathscr{A}\boldsymbol{u} = \nabla \cdot \boldsymbol{u}$, $\mathrm{D}(\mathscr{A}) = H_0^1(\Omega)$ とすると, $\mathscr{A}^*\phi = -\nabla\phi$ であり, $\mathscr{A}^* : L^2(\Omega) \to H^{-1}(\Omega)$, $\mathrm{R}(\mathscr{A}^*)$ は $H^{-1}(\Omega)$ の閉部分空間であることが示される. $\mathscr{D}_\sigma(\Omega)$ は $\mathrm{Ker}(\mathscr{A})$ に稠密に含まれるので, (3.258) を満たす $\boldsymbol{f}$ は $\mathrm{R}(\mathscr{A}^*)$ に属する. よって, $\phi \in L^2(\Omega)$ が存在して, $\boldsymbol{f} = \nabla\phi$. $\boldsymbol{f} \in L^2(\Omega)$ であるときは $\phi \in H^1(\Omega)$[40]. $\square$

補題 3.27 (ワイル (Weyl) 分解) $\mathscr{D}_\sigma(\Omega)$ の $L^2(\Omega)$ における閉包を $L_\sigma^2(\Omega)$ と書く. このとき

$$L^2(\Omega) = L_\sigma^2(\Omega) \oplus \{ \nabla\phi;\ \phi \in H^1(\Omega) \}, \tag{3.259}$$

$$L_\sigma^2(\Omega) = \{ \boldsymbol{u} \in L^2(\Omega);\ \nabla \cdot \boldsymbol{u} = 0,\ \boldsymbol{n} \cdot \boldsymbol{u} = 0 \} \tag{3.260}$$

が成り立つ.

証明 $G = \{ \nabla\phi;\ \phi \in H^1(\Omega) \}$ と置く. まず, $\boldsymbol{f} \in L^2(\Omega)$ がすべての $\boldsymbol{u} \in \mathscr{D}_\sigma(\Omega)$ に直交すると仮定しよう. すなわち $(\boldsymbol{f}, \boldsymbol{u}) = 0$ $(\forall \boldsymbol{u} \in \mathscr{D}_\sigma(\Omega))$. 補題 3.26 より, $\boldsymbol{f} = \nabla\phi$ $(\exists \phi \in H^1(\Omega))$. よって $\boldsymbol{f} \in G$, すなわち $L_\sigma^2(\Omega)$ の直交補空間は G に含まれる. 逆に $\boldsymbol{g} = \nabla\phi \in G$ とすると

$$(\boldsymbol{g}, \boldsymbol{u}) = (\nabla\phi, \boldsymbol{u}) = -(\phi, \nabla \cdot \boldsymbol{u}) = 0, \quad \forall \boldsymbol{u} \in \mathscr{D}_\sigma(\Omega).$$

---

[39] 詳細は例えば R. Temam: *Navier-Stokes Equations*, North-Holland, 1984 を参照.

[40] これよりも強い結果が知られており, (3.258) を満たす超関数 $\boldsymbol{f}$ $(\in \mathcal{D}'(\Omega))$ に対して, $\phi \in \mathcal{D}'(\Omega)$ が存在する [G. De Rham: *Variétés Différentiables*, Hermann, Paris, 1960, p. 114].

284 　第 3 章　電磁気の解析学

したがって，G は $L^2_\sigma(\Omega)$ の直交補空間に含まれる．よって (3.259) を得る．

次に (3.260) を証明しよう．

$$X = \{\boldsymbol{u} \in L^2(\Omega);\ \nabla \cdot \boldsymbol{u} = 0,\ \boldsymbol{n} \cdot \boldsymbol{u} = 0\}$$

と書き，まず $L^2_\sigma(\Omega) \subseteq X$ を示そう．$\boldsymbol{u} \in L^2_\sigma(\Omega)$ に対して，その近似列 $\{\boldsymbol{u}_m \in \mathscr{D}_\sigma\}$ を考える．$L^2(\Omega)$ で $\lim \boldsymbol{u}_m = \boldsymbol{u}$ とする．超関数の意味の微分は連続作用素であるから，$\nabla \cdot \boldsymbol{u}_m = 0$ より $\nabla \cdot \boldsymbol{u} = 0$ が得られる．また，$\boldsymbol{u} \in E(\Omega)$ であるから，定理 3.21 より，$E(\Omega)$ で連続なトレース $\boldsymbol{n}\cdot$ が存在する．$\boldsymbol{n} \cdot \boldsymbol{u}_m = 0$ より $\boldsymbol{n} \cdot \boldsymbol{u} = 0$ が従う．よって $L^2_\sigma(\Omega) \subseteq X$．

最後に，$L^2_\sigma(\Omega)$ が X の全体を与えることを示す．$X = L^2_\sigma(\Omega) \oplus Y$ と置き，$Y = \{0\}$ を示せばよい．$\boldsymbol{g} \in Y$ としよう．(3.259) より $\boldsymbol{g} = \nabla\phi$（$\exists \phi \in H^1(\Omega)$；一価関数）．また $\boldsymbol{g} \in X$ より

$$\Delta\phi = 0 \quad (\text{in } \Omega), \quad \boldsymbol{n} \cdot \nabla\phi = 0 \quad (\text{on } \partial\Omega)$$

を得る．この解は一意的に $\phi = c$（定数）．よって $\boldsymbol{g} = 0$． □

$L^2_\sigma(\Omega)$ は境界上で法線成分が 0 となる非圧縮ベクトル場の空間である．非圧縮ベクトル場については，$L^2(\Omega)$ の位相で境界値の法線成分のみが意味をもつ（定理 3.21 参照）．$L^2_\sigma(\Omega)$ をさらに分解する．

補題 3.28（ホッジ・小平 (Hodge-Kodaira) 分解）　調和ベクトル場の空間 $L^2_H(\Omega)$ に関して以下の関係が成り立つ：

(1)　$L^2_H(\Omega)$ の次元は $\nu = b_1(\Omega)$（第 1 ベッティ数）である．

(2)　$L^2_\sigma(\Omega) = L^2_\Sigma(\Omega) \oplus L^2_H(\Omega)$．

(3)　$L^2_\Sigma(\Omega) = L^2_S(\Omega)$．

証明　(1) $L^2_H(\Omega)$ の元をエネルギーの変分原理によって構成しよう．(3.256) のように Ω を切断して単連結の領域 $\tilde{\Omega}$ を導入する．$\tilde{\Omega}$ 上で $\boldsymbol{u} = \nabla\phi$ と表されるベクトル場を考える．エネルギー積分（(3.244) 参照）

$$F(\phi) = \frac{1}{2} \int_{\tilde{\Omega}} |\nabla\phi(x)|^2\, \mathrm{d}^3 x$$

の最小化元を，ここでは流束を束縛条件として探す．境界 $\partial\Omega$ 上で $\boldsymbol{n} \cdot \boldsymbol{u} = \boldsymbol{n} \cdot \nabla\phi = 0$ とする．各切断面 Σ_j について，流束を

$$\int_{\Sigma_j} \boldsymbol{n} \cdot \nabla \phi \, \mathrm{d}^2 x = \Phi_j \quad (j = 1, \dots, \nu) \tag{3.261}$$

と規定する．これを Σ_j に関する「流束条件」と呼ぼう．以下，$\Phi_j = \delta_{j,k}$ $(k = 1, \dots, \nu)$ としたとき，ν 個の互いに直交する 0 でない最小化元が得られることを示す．

流束条件 (3.261) は，ϕ のジャンプ $[\phi]_j$ を束縛することによって変分原理に反映できる．ここで，切断面 Σ_j におけるジャンプとは

$$[\phi]_j = \phi\big|_{\Sigma_j^+} - \phi\big|_{\Sigma_j^-}$$

と定義される．次に示すように，$[\phi]_j$ は Σ_j 上で定数でなくてはならない．Σ_j を断面とするハンドルを周回する二つのループ $\Gamma_1, \Gamma_2 \subset \Omega$ を考えよう．Γ_1 と Σ_j の交点を p_1，Γ_2 と Σ_j の交点を $p_2 \, (\neq p_1)$ とする．$\boldsymbol{u} = \nabla \phi \in L_H^2(\Omega)$ を Σ_j^- 側から Σ_j^+ 側へ向けて Γ_1 に沿って線積分すると $\int_{\Gamma_1} \nabla \phi \, \mathrm{d}x = [\phi]_j(p_1)$ を得る．次に Γ_2 に沿って逆向きに線積分すると $\int_{-\Gamma_2} \nabla \phi \, \mathrm{d}x = -[\phi]_j(p_2)$．$\Gamma_1 \cup -\Gamma_2$ を境界とするレーストラック状の曲面を $D \subset \Omega$ とし，D 上の単位法線ベクトルを $\boldsymbol{n}$ とする．ストークスの定理により，$\int_{\Gamma_1 - \Gamma_2} \nabla \phi \, \mathrm{d}x = \int_D \nabla \times (\nabla \phi) \cdot \boldsymbol{n} \, \mathrm{d}^2 x = 0$. したがって，$[\phi]_j(p_1) = [\phi]_j(p_2)$.

変分を計算するために，ϕ に摂動 $\tilde{\phi}$ を加える．$[\tilde{\phi}]_j = 0$ を要する．変分を計算すると

$$\delta \tilde{F}(\phi) = \int_{\tilde{\Omega}} \nabla \phi \cdot \nabla \tilde{\phi} \, \mathrm{d}^3 x$$

$$= \int_{\tilde{\Omega}} (-\Delta \phi) \tilde{\phi} \, \mathrm{d}^3 x + \sum_{j=1}^{\nu} \left[\int_{\Sigma_j^+} (\boldsymbol{n} \cdot \nabla \phi) \tilde{\phi} \, \mathrm{d}^2 x - \int_{\Sigma_j^-} (\boldsymbol{n} \cdot \nabla \phi) \tilde{\phi} \, \mathrm{d}^2 x \right].$$

$[\tilde{\phi}]_j = 0$ に注意すると，

$$\int_{\Sigma_j^+} (\boldsymbol{n} \cdot \nabla \phi) \tilde{\phi} \, \mathrm{d}^2 x - \int_{\Sigma_j^-} (\boldsymbol{n} \cdot \nabla \phi) \tilde{\phi} \, \mathrm{d}^2 x = \int_{\Sigma_j} [\boldsymbol{n} \cdot \nabla \phi]_j \tilde{\phi} \, \mathrm{d}^2 x \quad (j = 1, \dots, \nu)$$

を得る．したがって，オイラー・ラグランジュ方程式は

$$\begin{cases} \Delta \phi = 0 \quad (\text{in } \Omega), \\ \boldsymbol{n} \cdot \nabla \phi = 0 \quad (\text{on } \partial \Omega), \\ [\phi]_j = c \, \delta_{j,k} \quad (c = \text{const.}, \ k = 1, \dots, \nu), \\ [\boldsymbol{n} \cdot \nabla \phi]_j = 0 \quad (j = 1, \dots, \nu) \end{cases} \tag{3.262}$$

となる．定数 c は $\Phi_k = 1$ となるように調整すればよい．(3.262) の解に対して $h_k = \nabla \phi_k$ と置けば，明らかに $L_H^2(\Omega)$ の元となる．定数 c（あるいは Φ_k）を調整して $\|h_k\| = 1$ となるように規格化する．直交性 $(h_j, h_k) = \delta_{j,k}$ が成り立つことは容易に検証できる．

(2) 次に $L_\sigma^2(\Omega) = L_\Sigma^2(\Omega) \oplus L_H^2(\Omega)$ を示そう．$h \in L_H^2(\Omega)$ がすべての $u \in L_\Sigma^2(\Omega)$ に直交することは明らかである．逆に $v \in L_\sigma^2(\Omega)$ がすべての $u = \nabla \times w \in L_\Sigma^2(\Omega)$ に直交すると仮定すると，

$$(v, u) = (v, \nabla \times w) = (\nabla \times v, w) = 0 \quad (\forall u \in L_\Sigma^2(\Omega)).$$

ここで w は $E(\Omega)$ において稠密にとれる．したがって $\nabla \times v = 0$．さらに $v \in L_\sigma^2(\Omega)$ により $\nabla \cdot v = 0$, $n \cdot v = 0$．したがって $v \in L_H^2(\Omega)$．以上より，$L_\sigma^2(\Omega) = L_\Sigma^2(\Omega) \oplus L_H^2(\Omega)$．

(3) 最後に $L_\Sigma^2(\Omega) = L_S^2(\Omega)$ を証明しよう．$L_S^2(\Omega) \supseteq L_\Sigma^2(\Omega)$ は明らか．$L_S^2(\Omega) = L_\Sigma^2(\Omega) \oplus V$ と仮定し，$f \in V$ としよう．

$$(f, u) = (f, \nabla \times w) = (\nabla \times f, w) = 0, \quad (\forall u \in L_\Sigma^2(\Omega)).$$

これから $\nabla \times f = 0$, $\nabla \cdot f = 0$, $n \cdot f = 0$, かつ f は流束=0 である．したがって $f = 0$．以上で定理 3.23 の主要な部分は証明された． $\square$

付　録

記号および公式集

A.1　記号に関する約束

一般的な約束

- ベクトルや座標など，複数の成分をもつ変数であることを強調するとき，太文字（ボールド体）で $\boldsymbol{u}$ や $\boldsymbol{x}$ などのように書く．ただし，ベクトルの表記は，場合によって，以下のようなバリエーションがある．

- 微分幾何の理論（主に第 2 章）では，接ベクトルや余接ベクトル，あるいは微分形式といった複数の成分をもつものが現れるが，普通はこれらを太字化しない．ただし，速度ベクトルや電磁場など固有の意味をもつベクトルと関連づけるときは太字で表現することがある．

- 座標やベクトル，テンソルの各成分にはインデックスをつけて x^j, u_j, T_{jk} などのように書く．

  - 反変成分には上つきインデックスを与えて x^j のように書く．
  - 共変成分には下つきインデックスを与えて x_j のように書く．
  - 時空の成分については x^μ, U_μ, $T^{\mu\nu}$ などのようにギリシャ文字を使う．
  - 空間成分だけを指すときにはローマ文字を用いて x^j, U_j, T_{jk} などのように書く．

- 座標やベクトル，テンソルを成分のまとまりとして表現するときは (x^j), (u_j), $(T^{\mu\nu})$ などのように書く．

固有の意味を与える文字

- 電磁気学

  E　電場　　　　　　　　　　　　B　磁場（磁束密度）

  ϕ　静電ポテンシャル　　　　　　A　ベクトルポテンシャル

  ρ　電荷密度　　　　　　　　　　J　電流

  μ_0　真空透磁率　　　　　　　　ϵ_0　真空誘電率

  c　光速 $(= 1/\sqrt{\epsilon_0\mu_0})$

- 一般物理

  m　粒子質量　　　　　　　　　　q　粒子電荷

  n　数密度

  ρ　電荷密度 $(= qn)$　　　　　　ρ_m　質量密度 $(= mn)$

  * ただし，n と m は静止系で計った値.

- 時空

  $\mathbb{R}^n$ にユークリッドノルムを与えたユークリッド空間を E と書く（次元 n を明示するときは E^n のように書く）．$\mathbb{R}^4$ にローレンツ計量を与えたミンコフスキー時空を M^4 と書く.

  $\eta_{\mu\nu}$　　　　　　　　　　　　　　ローレンツ計量

  $(x^\mu) = (ct, x, y, z)$　　　　　　4次元座標（反変成分）

  $(x_\mu) = (\eta_{\mu\nu}x^\nu) = (ct, -x, -y, -z)$　　4次元座標（共変成分）

  $\mathcal{U}^\mu = \mathrm{d}x^\mu/\mathrm{d}s = (\gamma, \gamma\boldsymbol{v})^{\mathrm{T}}$　　4元速度（反変成分）

  $\mathcal{A} = (\mathcal{A}_\mu) = (\phi/c, -\boldsymbol{A})^{\mathrm{T}}$　　4元ポテンシャル（共変成分）

  $\mathcal{J} = (\mathcal{J}_\mu) = (\gamma\rho c, -\gamma\boldsymbol{J})^{\mathrm{T}}$　　4元カレント（共変成分）

  * ただし $\mathrm{d}s = \sqrt{(c\,\mathrm{d}t)^2 - (\mathrm{d}x)^2 - (\mathrm{d}y)^2 - (\mathrm{d}z)^2}$,

  　　$\gamma = 1/\sqrt{1 - v^2/c^2}$ （ローレンツ因子）.

重複使用する記号

　本書は物理から数学にわたる広い分野を見渡しているために，記号の重複を完全に避けることができない．敢えて慣用を無視した記号を使うと他の文献を読むときに不便だと思うので，ここでは慣用を尊重して記号の重複を許すことにする．混乱を避けるために，主なものをまとめておく.

- ∂_x：偏微分作用素（1.3.3 項），∂：境界作用素（2.4.3 項）
- δ_{jk}：クロネッカーのデルタ（1.3.1 項），$\delta(x)$：デルタ関数（3.2.3 項），$\delta\omega$：

微分形式 ω の共役微分（2.4.4 項），δF：関数あるいは汎関数 F の変分（3.2.2 項）

- H^p：コホモロジー（2.4.6 項），H^s：ソボレフ空間（3.4.2 項）
- i_u：ベクトル u との内部積（2.3.2 項），i：包含写像（2.4.1 項）（i^*：トレース）

A.2　3次元ベクトルに関する公式

積の公式

a, b, c, d は3次元ベクトルとする.

(1)　$a \cdot b \times c = b \cdot c \times a = c \cdot a \times b = a \times b \cdot c = b \times c \cdot a = c \times a \cdot b$

(2)　$a \times (b \times c) = (a \cdot c)b - (a \cdot b)c, \quad (a \times b) \times c = (a \cdot c)b - (b \cdot c)a$

(3)　$a \times (b \times c) + b \times (c \times a) + c \times (a \times b) = 0$

(4)　$(a \times b) \cdot (c \times d) = (a \cdot c)(b \cdot d) - (a \cdot d)(b \cdot c)$

(5)　$(a \times b) \times (c \times d) = (a \times b \cdot d)c - (a \times b \cdot c)d$

基本微分作用素（外微分）

- デカルト座標 (x, y, z) における表現（表 1.1 参照）：

 (1)　勾配：∇f あるいは $\partial_x f$ あるいは $\mathrm{grad}\, f$ と書く.

$$\nabla f = \begin{pmatrix} \partial_x f \\ \partial_y f \\ \partial_z f \end{pmatrix}$$

 (2)　回転：$\nabla \times U$ あるいは $\mathrm{curl}\, U$ と書く.

$$\nabla \times U = \begin{pmatrix} \partial_y U^z - \partial_z U^y \\ \partial_z U^x - \partial_x U^z \\ \partial_x U^y - \partial_y U^x \end{pmatrix}$$

 (3)　発散：$\nabla \cdot W$ あるいは $\mathrm{div}\, W$ と書く.

$$\nabla \cdot W = \partial_x W^x + \partial_y W^y + \partial_z W^z$$

- 円柱座標 (r, ϕ, z) における表現：

  - 定義
$$
\begin{cases} x = r\cos\phi \\ y = r\sin\phi \\ z \end{cases}
\qquad
\begin{cases} r = \sqrt{x^2 + y^2} \\ \phi = \cos^{-1}(x/\sqrt{x^2 + y^2}) \\ z \end{cases}
$$

  - 基ベクトル
$$
\boldsymbol{\epsilon}_r = \begin{pmatrix} \dfrac{x}{r} \\ \dfrac{y}{r} \\ 0 \end{pmatrix}, \quad
\boldsymbol{\epsilon}_\phi = \begin{pmatrix} \dfrac{-y}{r} \\ \dfrac{x}{r} \\ 0 \end{pmatrix}, \quad
\boldsymbol{\epsilon}_z = \begin{pmatrix} 0 \\ 0 \\ 1 \end{pmatrix}.
$$

  - 微分作用素
$$
\nabla f = (\partial_r f)\boldsymbol{\epsilon}_r + \frac{1}{r}(\partial_\phi f)\boldsymbol{\epsilon}_\phi + (\partial_z f)\boldsymbol{\epsilon}_z
$$
$$
\nabla \times \boldsymbol{U} = \left[\frac{1}{r}\partial_\phi U^z - \partial_z U^\phi\right]\boldsymbol{\epsilon}_r
$$
$$
+ \left[\partial_z U^r - \partial_r U^z\right]\boldsymbol{\epsilon}_\phi + \left[\frac{1}{r}\partial_r(rU^\phi) - \frac{1}{r}\partial_\phi U^r\right]\boldsymbol{\epsilon}_z
$$
$$
\nabla \cdot \boldsymbol{W} = \frac{1}{r}\partial_r(rW^r) + \frac{1}{r}\partial_\phi W^\phi + \partial_z W^z
$$

$$
\Delta f = \frac{1}{r}\partial_r(r\partial_r f) + \frac{1}{r^2}\partial_\phi^2 f + \partial_z^2 f
$$
$$
\Delta \boldsymbol{U} = \left[\Delta U^r - \frac{U^r}{r^2} - \frac{2}{r^2}\partial_\phi U^\phi\right]\boldsymbol{\epsilon}_r
$$
$$
+ \left[\Delta U^\phi + \frac{2}{r^2}\partial_\phi U^r - \frac{U^\phi}{r^2}\right]\boldsymbol{\epsilon}_\phi + \left[\Delta U^z\right]\boldsymbol{\epsilon}_z
$$

- 球座標 (r, θ, ϕ) における表現（例 2.17，例 2.19，例 2.25 参照）：

  - 定義
$$
\begin{cases} x = r\sin\theta\cos\phi \\ y = r\sin\theta\sin\phi \\ z = r\cos\theta \end{cases}
\qquad
\begin{cases} r = \sqrt{x^2 + y^2 + z^2} \\ \theta = \cos^{-1}(z/\sqrt{x^2 + y^2 + z^2}) \\ \phi = \cos^{-1}(x/\sqrt{x^2 + y^2}) \end{cases}
$$

A.2 3次元ベクトルに関する公式

- 基ベクトル $(\rho = \sqrt{x^2 + y^2} = r \sin \theta)$

$$\epsilon_r = \begin{pmatrix} \dfrac{x}{r} \\ \dfrac{y}{r} \\ \dfrac{z}{r} \end{pmatrix}, \quad \epsilon_\theta = \begin{pmatrix} \dfrac{xz}{r\rho} \\ \dfrac{yz}{r\rho} \\ \dfrac{-\rho}{r} \end{pmatrix}, \quad \epsilon_\phi = \begin{pmatrix} \dfrac{-y}{\rho} \\ \dfrac{x}{\rho} \\ 0 \end{pmatrix}.$$

- 微分作用素

$$\nabla f = (\partial_r f)\epsilon_r + \frac{1}{r}(\partial_\theta f)\epsilon_\theta + \frac{1}{r\sin\theta}(\partial_\phi f)\epsilon_\phi$$

$$\nabla \times \boldsymbol{U} = \left[\frac{1}{r\sin\theta}\partial_\theta(\sin\theta\, U^\phi) - \frac{1}{r\sin\theta}\partial_\phi U^\theta \right]\epsilon_r$$
$$+ \left[\frac{1}{r\sin\theta}\partial_\phi U^r - \frac{1}{r}\partial_r(rU^\phi) \right]\epsilon_\theta + \left[\frac{1}{r}\partial_r(rU^\theta) - \frac{1}{r}\partial_\theta U^r \right]\epsilon_\phi$$

$$\nabla \cdot \boldsymbol{W} = \frac{1}{r^2}\partial_r(r^2 W^r) + \frac{1}{r\sin\theta}\partial_\theta(\sin\theta W^\theta) + \frac{1}{r\sin\theta}\partial_\phi(W^\phi)$$

$$\Delta f = \frac{1}{r^2}\partial_r(r^2\partial_r f) + \frac{1}{r^2\sin\theta}\partial_\theta(\sin\theta\partial_\theta f) + \frac{1}{r^2\sin^2\theta}\partial_\phi^2 f$$

$$\Delta \boldsymbol{U} = \left[\Delta U^r - \frac{2U^r}{r^2} - \frac{2}{r^2}\partial_\theta U^\theta - \frac{2\cot\theta U^\theta}{r^2} - \frac{2}{r^2\sin\theta}\partial_\phi U^\phi \right]\epsilon_r$$
$$+ \left[\Delta U^\theta + \frac{2}{r^2}\partial_\theta U^r - \frac{U^\theta}{r^2\sin^2\theta} - \frac{2\cos\theta}{r^2\sin^2\theta}\partial_\phi U^\phi \right]\epsilon_\theta$$
$$+ \left[\Delta U^\phi - \frac{U^\phi}{r^2\sin^2\theta} + \frac{2}{r^2\sin\theta}\partial_\phi U^r + \frac{2\cos\theta}{r^2\sin^2\theta}\partial_\phi U^\theta \right]\epsilon_\theta$$

- 一般曲線座標における表現（補題 2.24, 公式 2.26 参照）:

(ξ^1, ξ^2, ξ^3) はデカルト座標 (x^1, x^2, x^3) の滑らかな関数とし，リーマン計量を

$$g_{jk} = \sum_\ell \frac{\partial x^\ell}{\partial \xi^j}\frac{\partial x^\ell}{\partial \xi^k},$$

$G = \det(g_{jk}) > 0$ とする．基ベクトルを

$$\varepsilon_j = \frac{1}{\sqrt{g_{jj}}}\sum_k \frac{\partial x^k}{\partial \xi^j}\boldsymbol{e}_k$$

とする．ただし $\{\boldsymbol{e}_1, \boldsymbol{e}_2, \boldsymbol{e}_3\}$ はユークリッド空間の正規直交基．$\{\varepsilon_1, \varepsilon_2, \varepsilon_3\}$ は一般的には非直交の正規基．$\nabla \times$ 以外は任意の次元で定義できる．

(1) 勾配:
$$(\nabla f)^j = \sum_k g^{jk} \sqrt{g_{jj}} \, \partial_{\xi^k} f$$

(2) 回転:
$$(\nabla \times \boldsymbol{U})^j = \sum_{k\ell} \epsilon_{jk\ell} \sqrt{\frac{g_{jj}}{G}} \, \partial_{\xi^k} \left(\sum_r \frac{g_{\ell r}}{\sqrt{g_{rr}}} U^r \right)$$

(3) 発散:
$$\nabla \cdot \boldsymbol{W} = \frac{1}{\sqrt{G}} \sum_k \partial_{\xi^k} \left(\sqrt{\frac{G}{g_{kk}}} \, W^k \right)$$

ベクトルの微分公式

f, g はスカラー場，$\boldsymbol{a}, \boldsymbol{b}$ は 3 次元ベクトル場とする.

(1) $\nabla(fg) = f\nabla g + g\nabla f$

(2) $\nabla \cdot (f\boldsymbol{a}) = f\nabla \cdot \boldsymbol{a} + (\nabla f) \cdot \boldsymbol{a}$

(3) $\nabla \times (f\boldsymbol{a}) = f\nabla \times \boldsymbol{a} + (\nabla f) \times \boldsymbol{a}$

(4) $\nabla \cdot (\boldsymbol{a} \times \boldsymbol{b}) = -\boldsymbol{a} \cdot \nabla \times \boldsymbol{b} + (\nabla \times \boldsymbol{a}) \cdot \boldsymbol{b}$

(5) $\nabla \times (\boldsymbol{a} \times \boldsymbol{b}) = \boldsymbol{a}(\nabla \cdot \boldsymbol{b}) - \boldsymbol{b}(\nabla \cdot \boldsymbol{a}) + (\boldsymbol{b} \cdot \nabla)\boldsymbol{a} - (\boldsymbol{a} \cdot \nabla)\boldsymbol{b}$

(6) $\nabla(\boldsymbol{a} \cdot \boldsymbol{b}) = \boldsymbol{a} \times (\nabla \times \boldsymbol{b}) + \boldsymbol{b} \times (\nabla \times \boldsymbol{a}) + (\boldsymbol{a} \cdot \nabla)\boldsymbol{b} + (\boldsymbol{b} \cdot \nabla)\boldsymbol{a}$

(7) $\boldsymbol{a} \times (\nabla \times \boldsymbol{b}) = (\nabla \boldsymbol{b}) \cdot \boldsymbol{a} - (\boldsymbol{a} \cdot \nabla)\boldsymbol{b}$

(8) $\nabla \cdot (\boldsymbol{a}\boldsymbol{b}) = (\boldsymbol{a} \cdot \nabla)\boldsymbol{b} + (\nabla \cdot \boldsymbol{a})\boldsymbol{b}$

(9) $\Delta f = \nabla \cdot (\nabla f)$

(10) $\Delta \boldsymbol{a} = \nabla(\nabla \cdot \boldsymbol{a}) - \nabla \times (\nabla \times \boldsymbol{a})$

(11) $\nabla \times (\nabla f) = 0$

(12) $\nabla \cdot (\nabla \times \boldsymbol{a}) = 0$

A.3 微分幾何学の公式

接ベクトル（反変ベクトル）と余接ベクトル（共変ベクトル）の座標変換式

座標の変換 $(x^1, \ldots, x^n) \mapsto (y^1(x^1, \ldots, x^n), \ldots, y^n(x^1, \ldots, x^n))$ によっておきる基とベクトル成分の変換式をまとめておく（2.2.3項，2.3.1項参照）．座標 $\boldsymbol{x}$ で表現した成分には (x)，座標 $\boldsymbol{y}$ で表現した成分には (y) を添え字としてつけて区別する．ベクトル成分が反変である（空間変数の単位のスケール変換に対して反比例する：補足1.13参照）ものを反変ベクトルという（インデックスが上につく）．逆にベクトル成分が共変であるものを共変ベクトルという（インデックスが下につく）．

表a 接ベクトルと余接ベクトルの座標変換.

座標	$(x^1, \ldots, x^n)$	$(y^1, \ldots, y^n)$
接ベクトル空間の基	∂_{x^j}	$\partial_{y^j} = \displaystyle\sum_k \frac{\partial x^k}{\partial y^j} \partial_{x^k}$
接ベクトルの成分	$v^j_{(x)}$	$v^j_{(y)} = \displaystyle\sum_k \frac{\partial y^j}{\partial x^k} v^k_{(x)}$
余接ベクトル空間の基	$\mathrm{d}x^j$	$\mathrm{d}y^j = \displaystyle\sum_k \frac{\partial y^j}{\partial x^k} \mathrm{d}x^k$
余接ベクトルの成分	$w^{(x)}_j$	$w^{(y)}_j = \displaystyle\sum_k \frac{\partial x^k}{\partial y^j} w^{(x)}_k$

微分形式の標準的な基とホッジ双対基

表b 微分形式の基とホッジ双対基.

$n = 2$

	基	ホッジ双対基
0-形式	$\{1\}$	$\{\mathrm{d}x^1 \wedge \mathrm{d}x^2\}$
1-形式	$\{\mathrm{d}x^1,\ \mathrm{d}x^2\}$	$\{\mathrm{d}x^2,\ -\mathrm{d}x^1\}$
2-形式	$\{\mathrm{d}x^1 \wedge \mathrm{d}x^2\}$	$\{1\}$

$n = 3$

	基	ホッジ双対基
0-形式	$\{1\}$	$\{\mathrm{d}x^1 \wedge \mathrm{d}x^2 \wedge \mathrm{d}x^3\}$
1-形式	$\{\mathrm{d}x^1,\ \mathrm{d}x^2,\ \mathrm{d}x^3\}$	$\{\mathrm{d}x^2 \wedge \mathrm{d}x^3,\ \mathrm{d}x^3 \wedge \mathrm{d}x^1,\ \mathrm{d}x^1 \wedge \mathrm{d}x^2\}$
2-形式	$\{\mathrm{d}x^2 \wedge \mathrm{d}x^3,\ \mathrm{d}x^3 \wedge \mathrm{d}x^1,\ \mathrm{d}x^1 \wedge \mathrm{d}x^2\}$	$\{\mathrm{d}x^1,\ \mathrm{d}x^2,\ \mathrm{d}x^3\}$
3-形式	$\{\mathrm{d}x^1 \wedge \mathrm{d}x^2 \wedge \mathrm{d}x^3\}$	$\{1\}$

$n = 4\ (\text{Euclid})$

	基	ホッジ双対基
0-形式	$\{1\}$	$\{\mathrm{d}x^0 \wedge \mathrm{d}x^1 \wedge \mathrm{d}x^2 \wedge \mathrm{d}x^3\}$
1-形式	$\left\{\begin{array}{l} \mathrm{d}x^0 \\ \mathrm{d}x^1 \\ \mathrm{d}x^2 \\ \mathrm{d}x^3 \end{array}\right\}$	$\left\{\begin{array}{l} \mathrm{d}x^1 \wedge \mathrm{d}x^2 \wedge \mathrm{d}x^3 \\ -\mathrm{d}x^0 \wedge \mathrm{d}x^2 \wedge \mathrm{d}x^3 \\ -\mathrm{d}x^0 \wedge \mathrm{d}x^3 \wedge \mathrm{d}x^1 \\ -\mathrm{d}x^0 \wedge \mathrm{d}x^1 \wedge \mathrm{d}x^2 \end{array}\right\}$
2-形式	$\left\{\begin{array}{l} \mathrm{d}x^0 \wedge \mathrm{d}x^1, \mathrm{d}x^0 \wedge \mathrm{d}x^2, \mathrm{d}x^0 \wedge \mathrm{d}x^3 \\ \mathrm{d}x^1 \wedge \mathrm{d}x^2, \mathrm{d}x^1 \wedge \mathrm{d}x^3 \\ \qquad\qquad \mathrm{d}x^2 \wedge \mathrm{d}x^3 \end{array}\right\}$	$\left\{\begin{array}{l} \mathrm{d}x^2 \wedge \mathrm{d}x^3, -\mathrm{d}x^1 \wedge \mathrm{d}x^3,\ \ \mathrm{d}x^1 \wedge \mathrm{d}x^2 \\ \mathrm{d}x^0 \wedge \mathrm{d}x^3, -\mathrm{d}x^0 \wedge \mathrm{d}x^2 \\ \qquad\qquad\qquad\qquad \mathrm{d}x^0 \wedge \mathrm{d}x^1 \end{array}\right\}$
3-形式	$\left\{\begin{array}{l} \mathrm{d}x^1 \wedge \mathrm{d}x^2 \wedge \mathrm{d}x^3 \\ -\mathrm{d}x^0 \wedge \mathrm{d}x^2 \wedge \mathrm{d}x^3 \\ -\mathrm{d}x^0 \wedge \mathrm{d}x^3 \wedge \mathrm{d}x^1 \\ -\mathrm{d}x^0 \wedge \mathrm{d}x^1 \wedge \mathrm{d}x^2 \end{array}\right\}$	$\left\{\begin{array}{l} -\mathrm{d}x^0 \\ -\mathrm{d}x^1 \\ -\mathrm{d}x^2 \\ -\mathrm{d}x^3 \end{array}\right\}$
4-形式	$\{\mathrm{d}x^0 \wedge \mathrm{d}x^1 \wedge \mathrm{d}x^2 \wedge \mathrm{d}x^3\}$	$\{1\}$

A.3 微分幾何学の公式

表 c ミンコフスキー時空における微分形式の基とホッジ・ミンコフスキー双対基.
$n = 4$ (Minkowski)

	基	ホッジ双対基
0-形式	$\{1\}$	$\{dx_0 \wedge dx_1 \wedge dx_2 \wedge dx_3\}$
1-形式	$\left\{\begin{array}{c} dx^0 \\ dx^1 \\ dx^2 \\ dx^3 \end{array}\right\}$	$\left\{\begin{array}{c} dx_1 \wedge dx_2 \wedge dx_3 \\ -dx_0 \wedge dx_2 \wedge dx_3 \\ -dx_0 \wedge dx_3 \wedge dx_1 \\ -dx_0 \wedge dx_1 \wedge dx_2 \end{array}\right\}$
2-形式	$\left\{\begin{array}{c} dx^0 \wedge dx^1, dx^0 \wedge dx^2, dx^0 \wedge dx^3 \\ dx^1 \wedge dx^2, dx^1 \wedge dx^3 \\ dx^2 \wedge dx^3 \end{array}\right\}$	$\left\{\begin{array}{c} dx_2 \wedge dx_3, -dx_1 \wedge dx_3, \quad dx_1 \wedge dx_2 \\ dx_0 \wedge dx_3, -dx_0 \wedge dx_2 \\ dx_0 \wedge dx_1 \end{array}\right\}$
3-形式	$\left\{\begin{array}{c} dx^1 \wedge dx^2 \wedge dx^3 \\ -dx^0 \wedge dx^2 \wedge dx^3 \\ -dx^0 \wedge dx^3 \wedge dx^1 \\ -dx^0 \wedge dx^1 \wedge dx^2 \end{array}\right\}$	$\left\{\begin{array}{c} -dx_0 \\ -dx_1 \\ -dx_2 \\ -dx_3 \end{array}\right\}$
4-形式	$\{dx^0 \wedge dx^1 \wedge dx^2 \wedge dx^3\}$	$\{1\}$
1-形式	$\left\{\begin{array}{c} dx_0 \\ dx_1 \\ dx_2 \\ dx_3 \end{array}\right\}$	$\left\{\begin{array}{c} -dx^1 \wedge dx^2 \wedge dx^3 \\ dx^0 \wedge dx^2 \wedge dx^3 \\ dx^0 \wedge dx^3 \wedge dx^1 \\ dx^0 \wedge dx^1 \wedge dx^2 \end{array}\right\}$
2-形式	$\left\{\begin{array}{c} dx_0 \wedge dx_1, dx_0 \wedge dx_2, dx_0 \wedge dx_3 \\ dx_1 \wedge dx_2, dx_1 \wedge dx_3 \\ dx_2 \wedge dx_3 \end{array}\right\}$	$\left\{\begin{array}{c} -dx^2 \wedge dx^3, \quad dx^1 \wedge dx^3, -dx^1 \wedge dx^2 \\ -dx^0 \wedge dx^3, \quad dx^0 \wedge dx^2 \\ -dx^0 \wedge dx^1 \end{array}\right\}$
3-形式	$\left\{\begin{array}{c} dx_1 \wedge dx_2 \wedge dx_3 \\ -dx_0 \wedge dx_2 \wedge dx_3 \\ -dx_0 \wedge dx_3 \wedge dx_1 \\ -dx_0 \wedge dx_1 \wedge dx_2 \end{array}\right\}$	$\left\{\begin{array}{c} dx^0 \\ dx^1 \\ dx^2 \\ dx^3 \end{array}\right\}$
4-形式	$\{dx_0 \wedge dx_1 \wedge dx_2 \wedge dx_3\}$	$\{-1\}$

296　　　　　　　　　　　　　　付　録

3次元空間 $\mathbb{R}^3$ における外積および内部積

　3次元空間の場合に，微分形式の外積および内部積の具体的な表現と，それらのベクトル解析の表現との関係を示す（2.3.2項参照）．余接ベクトル（1-形式）$u = \sum u_j \, \mathrm{d}x^j$ との外積 $u \wedge$ と，接ベクトル $v = \sum v^j \, \partial_{x^j}$ との内部積 i_v を具体的に表示する．$\mathrm{d}x^j \Leftrightarrow e^j$ $(j = 1, 2, 3)$ の対応のもとでベクトル解析の表現と比較する．

表 d　3次元空間における微分形式の外積・内部積，およびそれらのベクトル解析の表現との関係．

	微分幾何	ベクトル解析
0-形式	f	f
1-形式	$\alpha = \alpha_1 \, \mathrm{d}x^1 + \alpha_2 \, \mathrm{d}x^2 + \alpha_3 \, \mathrm{d}x^3$	$\boldsymbol{\alpha} = (\alpha_1, \alpha_2, \alpha_3)^{\mathrm{T}}$
2-形式	$\omega = \omega_1 \, \mathrm{d}x^2 \wedge \mathrm{d}x^3$ $\qquad + \omega_2 \, \mathrm{d}x^3 \wedge \mathrm{d}x^1 + \omega_3 \, \mathrm{d}x^1 \wedge \mathrm{d}x^2$	$\boldsymbol{\omega} = (\omega_1, \omega_2, \omega_3)^{\mathrm{T}}$
3-形式	$\varrho = \rho \, \mathrm{d}x^1 \wedge \mathrm{d}x^2 \wedge \mathrm{d}x^3$	ρ
外積 $u \wedge$		
0-形式 $\to$ 1-形式	$u \wedge f = u_1 f \, \mathrm{d}x^1 + u_2 f \, \mathrm{d}x^2 + u_3 f \, \mathrm{d}x^3$	$\boldsymbol{u} f$
1-形式 $\to$ 2-形式	$u \wedge \alpha = (u_2\alpha_3 - u_3\alpha_2) \, \mathrm{d}x^2 \wedge \mathrm{d}x^3$ $\qquad + (u_3\alpha_1 - u_1\alpha_3) \, \mathrm{d}x^3 \wedge \mathrm{d}x^1$ $\qquad + (u_1\alpha_2 - u_2\alpha_1) \, \mathrm{d}x^1 \wedge \mathrm{d}x^2$	$\boldsymbol{u} \times \boldsymbol{\alpha}$
2-形式 $\to$ 3-形式	$u \wedge \omega = (\sum u_j \omega_j) \, \mathrm{d}x^1 \wedge \mathrm{d}x^2 \wedge \mathrm{d}x^3$	$\boldsymbol{u} \cdot \boldsymbol{\omega}$
内部積 i_v		
1-形式 $\to$ 0-形式	$i_v \alpha = \sum v^j \alpha_j$	$\boldsymbol{v} \cdot \boldsymbol{\alpha}$
2-形式 $\to$ 1-形式	$i_v \omega = (v^3\omega_2 - v^2\omega_3) \, \mathrm{d}x^1$ $\qquad + (v^1\omega_3 - v^3\omega_1) \, \mathrm{d}x^2$ $\qquad + (v^2\omega_1 - v^1\omega_2) \, \mathrm{d}x^3$	$-\boldsymbol{v} \times \boldsymbol{\omega}$
3-形式 $\to$ 2-形式	$i_v \varrho = v^1 \rho \, \mathrm{d}x^2 \wedge \mathrm{d}x^3$ $\qquad + v^2 \rho \, \mathrm{d}x^3 \wedge \mathrm{d}x^1 + v^3 \rho \, \mathrm{d}x^1 \wedge \mathrm{d}x^2$	$\boldsymbol{v} \rho$

参考文献

本書で論じた題材について，さらに発展的に学ぶための文献を紹介する．

【第1章：物理学関係】

電磁気学の入門書：

- R. P. Feynman, R. B. Leighton and M. L. Sands（宮島龍興 訳）：『ファインマン物理学 III　電磁気学』，岩波書店，1986.
- 桂井 誠：『基礎電磁気学』，オーム社，2000.

電磁気学の包括的な教科書：

- L. D. Landau and E. M. Lifshitz（恒藤敏彦・広重 徹 訳）：『ランダウ＝リフシッツ理論物理学教程：場の古典論――電気力学，特殊および一般相対性理論』，東京図書，1978.
- W. K. H. Panofsky and M. Phillips: *Classical Electricity and Magnetism* (2nd Ed.), Dover Publications, 2005.
- J. D. Jackson（西田 稔 訳）：『電磁気学（上・下）』（原書第3版），吉岡書店，2002；2003.
- 砂川重信：『理論電磁気学』（第3版），紀伊国屋書店，1999.

本書に関係する一般物理：

- L. D. Landau and E. M. Lifshitz（広重 徹・水戸 巌 訳）：『ランダウ＝リフシッツ理論物理学教程：力学』，東京図書，1974.
- V. I. Arnold（安藤韶一・蟹江幸博・丹羽敏雄 訳）：『古典力学の数学的方法』，岩波書店，1980.
- 吉田善章：『集団現象の数理』，岩波書店，1995.

【第2章：幾何学関係】

微分幾何学の基礎：

- L. Schwartz（小島 順 訳）：『シュヴァルツ　解析学5——外微分法』, 東京図書, 1971.
- T. Frankel: *The Geometry of Physics—An Introduction* (2nd Ed.), Cambridge Univ. Press, 2004.
- 坪井 俊：『幾何学 III　微分形式』, 東京大学出版会, 2008.
- 大森英樹：『一般力学系と場の幾何学』, 裳華房, 1991.
- K. O. Friedrichs: "Differential Forms on Riemannian Manifolds", *Comm. Pure Appl. Math.* **VIII** (1955), 551–590.

代数の基本的な概念：

- M. Artin: *Algebra*, Prentice-Hall, 1991.

【第3章：解析学関係】

- 溝畑 茂：『偏微分方程式論』, 岩波書店, 1965.
- L. Schwartz（岩村 聯・石垣春夫・鈴木文夫 訳）：『超函数の理論』（原書第3版）, 岩波書店, 1971.
- H. Brézis（藤田 宏・小西芳雄 訳）：『関数解析——その理論と応用に向けて』, 産業図書, 1988.
- 吉田善章：『新版　応用のための関数解析——その考え方と技法』, サイエンス社, 2006.
- 小澤 徹：『数理物理学としての微分方程式序論』, サイエンス社, 2016.
- J. L. Lions and E. Magenes: *Non-Homogeneous Boundary Value Problems and Applications*, Vol. I, Springer-Verlag, 1972.

索　引

―――――― 英欧字 ――――――

4元
　――運動量　62
　――カレント　38, 57, 168, 182
　――速度　61, 174
　――ベクトル　173
　――ポテンシャル　36, 57, 168, 180, 188,
　203
4次元時空　56

Ampere の法則　11, 29

Banach 空間　81, 263
Betti 数　156
Biot-Savart の法則　218

Cartan の公式　163
Cauchy-Riemann の微分方程式　151
Clebsch
　――表現　201
　――ポテンシャル　199
Coulomb
　――ゲージ　203
　――（単位）　31
　――の法則　29
curl　7, 21
　2次元の――　119

d'Alembertian　38, 178, 183, 257
δ 関数　211
de Rham
　――コホモロジー群　153
　――複体　108
Descartes 座標　14
divergence　21

Einstein の規則　57
Euclid 空間　14

Faraday
　――テンソル　59, 168, 180, 249
　――の法則　29

Galilei 変換　40, 51
Gauss の公式　24
　拡張された――　278
gradient　20
Green 関数　215

Hamilton
　――-Jacobi の関係式　250
　――形式　53, 198, 232, 242
　――の原理　245, 248
　――ベクトル場　198
Hilbert 空間　82, 263
Hodge
　――-Kodaira 分解　284
　――-Minkowski 双対　179, 295
　――★作用素　136
　――双対基　137, 294

Jacobian　98, 115

Kronecker のデルタ　15

Lagrange
　――写像　252
　――未定乗数　241, 245
　――ラベル　253
Laplace
　――-Beltrami 作用素　140
　ミンコフスキー時空の――　184

——方程式　207, 278
Laplacian　37, 141
Lebesgue
　　——空間　265
　　——積分　84
Legendre 変換　247
Levi-Civita の反対称テンソル　17
Lie
　　——環　90
　　——群　88
　　——微分　158, 255
Lorentz
　　——因子　42, 174
　　——計量　172
　　——ゲージ　38, 183
　　——収縮　42, 176, 186
　　——不変　178
　　——変換　41, 43, 174
　　——力　51, 58
　　——力（4次元）　60

Maxwell
　　——の応力　54
　　——の方程式　28, 181
　　　媒質中の——　44
Minkowski
　　——距離　257
　　——時空　43, 52, 171, 180

Newton
　　——の運動方程式　51
　　——ポテンシャル　213

Poincaré の補題　149
Poisson 方程式　204, 209
Poynting ベクトル　35

Riemann
　　——擬計量　83
　　——空間　83
　　——計量　83, 113
Riesz の表現定理　87
rotation　21

Sobolev 空間　268, 273
Stokes

　　——の公式　26
　　　拡張された——　280
　　——の定理　133

Weyl 分解　283

─────────── あ行 ───────────

アイコナール　228, 239, 243
アインシュタインの規則　57
アトラス　97
アフィン空間　15
アンペールの法則　11, 29
位相（関数空間の）　262
位相速度　228, 237
位置ベクトル　15
因果律　259
渦度　21
渦なし流　189
運動方程式　51
　　荷電粒子の——　252
　　順圧流体の——　169
　　ニュートンの——　69
　　ハミルトンの——　242
　　プラズマの——　64, 254
エネルギー　33
　　——積分　231
　　——ノルム　267
　　——保存則　34, 58, 252
　　最小——　207, 272
　　内部——　62
エネルギー・運動量テンソル
　　電磁場の——　57, 60
　　物質場の——　61, 63
　　プラズマの——　64
エンタルピー　62
応力
　　——テンソル　55
　　マックスウェルの——　54

─────────── か行 ───────────

外積　107
　　3次元空間の——　296
回転 (curl)　7, 21

索　引　　　*301*

2次元の——　119
回転（リー群）　88
外微分　118
　　2次元空間の——　118
　　3次元空間の——　119
界面　223
ガウスの公式　24
　　拡張された——　278
カオス　198, 201
可積分　10, 166, 196
　　非——　197
絡み数　220
ガリレイ変換　40, 51
カルタンの公式　163
関数空間　260
慣性座標系　51
完備　263
基　13, 79
　　正規直交——　14
　　接ベクトル空間の——　90, 293
　　微分形式の——　294
　　ホッジ双対——　294
　　余接ベクトル空間の——　293
規格化　69
幾何光学　237
境界作用素　136, 156
境界条件　273
　　——の斉次化　206
　　——の物理的意味　223
　　完全導体——　225, 235
　　ディリクレ型——　204, 214
　　ノイマン型——　278
境界値　272
　　——問題　204
鏡像点　216
共変
　　——インデックス　18
　　——成分　57
　　——ベクトル　68
　　ローレンツ——　177
共役微分作用素　138
距離　80
空間
　　L^2——　83, 267

アフィン——　15
　　関数——　260
　　距離——　80
　　線形——　78
　　双対——　84
　　ソボレフ——　268, 273
　　底——　19
　　ノルム——　81
　　配位——　89
　　バナッハ——　81, 263
　　ヒルベルト——　82, 263
　　ベクトル——　12, 78
　　メトリック——　80
　　ユークリッド——　14
　　リーマン——　83
空間的　173
クーロン
　　——ゲージ　203
　　——（単位）　31
　　——の法則　29
グリーン関数　215
クレブシュ
　　——表現　201
　　——ポテンシャル　199
クロネッカーのデルタ　15
群速度　242
ゲージ変換　39, 184
光円錐　173, 229, 258
光線　228
光速　29
勾配　20
コーシー・リーマンの微分方程式　151
コホモロジー群　153

———————— さ行 ————————

鎖（chain）　156
サイクル　156
最小作用の原理　248
座標
　　——近傍　96
　　一般曲線——　291
　　円柱——　290
　　球——　101, 290

極―― 100, 106
局所―― 96
デカルト―― 14
作用
最小―― 245, 249
電磁場の―― 181, 248
時間的 173
磁気面 201
磁気モーメント 3, 4, 54
磁気誘導 31
時空 56, 164
次元 13, 80
次元（物理量の） 67, 113
磁束密度 30
磁場 3, 28
磁場強度 30, 44
縮約 57
順圧流体 169
循環 27
磁力線 10
真空 28
シンプレクティック 2-形式 245
スケーリング 70
ストークス
―― の公式 26
拡張された―― 280
―― の定理 133
制限写像 132
正準運動量 53, 65, 169, 186, 251
静電ポテンシャル 36
成分 14
接線方向 139
接ベクトル
―― 束 100
―― 場 95, 99
線積分 25, 126
素解 213, 257

――――――― た行 ―――――――

対応原理 244
体積形式 115
体積積分 22, 125
多重連結 152

畳み込み積分 214
多様体 95
微分可能―― 97
ダランベルシャン 38, 178, 183, 257
単位系 66
cgs―― 68
cgs ガウス―― 72
MKS―― 68
MKSA―― 71
SI―― 68, 70
遅延ポテンシャル 257
置換 17
稠密 270
超関数 211, 257
――の意味での微分 269
調和ベクトル場 191, 278, 280
2次元―― 192
デカルト座標 14
電荷
――保存則 32, 166
――密度 28, 31
鏡像―― 216
素―― 5
点―― 211
表面―― 217
電気変位 31
電磁波 40, 227
物質中の―― 233
電束密度 30, 44
テンソル 18
――積 18
エネルギー・運動量―― 57, 63
応力―― 55
電磁場の―― 59
ファラデー―― 59, 168, 180, 249
物質場の―― 63
マックスウェルの応力―― 55
レヴィ＝チビタの―― 17
電場 28
電場強度 30
電流密度 28, 31
等角写像 193
透磁率 45, 47
真空―― 29

特性常微分方程式 237
ド＝ラーム
　　——コホモロジー群　153
　　——複体　108
トレース　132
　　——作用素　275
　　——定理　275
　　——定理（ベクトル場）　278
トロイダル角　199

———————— な行 ————————

内積　14, 82
内部エネルギー　62
内部積　111
　　3次元空間の——　296
ニュートン
　　——の運動方程式　51
　　——ポテンシャル　213
ノルム　81

———————— は行 ————————

場　18
　　ベクトル——　94
波数ベクトル　228
発散　7, 21
ハミルトニアン　53, 201, 245
ハミルトン
　　——形式　53, 198, 232, 242
　　——の原理　245, 248
　　——ベクトル場　198
　　——・ヤコビの関係式　250
反変　99
　　——インデックス　18
　　——成分　57
　　——ベクトル　68
　　——ベクトル場　95
　　ローレンツ——　177
非圧縮　189, 276, 280
ビオ・サヴァールの法則　218
非回転　189, 280
引き戻し　126
微分形式　107
　　完全——　148

調和——　141
閉——　148
ファラデー
　　——テンソル　59, 168, 180, 249
　　——の法則　29
プラズマ　61, 252
　　——周波数　234
分散関係　229, 234
平面波　228
ベクトル　12
　　——空間　12
　　——算法　12
　　——積　15
　　——束（接）　95
　　——束（余接）　105
　　——の成分　14
　　——場　6, 18
　　——ポテンシャル　36
　　4元——　173
　　位置——　15
　　狭義の——　87
　　共変——　68, 106
　　コ——　104
　　接——　90, 93
　　反変——　68, 106
　　無限次元——　261
　　余接——　104
ベッティ数　156
ヘリシティー　170, 222
変位電流　29, 75
偏波　229
変分原理　207, 245, 248
ポアッソン方程式　204, 209
ポアンカレの補題　149
包含写像　132
法線方向　139
補正関数　215
保存則
　　エネルギー——　34, 58, 252
　　エネルギー・運動量——　61, 168
　　エントロピー——　66
　　磁束——　170, 226
　　循環——　169
　　スカラー——　165

電荷—— 32, 166
ヘリシティー—— 170
粒子—— 33
保存量（運動の） 196
ホッジ
——＊作用素 136
——・小平分解 284
——双対基 137, 294
——・ミンコフスキー双対 179, 295
ポテンシャル 188
——方程式 203
4元—— 36, 57, 168, 180, 188
一重層—— 217
クレブシュ—— 199
静電—— 36
遅延—— 257
二重層—— 217
ベクトル—— 36
ホモトピー 97
ホモロジー 155
ポロイダル角 199

———————— ま行 ————————

マックスウェル
——の応力 54
——の方程式 28, 181
媒質中の—— 44
ミンコフスキー
——距離 257
——時空 43, 52, 171, 180
向きづけ可能 98
無次元量 67
面積分 23, 131

———————— や行 ————————

ヤコビアン 98, 115
誘電率 44, 45
真空—— 29

———————— ら行 ————————

ラグランジュ
——写像 252

——未定乗数 241, 245
——ラベル 253
ラプラシアン 37, 141
ラプラス
——方程式 207, 278
——・ベルトラミ作用素 140
ミンコフスキー時空の—— 184
リー
——環 90
——群 88
——微分 158, 255
リースの表現定理 87
リーマン
——擬計量 83
——計量 83, 113
力線 7, 187
磁—— 10
電気—— 10
粒子保存則 33
流線 7, 187
流束 27, 281
ルジャンドル変換 247
ルベーグ
——空間 265
——積分 84
レヴィ＝チビタの反対称テンソル 17
ローレンツ
——因子 42, 174
——計量 172, 250
——ゲージ 38, 183
——収縮 42, 176, 186
——不変 178, 250
——変換 41, 43, 174
——力 51, 58
——力（4次元） 60

———————— わ行 ————————

ワイル分解 283

Memorandum

Memorandum

Memorandum

Memorandum

著者紹介

吉田 善章(よしだ ぜんしょう)

1985 年　東京大学大学院工学系研究科博士課程修了(工学博士取得)
　　　　東京大学工学部専任講師,同助教授,
　　　　東京大学大学院新領域創成科学研究科助教授,同教授を経て
2021 年より　自然科学研究機構 核融合科学研究所 所長
　　　　東京大学名誉教授

専　門　プラズマ物理学,非線形科学

著　書　『非線形とは何か―複雑系への挑戦』(岩波書店, 2008)
　　　　『新版・応用のための関数解析―その考え方と技法』(サイエンス社, 2006)
　　　　『非線形科学入門』(岩波書店, 1998)
　　　　『集団現象の数理』(岩波書店, 1995)

数学と物理の交差点 2
電磁気学とベクトル解析
(*Electromagnetism and Vector Analysis*)

2019 年 11 月 15 日　初版 1 刷発行
2024 年 9 月 10 日　初版 3 刷発行

著　者　吉田善章 © 2019
発行者　南條光章
発行所　共立出版株式会社
　　　　〒112-0006
　　　　東京都文京区小日向 4-6-19
　　　　電話番号　03-3947-2511(代表)
　　　　振替口座　00110-2-57035

　　　　共立出版(株)ホームページ
　　　　www.kyoritsu-pub.co.jp

印　刷　啓文堂
製　本　ブロケード

検印廃止
NDC 414.7, 427, 421.5
ISBN 978-4-320-11402-9

一般社団法人
自然科学書協会
会員

Printed in Japan

JCOPY <出版者著作権管理機構委託出版物>
本書の無断複製は著作権法上での例外を除き禁じられています。複製される場合は,そのつど事前に,出版者著作権管理機構(TEL:03-5244-5088, FAX:03-5244-5089, e-mail:info@jcopy.or.jp)の許諾を得てください。

数学で物理を語り、物理で数学を語る

数学と物理の交差点

谷島賢二 編

各巻：A5判・上製・250～350頁

❶解析力学と微分方程式
磯崎 洋著
　320頁・定価3960円（税込）ISBN978-4-320-11401-2

❷電磁気学とベクトル解析
吉田善章著
　316頁・定価3960円（税込）ISBN978-4-320-11402-9

❸相対論とリーマン幾何学
山田澄生著
　296頁・定価4180円（税込）ISBN978-4-320-11403-6

❺量子解析のための作用素環入門
山上 滋著
　304頁・定価4400円（税込）ISBN978-4-320-11405-0

続刊テーマ

④非線形波動と偏微分方程式
　小澤 徹著・・・・・・・・・・・・・・・・・・・・・・・・・・・・・・続 刊

⑥ランダム系のスペクトル理論
　南 就将著・・・・・・・・・・・・・・・・・・・・・・・・・・・・・・続 刊

⑦カラビ・ヤウ多様体の幾何学
　細野 忍著・・・・・・・・・・・・・・・・・・・・・・・・・・・・・・続 刊

⑧流体力学とトポロジー
　岡本 久著・・・・・・・・・・・・・・・・・・・・・・・・・・・・・・続 刊

⑨量子情報の数理
　小澤正直著・・・・・・・・・・・・・・・・・・・・・・・・・・・・続 刊

シリーズの趣旨

数学と物理は車の両輪のように非常に強い関係性を持っており、お互いに刺激し合いながら発展を続けている。本シリーズは、数学と物理の具体的な交差の場面を様々な角度から例示し、物理のトピック・問題を、数学的思考・手法で解くことを通して数学と物理双方の面白さを味わいながら両者の分かちがたい関係を垣間見ていく。

読者対象

数学、物理学専攻の学部生、および大学院生

定価、続刊の書名・執筆者は予告なく変更される場合がございます

共立出版

www.kyoritsu-pub.co.jp
https://www.facebook.com/kyoritsu.pub